国内外安全生产与职业健康经济政策研究

李书清　柏　然　编著

应急管理出版社

·北　京·

图书在版编目（CIP）数据

国内外安全生产与职业健康经济政策研究 / 李书清，柏然编著. -- 北京：应急管理出版社，（2023.11 重印）

ISBN 978 - 7 - 5020 - 9170 - 5

Ⅰ. ①国… Ⅱ. ①李… ②柏… Ⅲ. ①安全生产—经济政策—研究—世界 ②职业安全卫生—经济政策—研究—世界 Ⅳ. ①X9

中国国家版本馆 CIP 数据核字（2023）第 147946 号

国内外安全生产与职业健康经济政策研究

编　　著　李书清　柏　然
责任编辑　籍　磊
责任校对　张艳蕾
封面设计　于春颖

出版发行　应急管理出版社（北京市朝阳区芍药居 35 号　100029）
电　　话　010 - 84657898（总编室）　010 - 84657880（读者服务部）
网　　址　www. cciph. com. cn
印　　刷　廊坊市印艺阁数字科技有限公司
经　　销　全国新华书店

开　　本　787mm × 1092mm 1/16　**印张**　47 1/4　**字数**　516 千字
版　　次　2023 年 8 月第 1 版　2023 年 11 月第 2 次印刷
社内编号　20230589　　**定价**　169. 00 元

前　言

党中央、国务院历来高度重视安全生产工作。2003 年 9 月，国务院研究提出了解决影响安全生产深层次问题的一系列政策措施，强调综合运用经济政策、法律法规、科技手段和行政措施，完善安全生产政策体系，建立安全生产长效投入机制。2004 年出台的《国务院关于进一步加强安全生产工作的决定》（国发〔2004〕2 号）首次明确企业安全费用提取和使用，企业对伤亡事故经济赔偿，企业安全生产风险抵押金三项经济政策。

早在 2002 年 5 月，国家安全生产监督管理局、国家煤矿安全监察局就针对煤矿事故频发等全国安全形势严峻的现状，率先开启并推动了安全生产经济政策的研究与制定。组织相关部门、中国煤炭工业协会对全国 18 个产煤省（区、市）和 870 户煤炭企业安全欠账进行测算。2002 年 9 月，会同财政部、国家发改委，向国务院提出了关于建立煤矿安全生产设施长效投入机制的请示。国务院首先明确了在煤矿企业先行建立煤矿安全费用提取使用政策，随后借鉴煤矿安全费用提取使用做法，会同财政部制定了高危行业企业安全费用提取使用政策。

时至今日，二十年过去了，安全生产经济政策在国家安全生产监督管理局时期研究建立，在国家安全生产监督管理总局、应急管理部和国家有关部门、行业企业的高度重视和不懈努力下，逐步得到了完善和落实，安全投入和税收优惠政策惠及了万千企业。为了推进安全生产经济政策的贯彻实施，本书将二十年来国家各部委联合制定出台的一系列安全生产经济政策以及国外职业安全与健康经济政策研究进行了整理归集。这是新中国成立以来首次对国内外安全生产经济政策做全面系统的专题编录。

本书上篇汇集了20年来国内安全生产经济政策制度。其中汇集了建立制定完善企业安全费用提取相关制度、安全生产专用设备企业所得税优惠目录相关政策、安全生产举报奖励与经济处罚相关政策、资源有偿使用和瓦斯（煤层气）抽采利用税收扶持政策。同时，附录了在经济政策研究制定过程中的相关制度文件。

本书下篇为国外职业安全与健康经济政策研究。介绍了美国职业安全与健康的赔偿法规、经济处罚及评定细则，矿山安全的民事罚款、援助和奖励措施，并简要介绍了部分税收优惠政策；详细介绍了英国职业安全与健康的工伤保险政策、工伤补偿及赔偿制度，经济处罚、铁路行业安全费用征收、部分税收及投资优惠政策、指标信息建设以及对小型企业的补贴政策等；介绍了加拿大工人赔偿保险、违法处罚规定、奖励措施以及援助项目；俄罗斯工伤保险制度、职业安全与健康行政处罚等，并提出了部分安全生产经济政策建议。

本书的编辑出版，旨在进一步推动我国安全生产经济政策的深入研究实施。更好地让企业享受和把握相关经济政策，增强“政策先行、源头治本”的安全发展理念，真正从根本上解决安全生产深层次矛盾和问题。也可以查阅历史相关经济政策，参考借鉴，推进安全生产经济政策贯彻落实。

在安全生产经济政策研究制定过程中，得到了财政部、国家发改委、国家税务总局、国家安全生产监督管理总局、应急管理部、国家矿山安全监察局及各地区部门企业，以及部（委、局）内相关司局和中国煤炭工业协会的大力支持。姜智敏、罗音宇、魏振宽、王海军、薛剑光、吕海威、赵风兰、曹丽萍、梁卓、刘艳军、任晓琳、张天虎、刘晓兵参与了经济政策研究起草、资料整理汇集。在此一并表示衷心感谢！本书有不当和疏漏之处，诚恳希望读者批评指正。

编　者

2023 年春

目　　录

上篇　国内安全生产经济政策制度

一、企业安全费用提取和使用相关政策制度

财政部　应急管理部关于印发《企业安全生产费用提取和使用管理办法》的通知
（2022 年 11 月 21 日　财资〔2022〕136 号）……………… 5
财政部关于《企业安全生产费用提取和使用管理办法》的修订说明 ………………………………………………… 39
财政部　国家发展改革委　国家煤矿安全监察局关于建立煤矿安全生产设施长效投入机制的请示
（2004 年 1 月 21 日　财建〔2004〕14 号）………………… 43
财政部　国家发展改革委　国家煤矿安全监察局关于印发《煤炭生产安全费用提取和使用管理办法》和《关于规范煤矿维简费管理问题的若干规定》的通知
（2004 年 5 月 21 日　财建〔2004〕119 号）……………… 51

关于煤炭生产安全费用提取和使用管理办法的说明 ………… 57
关于规范煤矿维简费管理问题的若干规定的说明 ……………… 67
煤炭生产安全费用和煤矿维简费会计核算及税务问题 ……… 73
国务院第81次常务会议纪要
（2005年2月23日） ……………………………………… 82
财政部　国家发展改革委　国家安全生产监督管理总局
国家煤矿安全监察局关于调整煤炭生产安全费用提取标准　加强煤炭生产安全费用使用管理与监督的通知
（2005年4月8日　财建〔2005〕168号） …………………… 85
建设部关于印发《建筑工程安全防护、文明施工措施费用及使用管理规定》的通知
（2005年6月7日　建办〔2005〕89号） …………………… 91
财政部　国家安全生产监督管理总局关于印发《烟花爆竹生产企业安全费用提取与使用管理办法》的通知
（2006年3月24日　财建〔2006〕180号） ……………… 100
关于制定《烟花爆竹生产企业安全费用提取与使用管理办法》的说明 ……………………………………………… 103
财政部　国家安全生产监督管理总局关于印发《高危行业企业安全生产费用财务管理暂行办法》的通知
（2006年12月8日　财企〔2006〕478号） ……………… 110
关于《高危行业企业安全生产费用财务管理办法》的说明…………………………………………………………… 118
财政部　国家安全生产监督管理总局有关负责人就高危行业企业提取使用安全费用问题答记者问……………… 125

财政部关于印发《企业会计准则解释第 3 号》的通知
（2009 年 6 月 11 日　财会〔2009〕8 号）………………… 134
国家安全生产监督管理总局办公厅关于重新明确高危行业企业提取安全生产费用会计处理有关规定的通知
（2009 年 7 月 7 日　安监总厅财〔2009〕110 号）……… 142
财政部办公厅关于征求企业安全生产费用提取和使用管理办法意见的函
（2011 年 8 月 23 日　财办企〔2011〕86 号）……………… 143
国家安全生产监督管理总局关于征求企业安全生产费用提取和使用管理办法意见的函
（2011 年 9 月 3 日　财务函〔2011〕174 号）……………… 173

二、安全生产专用设备所得税优惠目录相关政策

财政部　税务总局　应急管理部关于印发《安全生产专用设备企业所得税优惠目录（2018 年版）》的通知
（2018 年 8 月 15 日　财税〔2018〕84 号）……………… 177
财政部　国家税务总局　国家安全生产监督管理总局关于公布《安全生产专用设备企业所得税优惠目录(2008 年版)》的通知
（2008 年 8 月 20 日　财税〔2008〕118 号）……………… 223

三、安全生产举报奖励与经济处罚相关政策

财政部关于印发《罚没财物管理办法》的通知
（2020 年 12 月 17 日　财税〔2020〕54 号）……………… 241

应急管理部关于印发《生产经营单位从业人员安全生产举报处理规定》的通知
(2020 年 9 月 16 日　应急〔2020〕69 号) ………………… 252
应急管理部有关负责人就《生产经营单位从业人员安全生产举报处理规定》答记者问
(2020 年 9 月 24 日) ……………………………………… 256
国家安全生产监督管理总局　财政部关于印发《安全生产领域举报奖励办法》的通知
(2018 年 1 月 4 日　安监总财〔2018〕19 号) …………… 260
财政部　国家煤矿安全监察局关于做好煤矿安全监察罚没收入管理工作的通知
(2001 年 7 月 3 日　财建〔2001〕375 号) ……………… 267
国家煤矿安全监察局关于进一步做好煤矿安全监察罚款管理工作的通知
(2002 年 6 月 28 日　煤安监财字〔2002〕70 号) ……… 269
煤矿安全监察罚款管理办法
(2003 年 7 月 14 日　国家安全生产监督管理局　国家煤矿安全监察局令第 7 号) ……………………………………… 272
财政部　国家安全生产监督管理局关于做好安全生产监督有关罚款收入管理工作的通知
(2003 年 11 月 20 日　财建〔2003〕617 号) ……………… 275
安全生产监督罚款管理暂行办法
(2004 年 11 月 3 日　国家安全生产监督管理局　国家煤矿安全监察局令第 15 号) ……………………………………… 277

国家安全生产监督管理总局　财政部关于印发《举报煤矿重大安全生产隐患和违法行为的奖励办法（试行）》的通知
（2005 年 9 月 24 日　安监总办字〔2005〕139 号）……… 280
关于《举报煤矿重大安全生产隐患和违法行为的奖励办法（试行）》的说明 ……………………………………… 285
国家安全生产监督管理总局关于印发《举报煤矿重大安全生产隐患和违法行为奖励资金有关问题的规定》的通知
（2006 年 12 月 27 日　安监总财〔2006〕276 号）……… 289

四、资源有偿使用和瓦斯（煤层气）抽采利用税收扶持政策

财政部　国家税务总局关于资源税改革具体政策问题的通知
（2016 年 5 月 9 日　财税〔2016〕54 号）………………… 295
财政部　国家税务总局关于全面推进资源税改革的通知
（2016 年 5 月 9 日　财税〔2016〕53 号）………………… 300
国务院关于促进煤炭工业健康发展的若干意见
（2005 年 6 月 7 日　国发〔2005〕18 号）………………… 309
国家发展和改革委员会　科学技术部　财政部　劳动和社会保障部　国土资源部　国家环境保护总局　国家安全生产监督管理总局　国家煤矿安全监察局关于印发煤矿瓦斯治理与利用实施意见的通知
（2005 年 6 月 24 日　发改能源〔2005〕1119 号）……… 323

国务院关于全面整顿和规范矿产资源开发秩序的通知
（2005 年 8 月 18 日　国发〔2005〕28 号）……………… 332
国务院关于加强地质工作的决定
（2006 年 1 月 21 日　国发〔2006〕4 号）………………… 342
国务院关于同意在山西省开展煤炭工业可持续发展政策措施试点意见的批复
（2006 年 6 月 15 日　国函〔2006〕52 号）……………… 354
财政部　国土资源部　国家发展改革委关于转发深化煤炭资源有偿使用制度改革试点实施方案的请示
（2006 年 8 月 9 日　财建〔2006〕193 号）……………… 367
国务院关于同意深化煤炭资源有偿使用制度改革试点实施方案的批复
（2006 年 9 月 30 日　国函〔2006〕102 号）…………… 381
财政部就深化煤炭资源有偿使用制度改革试点等相关问题答记者问
（2006 年 11 月 29 日）……………………………………… 388
财政部　国土资源部关于深化探矿权　采矿权有偿取得制度改革有关问题的通知
（2006 年 10 月 25 日　财建〔2006〕694 号）………… 396
国务院办公厅转发国土资源部等部门对矿产资源开发进行整合意见的通知
（2006 年 12 月 31 日　国办发〔2006〕108 号）……… 400
财政部　国家税务总局关于加快煤层气抽采有关税收政策问题的通知

（2007 年 2 月 7 日　财税〔2007〕16 号）………………… 409
国家发展改革委关于印发煤层气（煤矿瓦斯）开发利用“十二五”规划的通知
（2011 年 11 月 26 日　发改能源〔2011〕3041 号）……… 412
国务院批转发展改革委关于 2013 年深化经济体制改革重点工作意见的通知
（2013 年 5 月 18 日　国发〔2013〕20 号）………………… 431
国务院办公厅关于进一步加快煤层气（煤矿瓦斯）抽采利用的意见
（2013 年 9 月 14 日　国办发〔2013〕93 号）……………… 441

五、早期部分安全生产经济政策的制定与实施

下篇　国外职业安全与健康经济政策研究

一、美国职业安全与健康经济政策

（一）美国职业安全与健康概况 ………………………………… 491
（二）美国工伤赔偿保险政策 …………………………………… 501
（三）美国职业安全与健康罚款处罚 …………………………… 531
（四）美国职业安全与健康援助与奖励 ………………………… 555
（五）美国职业安全与健康部分税收优惠政策 ………………… 563

二、英国职业安全与健康经济政策

三、加拿大职业安全与健康经济政策

四、俄罗斯职业安全与健康经济政策

五、安全生产经济政策建议

国内安全生产经济政策制度

一、企业安全费用提取和使用相关政策制度

财政部　应急管理部关于印发《企业安全生产费用提取和使用管理办法》的通知

财资〔2022〕136号

各省、自治区、直辖市、计划单列市财政厅（局）、应急管理厅（局），新疆生产建设兵团财政局、应急管理局，各中央管理企业：

为贯彻安全发展新理念，推动企业落实主体责任，加强企业安全生产投入，根据《中华人民共和国安全生产法》等法律法规，我们对2012年印发的《企业安全生产费用提取和使用管理办法》进行了修订，现予印发，自印发之日起施行。

执行中如有问题，请及时反馈我部。

附件：企业安全生产费用提取和使用管理办法

财　政　部

应急管理部

2022年11月21日

附件：

企业安全生产费用提取和使用管理办法

目　录

第一章　总　　则

第一条　为加强企业安全生产费用管理，建立企业安全生产投入长效机制，维护企业、职工以及社会公共利益，依据《中华人民共和国安全生产法》等有关法律法规和《中共中央　国务院关于推进安全生产领域改革发展的意见》、《国务院关于进一步加强安全生产工作的决定》（国发〔2004〕2号）、《国务院关于进一步加强企业安全生产工作的通知》（国发〔2010〕23号）等，制定本办法。

第二条　本办法适用于在中华人民共和国境内直接从事煤炭生产、非煤矿山开采、石油天然气开采、建设工程施工、危险品生产与储存、交通运输、烟花爆竹生产、民用爆炸物品生产、冶金、机械制造、武器装备研制生产与试验（含民用航空及核燃料）、电力生产与供应的企业及其他经济组织（以下统称企业）。

第三条　本办法所称企业安全生产费用是指企业按照规定标准提取，在成本（费用）中列支，专门用于完善和改进企业或者项目安全生产条件的资金。

第四条　企业安全生产费用管理遵循以下原则：

（一）筹措有章。统筹发展和安全，依法落实企业安全生产投入主体责任，足额提取。

（二）支出有据。企业根据生产经营实际需要，据实开支符合规定的安全生产费用。

（三）管理有序。企业专项核算和归集安全生产费用，真实反映安全生产条件改善投入，不得挤占、挪用。

（四）监督有效。建立健全企业安全生产费用提取和使用的内外部监督机制，按规定开展信息披露和社会责任报告。

第五条　企业安全生产费用可由企业用于以下范围的支出：

（一）购置购建、更新改造、检测检验、检定校准、运行维护安全防护和紧急避险设施、设备支出［不含按照“建设项目安全设施必须与主体工程同时设计、同时施工、同时投入生产和使用”（以下简称“三同时”）规定投入的安全设施、设备］；

（二）购置、开发、推广应用、更新升级、运行维护安全生产信息系统、软件、网络安全、技术支出；

（三）配备、更新、维护、保养安全防护用品和应急救援器材、设备支出；

（四）企业应急救援队伍建设（含建设应急救援队伍所需应急救援物资储备、人员培训等方面）、安全生产宣传教育培训、从业人员发现报告事故隐患的奖励支出；

（五）安全生产责任保险、承运人责任险等与安全生产直接相关的法定保险支出；

（六）安全生产检查检测、评估评价（不含新建、改建、扩建项目安全评价）、评审、咨询、标准化建设、应急预案制修订、应急演练支出；

（七）与安全生产直接相关的其他支出。

第二章　企业安全生产费用的提取和使用

第一节　煤炭生产企业

第六条　煤炭生产是指煤炭资源开采作业有关活动。

批准进行联合试运转的基本建设煤矿，按照本节规定提取使用企业安全生产费用。

第七条　煤炭生产企业依据当月开采的原煤产量，于月末提取企业安全生产费用。提取标准如下：

（一）煤（岩）与瓦斯（二氧化碳）突出矿井、冲击地压矿井吨煤50元；

（二）高瓦斯矿井，水文地质类型复杂、极复杂矿井，容易自燃煤层矿井吨煤30元；

（三）其他井工矿吨煤15元；

（四）露天矿吨煤5元。

矿井瓦斯等级划分执行《煤矿安全规程》（应急管理部令第8号）和《煤矿瓦斯等级鉴定办法》（煤安监技装〔2018〕9号）的规定；矿井冲击地压判定执行《煤矿安全规程》（应急管理部令第8号）和《防治煤矿冲击地压细则》（煤安监技装〔2018〕8号）的规定；矿井水文地质类型划分执行《煤矿安全规程》（应急管理部令第8号）和《煤矿防治水细则》（煤安监调查〔2018〕14号）的规定。

多种灾害并存矿井，从高提取企业安全生产费用。

第八条　煤炭生产企业安全生产费用应当用于以下支出：

（一）煤与瓦斯突出及高瓦斯矿井落实综合防突措施支出，包括瓦斯区域预抽、保护层开采区域防突措施、开展突出区域和局部预测、实施局部补充防突措施等两个“四位一体”综合防突措施，以及更新改造防突设备和设施、建立突出防治实验室等支出；

（二）冲击地压矿井落实防冲措施支出，包括开展冲击地压危险性预测、监测预警、防范治理、效果检验、安全防护等防治措施，更新改造防冲设备和设施，建立防冲实验室等支出；

（三）煤矿安全生产改造和重大事故隐患治理支出，包括通风、防瓦斯、防煤尘、防灭火、防治水、顶板、供电、运输等系统设备改造和灾害治理工程，实施煤矿机械化改造、智能化建设，实施矿压、热害、露天煤矿边坡治理等支出；

（四）完善煤矿井下监测监控、人员位置监测、紧急避险、压风自救、供水施救和通信联络等安全避险设施设备支出，应急救援技术装备、设施配置和维护保养支出，事故逃生和紧急避难设施设备的配置和应急救援队伍建设、应急预案制修订与应急演练支出；

（五）开展重大危险源检测、评估、监控支出，安全风险分级管控和事故隐患排查整改支出，安全生产信息化建设、运维和网络安全支出；

（六）安全生产检查、评估评价（不含新建、改建、扩建项目安全评价）、咨询、标准化建设支出；

（七）配备和更新现场作业人员安全防护用品支出；

（八）安全生产宣传、教育、培训和从业人员发现并报告事故隐患的奖励支出；

（九）安全生产适用新技术、新标准、新工艺、煤矿智能装备及煤矿机器人等新装备的推广应用支出；

（十）安全设施及特种设备检测检验、检定校准支出；

（十一）安全生产责任保险支出；

（十二）与安全生产直接相关的其他支出。

第二节　非煤矿山开采企业

第九条　非煤矿山开采是指金属矿、非金属矿及其他矿产资源的勘探作业和生产、选矿、闭坑及尾矿库运行、回采、闭库等有关活动。

第十条　非煤矿山开采企业依据当月开采的原矿产量，于月末提取企业安全生产费用。提取标准如下：

（一）金属矿山，其中露天矿山每吨 5 元，地下矿山每吨 15 元；

（二）核工业矿山，每吨 25 元；

（三）非金属矿山，其中露天矿山每吨 3 元，地下矿山每吨 8 元；

（四）小型露天采石场，即年生产规模不超过 50 万吨的山坡型露天采石场，每吨 2 元。

上款所称原矿产量，不含金属、非金属矿山尾矿库和废石场中用于综合利用的尾砂和低品位矿石。

地质勘探单位按地质勘查项目或工程总费用的 2%，在项目或工程实施期内逐月提取企业安全生产费用。

第十一条　尾矿库运行按当月入库尾矿量计提企业安全生产费用，其中三等及三等以上尾矿库每吨4元，四等及五等尾矿库每吨5元。

尾矿库回采按当月回采尾矿量计提企业安全生产费用，其中三等及三等以上尾矿库每吨1元，四等及五等尾矿库每吨1.5元。

第十二条　非煤矿山开采企业安全生产费用应当用于以下支出：

（一）完善、改造和维护安全防护设施设备（不含“三同时”要求初期投入的安全设施）和重大事故隐患治理支出，包括矿山综合防尘、防灭火、防治水、危险气体监测、通风系统、支护及防治边帮滑坡、防冒顶片帮设备、机电设备、供配电系统、运输（提升）系统和尾矿库等完善、改造和维护支出以及实施地压监测监控、露天矿边坡治理等支出；

（二）完善非煤矿山监测监控、人员位置监测、紧急避险、压风自救、供水施救和通信联络等安全避险设施设备支出，完善尾矿库全过程在线监测监控系统支出，应急救援技术装备、设施配置及维护保养支出，事故逃生和紧急避难设施设备的配置和应急救援队伍建设、应急预案制修订与应急演练支出；

（三）开展重大危险源检测、评估、监控支出，安全风险分级管控和事故隐患排查整改支出，机械化、智能化建设，安全生产信息化建设、运维和网络安全支出；

（四）安全生产检查、评估评价（不含新建、改建、扩建项目安全评价）、咨询、标准化建设支出；

（五）配备和更新现场作业人员安全防护用品支出；

（六）安全生产宣传、教育、培训和从业人员发现并报告事故隐患的奖励支出；

（七）安全生产适用的新技术、新标准、新工艺、智能化、机器人等新装备的推广应用支出；

（八）安全设施及特种设备检测检验、检定校准支出；

（九）尾矿库闭库、销库费用支出；

（十）地质勘探单位野外应急食品、应急器械、应急药品支出；

（十一）安全生产责任保险支出；

（十二）与安全生产直接相关的其他支出。

第三节　石油天然气开采企业

第十三条　石油天然气（包括页岩油、页岩气）开采是指陆上采油（气）、海上采油（气）、钻井、物探、测井、录井、井下作业、油建、海油工程等活动。

煤层气（地面开采）企业参照陆上采油（气）企业执行。

第十四条　陆上采油（气）、海上采油（气）企业依据当月开采的石油、天然气产量，于月末提取企业安全生产费用。其中每吨原油 20 元，每千立方米原气 7.5 元。

钻井、物探、测井、录井、井下作业、油建、海油工程等企业按照项目或工程造价中的直接工程成本的 2% 逐月提取企业安全生产费用。工程发包单位应当在合同中单独约定并及时向工程承包单位支付企业安全生产费用。

石油天然气开采企业的储备油、地下储气库参照危险品储存企业执行。

第十五条　石油天然气开采企业安全生产费用应当用于以下支出：

（一）完善、改造和维护安全防护设施设备支出（不含“三同时”要求初期投入的安全设施），包括油气井（场）、管道、站场、海洋石油生产设施、作业设施等设施设备的监测、监控、防井喷、防灭火、防坍塌、防爆炸、防泄漏、防腐蚀、防颠覆、防漂移、防雷、防静电、防台风、防中毒、防坠落等设施设备支出；

（二）事故逃生和紧急避难设施设备的配置及维护保养支出，应急救援器材、设备配置及维护保养支出，应急救援队伍建设、应急预案制修订与应急演练支出；

（三）开展重大危险源检测、评估、监控支出，安全风险分级管控和事故隐患排查整改支出，安全生产信息化、智能化建设、运维和网络安全支出；

（四）安全生产检查、评估评价（不含新建、改建、扩建项目安全评价）、咨询、标准化建设支出；

（五）配备和更新现场作业人员安全防护用品支出；

（六）安全生产宣传、教育、培训和从业人员发现并报告事故隐患的奖励支出；

（七）安全生产适用的新技术、新标准、新工艺、新装备的推广应用支出；

（八）安全设施及特种设备检测检验、检定校准支出；

（九）野外或海上作业应急食品、应急器械、应急药品支出；

（十）安全生产责任保险支出；

（十一）与安全生产直接相关的其他支出。

第四节　建设工程施工企业

第十六条　建设工程是指土木工程、建筑工程、线路管道和设备安装及装修工程，包括新建、扩建、改建。

井巷工程、矿山建设参照建设工程执行。

第十七条　建设工程施工企业以建筑安装工程造价为依据，于月末按工程进度计算提取企业安全生产费用。提取标准如下：

（一）矿山工程3.5%；

（二）铁路工程、房屋建筑工程、城市轨道交通工程3%；

（三）水利水电工程、电力工程2.5%；

（四）冶炼工程、机电安装工程、化工石油工程、通信工程2%；

（五）市政公用工程、港口与航道工程、公路工程1.5%。

建设工程施工企业编制投标报价应当包含并单列企业安全生产费用，竞标时不得删减。国家对基本建设投资概算另有规定的，从其规定。

本办法实施前建设工程项目已经完成招投标并签订合同的，企业安全生产费用按照原规定提取标准执行。

第十八条　建设单位应当在合同中单独约定并于工程开工日一个月内向承包单位支付至少50%企业安全生产费用。

总包单位应当在合同中单独约定并于分包工程开工日一个月

内将至少 50% 企业安全生产费用直接支付分包单位并监督使用，分包单位不再重复提取。

工程竣工决算后结余的企业安全生产费用，应当退回建设单位。

第十九条　建设工程施工企业安全生产费用应当用于以下支出：

（一）完善、改造和维护安全防护设施设备支出（不含“三同时”要求初期投入的安全设施），包括施工现场临时用电系统、洞口或临边防护、高处作业或交叉作业防护、临时安全防护、支护及防治边坡滑坡、工程有害气体监测和通风、保障安全的机械设备、防火、防爆、防触电、防尘、防毒、防雷、防台风、防地质灾害等设施设备支出；

（二）应急救援技术装备、设施配置及维护保养支出，事故逃生和紧急避难设施设备的配置和应急救援队伍建设、应急预案制修订与应急演练支出；

（三）开展施工现场重大危险源检测、评估、监控支出，安全风险分级管控和事故隐患排查整改支出，工程项目安全生产信息化建设、运维和网络安全支出；

（四）安全生产检查、评估评价（不含新建、改建、扩建项目安全评价）、咨询和标准化建设支出；

（五）配备和更新现场作业人员安全防护用品支出；

（六）安全生产宣传、教育、培训和从业人员发现并报告事故隐患的奖励支出；

（七）安全生产适用的新技术、新标准、新工艺、新装备的推广应用支出；

（八）安全设施及特种设备检测检验、检定校准支出；

（九）安全生产责任保险支出；

（十）与安全生产直接相关的其他支出。

第五节　危险品生产与储存企业

第二十条　危险品生产与储存是指经批准开展列入国家标准《危险货物品名表》（GB 12268）、《危险化学品目录》物品，以及列入国家有关规定危险品直接生产和聚积保存的活动（不含销售和使用）。

危险品运输适用第六节规定。

第二十一条　危险品生产与储存企业以上一年度营业收入为依据，采取超额累退方式确定本年度应计提金额，并逐月平均提取。具体如下：

（一）上一年度营业收入不超过1000万元的，按照4.5%提取；

（二）上一年度营业收入超过1000万元至1亿元的部分，按照2.25%提取；

（三）上一年度营业收入超过1亿元至10亿元的部分，按照0.55%提取；

（四）上一年度营业收入超过10亿元的部分，按照0.2%提取。

第二十二条　危险品生产与储存企业安全生产费用应当用于以下支出：

（一）完善、改造和维护安全防护设施设备支出（不含“三同时”要求初期投入的安全设施），包括车间、库房、罐区等作业场所的监控、监测、通风、防晒、调温、防火、灭火、防爆、泄压、防毒、消毒、中和、防潮、防雷、防静电、防腐、防渗漏、防护围堤和隔离操作等设施设备支出；

（二）配备、维护、保养应急救援器材、设备支出和应急救援队伍建设、应急预案制修订与应急演练支出；

（三）开展重大危险源检测、评估、监控支出，安全风险分级管控和事故隐患排查整改支出，安全生产风险监测预警系统等安全生产信息系统建设、运维和网络安全支出；

（四）安全生产检查、评估评价（不含新建、改建、扩建项目安全评价）、咨询和标准化建设支出；

（五）配备和更新现场作业人员安全防护用品支出；

（六）安全生产宣传、教育、培训和从业人员发现并报告事故隐患的奖励支出；

（七）安全生产适用的新技术、新标准、新工艺、新装备的推广应用支出；

（八）安全设施及特种设备检测检验、检定校准支出；

（九）安全生产责任保险支出；

（十）与安全生产直接相关的其他支出。

第六节　交通运输企业

第二十三条　交通运输包括道路运输、铁路运输、城市轨道交通、水路运输、管道运输。

道路运输是指《中华人民共和国道路运输条例》规定的道路旅客运输和道路货物运输；铁路运输是指《中华人民共和国铁路法》规定的铁路旅客运输和货物运输；城市轨道交通是指依规定批准建设的，采用专用轨道导向运行的城市公共客运交通系统，包括地铁、轻轨、单轨、有轨电车、磁浮、自动导向轨道、市域快速轨道系统；水路运输是指以运输船舶为工具的经营性旅客和货物运输及港口装卸、过驳、仓储；管道运输是指以管道为工具的液体和气体物资运输。

第二十四条 交通运输企业以上一年度营业收入为依据，确定本年度应计提金额，并逐月平均提取。具体如下：

（一）普通货运业务 1%；

（二）客运业务、管道运输、危险品等特殊货运业务 1.5%。

第二十五条 交通运输企业安全生产费用应当用于以下支出：

（一）完善、改造和维护安全防护设施设备支出（不含“三同时”要求初期投入的安全设施），包括道路、水路、铁路、城市轨道交通、管道运输设施设备和装卸工具安全状况检测及维护系统、运输设施设备和装卸工具附属安全设备等支出；

（二）购置、安装和使用具有行驶记录功能的车辆卫星定位装置、视频监控装置、船舶通信导航定位和自动识别系统、电子海图等支出；

（三）铁路和城市轨道交通防灾监测预警设备及铁路周界入侵报警系统、铁路危险品运输安全监测设备支出；

（四）配备、维护、保养应急救援器材、设备支出和应急救援队伍建设、应急预案制修订与应急演练支出；

（五）开展重大危险源检测、评估、监控支出，安全风险分级管控和事故隐患排查整改支出，安全生产信息化、智能化建设、运维和网络安全支出；

（六）安全生产检查、评估评价（不含新建、改建、扩建项目安全评价）、咨询和标准化建设支出；

（七）配备和更新现场作业人员安全防护用品支出；

（八）安全生产宣传、教育、培训和从业人员发现并报告事故隐患的奖励支出；

（九）安全生产适用的新技术、新标准、新工艺、新装备的推广应用支出；

（十）安全设施及特种设备检测检验、检定校准、铁路和城市轨道交通基础设备安全检测支出；

（十一）安全生产责任保险及承运人责任保险支出；

（十二）与安全生产直接相关的其他支出。

第七节　冶金企业

第二十六条　冶金是指黑色金属和有色金属冶炼及压延加工等生产活动。

第二十七条　冶金企业以上一年度营业收入为依据，采取超额累退方式确定本年度应计提金额，并逐月平均提取。具体如下：

（一）上一年度营业收入不超过 1000 万元的，按照 3% 提取；

（二）上一年度营业收入超过1000万元至1亿元的部分，按照1.5%提取；

（三）上一年度营业收入超过1亿元至10亿元的部分，按照0.5%提取；

（四）上一年度营业收入超过10亿元至50亿元的部分，按照0.2%提取；

（五）上一年度营业收入超过50亿元至100亿元的部分，按照0.1%提取；

（六）上一年度营业收入超过100亿元的部分，按照0.05%提取。

第二十八条 冶金企业安全生产费用应当用于以下支出：

（一）完善、改造和维护安全防护设备设施支出（不含“三同时”要求初期投入的安全设施），包括车间、站、库房等作业场所的监控、监测、防高温、防火、防爆、防坠落、防尘、防毒、防雷、防窒息、防触电、防噪声与振动、防辐射和隔离操作等设施设备支出；

（二）配备、维护、保养应急救援器材、设备支出和应急救援队伍建设、应急预案制修订与应急演练支出；

（三）开展重大危险源检测、评估、监控支出，安全风险分级管控和事故隐患排查整改支出，安全生产信息化、智能化建设、运维和网络安全支出；

（四）安全生产检查、评估评价（不含新建、改建、扩建项目安全评价）和咨询及标准化建设支出；

（五）安全生产宣传、教育、培训和从业人员发现并报告事故隐患的奖励支出；

（六）配备和更新现场作业人员安全防护用品支出；

（七）安全生产适用的新技术、新标准、新工艺、新装备的推广应用支出；

（八）安全设施及特种设备检测检验、检定校准支出；

（九）安全生产责任保险支出；

（十）与安全生产直接相关的其他支出。

第八节　机械制造企业

第二十九条　机械制造是指各种动力机械、矿山机械、运输机械、农业机械、仪器、仪表、特种设备、大中型船舶、海洋工程装备、石油炼化装备、建筑施工机械及其他机械设备的制造活动。

按照《国民经济行业分类与代码》（GB/T 4754），本办法所称机械制造企业包括通用设备制造业，专用设备制造业，汽车制造业，铁路、船舶、航空航天和其他运输设备制造业（不含第十一节民用航空设备制造），电气机械和器材制造业，计算机、通信和其他电子设备制造业，仪器仪表制造业，金属制品、机械和设备修理业等8类企业。

第三十条　机械制造企业以上一年度营业收入为依据，采取超额累退方式确定本年度应计提金额，并逐月平均提取。具体如下：

（一）上一年度营业收入不超过1000万元的，按照2.35%提取；

（二）上一年度营业收入超过1000万元至1亿元的部分，按照1.25%提取；

（三）上一年度营业收入超过1亿元至10亿元的部分，按照0.25%提取；

（四）上一年度营业收入超过10亿元至50亿元的部分，按照0.1%提取；

（五）上一年度营业收入超过50亿元的部分，按照0.05%提取。

第三十一条 机械制造企业安全生产费用应当用于以下支出：

（一）完善、改造和维护安全防护设施设备支出（不含“三同时”要求初期投入的安全设施），包括生产作业场所的防火、防爆、防坠落、防毒、防静电、防腐、防尘、防噪声与振动、防辐射和隔离操作等设施设备支出，大型起重机械安装安全监控管理系统支出；

（二）配备、维护、保养应急救援器材、设备支出和应急救援队伍建设、应急预案制修订与应急演练支出；

（三）开展重大危险源检测、评估、监控支出，安全风险分级管控和事故隐患排查整改支出，安全生产信息化、智能化建设、运维和网络安全支出；

（四）安全生产检查、评估评价（不含新建、改建、扩建项目安全评价）、咨询和标准化建设支出；

（五）安全生产宣传、教育、培训和从业人员发现并报告事故隐患的奖励支出；

（六）配备和更新现场作业人员安全防护用品支出；

（七）安全生产适用的新技术、新标准、新工艺、新装备的推广应用支出；

（八）安全设施及特种设备检测检验、检定校准支出；

（九）安全生产责任保险支出；

（十）与安全生产直接相关的其他支出。

第九节　烟花爆竹生产企业

第三十二条　烟花爆竹是指烟花爆竹制品和用于生产烟花爆竹的民用黑火药、烟火药、引火线等物品。

第三十三条　烟花爆竹生产企业以上一年度营业收入为依据，采取超额累退方式确定本年度应计提金额，并逐月平均提取。具体如下：

（一）上一年度营业收入不超过 1000 万元的，按照 4% 提取；

（二）上一年度营业收入超过 1000 万元至 2000 万元的部分，按照 3% 提取；

（三）上一年度营业收入超过 2000 万元的部分，按照 2. 5% 提取。

第三十四条　烟花爆竹生产企业安全生产费用应当用于以下支出：

（一）完善、改造和维护安全设备设施支出（不含“三同时”要求初期投入的安全设施），包括作业场所的防火、防爆（含防护屏障）、防雷、防静电、防护围墙（网）与栏杆、防高温、防潮、防山体滑坡、监测、检测、监控等设施设备支出；

（二）配备、维护、保养防爆机械电器设备支出；

（三）配备、维护、保养应急救援器材、设备支出和应急救援队伍建设、应急预案制修订与应急演练支出；

（四）开展重大危险源检测、评估、监控支出，安全风险分级管控和事故隐患排查整改支出，安全生产信息化、智能化建设、运维和网络安全支出；

（五）安全生产检查、评估评价（不含新建、改建、扩建项目安全评价）、咨询和标准化建设支出；

（六）安全生产宣传、教育、培训和从业人员发现并报告事故隐患的奖励支出；

（七）配备和更新现场作业人员安全防护用品支出；

（八）安全生产适用新技术、新标准、新工艺、新装备的推广应用支出；

（九）安全设施及特种设备检测检验、检定校准支出；

（十）安全生产责任保险支出；

（十一）与安全生产直接相关的其他支出。

第十节　民用爆炸物品生产企业

第三十五条　民用爆炸物品是指列入《民用爆炸物品品名表》的物品。

第三十六条　民用爆炸物品生产企业以上一年度营业收入为依据，采取超额累退方式确定本年度应计提金额，并逐月平均提取。具体如下：

（一）上一年度营业收入不超过 1000 万元的，按照 4% 提取；

（二）上一年度营业收入超过 1000 万元至 1 亿元的部分，按照 2% 提取；

（三）上一年度营业收入超过 1 亿元至 10 亿元的部分，按照 0.5% 提取；

（四）上一年度营业收入超过 10 亿元的部分，按照 0.2% 提取。

第三十七条　民用爆炸物品生产企业安全生产费用应当用于以下支出：

（一）完善、改造和维护安全防护设施设备（不含“三同时”要求初期投入的安全设施），包括车间、库房、罐区等作业场所的监控、监测、通风、防晒、调温、防火、灭火、防爆、泄压、防毒、消毒、中和、防潮、防雷、防静电、防腐、防渗漏、防护屏障、隔离操作等设施设备支出；

（二）配备、维护、保养应急救援器材、设备支出和应急救援队伍建设、应急预案制修订与应急演练支出；

（三）开展重大危险源检测、评估、监控支出，安全风险分级管控和事故隐患排查整改支出，安全生产信息化、智能化建设、运维和网络安全支出；

（四）安全生产检查、评估评价（不含新建、改建、扩建项目安全评价）、咨询和标准化建设支出；

（五）配备和更新现场作业人员安全防护用品支出；

（六）安全生产宣传、教育、培训和从业人员发现并报告事故隐患的奖励支出；

（七）安全生产适用的新技术、新标准、新工艺、新设备的推广应用支出；

（八）安全设施及特种设备检测检验、检定校准支出；

（九）安全生产责任保险支出；

（十）与安全生产直接相关的其他支出。

第十一节　武器装备研制生产与试验企业

第三十八条　武器装备研制生产与试验，包括武器装备和军工危险化学品的科研、生产、试验、储运、销毁、维修保障等。

第三十九条　武器装备研制生产与试验企业以上一年度军品营业收入为依据，采取超额累退方式确定本年度应计提金额，并逐月平均提取。

（一）军工危险化学品研制、生产与试验企业，包括火炸药、推进剂、弹药（含战斗部、引信、火工品）、火箭导弹发动机、燃气发生器等，提取标准如下：

1. 上一年度营业收入不超过1000万元的，按照5%提取；

2. 上一年度营业收入超过1000万元至1亿元的部分，按照3%提取；

3. 上一年度营业收入超过1亿元至10亿元的部分，按照1%提取；

4. 上一年度营业收入超过10亿元的部分，按照0.5%提取。

（二）核装备及核燃料研制、生产与试验企业，提取标准如下：

1. 上一年度营业收入不超过1000万元的，按照3%提取；

2. 上一年度营业收入超过1000万元至1亿元的部分，按照2%提取；

3. 上一年度营业收入超过1亿元至10亿元的部分，按照0.5%提取；

4. 上一年度营业收入超过10亿元的部分，按照0.2%提取。

（三）军用舰船（含修理）研制、生产与试验企业，提取标准如下：

1. 上一年度营业收入不超过1000万元的，按照2.5%提取；

2. 上一年度营业收入超过1000万元至1亿元的部分，按照1.75%提取；

3. 上一年度营业收入超过1亿元至10亿元的部分，按照0.8%提取；

4. 上一年度营业收入超过10亿元的部分，按照0.4%提取。

（四）飞船、卫星、军用飞机、坦克车辆、火炮、轻武器、大型天线等产品的总体、部分和元器件研制、生产与试验企业，提取标准如下：

1. 上一年度营业收入不超过1000万元的，按照2%提取；

2. 上一年度营业收入超过1000万元至1亿元的部分，按照1.5%提取；

3. 上一年度营业收入超过1亿元至10亿元的部分，按照0.5%提取；

4. 上一年度营业收入超过10亿元至100亿元的部分，按照

0.2%提取；

5. 上一年度营业收入超过100亿元的部分，按照0.1%提取。

（五）其他军用危险品研制、生产与试验企业，提取标准如下：

1. 上一年度营业收入不超过1000万元的，按照4%提取；

2. 上一年度营业收入超过1000万元至1亿元的部分，按照2%提取；

3. 上一年度营业收入超过1亿元至10亿元的部分，按照0.5%提取；

4. 上一年度营业收入超过10亿元的部分，按照0.2%提取。

第四十条 核工程按照工程造价3%提取企业安全生产费用。企业安全生产费用在竞标时列为标外管理。

第四十一条 武器装备研制生产与试验企业安全生产费用应当用于以下支出：

（一）完善、改造和维护安全防护设施设备支出（不含“三同时”要求初期投入的安全设施），包括研究室、车间、库房、储罐区、外场试验区等作业场所监控、监测、防触电、防坠落、防爆、泄压、防火、灭火、通风、防晒、调温、防毒、防雷、防静电、防腐、防尘、防噪声与振动、防辐射、防护围堤和隔离操作等设施设备支出；

（二）配备、维护、保养应急救援、应急处置、特种个人防护器材、设备、设施支出和应急救援队伍建设、应急预案制修订与应急演练支出；

（三）开展重大危险源检测、评估、监控支出，安全风险分级管控和事故隐患排查整改支出，安全生产信息化、智能化建设、运维和网络安全支出；

（四）高新技术和特种专用设备安全鉴定评估、安全性能检验检测及操作人员上岗培训支出；

（五）安全生产检查、评估评价（不含新建、改建、扩建项目安全评价）、咨询和标准化建设支出；

（六）安全生产宣传、教育、培训和从业人员发现并报告事故隐患的奖励支出；

（七）军工核设施（含核废物）防泄漏、防辐射的设施设备支出；

（八）军工危险化学品、放射性物品及武器装备科研、试验、生产、储运、销毁、维修保障过程中的安全技术措施改造费和安全防护（不含工作服）费用支出；

（九）大型复杂武器装备制造、安装、调试的特殊工种和特种作业人员培训支出；

（十）武器装备大型试验安全专项论证与安全防护费用支出；

（十一）特殊军工电子元器件制造过程中有毒有害物质监测及特种防护支出；

（十二）安全生产适用新技术、新标准、新工艺、新装备的推广应用支出；

（十三）安全生产责任保险支出；

（十四）与安全生产直接相关的其他支出。

第十二节　电力生产与供应企业

第四十二条　电力生产是指利用火力、水力、核力、风力、太阳能、生物质能以及地热、潮汐能等其他能源转换成电能的活动。

电力供应是指经营和运行电网，从事输电、变电、配电等电能输送与分配的活动。

第四十三条　电力生产与供应企业以上一年度营业收入为依据，采取超额累退方式确定本年度应计提金额，并逐月平均提取。

（一）电力生产企业，提取标准如下：

1. 上一年度营业收入不超过1000万元的，按照3%提取；

2. 上一年度营业收入超过1000万元至1亿元的部分，按照1.5%提取；

3. 上一年度营业收入超过1亿元至10亿元的部分，按照1%提取；

4. 上一年度营业收入超过10亿元至50亿元的部分，按照0.8%提取；

5. 上一年度营业收入超过50亿元至100亿元的部分，按照0.6%提取；

6. 上一年度营业收入超过100亿元的部分，按照0.2%提取。

（二）电力供应企业，提取标准如下：

1. 上一年度营业收入不超过500亿元的，按照0.5%提取；

2. 上一年度营业收入超过500亿元至1000亿元的部分，按照0.4%提取；

3. 上一年度营业收入超过1000亿元至2000亿元的部分，按照0.3%提取；

4. 上一年度营业收入超过2000亿元的部分，按照0.2%提取。

第四十四条　电力生产与供应企业安全生产费用应当用于以下支出：

（一）完善、改造和维护安全防护设备、设施支出（不含“三同时”要求初期投入的安全设施），包括发电、输电、变电、配电等设备设施的安全防护及安全状况的完善、改造、检测、监测及维护，作业场所的安全监控、监测以及防触电、防坠落、防物体打击、防火、防爆、防毒、防窒息、防雷、防误操作、临边、封闭等设施设备支出；

（二）配备、维护、保养应急救援器材、设备设施支出和应急救援队伍建设、应急预案制修订与应急演练支出；

（三）开展重大危险源检测、评估、监控支出，安全风险分级管控和事故隐患排查整改支出（不含水电站大坝重大隐患除险加固支出、燃煤发电厂贮灰场重大隐患除险加固治理支出），安全生产信息化、智能化建设、运维和网路安全支出；

（四）安全生产检查、评估评价（不含新建、改建、扩建项目安全评价）、咨询和标准化建设支出；

（五）安全生产宣传、教育、培训和从业人员发现并报告事故隐患的奖励支出；

（六）配备和更新现场作业人员安全防护用品支出；

（七）安全生产适用的新技术、新标准、新工艺、新设备的推广应用支出；

（八）安全设施及特种设备检测检验、检定校准支出；

（九）安全生产责任保险支出；

（十）与安全生产直接相关的其他支出。

第三章　企业安全生产费用的管理和监督

第四十五条　企业应当建立健全内部企业安全生产费用管理制度，明确企业安全生产费用提取和使用的程序、职责及权限，落实责任，确保按规定提取和使用企业安全生产费用。

第四十六条　企业应当加强安全生产费用管理，编制年度企业安全生产费用提取和使用计划，纳入企业财务预算，确保资金投入。

第四十七条　企业提取的安全生产费用从成本（费用）中列支并专项核算。符合本办法规定的企业安全生产费用支出应当取得发票、收据、转账凭证等真实凭证。

本企业职工薪酬、福利不得从企业安全生产费用中支出。企业从业人员发现报告事故隐患的奖励支出从企业安全生产费用中列支。

企业安全生产费用年度结余资金结转下年度使用。企业安全生产费用出现赤字（即当年计提企业安全生产费用加上年初结余小于年度实际支出）的，应当于年末补提企业安全生产费用。

第四十八条　以上一年度营业收入为依据提取安全生产费用

的企业，新建和投产不足一年的，当年企业安全生产费用据实列支，年末以当年营业收入为依据，按照规定标准计算提取企业安全生产费用。

第四十九条　企业按本办法规定标准连续两年补提安全生产费用的，可以按照最近一年补提数提高提取标准。

本办法公布前，地方各级人民政府已制定下发企业安全生产费用提取使用办法且其提取标准低于本办法规定标准的，应当按照本办法进行调整。

第五十条　企业安全生产费用月初结余达到上一年应计提金额三倍及以上的，自当月开始暂停提取企业安全生产费用，直至企业安全生产费用结余低于上一年应计提金额三倍时恢复提取。

第五十一条　企业当年实际使用的安全生产费用不足年度应计提金额60%的，除按规定进行信息披露外，还应当于下一年度4月底前，按照属地监管权限向县级以上人民政府负有安全生产监督管理职责的部门提交经企业董事会、股东会等机构审议的书面说明。

第五十二条　企业同时开展两项及两项以上以营业收入为安全生产费用计提依据的业务，能够按业务类别分别核算的，按各项业务计提标准分别提取企业安全生产费用；不能分别核算的，按营业收入占比最高业务对应的提取标准对各项合计营业收入计提企业安全生产费用。

第五十三条　企业作为承揽人或承运人向客户提供纳入本办法规定范围的服务，且外购材料和服务成本高于自客户取得营业收入85%以上的，可以将营业收入扣除相关外购材料和服务成本的净额，作为企业安全生产费用计提依据。

第五十四条 企业内部有两个及两个以上独立核算的非法人主体，主体之间生产和转移产品和服务按本办法规定需提取企业安全生产费用的，各主体可以以本主体营业收入扣除自其他主体采购产品和服务的成本（即剔除内部互供收入）的净额，作为企业安全生产费用计提依据。

第五十五条 承担集团安全生产责任的企业集团母公司（一级，以下简称集团总部），可以对全资及控股子公司提取的企业安全生产费用按照一定比例集中管理，统筹使用。子公司转出资金作为企业安全生产费用支出处理，集团总部收到资金作为专项储备管理，不计入集团总部收入。

集团总部统筹的企业安全生产费用应当用于本办法规定的应急救援队伍建设、应急预案制修订与应急演练，安全生产检查、咨询和标准化建设，安全生产宣传、教育、培训，安全生产适用的新技术、新标准、新工艺、新装备的推广应用等安全生产直接相关支出。

第五十六条 在本办法规定的使用范围内，企业安全生产费用应当优先用于达到法定安全生产标准所需支出和按各级应急管理部门、矿山安全监察机构及其他负有安全生产监督管理职责的部门要求开展的安全生产整改支出。

第五十七条 煤炭生产企业和非煤矿山企业已提取维持简单再生产费用的，应当继续提取，但不得重复开支本办法规定的企业安全生产费用。

第五十八条 企业由于产权转让、公司制改建等变更股权结构或者组织形式的，其结余的企业安全生产费用应当继续按照本办法管理使用。

第五十九条　企业调整业务、终止经营或者依法清算的，其结余的企业安全生产费用应当结转本期收益或者清算收益。下列情形除外：

（一）矿山企业转产、停产、停业或者解散的，应当将企业安全生产费用结余用于矿山闭坑、尾矿库闭库后可能的危害治理和损失赔偿；

（二）危险品生产与储存企业转产、停产、停业或者解散的，应当将企业安全生产费用结余用于处理转产、停产、停业或者解散前的危险品生产或者储存设备、库存产品及生产原料支出。

第（一）和（二）项企业安全生产费用结余，有存续企业的，由存续企业管理；无存续企业的，由清算前全部股东共同管理或者委托第三方管理。

第六十条　企业提取的安全生产费用属于企业自提自用资金，除集团总部按规定统筹使用外，任何单位和个人不得采取收取、代管等形式对其进行集中管理和使用。法律、行政法规另有规定的，从其规定。

第六十一条　各级应急管理部门、矿山安全监察机构及其他负有安全生产监督管理职责的部门和财政部门依法对企业安全生产费用提取、使用和管理进行监督检查。

第六十二条　企业未按本办法提取和使用安全生产费用的，由县级以上应急管理部门、矿山安全监察机构及其他负有安全生产监督管理职责的部门和财政部门按照职责分工，责令限期改正，并依照《中华人民共和国安全生产法》、《中华人民共和国会计法》和相关法律法规进行处理、处罚。情节严重、性质恶劣的，依照有关规定实施联合惩戒。

第六十三条 建设单位未按规定及时向施工单位支付企业安全生产费用、建设工程施工总承包单位未向分包单位支付必要的企业安全生产费用以及承包单位挪用企业安全生产费用的，由建设、交通运输、铁路、水利、应急管理、矿山安全监察等部门按职责分工依法进行处理、处罚。

第六十四条 各级应急管理部门、矿山安全监察机构及其他负有安全生产监督管理职责的部门和财政部门及其工作人员，在企业安全生产费用监督管理中存在滥用职权、玩忽职守、徇私舞弊等违法违纪行为的，按照《中华人民共和国安全生产法》、《中华人民共和国监察法》等有关规定追究相应责任。构成犯罪的，依法追究刑事责任。

第四章　附　　则

第六十五条 企业安全生产费用的会计处理，应当符合国家统一的会计制度规定。

企业安全生产费用财务处理与税收规定不一致的，纳税时应当依法进行调整。

第六十六条 本办法第二条规定范围以外的企业为达到应当具备的安全生产条件所需的资金投入，从成本（费用）中列支。

自营烟花爆竹储存仓库的烟花爆竹销售企业、自营民用爆炸物品储存仓库的民用爆炸物品销售企业，分别参照烟花爆竹生产企业、民用爆炸物品生产企业执行。

实行企业化管理的事业单位参照本办法执行。

第六十七条　各省级应急管理部门、矿山安全监察机构可以结合本地区实际情况，会同相关部门制定特定行业具体办法，报省级人民政府批准后实施。

县级以上应急管理部门应当将本地区企业安全生产费用提取使用情况纳入定期统计分析。

第六十八条　本办法由财政部、应急部负责解释。

第六十九条　本办法自印发之日起施行。《企业安全生产费用提取和使用管理办法》（财企〔2012〕16号）同时废止。

财政部关于《企业安全生产费用提取和使用管理办法》的修订说明

为应对安全生产新形势，贯彻安全发展新理念，推动企业落实主体责任，加强企业安全生产投入，财政部、应急管理部对《企业安全生产费用提取和使用管理办法》（以下称《办法》）进行了修订。现将修订情况说明如下。

一、修订的必要性

（一）*贯彻落实党中央、国务院统筹安全与发展的内在要求。*安全生产事关人民福祉，党的十八大以来，以习近平同志为核心的党中央高度重视安全生产工作，强调各级党委和政府务必把安全生产摆到重要位置，切实把确保人民生命安全放在第一位落到实处。安全生产费用是安全生产工作开展和推广的基础，需要紧密围绕党中央、国务院关于统筹安全与发展的指示精神和工作部署，牢牢把握新时代安全发展理念，对《办法》进行修订。

（二）*应对我国安全生产形势的迫切需要。*在党和政府的正确领导下，当前我国安全生产形势总体稳定。但随着经济社会进步、城市建设发展，安全生产压力逐步增大，部分地区和行业领域事故多发，住建领域非法违法建设问题突出，矿山领域非法违法开采影响恶劣，钢铁、电力等企业环保设施新风险突出……应对复杂严峻的安全生产形势，需要通过修订《办法》，科学调整适用行业和使用范围，合理测算和选用提取标准，为当前和今后一段时期企业安全生产提供必要保障。

（三）推进依法治理的必要保障。《中华人民共和国安全生产法》等法律法规的修订以及《中共中央　国务院关于推进安全生产领域改革发展的意见》等政策文件的出台，均对加大安全投入保障、改善安全生产条件进行了明确和强调。《办法》需与有关规定相衔接，细化管理标准、明确各方责任，健全安全生产责任机制，大力推进依法治理。

二、修订的主要过程

2019 年底，财政部、应急管理部启动《办法》修订工作，成立课题研究组，广泛深入行业重点企业、行业主管部门、行业协会，全面了解现实问题，组织开展需求测算。2021 年，根据情况调查和研究测算，形成《办法》修订稿，广泛征集行业重点企业、行业主管部门意见，充分论证、反复修改。2022 年初，再次征求行业重点企业、行业主管部门、地方财政厅局、地方应急厅局意见，就适用范围、提取标准与行业主管部门基本达成一致。2022 年 7 月，面向社会公开征集意见，认真论证、充分吸收。2022 年 9 月，聚焦提取依据、提取频次、财务处理等重点内容进一步修改完善，并与行业主管部门反复沟通、修改形成了《办法（送审稿）》。

三、修订的主要内容

（一）拓宽适用范围。综合考虑产品性质特殊性、生产过程危险性及产品对社会经济的重要性，将民用爆炸品生产、电力生产与供应两类行业纳入适用范围；顺应公共交通发展，维护公共交通安全，在交通运输行业增加城市轨道交通企业；基于与其他非煤矿山开采作业活动、安全投入方向以及安全监管的差异化，单列石油天然气开采企业，并对其行业属性内涵重新界定。

（二）调整提取标准。根据情况调查和研究测算，结合企业和行业主管部门意见，适度提高煤炭、非煤矿山、建设工程施工、危险品、烟花爆竹、机械制造六类行业标准，维持交通运输、冶金、武器装备研制生产与试验三类行业标准；结合行业特点，细化石油天然气开采企业提取标准；新增对民用爆炸物品生产、电力生产和电力供应两类行业的提取标准。

（三）扩展使用范围。适应企业安全生产需求，加强安全生产投入建设，新增应急救援队伍建设与应急预案制修订、重大危险源检测、安全风险分级管控、事故隐患排查、安全生产信息化、智能化建设、运维和网络安全、安全生产责任保险及职工发现并报告安全隐患的奖励、安全设施及特种设备检定校准等安全生产费用支出内容。

（四）完善财务处理。落实“放管服”要求，推进政府职能转变，简化安全费用缓提或少提条件；综合地区经济发展不平衡、企业安全生产水平差异性较大等因素，调整提高提取标准的条件；防止企业只提不用、调节利润，设置对安全生产费用使用不足的程序要求；明确凭证取得、归集核算、结转结余、内部互供、集团统筹等具体财务处理方法。

（五）明确主体责任。根据机构和职能调整，补充细化企业责任和监管部门责任，严格责任追究；新增对行政部门及工作人员追责的有关规定，加强执法建设；新增县级以上应急管理部门应当将本地区企业安全费用提取使用情况纳入定期统计分析的有关规定，提高监管效率。

财政部　国家发展改革委　国家煤矿安全监察局关于建立煤矿安全生产设施长效投入机制的请示

2004 年 1 月 21 日　财建〔2004〕14 号

国务院：

根据国务院《研究加强煤矿安全生产工作有关问题的会议纪要》（国阅〔2003〕65 号）精神，财政部会同国家发展改革委、国家煤矿安全监察局和中国煤炭工业协会，对建立煤矿安全生产设施长效投入机制问题进行了研究，对全国 18 个产煤省（区、市）开展了书面调查，并到辽宁、山西、安徽等重点产煤省有代表性的煤矿实地调研，对 870 多户煤炭生产企业上报的材料进行了测算、分析，召开专家座谈会充分听取了专家学者的意见。现将有关情况和我们的意见请示如下：

一、我国煤矿安全生产现状

党中央、国务院历来十分重视煤矿安全生产工作。国务院新一届政府组建以来，从增加投入和完善机制入手，采取综合治理措施，切实加强安全生产工作，收效明显。全国煤矿百万吨死亡率由 1990 年的 6. 16 人下降到 2002 年的 5. 02 人，2003 年 1—10 月又下降到 3. 979 人。但我们清醒地看到，我国煤矿安全生产形势仍然严峻：（1）全国事故发生起数和事故死亡人数居高不下，2002年全国煤矿事故死亡6995人，每百万吨煤产量人员死亡率大大高于世界主要产煤国家平均水平，如2000年美国为0.039，南非0.13，波兰0.26，印度0.42。（2）重、特大事故没有得到有效控制。1990—2002年，全国煤矿平均每年发生3人以上重、特大死亡事故398起，严重影响了企业的正常生产。（3）乡镇煤矿安全技术装备和从业人员素质总体水平低，采煤方法落后，事故发生起数和事故死亡人数均占全国总数的70%以上。（4）经济损失大、社会影响大。煤矿事故每死亡1人，直接和间接经济损失大约30万元，全国煤矿一年因伤亡事故造成的经济损失达20多亿元。煤矿事故的频繁发生，对人民生命财产安全，对改革、发展特别是社会稳定产生了较大的负面影响。

影响我国煤矿安全生产的因素是多方面的。如我国煤炭成矿地质条件复杂，矿井自然灾害偏多，人员素质低，安全监管不到位等，但安全设施投入不足，缺乏长期有效的投入机制是其中一个非常重要的原因。

目前，我国煤矿安全投入来源有三个，一是企业在成本中提取的维持简单再生产费用（简称维简费）中开支；二是直接在成本费用中列支；三是财政支持。主要来源是维简费。从调研情况看，维简费管理存在三个突出问题。一是提取标准过低，现行标准（国有煤矿吨煤提取6～8元，乡镇煤矿10元）是1992年确定的，十年一贯制，考虑物价指数上涨因素，现行标准不仅基数不高，且实际水平是逐年下降的，这就造成了维简费中用于安全措施费用支出过低，投入不足。二是2001年以前，煤炭企业经济效益不好，普遍存在现金流量不足的问题，一方面有的企业少提或不提维简费；另一方面虽然有的企业在账面上已经提足了维简费，但由于没有资金，实际投入非常少。如国有煤矿吨煤提取标准平均7元左右，实际上，1995年提取6.74元，1998年提取6.45元，2001年提取5.62元，由此推算国有重点煤矿1995—2001年就少提维简费32亿元；多数乡镇和个体煤矿则没有提取和使用维简费。三是维简费中安全投入只是其中一部分，没有具体的支出比例，支出多少、何时支出没有规定，安全投入缺乏刚性约束。如2002年，内蒙古大雁煤矿提取维简费2905万元，其中开支安全费用1555万元，占53.5%，黑龙江双鸭山煤矿提取维简费22125万元，其中开支安全费用2611万元，占11.8%。

长期以来，由于煤炭企业缺乏持续有效的安全投入机制，加之矿井设计标准偏低、外部投入不足，安全投入欠账较多。安全欠账主要是指瓦斯、顶板、水灾和机电等直接涉及安全生产项目的应该投入而未投入部分。据对山西、陕西、河南、河北、内蒙古、辽宁、吉林、黑龙江、江西、湖南、云南、四川、安徽等省（区）和新疆建设兵团的调查结果分析，如果按照《煤矿安全规程》要求，规模以上煤炭企业累计安全投入欠账300多亿元，全国所有煤矿累计安全投入欠账达500亿元以上，相当于规模以上煤炭企业2002年销售收入的四分之一。

二、建立煤矿安全长效投入机制的必要性和可行性

安全生产关系到国家财产和人民群众生命安全，搞好安全生产，减少安全事故，是人民群众根本利益之所在，是实践“三个代表”重要思想的具体表现。

与其他行业相比，煤炭企业在安全生产投入上具有明显的特殊性，随着矿井开采的延深，自然灾害将增加，必须持续不断地增加对安全基础设施的投入。这是煤炭企业生产的基本规律。

国外政府十分重视煤矿安全生产投入机制的建立，均制定了具体的政策措施，主要是督促企业增加安全投入，其费用可在税前列支。美国注重建立矿山企业自我约束机制，严格的法律法规、严厉的经济和刑事处罚，使企业不得不重视安全。德国还充分利用工伤保险等措施来督促矿山企业重视安全工作。目前，我国煤矿安全投入，如维简费也可在税前列支，但由于监管体系不如美国等西方国家发达，还不能完全约束企业自觉地进行安全投入。建立一种适应当前实际需要、“有形”的安全投入控制和监管机制，督促煤炭企业保证必要的安全生产设施投入是完全必要的，也是可行的。近两年，煤炭行业经济运行状况不断好转，2002 年，规模以上煤炭生产企业盈利 84 亿元，2003 年 1—10 月份盈利 108.1 亿元，这为建立煤矿安全投入长效机制提供了一定的基础条件。虽然提取安全费用会减少企业盈利水平，但考虑煤炭生产企业已经在成本中列支维简费和开支安全措施费用的实际情况，多数企业还是可以承受的。

各地方政府和煤炭企业普遍要求增加提取煤矿安全费用。多数地区和企业赞成单独提取，提取标准大都要求在吨煤 3 元以上，有的还建议提高到吨煤 25 元。总的情况是，困难企业要求少提一些，经济状况好的企业要求多提一些。有的地方政府和企业在这方面已经先走了一步，如黑龙江省 2003 年上半年已经出台了《建立煤矿安全投入长效机制》，安徽淮南煤业公司认真吸取过去几起特大瓦斯爆炸事故教训，自觉增加安全投入，2000—2002年共投入43927万元，事故发生率明显下降。

三、建立煤矿安全投入长效机制的具体措施

建立煤矿安全投入长效机制，目的是通过建立机制，保证煤矿安全设施投入的长期性和有效性。从遵循煤矿安全生产规律出发，所有煤炭生产企业（包括上市公司），不论国有还是乡镇个体煤矿，不论盈利还是亏损企业，都必须保证对安全设施的投入。在此基础上，建议采取三项措施。

（一）规范维简费管理

将现行维简费中用于安全投入的支出项目独立出来，单独提取安全费用。鉴于物价指数上涨以及原有开支项目减少了安全支出，维简费提取标准可维持目前水平不变。

调整后的维简费使用范围：保留矿井的开拓延伸，矿井技术改造，煤矿固定资产更新、改造和固定资产零星购置，矿区补充勘探，一次迁村（50户以上）、综合利用和治理“三废”等支出项目；取消试制新产品措施、增建职工住宅、校舍的开支。

（二）单独提取煤炭生产安全费用

在规范维简费管理的基础上，所有煤炭生产企业都必须单独提取安全费用。提取安全费用，计入当期费用，允许企业在缴纳所得税以前列支。提取标准，应按企业类型和矿井灾害程度的不同而分别确定。

1. 大中型煤炭生产企业按以下三种类型分别提取：

（1）露天煤矿按吨煤2～3元提取；

（2）高瓦斯煤矿，煤与瓦斯突出煤矿，自然发火严重和涌水量大的煤矿按吨煤3～8元提取；

（3）低瓦斯煤矿按吨煤2～5元提取。

2. 小型煤炭生产企业按吨煤6～10元提取。

有关煤炭生产企业大、中、小型分类，按国家煤炭工业矿井设计规范标准执行；有关露天煤矿和高、低瓦斯矿等的界定，按照国家煤矿安全生产的规定执行。

按以上标准初步测算，全国规模以上煤炭生产企业年平均可提取安全费用40亿元，全国所有煤矿可提取60亿元。

煤炭生产企业提取安全费用，建立了安全投入主渠道，为保障安全生产提供了必要的资金来源。从外部环境看，目前也有不少可用于支持煤矿安全的资金来源，如近期的国债补助资金等，煤矿安全投入欠账的情况将会逐步得到缓解。

安全费用全部用于煤矿安全支出，主要是完善和改造与安全有关的系统工程和购建固定资产支出，包括：矿井通风系统工程，瓦斯监测系统与抽放系统工程，矿井供配电系统工程，矿井运输（提升）系统工程，矿井综合防尘系统，综合防治煤与瓦斯突出和冲击地压的工程，矿井防治水工程，矿井防灭火工程，矿井机电设备支出，其他与安全技术措施工程和购建固定资产直接有关的支出。

安全费用由煤炭生产企业自行提取，专款专用，设立单独会计科目，单独核算。年度终了，企业编制安全费用提取和使用情况表，报当地安全生产监督管理机构、财政和税务主管机关备案。

（三）完善相关配套措施

1. 加强监管，建立煤矿安全生产设施投入备案制度。煤炭生产企业在国家规定标准和浮动范围内自行确定安全费用提取标准，报当地主管税务部门和煤矿安全监察部门备案。安全费用提取标准一经确定不得随意改动，确需变动的，必须经过职工代表大会和董事会同意，并报当地主管税务部门和煤矿安全监察部门备案。企业按年度提出安全生产投入项目计划，报当地煤矿安全监察部门备案。企业提取和使用安全费用，要接受煤矿安全监察部门和财政、税务、审计等部门的监督。对不按规定提取和使用安全费用的企业，按照国家有关法律和行政法规的规定严肃处理。

2. 各方联动，综合治理。煤矿矿井建设项目，从可行性研究、施工以至竣工投产，都必须严格按照国家发展改革委、国家煤矿安全监察局《关于加强建设项目安全设施“三同时”工作的通知》（发改投资〔2003〕1346号）要求执行。煤炭生产企业必须依照法律和行政法规的规定确保安全生产投入。在完善煤矿“四证”（即采矿许可证、煤炭生产许可证、营业执照和矿长资格证书）制度的基础上，提高安全准入门槛，促进煤矿不断完善安全生产条件。进一步提高煤矿事故伤亡人员赔偿标准，使企业对事故伤亡的赔偿成本高于安全生产设施投入的成本，以此促使业主减少事故、保障安全设施投入。加快安全生产“六大支撑体系”建设。

3. 国家继续对煤炭行业特别是煤矿安全给予必要的政策支持。建立煤矿安全生产设施长效投入机制是一个长期过程。企业经济效益和实力是增加安全投入的基础。目前煤炭生产企业负担还比较重，总体盈利水平不高，必须从政策上继续予以支持。近期要继续利用国债资金支持重点煤矿的安全技术改造，重点解决煤矿安全投入欠账问题。加大支持国有煤炭生产企业分离办社会职能的力度。加快关闭破产步伐，对资源枯竭或扭亏无望的煤矿及早列入关闭破产计划，抓紧组织实施。

如国务院同意在规范维简费管理的基础上单独提取安全费用，财政部将会同有关部门对维简费和安全费用制定具体的管理办法。

妥否，请示。

财政部　国家发展改革委　国家煤矿安全监察局关于印发《煤炭生产安全费用提取和使用管理办法》和《关于规范煤矿维简费管理问题的若干规定》的通知

2004年5月21日　财建〔2004〕119号

各省、自治区、直辖市、计划单列市财政厅（局）、发展改革委（计委）、经贸委（经委）、煤矿安全监察局、煤炭工业管理部门，北京、新疆生产建设兵团煤矿安全监察办事处，中央管理的煤矿企业：

为建立煤矿安全生产设施长效投入机制，经国务院批准，建立煤炭生产企业单独提取安全费用制度，同时规范煤矿维简费管理。财政部、国家发展改革委、国家煤矿安全监察局在征求中国煤炭工业协会意见的基础上，联合制定了《煤炭生产安全费用提取和使用管理办法》和《关于规范煤矿维简费管理问题的若干规定》。现予下发，请遵照执行。

本《通知》由国家煤矿安全监察机构负责转发到境内所有煤炭生产企业。

附件：1. 煤炭生产安全费用提取和使用管理办法

2. 关于规范煤矿维简费管理问题的若干规定

附件1：

煤炭生产安全费用提取和使用管理办法

第一条　为建立煤矿安全生产设施长效投入机制，我国境内所有煤炭生产企业（以下简称企业）建立提取煤炭生产安全费用（以下简称安全费用）制度。为加强对安全费用的管理，特制定本办法。

第二条　本办法所称安全费用，是指企业按原煤实际产量从成本中提取，专门用于煤矿安全生产设施投入的资金。

第三条　企业按下列标准，在成本中按月提取安全费用。

（一）大中型煤矿

1. 高瓦斯、煤与瓦斯突出、自然发火严重和涌水量大的矿井吨煤3～8元；

2. 低瓦斯矿井吨煤2～5元；

3. 露天矿吨煤2～3元。

（二）小型煤矿

1. 高瓦斯、煤与瓦斯突出、自然发火严重和涌水量大的矿井吨煤10元；

2. 低瓦斯矿井吨煤6元。

有关企业分类标准，按现行国家煤炭工业矿井设计规范标准执行；有关高、低瓦斯矿井和煤与瓦斯突出矿井的界定，按现行《煤矿安全规程》的规定执行。

本办法下发前，企业若已执行经省级（含省级）以上政府部门制定的安全费用提取标准，与本办法相对照，按孰高原则执行，并按规定程序备案。

第四条 企业在上述标准和规定的浮动范围内自行确定安全费用提取标准，报当地主管税务机关、煤炭管理部门和煤矿安全监察机构备案。安全费用提取标准一经确定，不得随意改动。确需变动的，经报主管税务机关、煤炭管理部门和煤矿安全监察机构备案后，从下一年度开始执行新的提取标准。

第五条 安全费用在本办法规定的范围内由企业自行安排使用，专户存储，专款专用。年度结余资金允许结转下年度使用。

第六条 安全费用具体使用范围是：

（一）矿井主要通风设备的更新改造支出；

（二）完善和改造矿井瓦斯监测系统与抽放系统支出；

（三）完善和改造矿井综合防治煤与瓦斯突出支出；

（四）完善和改造矿井防灭火支出；

（五）完善和改造矿井防治水支出；

（六）完善和改造矿井机电设备的安全防护设备设施支出；

（七）完善和改造矿井供配电系统的安全防护设备设施支出；

（八）完善和改造矿井运输（提升）系统的安全防护设备设施支出；

（九）完善和改造矿井综合防尘系统支出；

（十）其他与煤矿安全生产直接相关的支出。

第七条 企业提取的安全费用在缴纳企业所得税前列支。

第八条 有关安全费用的会计核算问题，按国家统一会计制度处理。

第九条　企业要切实加强安全费用提取和使用管理。应制定年度使用计划，并纳入企业全面预算。年度终了，企业应将安全费用提取和使用情况报当地主管财政、税务、审计机关、煤炭管理部门和煤矿安全监察机构备案，接受监督。对不按本办法提取和使用安全费用的企业，有关部门应责令其限期整改，并按有关法律和行政法规的规定予以处罚。

第十条　本办法自印发之日起执行。

附件 2：

关于规范煤矿维简费管理问题的若干规定

第一条 为进一步规范煤矿维持简单再生产费用（以下简称煤矿维简费）管理，完善煤矿维持简单再生产投入机制，特制定本规定。

第二条 本规定所称煤矿维简费，是指我国境内所有煤炭生产企业（以下简称企业）从成本中提取，专项用于维持简单再生产的资金。鉴于原在煤矿维简费中用于安全投入的支出项目已经独立出来，单独提取煤炭生产安全费用（管理办法见本文附件 1），因此，本规定所称煤矿维简费不包括安全费用，但包括井巷费用。

第三条 企业根据原煤实际产量，每月按下列标准在成本中提取煤矿维简费：

（一）河北、山西、山东、安徽、江苏、河南、宁夏、新疆、云南等省（区）煤矿，吨煤 8～50 元；

（二）黑龙江、吉林、辽宁等省煤矿，吨煤 8～70 元；

（三）内蒙古自治区煤矿，吨煤 9～50 元；

（四）其他省（区、市）煤矿，吨煤 10～50 元。

本规定下发前，企业原执行的经省级（含省级）以上政府部门制定的煤矿维简费提取标准，与本规定相对照，按孰高原则执行，并按规定程序备案。

第四条 煤矿维简费由煤炭企业按规定标准提取，自行安排使用。煤矿维简费提取和使用，应坚持先提后用，量入为出的原则，专款专用，专项核算。

煤矿维简费年度结余资金允许结转下年度使用。

第五条　煤矿维简费，主要用于煤矿生产正常接续的开拓延伸、技术改造等，以确保矿井持续稳定和安全生产，提高效率。具体使用范围是：

（一）矿井（露天）开拓延伸工程；

（二）矿井（露天）技术改造；

（三）煤矿固定资产更新、改造和固定资产零星购置；

（四）矿区生产补充勘探；

（五）综合利用和“三废”治理支出；

（六）大型煤矿一次拆迁民房50户以上的费用和中小煤矿采动范围的搬迁赔偿；

（七）矿井新技术的推广；

（八）小型矿井的改造联合工程。

第六条　有关煤矿维简费的会计核算问题，按国家统一会计制度处理。

第七条　任何单位和部门不得强制集中企业提取的维简费。

第八条　本规定自印发之日起执行。

第九条　本规定未及事项仍按以前国家所发有关维简费的规定和办法执行。

关于煤炭生产安全费用提取和使用管理办法的说明

根据《中华人民共和国安全生产法》（以下简称《安全生产法》）和《国务院关于进一步加强安全生产工作的决定》，为了建立煤矿安全生产设施长效投入机制，确保煤矿安全生产投入资金，尽快实现我国安全生产局面的根本好转，财政部、国家发展改革委、国家煤矿安全监察局联合印发了《煤炭生产安全费用提取和使用管理办法》(以下简称《安全费用管理办法》),这是中华人民共和国成立以来第一个关于煤炭企业建立生产安全费用方面的制度,它标志着我国安全生产工作进入了一个新的阶段。为了更好地贯彻执行安全费用管理办法,有必要对有关问题加以说明。

一、建立煤炭安全生产费用的必要性

安全生产，关系到人民群众的生命和财产安全，关系到国民经济发展和社会稳定的大局，是我国社会主义初级阶段一项长期、艰巨而又十分复杂的工作。近几年来，由于《中华人民共和国安全生产法》和《煤矿安全监察条例》等法律法规的颁布和实施，煤炭生产经营秩序和安全生产条件有所改善，安全生产状况总体上趋于稳定好转。但是，目前全国煤矿的安全生产形势依然严峻，安全生产基础薄弱，安全生产设施投入不足，煤矿伤亡事故多发的状况尚未根本好转，重特大事故没有得到有效控制。煤矿事故每死亡 1 人，直接和间接经济损失大约 30 万元，全国煤矿一年因伤亡事故造成的经济损失达 20 多亿元。煤矿事故的频繁发生，对人民生命财产安全，对改革、发展特别是社会稳定产生了较大的负面影响。

影响我国煤矿安全生产的因素是多方面的。如我国煤矿地质条件复杂，矿井自然灾害偏多，人员素质低，安全监管不到位等，但安全设施投入不足，缺乏长期有效的投入机制是其中一个非常重要的原因。

为了促使煤炭企业安全生产工作根本好转，国务院召开专门会议研究煤矿安全生产工作。根据国务院《研究加强煤矿安全生产工作有关问题的会议纪要》（国阅〔2003〕65 号）精神，财政部、国家发展改革委、国家煤矿安全监察局向国务院报送了《关于建立煤矿安全生产设施长效投入机制的请示》，提出建立“煤矿安全费”，得到国务院领导同志的原则同意。随后，财政部会同国家发展改革委、国家煤矿安全监察局和中国煤炭工业协会成立联合调研组，对建立煤矿安全生产设施长效投入机制问题进行了调研，对全国 8 个产煤省（市、区）开展书面调查，到辽宁、山西、安徽等重点产煤省有代表性的煤矿实地调查，对 870 多户煤炭生产企业上报的材料进行了测算分析，如果按照《煤矿安全规程》要求，规模以上煤炭企业累计安全欠账 300 多亿元，全国所有煤矿累计安全欠账 500 亿元以上，相当于规模以上煤炭企业 2002 年销售收入的四分之一。由于安全生产投入严重不足，装备水平上不去，监测手段跟不上，造成安全生产无保障，以致煤矿不断发生伤亡事故。

为了扭转这种局面，改善煤矿安全生产条件，促进煤矿安全生产状况的根本好转，解决安全生产投入资金是关键。目前，我国煤矿安全投入来源有三个，一是企业在成本中提取的维持简单再生产费用（简称维简费）中开支，一是直接在成本费用中列支，三是财政支持。主要来源是维简费。从调研情况看，维简费管理存在三个突出问题：一是提取标准过低，还是 1992 年确定的；二是 2001 年前，煤炭企业经济效益不好，普遍存在现金流量不足的问题，多数乡镇煤矿和个体煤矿则没有提取和使用维简费；三是维简费中安全投入只是其中一部分，并没有规定具体的支出比例，支出多少、何时支出没有规定，安全投入缺乏刚性约束。要保证安全生产有稳定和足额的资金来源，并且有利于安全监管机构进行监督检查，必须建立一项专门的安全费用，各地方政府和煤矿普遍要求提取煤矿安全费用，因此，决定在煤矿企业建立安全费用提取制度。

二、关于适用范围

为适应煤矿投资主体多元化的实际情况，《煤炭生产安全费用管理办法》适用的主体范围，涵盖中华人民共和国境内的所有煤矿。即包括一切从事原煤生产活动的国有企业事业单位、集体所有制的企业事业单位、股份制企业、中外合资经营企业、中外合作经营企业、外资企业、合伙企业、个人独资企业等，不论其经济性质如何，也不论其经济规模大小，只要是从事煤炭生产活动，都必须执行《安全费用管理办法》。

三、关于煤矿安全费用列支渠道和计提基础

《安全生产法》第十八条规定，生产经营单位应当具备安全生产条件所必需的资金投入。安全生产投入资金如何保证、由谁来保证，必须在法律规定的基础上具体明确。《安全费用管理办法》第二条对煤炭安全生产费用的列支渠道、计提基础和费用性质作了规定。“本办法所称安全费用，是指企业按原煤实际产量从成本中提取，专门用于煤矿安全生产设施投入的资金。”

1. 计提基础。煤矿安全生产资金投入与开采方式、矿井设计能力和原煤实际产量都有一定关系，有些投入受开采方式的影响，有些费用受设计能力制约，有些费用又随实际产量的变化而变化，难以确定各项因素对安全投入的影响程度。从实际投入看，安全生产费用受实际产量影响最大，因此，确定安全费用按原煤实际产量提取。

原煤实际产量包括：生产矿井产量和基建矿井产量，不包括洗煤和外购原煤。改为：“包括矿井的生产煤量和工程煤量，不包括洗选煤和外购原煤。”

2. 列支渠道。安全生产是企业维持简单再生产的前提和基础，安全生产费用属于企业生产过程中所必需的投入，是一种费用性支出，是产品成本的构成部分。因此，规定安全费用从成本中提取。

3. 费用性质。安全费用不是维持企业简单再生产资金，更不是扩大再生产资金，是专门用于煤矿安全生产设施投入，改善煤矿安全生产条件的一项专用资金。

四、关于提取标准

（一）煤矿安全生产投入

煤矿安全生产投入是一种经常性的费用，但是支出不均衡，特别是安全技术措施项目支出的不均衡对成本影响大。为了均衡成本支出，因此，对安全费用实行按月提取制度。

（二）区间标准

煤矿安全状况受多种因素影响，不同地质条件安全程度不同，瓦斯、矿井涌水量、顶板对安全都有影响；不同区域安全程度不同，南北方的安全重点有差别，不同省份之间有差别；不同生产规模和开采方式对安全生产的影响程度不同。不同规模、不同开采方式、不同地质条件的煤矿，在安全投入差别较大，同一条件的原国有重点统配矿、地方国有矿和乡镇个体矿之间投入差距较大。这些因素要全面考虑，但要分项计算难度很大。因此，在综合分析的基础上，确定按井型、矿井灾害程度分类，采用不同标准，并确定了区间范围。

企业必须按《安全费用管理办法》规定的标准及其浮动范围提取，同时还要做到：

1. 考虑到各地区、企业在安全生产投入上的差别，因此确定了一个提取区间，企业在规定标准和规定的浮动范围内自行确定安全费用提取标准，不能低于最低提取标准，原则上也不能突破上限。

确需突破上限的安全费用投入，也不能调整提取标准，而应该直接计入生产成本。

2. 企业确定提取标准后，要报当地主管税务机关、煤炭管理部门和煤矿安全监察机构备案，以利有关部门的监督和管理。

3. 因为《安全费用管理办法》采取浮动标准，虽能解决差别问题，但由企业自身掌握，企业有可能将其作为盈亏调节器，效益差时就低不就高，效益好时就高不就低，难以确保足额投入，也难以确保及时投入。为了避免这种情况，因此《安全费用管理办法》规定，煤矿安全费用提取标准一经确定，年度内不得变动。确需变动的，报主管税务机关、煤炭管理部门和国家煤矿安全监察机构备案后，从下一年度开始执行新的提取标准。

煤炭生产企业分类标准，按国家煤炭工业矿井设计规范标准执行；有关露天和高、低瓦斯煤矿的界定，按照国家煤矿安全生产的规定执行。

（三）关于按矿井分类

矿井通风、运输和排水等生产过程方面的安全投入都与矿井设计能力密切相关，矿井生产能力大的吨煤安全成本相对低一些，矿井生产能力小的吨煤安全成本相对高一些，因此，按矿井生产能力分两个标准提取。大型、中型矿井为一类，小型矿井为一类。

大型、中型矿井，指设计生产能力在45万吨及以上的矿井。小型矿井，指设计生产能力在30万吨及以下的矿井。

一个煤矿有多对矿井的，必须逐个矿井确定井型和提取标准。不能以多对矿井合并计算的生产能力作为确定煤矿类型的依据。

（四）关于按灾害程度分类

煤矿生产安全投入与矿井灾害程度有着直接的关系，自然灾害程度越重其安全生产投入就越大。因此，在提取标准上将高瓦斯、煤与瓦斯突出、自然发火严重和涌水量大的煤矿为一类，低瓦斯矿井为一类。按照《煤矿保安规程》的规定，具体划分标准为：

低瓦斯矿井：矿井相对瓦斯涌出量小于或等于10立方米/吨且矿井绝对瓦斯涌出量小于或等于40立方米/分钟。低瓦斯矿井中，相对瓦斯涌出量大于10立方米/吨或有瓦斯喷出的个别区域（采区或工作面）为高瓦斯区，该区应按高瓦斯矿井管理。

高瓦斯矿井：矿井相对瓦斯涌出量大于10立方米/吨或矿井绝对瓦斯涌出量大于40立方米/分钟。

煤（岩）与瓦斯（二氧化碳）突出矿井：矿井在开采过程中只要发生过一次煤与瓦斯突出，即为突出矿井。

（五）关于地方标准

在此以前，各省（直辖市、自治区）人民政府根据地方情况，确定了提取标准，与本办法规定标准不一致的，标准如何执行，《安全费用管理办法》明确“按孰高原则执行”，即各省（直辖市、自治区）确定的标准高于本办法规定标准的，仍然执行地方政府确定的标准，报财政部备案；如地方标准低于本办法规定标准的，则按本办法规定标准执行。主要是考虑了以下几点：一是由于地区差别，灾害重的地区生产安全投入多，费用支出大，煤矿按以上标准提取安全费用后，仍不能满足安全生产需要，应该允许地方差别；二是为了保持政策的连续性；三是安全生产投入是一种强制性投入，《安全费用管理办法》规定的标准是一个最低标准，为了保证煤矿安全费用足额投入，应该就高不就低；四是国家为了统一掌握各省（直辖市、自治区）的提取标准，实行按规定程序备案。

五、关于安全费用管理

1. 安全生产费用是企业的一种生产性资金，有专门的用途，其所有权和使用权都属于企业，因此，提取的安全生产费用由企业自行安排使用，任何单位和部门都不得抽调和集中。但办法未对企业集团内部所属煤矿提取安全费用的管理做出明确限制。

2. 为了保证安全生产资金及时到位，为了保证安全生产费用足额使用，对安全费用实行专户储存，专款专用，不得挪作他用。政府部门不得抽调弥补经费不足，行业管理部门和安全生产监督管理部门不得集中，企业不得用于调剂盈亏。

3. 考虑到安全生产投入的不均衡性，企业提取的安全生产费用，年度之间有可能节余，也有可能超支，因此，年度结余资金允许结转下年度使用，但不能冲减成本；年度超支允许用下年度提取的安全费用弥补，也可以直接计入成本。

4. 企业安全生产投入是一项长期性的工作，安全生产设施的投入必须有一个治本的总体规划，必须有计划、有步骤、有重点地进行，以较少的投入取得最大的经济效益，要克服盲目无序投入的现象。因此，企业切实加强安全生产费用提取和使用管理，制定安全生产费用计划，并纳入企业全面预算。

国有煤矿必须以矿为单位，切实制定好3～5年的安全技改项目计划，进一步改造矿井通风系统，提高安全技术装备水平，实施工程质量标准化，改善安全生产条件，提高安全整体水平，争取在安全生产的管理机制、技术装备、人员素质上取得实质性的明显成效。

乡镇煤矿安全生产项目也必须有两年以上的规划，用以保证安全生产。要接受国家煤矿安全监察机构根据《煤矿建设项目安全设施监察规定》所进行的监察，确保投资效益。

六、关于使用范围

煤矿安全费用全部用于煤矿安全支出，主要是完善和改造矿井通风系统工程和购建固定资产支出，“三通一防”费用，重大安全生产的课题研究；预防职业危害的劳动卫生技术措施和职工的安全生产教育和培训。企业生产经营过程中的安全费用，如掘进、回采过程中的安全费用，直接列入生产成本，不在提取的安全费用中列支。具体使用范围是：

（1）矿井主要通风设备的更新改造支出；

（2）完善和改造瓦斯监测系统与抽放系统支出；

（3）完善和改造综合防治煤与瓦斯突出支出；

（4）完善和改造矿井防灭火支出；

（5）完善和改造矿井防治水支出；

（6）完善和改造矿井机电设备的安全防护设备设施支出；

（7）完善和改造矿井供配电系统的安全防护设备设施支出；

（8）完善和改造矿井运输（提升）系统的安全防护设备设施支出；

（9）完善和改造矿井综合防尘系统支出；

（10）其他与煤矿安全生产直接相关的支出。

七、关于检查监督

（一）安全生产费用必须符合管理程序和规定的使用范围，并向有关部门报告，以利接受有关部门的检查和监督。因此，《安全费用管理办法》规定在年度终了，企业应将安全生产费用提取和使用情况报当地主管财政、税务、审计机关、煤炭主管部门和煤矿安全监察机构备案，接受监督。

（二）企业不按《安全费用管理办法》的规定提取和使用安全费用的，有关部门应责令其整改，并按有关法律和行政法规的规定予以处罚。要从以下几个方面把握：

1. 有关部门要加强对安全生产的监督管理，严格执行国家安全生产的法律法规和有关规定，做到管理到位、执行到位、监督到位、处罚到位。

2. 对企业不按规定标准提取安全费用的，要责令其按规定标准补提，并视情况给予经济处罚。如：

（1）《安全生产法》第八十条规定：生产经营单位的决策机构、主要负责人、个人经营的投资人不依照安全生产法的规定保证安全生产所必需的资金投入，致使生产经营单位不具备安全生产条件的，对个人经营的投资人处二万元以上二十万元以下的罚款。

（2）《煤矿安全监察条例》第三十九条规定：煤矿未依法提取或者使用煤矿安全专项费用的，责令限期改正；逾期不改正的，处五万元以下的罚款；情节严重的，责令停产整顿。

3. 对企业扩大开支范围不按规定范围使用的，要责令其纠正，并按规定规范，并视情况给予经济处罚。

4. 对企业将煤矿安全费用挪作他用的，要责令其追回，并按有关规定予以处罚。

八、关于执行时间

《办法》规定自文件印发之日起执行。若各省（区、市）明确具体执行时间的，则从其规定。

关于规范煤矿维简费管理问题的若干规定的说明

新中国成立到20世纪60年代中期，我国国有煤矿的安全生产投入大多数是由国家基本建设投资解决。从1965年开始，经国务院批准煤矿开始在成本中提取维持简单再生产资金，并将煤矿安全措施支出列入其开支范围。以后国家多次调整维简费提取渠道、标准和使用范围，形成了一套较为完整的管理制度。1992年，财政部发文明确煤矿维简费在成本中列支，并分地区确定了提取标准。此规定执行至今。

改革开放以来，煤矿企业所处的经济环境发生了巨大变化。特别是20世纪90年代中期以来，煤炭市场经历了长达数年的低迷，煤炭生产企业经营遇到了极大的困难，矿井投入不足，生产条件和安全状况不断滑坡，煤矿维持简单再生产面临严重困难。而作为支持煤矿维持简单再生产最重要的财政政策之一的煤矿维简费政策，其管理办法是1985年原煤炭部、财政部制定的《关于煤矿维持简单再生产资金使用管理的若干规定》，提取标准是1992年制定的，这些制度和提取标准已很难适应当前的市场经济环境和现行会计制度，以及新税制的要求。突出表现是维简费用开支范围不够明确，标准过低，开支项目较为随意，难以安排资金使用计划并加以考核，难以在新形势下发挥促进煤矿安全生产和稳定发展的现实作用。维简费支出涉及的增值税进项税抵扣等问题也严重困扰着煤炭企业。因此，结合当前实际对煤矿维简费加以规范十分必要。

为了尽快建立企业提取煤矿安全费制度和规范煤矿维简费，根据国务院《研究加强煤矿安全生产工作有关问题的会议纪要》（国阅〔2003〕65 号）精神，财政部、国家发展改革委、国家煤矿安全监察局联合中国煤炭工业协会成立联合调研组，分赴山西、河北、辽宁等主要产煤省区的原国有重点、省属重点煤矿和地方乡镇煤矿等煤炭企业进行了重点调查和解剖。通过对建立煤矿安全生产设施长效投入机制问题进行了调研，向国务院报送了《关于建立煤矿安全生产设施长效投入机制的请示》，提出在规范煤矿维简费提取和使用的基础上，提取煤矿安全费，并加强完善相关配套措施的建议。国务院领导同志原则同意了此报告。

通过对煤矿维简费的调查，煤炭企业和煤炭行业管理部门普遍反映煤矿维简费的提取和使用存在以下几个问题：一是提取标准过低，现行的煤矿维简费提取标准还是 1992 年以前确定的，多年来未做大的调整，无论从维简资金的现值，还是从煤矿的发展来讲，都难于实现煤矿的维持简单再生产，造成大部分企业维简费超支；二是没有对应资金的现金流，2001 年前，煤炭企业经济效益不好，普遍存在现金流量不足的问题，多数乡镇煤矿和个体煤矿则没有提取或没有按标准提取和使用维简费，造成多数煤炭企业实际的维简工作量欠账，导致矿井水平接替和采区接替紧张；三是提取标准和使用范围不规范，维简费成了煤矿盈亏的调节器；四是在纳税问题上不明确，造成部分地区在税收缴纳方面存在问题。

根据调查分析，我们本着统一规范、简明适用的原则，起草了《关于规范煤矿维简费管理问题的若干规定》（财建〔2004〕119号），将原维简费中用于安全方面的支出分离出来，单独提取煤矿安全生产费用，并维持原维简费提取标准不降低，这样就相对解决了煤矿维简费的不足问题。

在对原煤矿维简费规定进行讨论时，存在两种观点：一是认为原来煤矿维简费的管理规定比较散乱，应重新制定。这样既系统又完整，还便于操作。二是考虑到原94户国有重点煤矿下放地方管理后，各地方财政税务部门逐步理解和执行了原煤矿维简费管理的相关规定，原煤炭部对维简费的规定比较详细，现在中央财政又不宜重新明确。经过统一思想，分析利弊，大家认为应以“规范”为好。

如何规范煤矿维简费，大家认为既要解决现行煤矿维简费规定中提取标准覆盖不全、使用范围不太明确的问题，又要解决煤炭企业一直要求明确的税收等实际问题。

重新印发的《关于规范煤矿维简费管理问题的若干规定》（以下简称《规定》）共九条，主要是对提取标准、使用范围、财务核算和监督管理等方面进行了规范。

一、关于“煤矿维简费”名称及内涵

煤矿维简费是在高度集中的计划经济时期历史条件下产生和逐步形成的，最初称煤矿维持简单再生产资金，后改称维简费，之后又分解出井巷工程基金。1993年会计制度改革后，作为“维简及井巷费”统一核算。这次对名称的确定，一是考虑到煤矿维简费和井巷工程费实质内涵较难准确界定，实际工作中煤矿企业一般都是将二者捆在一起使用；二是鉴于煤矿维简费是预提性质的成本费用，“井巷工程基金”中标有“工程”二字，税务机关往往认定进项税转出时不予抵扣，使企业增加税收负担。所以，修改后的《规定》将维简费和井巷工程基金合并在一起，统称为“煤矿维简费”。

二、关于提取标准

从调查情况看，煤炭企业大都认为现行的提取标准与实际支出相差 5～10 元/吨，由于新增了煤炭安全生产费用的提取，维简费不再负担安全费用的支出，维持原来的标准就相对解决了煤矿维简费的不足。新规定的维简费提取标准是在财工字〔1989〕第 302 号、财工字〔1992〕第 380 号和煤办字〔1995〕第 585 号文件的基础上，将原维简费和井巷费提取标准合并确定，仍按地区划分。为便于管理，将内蒙古东、西部的不同标准统一按原内蒙古西部标准执行。考虑原文件未涉及的其他省（区、市）的煤矿一般井型小，开采条件困难，安全状况较差，故统一归类到提取标准最高的第四类省（区、市）。鉴于个别煤炭企业经省级（含省级）以上政府部门单独批准，执行的标准超过了上述文件规定，为保持政策的延续性，对省（直辖市、自治区）确定的标准高于本办法规定标准的，执行地方政府确定的标准；如地方确定的标准低于本办法规定标准的，则按本办法规定标准执行。新规定允许企业按“孰高原则执行”，但要报财政部备案。主要是考虑了以下实际情况：一是由于煤炭赋存条件和井型差别，赋存条件差、井型小的投入不一定少，费用支出可能也较大，应该允许有地方差别；二是为了保持政策的连续性，企业已经按地区相对的高标准安排了支出，如果降低，将使其支出成为无源之水，所以要尽量减少由高到低的调整，即就高不就低；三是国家为了统一掌握各省（直辖市、自治区）的提取标准，实行按规定程序备案制度。

三、关于原煤产量的计算

由于煤矿上报的原煤产量有多种计算口径，提取煤矿维简费依据的产量这次明确为“企业原煤实际产量”，包括矿井的生产煤量和工程煤量，不包括洗选煤和外购原煤。

四、关于煤矿维简费的管理

《规定》第四条明确“先提后用、量入为出、专款专用、专项核算”的原则，同时，考虑到煤矿维简费是一种经常性的预提费用和使用的不均衡性，《规定》又明确：煤矿维简费实行按月提取，年度内结余资金，可以跨年度使用。

五、关于使用范围

《规定》中煤矿维简费使用范围是在原维简费、井巷工程费的基础上保留了：矿井的开拓延伸，矿井技术改造，煤矿固定资产更新、改造和固定资产零星购置，大型煤矿一次迁村（50 户以上）的费用；综合利用和“三废”治理等支出项目。取消了试制新产品措施、增建职工住宅、校舍的开支和另辟费用渠道的安措支出。考虑到本《规定》适用于全国所有煤矿，结合《乡镇煤矿维简费暂行管理办法》（煤办字〔1995〕第 585 号），增加了中小煤矿采动范围的搬迁赔偿、小型矿井的改造联合工程等支出项目，并将原乡镇煤矿维简费使用范围中具有普遍意义的矿区补充勘探和矿井新技术推广增加到了修改后的使用范围内。

六、关于集中使用问题

为了防止变相乱收费，增加煤炭企业负担，违背提取煤矿维简费初衷，修改后的《规定》第七条明确指出“任何单位和部门不得强制集中企业提取的维简费”。对企业内部和企业集团没有做限制性规定。

七、关于规定适用范围

根据世界贸易组织规则，为适应煤矿投资主体多元化的实际，修改后的《规定》第二条不再按所有制和隶属关系划分煤矿性质，也没有按习惯的大小企业划分，而是将适用范围涵盖了中华人民共和国境内的各类煤炭企业，即包括一切原煤生产经营活动的单位，不论其经济性质如何，也不论其经济规模大小，只要是从事原煤生产经营活动，都必须执行本规定。

八、关于规定执行

由于是“规范”煤矿维简费管理问题，所以，原来财政部、煤炭部（含中国统配煤矿总公司、国家煤炭工业局）和各地方制定的与煤矿维简费管理相关的制度及政策，只要与本规定没有抵触的，都可以继续执行。

煤炭生产安全费用和煤矿维简费会计核算及税务问题

一、煤炭生产安全费用会计核算

（一）科目设置和账务处理

财政部“关于印发《关于执行〈企业会计制度〉和相关会计准则有关问题解答（四）》的通知”（财会〔2004〕3号）规定，煤炭企业提取安全费用在“长期应付款”科目核算，设置“应付安全费用”二级明细。

为完整准确地反映煤炭生产安全费用提取、使用的全过程，还应进行必要的三级明细核算。其贷方核算内容应设置“提取数”明细；借方核算内容应根据安全费用具体使用范围设置“通风设备支出”、“瓦斯监测与抽放系统支出”、“防治煤与瓦斯突出支出”、“防灭火支出”、“防治水支出”、“机电设备安全防护支出”、“供配电系统安全防护支出”、“运输（提升）系统安全防护支出”、“防尘系统支出”、“其他安全生产支出”等明细。

为配合安全费用支出项目核算，在“在建工程”科目下，设置“安全工程”二级科目，归集安全费用列支的各项工程支出。并相应按照安全费用使用范围设置三级明细核算，核算具体安全费用工程项目。

按照规定标准计算提取安全费用时，借记“制造费用（提取安全费用)”科目，贷记“长期应付款（应付安全费用——提取数)”科目。同时，根据专户存储、专款专用的要求，在规定的期限内（一般应在月度终了 7 日内)，将提取的安全费用转作银行专户存储，借记“银行存款（安全费用专户)”，贷记“银行存款（基本户)”。

企业使用已提取的安全费用，在相关费用发生时，应分别三种情况进行处理。

1. 发生的费用数额较小，并且可以确定其不形成固定资产的，根据使用类别，直接计入“长期应付款（应付安全费用)”借方相关明细。

2. 可以确定发生的单项安全费用支出不形成固定资产的，先通过“在建工程（安全工程)”科目相关明细归集该单项工程当月支出，月度终了时再将该科目当月发生额转入“长期应付款（应付安全费用)”借方相关明细。

3. 可以确定有关支出最终将形成固定资产的，应根据使用类别，通过“在建工程（安全工程)”科目相关明细归集该单项工程支出。工程完工后，按实际成本，借记“固定资产”等科目，贷记“在建工程”科目；同时按固定资产的实际成本，借记“长期应付款（应付安全费用)”相关明细，贷记“累计折旧”科目，该项固定资产在以后使用期间不再计提折旧。

月度终了，应将“长期应付款（应付安全费用)”借方各明细科目发生额，转销贷方“提取数”余额。

（二）核算要求

煤炭生产安全费用的核算要求是真实、准确地反映安全费用的提取和使用情况，通过规范的会计核算促使企业按规定标准提取安全费用，并严格按照规定的使用范围合理安排使用提取的安全费用，更好地发挥提取安全费用对建立煤矿安全生产设施长效投入机制的促进作用。

安全费用的核算要做到“严、细、准”。“严”就是要严格按照《煤炭生产安全费用提取和使用管理办法》和有关会计制度规定提取和核算安全费用；“细”就是要按照企业安全费用年度使用计划确定项目归集支出，对核算进行必要的细化，使具体开支项目清晰明了，便于考核和管理；“准”就是必须做到安全费用的界定准确，归集完整。

二、煤矿维简费会计核算

（一）科目设置和账务处理

比照安全费用核算办法，煤炭企业提取维简费在“长期应付款”科目核算，设置“应付维简费”二级明细。

为完整准确地反映煤矿维简费提取、使用的全过程，还应进行必要的三级明细核算。其贷方核算内容应设置“提取数”明细；借方核算内容应根据维简费具体使用范围设置“开拓延伸支出”、“技术改造支出”、“生产补充勘探支出”、“综合利用和三废治理支出”、“拆迁和搬迁支出”、“新技术推广支出”、“小型矿井联合改造支出”等明细。

相应地，为配合维简费支出项目核算，应在“在建工程”科目下，设置“维简工程”二级科目，归集维简费列支的各项工程支出。并相应按照维简费使用范围设置三级明细核算，在此基础上核算具体维简费工程项目。

财政部《关于国有工业、运输、邮电、通信企业执行新的企业财务制度若干问题的通知》(财工字〔1993〕214号)、《关于工业企业会计制度若干问题的补充规定》(财会字〔1993〕29号)对矿山企业提取维简费的财务处理和会计核算提出了原则要求。按照财政部原则要求和维简费用于维持煤矿简单再生产的基本属性，提取维简费时，借记"制造费用（提取维简费）"科目，如果矿井建筑物固定资产折旧未提足，提取的维简费应作为这部分固定资产按产量法提取的折旧，贷记"累计折旧"科目；如果矿井建筑物固定资产已经提足折旧，则贷记"长期应付款（应付维简费——提取数）"科目。

企业于未来期间使用已提取的维简费，在相关费用发生时，应分三种情况进行处理。

1. 发生的费用数额较小，并且可以确定其不形成固定资产的，根据使用类别，直接计入"长期应付款（应付维简费）"借方相关明细。

2. 可以确定发生的单项维简费支出，虽然不形成固定资产，但该项支出项目具备一定的完整性和独立性，并且数额较大时，先通过"在建工程（维简工程）"科目相关明细归集该单项工程当月支出，月度终了时再将该科目当月发生额转入"长期应付款（应付维简费）"借方相关明细。

3. 可以确定有关支出最终将形成固定资产的，应根据使用类别，通过"在建工程（维简工程）"科目相关明细归集该单项工程支出。工程完工后，按实际成本，借记"固定资产"等科目，贷记"在建工程"科目；同时按固定资产的实际成本，借记“长期应付款（应付维简费）”相关明细，贷记“累计折旧”科目，该项固定资产在以后使用期间不再计提折旧。

月度终了，应将“长期应付款（应付安全费用）”借方各明细科目发生额，转销贷方“提取数”余额。

（二）核算要求

煤矿维简费的核算要求是真实、准确地反映维简费的提取和使用情况，通过规范的会计核算促使企业按规定标准提取维简费，并严格按照规定的使用范围合理安排使用提取的维简费，避免短期行为，保证煤矿生产持续、均衡、稳定。

煤矿维简费应坚持先提后用，量入为出的原则，专款专用，专项核算。当年煤矿维简费原则上不得出现倒挂，年度资金结余允许结转下年度使用。

三、煤炭生产安全费用和煤矿维简费税务问题

煤炭生产安全费用和煤矿维简费税务问题主要涉及企业所得税税前扣除和增值税进项税的抵扣事项。

建立提取煤炭生产安全费用制度，目的是使煤炭企业安全生产设施长效投入制度化、规范化，纠正和制止煤炭企业重生产、轻安全的错误认识。煤炭生产安全费用本质上是煤炭企业安全生产过程中的一项必要的费用消耗，其内涵就是预提性质的费用，属于企业经营性支出（这一点可以从煤炭生产安全费用的会计核算办法得到充分印证）。

煤矿维简费本质上是按产量法计提的矿井建筑物折旧。煤矿维简费的沿革过程说明维简费沿于计划经济时期煤矿的更新改造资金，实际上是煤矿维持原有生产能力在矿井方面所需的投入，也就是煤炭生产过程中应该从生产成本中得到补偿的矿井固定资产折旧。1993年财政部编写的《企业财务制度讲座》指出，“矿产、油井等自然资源与一般固定资产不太一样，是一种特殊资产。矿产、油井等资源经挖掘、钻凿，其资产的价值也随已完成量的比例而减少，其折旧在西方一般叫折耗，是指矿产、油井等自然资源价值按预计完成总产量的比例分配到产品成本。因此，矿产、油井等自然资源的折耗费用一般采用产量法计算。目前矿山提取维简费，实际上也是产量法的一种。”① 对矿山提取维简费的性质阐述得非常清楚，即矿山维简费是按产量法提取的矿井建筑物折旧。矿井建筑物提足折旧后，基内涵也是预提性质的费用。

财政部《关于国有工业、运输、邮电、通信企业执行新的企业财务制度若干问题的通知》（财工字〔1993〕214号）、《关于工业企业会计制度若干问题的补充规定》（财会字〔1993〕29号）两个制度性文件根据矿山维简费的折旧属性对其财务处理和会计核算作了进一步明确，规定矿山企业提取的维简费，相当于折旧部分计入累计折旧，超过折旧部分转作资本公积。

正确处理煤炭生产安全费用和煤矿维简费所涉及的税务问题，不能脱离它们的基本属性。

（一）关于企业所得税税前扣除

《煤炭生产安全费用提取和使用管理办法》第七条明确规

① 财政部编：《企业财务制度讲座》，煤炭工业出版社1993年2月版，第57～58页。

定，企业提取的安全费用在缴纳企业所得税前列支。第五条还明确了安全费用年度结余资金允许结转下年度使用。《办法》的这两条规定说明煤炭企业按规定标准提取的安全费用不论当年是否全部使用，均允许在企业所得税税前扣除。根据国家税务总局《企业所得税税前扣除办法》规定，准予税前扣除的项目是纳税人每一年度发生的与取得应纳税收入有关的所有必要和正常的成本、费用、税金和损失。发生的资本性支出不得在发生当期直接扣除，必须按税收法规规定分期折旧、推销或计入有关投资的成本。据此，可以确定煤炭企业提取的安全费用属于煤炭企业经营性支出。这样规定，符合煤炭生产安全费用的经济内涵，也体现了国家对建立煤矿安全生产长效机制的政策支持，有利于煤矿企业加大安全生产投入，促进煤矿安全生产。

《关于规范煤矿维简费管理问题的若干规定》第四条明确煤矿维简费年度结余资金允许结转下年度使用，但没有直接明确企业提取的煤矿维简费是否允许在所得税税前扣除。根据税法有关规定，企业提取的煤矿维简费属于生产成本范畴，是计算企业应纳税所得额时准予扣除的项目。

（二）关于增值税进项税抵扣

税法规定，企业用于应税项目或应税劳务支出的增值税进项税可以抵扣。煤炭生产安全费用和煤矿维简费属于煤炭企业生产经营性支出，其领用的外购材料、电力等进项税按规定可以抵扣。煤炭生产安全费用和煤矿维简费支出项目通过“在建工程”科目核算，归集其发生的工程支出是为了便于煤炭企业建立健全全面预算管理、核算及考核煤炭生产安全费用和煤矿维简费使用需要；其中形成固定资产的支出，按照实际成本增加固定资产，同时核销费用提取数，是适应煤炭企业的特殊性，便于加强实物管理和回收利用之需要。

长期以来，煤矿维简费核算的工程支出增值税进项税额转出问题严重困扰着煤矿维简费的规范核算和管理。煤矿维简费实质上是矿井建筑物折旧或预提性质的成本费用，超过井巷固定资产折旧提取的维简费作为企业的一项特殊负债核算，其本质上与预提费用无异。但是，为了便于管理和考核维简费支出情况，一般情况下，应该通过“在建工程”科目按实际开支项目分别归集维简费支出。如果仅从会计核算形式上认定维简费列支的工程支出相关增值税进项税必须作转出处理，不予抵扣，使企业由于会计核算因素增加税收负担，必然导致一些企业为了避税，不愿意对一般矿井成本费用支出按维简费管理规定进行细化核算，而是直接计入成本或冲减提取的维简费，规范维简费管理也很难落实。

同样地，如果增值税进项税抵扣问题不能合理解决，煤炭生产安全费用规范管理和核算也很难真正落实。提取煤炭生产安全费用，是为了建立煤矿安全生产设施长效投入机制，促进煤矿安全生产状况长期稳定好转，是给予煤矿企业的一项财政优惠政策。同时，也是为了加强政府对煤矿企业安全生产投入监管而设立的一项有形的、具有约束力的生产安全费用投入强制制度。通过规定提取标准、专项管理、规范核算，使煤矿企业安全生产投入清晰明了，计量准确，有了一个统一的考核标准，约束企业依法加大安全生产投入，进而形成一种长效机制，从制度上消除煤矿企业为贪图眼前利益，而人为减少安全生产投入，忽视安全生产的错误行为。既要发挥这项制度强制煤矿企业按规定保证稳定和足够的安全生产投入的重要作用，也要使煤矿企业切实享受到国家给予的财政优惠政策带来的实惠，这项制度才能够真正有益于煤矿安全状况的稳定好转。如果由于提取煤炭生产安全费用，而导致原来直接在煤炭制造成本中列支的安全生产费用耗费的外购材料、电力等相应的进项税不能顺利抵扣，必然的结果就是企业实际税负增加，企业因这项政策没有实际受益，反而可能蒙受损失。这种情况就违背了提取煤炭生产安全费用的初衷，不利于煤矿主动、自觉地增大安全生产投入，对建立煤矿安全生产设施长效投入机制必将产生不良后果。

综上所述，允许煤矿维简费和煤炭生产安全费用支出相关增值税进项税抵扣十分必要，是这两项煤炭企业特殊财政政策能否顺利实施和发挥实效的重要前提。必须明确，煤矿维简费和煤炭生产安全费用支出不论是否通过“在建工程”科目归集，其相关增值税进项税均不作转出处理，允许抵扣。

国务院第81次常务会议纪要

2005年2月23日

2005年2月23日上午，温家宝总理主持召开国务院第81次常务会议。

会议听取并原则同意安全监管局王显政《关于“2·14”事故情况及近期煤矿安全工作的汇报》和发展改革委姜伟新《关于加快煤矿安全改造和瓦斯治理的意见》。

会议指出，今年2月14日，辽宁阜新矿业集团孙家湾煤矿发生特别重大瓦斯爆炸事故，给人民生命财产造成重大损失，在国内外造成严重影响。为了查明事故原因，追究责任，严肃纪律，国务院决定，辽宁省主管工业和安全生产工作的副省长刘国强停职检查；责成辽宁省政府对阜新矿业集团公司和孙家湾煤矿负责人采取组织措施，待事故原因和责任查明后再作进一步处理。国务院派出由监察部部长李至伦为组长的国务院事故责任处理小组，对这起事故进行认真调查，严肃追究相关人员的责任。

会议认为，煤炭是我国一次能源的主体。煤炭行业又是高危行业，高瓦斯和瓦斯突出矿井占一半左右，煤矿安全是整个工业安全生产工作的重中之重。去年四季度以来，煤炭供应持续紧张，部分地区煤矿超产严重，违规操作问题突出，国有大型煤矿连续发生3起特别重大瓦斯爆炸事故，煤炭安全生产形势十分严峻。煤矿安全事故频发，有其深层次的原因，是煤炭工业长期负重爬坡，各种矛盾积累的集中反映。一是煤炭供求关系紧张，价格上涨，普遍超能力生产；二是投入不足，安全设施欠账较多，技术改造落后；三是煤炭赋存和开采条件差；四是煤矿干部职工素质不适应要求；五是企业责任制不落实，重生产、轻安全，重效益、轻管理；六是煤炭行业监管职责不清，监管不力。必须充分认识加强煤矿安全生产的重要性，采取更加有力的措施，切实解决煤矿安全生产的突出问题，坚决防范煤矿重特大事故的发生。

会议强调，要进一步强化“国家监察、地方监管、企业负责”的煤矿安全工作格局，落实安全生产责任制。国务院决定，把国家安全生产监督管理局升格为国家安全生产监督管理总局，同时专设由总局管理的国家煤矿安全监察局，提高监察的权威性，强化煤矿安全监察执法。要落实地方政府煤矿安全监管职责，建立地方政府领导分工联系本地区重点煤矿安全生产工作制度。强化企业安全生产主体地位，所有煤矿都要落实法人代表作为安全生产第一责任人的责任。坚持煤矿企业内部安全生产机构派驻制，严格执行煤矿领导干部下井带班作业制度，及时发现和消除事故隐患。

会议提出，要按照企业负责、政府支持的原则完善国家、地方和企业共同增加煤矿安全投入的机制，加快改善煤炭安全生产条件。国务院决定今年安排30亿元资金，支持国有重点煤矿安全技术改造，主要用于瓦斯治理。地方各级政府也要筹措资金，支持煤矿安全技术改造。要监督企业履行投资主体责任，提足安全技改费用，并做到专款专用。在煤矿实行安全生产风险抵押金制度。

会议确定，采取7项措施大力开展瓦斯集中整治，切实防范重特大瓦斯事故发生。一是对瓦斯灾害严重的45户重点煤矿派驻安全督导组，进行跟踪监察。二是从全国抽调煤矿安全专家，对瓦斯灾害严重和存在重大隐患的煤矿逐个进行安全评估，帮助制订具体的防范措施。三是严格执行“以风定产”的规定，凡超通风能力生产的矿井，必须把产量降到通风能力许可的范围内。四是历史上有过瓦斯动力现象，但未按突出矿井管理的，一律按突出矿井管理。五是推广数字化瓦斯远程监控系统，高瓦斯和高突矿井没有建立瓦斯抽放和监测系统的，一律限期整改。六是加快煤与瓦斯突出机理及预测预报科研攻关，尽快取得突破。七是成立国家煤层气工程研究中心，推进煤层气综合开发利用，变害为利。

为加大对煤矿瓦斯防治工作的协调力度，会议同意成立煤矿瓦斯防治部际协调领导小组，由发展改革委一位副主任任组长，安全监管总局领导同志任副组长，科技部、财政部、劳动保障部、国土资源部、人民银行、国资委、环保总局、中国工程院、国家开发银行、中国煤炭工业协会等部门和单位的一位领导同志为成员，具体工作由发展改革委承担。会议要求加快国家安全监管总局组建的进度，同时要确保组建期间安全生产监管工作不脱节，安全生产措施落到实处。

关于对煤炭企业实行消费型增值税，降低税负增加煤炭企业投入问题，请发展改革委、财政部等有关部门进一步研究协商。

财政部　国家发展改革委　国家安全生产监督管理总局　国家煤矿安全监察局关于调整煤炭生产安全费用提取标准　加强煤炭生产安全费用使用管理与监督的通知

2005年4月8日　财建〔2005〕168号

各省、自治区、直辖市、计划单列市财政厅（局）、发展改革委（计委）、经贸委（经委）、安全生产监督管理局、煤矿安全监管机构、煤炭行业管理部门，各级煤矿安全监察机构，中央管理的煤矿企业：

为进一步加大煤炭生产企业对安全生产设施的投入，现对财政部、国家发展改革委、国家煤矿安全监察局《关于印发〈煤炭生产安全费用提取和使用管理办法〉和〈关于规范煤矿维简费管理问题的若干规定〉的通知》（财建〔2004〕119号）中涉及煤炭生产安全费用（以下简称“安全费用”）提取标准和使用管理等方面的内容进行调整和完善。具体通知如下：

一、调整安全费用提取标准

（一）大中型煤矿

1. 高瓦斯、煤与瓦斯突出、自然发火严重和涌水量大的矿井吨煤不低于8元，其中：45户重点监控煤炭生产企业吨煤不低于15元（名单附后）；

2. 低瓦斯矿井吨煤不低于5元；

3. 露天矿吨煤不低于3元。

（二）小型煤矿

1. 高瓦斯矿井、煤与瓦斯突出、自然发火严重和涌水量大的矿井吨煤不低于10元；

2. 低瓦斯矿井吨煤不低于6元。

煤炭生产企业应在上述标准的基础上，根据安全生产实际需要，科学合理地确定安全费用具体提取标准，并报当地主管税务机关、财政部门、煤炭行业管理部门、煤矿安全监管机构和各级煤矿安全监察机构备案。

安全费用提取标准一经确定，煤炭生产企业不得随意改动。确需变动的，经报当地主管税务机关、财政部门、煤炭行业管理部门、煤矿安全监管机构和各级煤矿安全监察机构备案后，从下一年度开始实施。

二、任何部门和单位不得以任何形式集中煤炭生产企业提取的安全费用

三、完善安全费用提取和使用的监管措施

煤炭生产企业必须按照已经确定的标准及时、足额提取安全费用，并按规定用途全部用于煤矿安全生产方面的支出。

各级煤矿安全监察机构及地方政府有关部门特别是煤矿安全监管机构，要严格按照有关规定，采取科学、有效的措施加大对煤炭生产企业提取和使用安全费用相关情况的监督检查，充分发挥此项资金的使用效益。

四、本通知未涉及事宜，仍按照财政部、国家发展改革委、国家煤矿安全监察局《关于印发〈煤炭生产安全费用提取和使用管理办法〉和〈关于规范煤矿维简费管理问题的若干规定〉的通知》（财建〔2004〕119号）执行。

五、本通知自2005年4月1日起执行。

安全生产监督管理部门可将本通知转发到境内所有煤炭生产企业。

附件：45户重点监控煤炭生产企业名单

附件：

45户重点监控煤炭生产企业名单

序号	所在省（区）	企业名称	
1	河北		
		1	开滦（集团）有限责任公司
		2	峰峰（集团）有限责任公司
2	山西		
		3	山西焦煤集团有限责任公司
		4	大同煤矿集团有限责任公司
		5	晋城无烟煤矿业集团有限公司
		6	阳泉煤业（集团）有限公司
3	内蒙古		
		7	神华包头矿业有限责任公司
		8	神华乌达矿业有限责任公司
		9	平庄煤业（集团）有限公司
4	辽宁		
		10	抚顺矿业（集团）有限责任公司
		11	阜新矿业（集团）公司
		12	沈阳（集团）公司
5	吉林		
		13	辽源矿务局
		14	通化矿务局
6	黑龙江		
		15	鸡西矿业（集团）有限责任公司

续表

序号	所在省（区）	企业名称	
		16	鹤岗矿业（集团）有限责任公司
		17	七台河矿业精煤（集团）公司
		18	双鸭山矿业（集团）有限责任公司
7	江苏		
		19	徐州矿务集团公司
8	安徽		
		20	淮北矿业（集团）有限责任公司
		21	淮南矿业（集团）有限责任公司
9	江西		
		22	丰城矿务局
		23	乐平矿务局
10	河南		
		24	平顶山煤业（集团）有限责任公司
		25	郑州煤电（集团）有限责任公司
		26	焦作煤业（集团）有限责任公司
		27	义马煤业（集团）有限责任公司
		28	鹤壁煤业（集团）有限责任公司
11	湖南		
		29	资兴矿业集团有限责任公司
		30	白沙煤电集团有限责任公司
		31	涟邵矿业集团有限公司
12	重庆		
		32	天府矿业有限公司
		33	松藻煤电有限公司
		34	南桐矿务局

续表

序号	所在省（区）	企业名称	
13	四川		
		35	攀枝花煤业（集团）有限责任公司
		36	达竹煤电（集团）有限责任公司
		37	广旺能源发展（集团）有限责任公司
		38	芙蓉集团实业有限责任公司
		39	华蓥山广能（集团）有限责任公司
14	贵州		
		40	盘江煤电（集团）有限责任公司
		41	水城矿业（集团）有限责任公司
15	陕西		
		42	铜川矿务局
		43	韩城矿务局
16	甘肃		
		44	窑街煤电有限责任公司
17	宁夏		
		45	宁夏煤业集团有限责任公司

建设部关于印发《建筑工程安全防护、文明施工措施费用及使用管理规定》的通知

建办〔2005〕89号

各省、自治区建设厅，直辖市建委，江苏省、山东省建管局，新疆生产建设兵团建设局：

现将《建筑工程安全防护、文明施工措施费用及使用管理规定》印发给你们，请结合本地区实际，认真贯彻执行。贯彻执行中的有关问题和情况及时反馈建设部。

附件：建筑工程安全防护、文明施工措施费用及使用管理规定

中华人民共和国建设部

2005年6月7日

附件：

建筑工程安全防护、文明施工措施费用及使用管理规定

第一条　为加强建筑工程安全生产、文明施工管理，保障施工从业人员的作业条件和生活环境，防止施工安全事故发生，根据《中华人民共和国安全生产法》《中华人民共和国建筑法》《建设工程安全生产管理条例》《安全生产许可证条例》等法律法规，制定本规定。

第二条　本规定适用于各类新建、扩建、改建的房屋建筑工程（包括与其配套的线路管道和设备安装工程、装饰工程）、市政基础设施工程和拆除工程。

第三条　本规定所称安全防护、文明施工措施费用，是指按照国家现行的建筑施工安全、施工现场环境与卫生标准和有关规定，购置和更新施工安全防护用具及设施、改善安全生产条件和作业环境所需要的费用。安全防护、文明施工措施项目清单详见附表。

建设单位对建筑工程安全防护、文明施工措施有其他要求的，所发生费用一并计入安全防护、文明施工措施费。

第四条　建筑工程安全防护、文明施工措施费用是由《建筑安装工程费用项目组成》（建标〔2003〕206 号）中措施费所含的文明施工费，环境保护费，临时设施费，安全施工费组成。

其中安全施工费由临边、洞口、交叉、高处作业安全防护费，危险性较大工程安全措施费及其他费用组成。危险性较大工程安全措施费及其他费用项目组成由各地建设行政主管部门结合本地区实际自行确定。

第五条 建设单位、设计单位在编制工程概（预）算时，应当依据工程所在地工程造价管理机构测定的相应费率，合理确定工程安全防护、文明施工措施费。

第六条 依法进行工程招投标的项目，招标方或具有资质的中介机构编制招标文件时，应当按照有关规定并结合工程实际单独列出安全防护、文明施工措施项目清单。

投标方应当根据现行标准规范，结合工程特点、工期进度和作业环境要求，在施工组织设计文件中制定相应的安全防护、文明施工措施，并按照招标文件要求结合自身的施工技术水平、管理水平对工程安全防护、文明施工措施项目单独报价。投标方安全防护、文明施工措施的报价，不得低于依据工程所在地工程造价管理机构测定费率计算所需费用总额的90%。

第七条 建设单位与施工单位应当在施工合同中明确安全防护、文明施工措施项目总费用，以及费用预付、支付计划，使用要求、调整方式等条款。

建设单位与施工单位在施工合同中对安全防护、文明施工措施费用预付、支付计划未作约定或约定不明的，合同工期在一年以内的，建设单位预付安全防护、文明施工措施项目费用不得低于该费用总额的50%；合同工期在一年以上的（含一年），预付安全防护、文明施工措施费用不得低于该费用总额的30%，其余费用应当按照施工进度支付。

实行工程总承包的，总承包单位依法将建筑工程分包给其他单位的，总承包单位与分包单位应当在分包合同中明确安全防护、文明施工措施费用由总承包单位统一管理。安全防护、文明施工措施由分包单位实施的，由分包单位提出专项安全防护措施及施工方案，经总承包单位批准后及时支付所需费用。

第八条　建设单位申请领取建筑工程施工许可证时，应当将施工合同中约定的安全防护、文明施工措施费用支付计划作为保证工程安全的具体措施提交建设行政主管部门。未提交的，建设行政主管部门不予核发施工许可证。

第九条　建设单位应当按照本规定及合同约定及时向施工单位支付安全防护、文明施工措施费，并督促施工企业落实安全防护、文明施工措施。

第十条　工程监理单位应当对施工单位落实安全防护、文明施工措施情况进行现场监理。对施工单位已经落实的安全防护、文明施工措施，总监理工程师或者造价工程师应当及时审查并签认所发生的费用。监理单位发现施工单位未落实施工组织设计及专项施工方案中安全防护和文明施工措施的，有权责令其立即整改；对施工单位拒不整改或未按期限要求完成整改的，工程监理单位应当及时向建设单位和建设行政主管部门报告，必要时责令其暂停施工。

第十一条　施工单位应当确保安全防护、文明施工措施费专款专用，在财务管理中单独列出安全防护、文明施工措施项目费用清单备查。施工单位安全生产管理机构和专职安全生产管理人员负责对建筑工程安全防护、文明施工措施的组织实施进行现场监督检查，并有权向建设主管部门反映情况。

工程总承包单位对建筑工程安全防护、文明施工措施费用的使用负总责。总承包单位应当按照本规定及合同约定及时向分包单位支付安全防护、文明施工措施费用。总承包单位不按本规定和合同约定支付费用，造成分包单位不能及时落实安全防护措施导致发生事故的，由总承包单位负主要责任。

第十二条 建设行政主管部门应当按照现行标准规范对施工现场安全防护、文明施工措施落实情况进行监督检查，并对建设单位支付及施工单位使用安全防护、文明施工措施费用情况进行监督。

第十三条 建设单位未按本规定支付安全防护、文明施工措施费用的，由县级以上建设行政主管部门依据《建设工程安全生产管理条例》第五十四条规定，责令限期整改；逾期未改正的，责令该建设工程停止施工。

第十四条 施工单位挪用安全防护、文明施工措施费用的，由县级以上建设主管部门依据《建设工程安全生产管理条例》第六十三条规定，责令限期整改，处挪用费用20%以上50%以下的罚款；造成损失的，依法承担赔偿责任。

第十五条 建设行政主管部门的工作人员有下列行为之一的，由其所在单位或者上级主管机关给予行政处分；构成犯罪的，依照刑法有关规定追究刑事责任：

（一）对没有提交安全防护、文明施工措施费用支付计划的工程颁发施工许可证的；

（二）发现违法行为不予查处的；

（三）不依法履行监督管理职责的其他行为。

第十六条　建筑工程以外的工程项目安全防护、文明施工措施费用及使用管理可以参照本规定执行。

第十七条　各地可依照本规定，结合本地区实际制定实施细则。

第十八条　本规定由国务院建设行政主管部门负责解释。

第十九条　本规定自2005年9月1日起施行。

附件：建设工程安全防护、文明施工措施项目清单

附件：

建设工程安全防护、文明施工措施项目清单

类别	项目名称	具 体 要 求
文明施工与环境保护	安全警示标志牌	在易发伤亡事故（或危险）处设置明显的、符合国家标准要求的安全警示标志牌
	现场围挡	（1）现场采用封闭围挡，高度不小于1.8 m （2）围挡材料可采用彩色、定型钢板，砖、砼砌块等墙体
	五板一图	在进门处悬挂工程概况、管理人员名单及监督电话、安全生产、文明施工、消防保卫五板；施工现场总平面图
	企业标志	现场出入的大门应设有本企业标识或企业标识
	场容场貌	（1）道路畅通 （2）排水沟、排水设施通畅 （3）工地地面硬化处理 （4）绿化
	材料堆放	（1）材料、构件、料具等堆放时，悬挂有名称、品种、规格等标牌 （2）水泥和其他易飞扬细颗粒建筑材料应密闭存放或采取覆盖等措施 （3）易燃、易爆和有毒有害物品分类存放
	现场防火	消防器材配置合理，符合消防要求
	垃圾清运	施工现场应设置密闭式垃圾站，施工垃圾、生活垃圾应分类存放。施工垃圾必须采用相应容器或管道运输
临时设施	现场办公生活设施	（1）施工现场办公、生活区与作业区分开设置，保持安全距离 （2）工地办公室、现场宿舍、食堂、厕所、饮水、休息场所符合卫生和安全要求

续表

类别	项目名称		具　体　要　求
临时设施	施工现场临时用电	配电线路	（1）按照 TN－S 系统要求配备五芯电缆、四芯电缆和三芯电缆 （2）按要求架设临时用电线路的电杆、横担、瓷夹、瓷瓶等，或电缆埋地的地沟 （3）对靠近施工现场的外电线路，设置木质、塑料等绝缘体的防护设施
		配电箱 开关箱	（1）按三级配电要求，配备总配电箱、分配电箱、开关箱三类标准电箱。开关箱应符合一机、一箱、一闸、一漏。三类电箱中的各类电器应是合格品 （2）按两级保护的要求，选取符合容量要求和质量合格的总配电箱和开关箱中的漏电保护器
		接地保护装置	施工现场保护零线的重复接地应不少于三处
安全施工	临边洞口交叉高处作业防护	楼板、屋面、阳台等临边防护	用密目式安全立网全封闭，作业层另加两边防护栏杆和 18 cm 高的踢脚板
		通道口防护	设防护棚，防护棚应为不小于 5 cm 厚的木板或两道相距 50 cm 的竹笆。两侧应沿栏杆架用密目式安全网封闭
		预留洞口防护	用木板全封闭；短边超过 1.5 m 长的洞口，除封闭外四周还应设有防护栏杆
		电梯井口防护	设置定型化、工具化、标准化的防护门；在电梯井内每隔两层（不大于 10 m）设置一道安全平网
		楼梯边防护	设 1.2 m 高的定型化、工具化、标准化的防护栏杆，18 cm 高的踢脚板
		垂直方向交叉作业防护	设置防护隔离棚或其他设施
		高空作业防护	有悬挂安全带的悬索或其他设施；有操作平台；有上下的梯子或其他形式的通道

续表

类别	项目名称		具体要求
其他（由各地自定）			

注：本表所列建筑工程安全防护、文明施工措施项目，是依据现行法律法规及标准规范确定。如修订法律法规和标准规范，本表所列项目应按照修订后的法律法规和标准规范进行调整。

财政部　国家安全生产监督管理总局关于印发《烟花爆竹生产企业安全费用提取与使用管理办法》的通知

2006年3月24日　财建〔2006〕180号

各省、自治区、直辖市、计划单列市财政厅（局），安全生产监督管理局：

为了确保烟花爆竹生产企业安全生产所需资金投入，形成安全生产设施的长效投入机制，根据《国务院关于进一步加强安全生产工作的决定》（国发〔2004〕2号），财政部、国家安全生产监督管理总局联合制定了《烟花爆竹生产企业安全费用提取与使用管理办法》，现予印发，请遵照执行。

附件：烟花爆竹生产企业安全费用提取与使用管理办法

附件：

烟花爆竹生产企业安全费用提取与使用管理办法

第一条 为了保证烟花爆竹生产企业安全生产所需资金投入，形成安全生产设施的长效投入机制，建立烟花爆竹生产企业安全费用提取制度，根据《国务院关于进一步加强安全生产工作的决定》（国发〔2004〕2号），制定本办法。

第二条 本办法适用于烟花爆竹生产企业（以下简称企业）。

本办法所称烟花爆竹，是指烟花爆竹制品和用于生产烟花爆竹的民用黑火药、烟火药、引火线等物品。

第三条 本办法所称烟花爆竹生产企业安全费用（以下简称安全费用），是指企业按照年度销售收入提取，列入成本，专门用于安全生产投入的资金。

第四条 安全费用按年计算，分月提取。具体提取标准是：

（一）当年销售收入在200万元（含200万元）以下的按3.5%提取；

（二）当年销售收入超过200万元至500万元（含500万元）的部分按3%提取；

（三）当年销售收入超过500万元至1000万元（含1000万元）的部分按2.5%提取；

（四）当年销售收入超过 1000 万元以上的部分按 2% 提取。

第五条　安全费用由企业自行提取，专户核算。年度结余资金结转下年继续使用。

第六条　安全费用使用范围包括：

（一）安全设施完善和改造支出；

（二）防爆机械电器设备配备和完善以及仪器检验检测支出；

（三）设施设备及危险源监控支出；

（四）与企业安全生产直接相关的其他支出。

第七条　企业提取安全费用的税务处理办法由财政部、国家税务总局另行制定。具体会计核算问题，按照国家统一会计制度处理。

第八条　任何部门和单位不得以任何形式集中企业提取的安全费用。

第九条　企业应当按照本办法规定的提取标准足额提取安全费用，并根据本办法规定的使用范围制定年度使用计划，纳入企业预算管理。

每一年度终了，企业应当将安全费用提取和使用情况报当地主管安全生产监督管理、财政、税务部门备案，接受监督。

第十条　对于不按照本办法提取和使用安全费用的企业，有关部门应当责令其限期整改，并按照有关法律法规的规定予以处罚。

第十一条　各省（自治区、直辖市）安全生产监督管理部门及同级财政部门可以结合本地区企业实际情况，根据本办法制定相应的实施办法。

第十二条　本办法自 2006 年 5 月 1 日起施行。

关于制定《烟花爆竹生产企业安全费用提取与使用管理办法》的说明

一、关于制定办法的背景及依据

烟花爆竹行业是我国传统产业，多年来一直是以手工操作为主，生产工艺比较简单，设备简陋，技术含量很低，从业人员大多为农民工，属劳动密集型的高危行业。

2002 年颁布实施的《中华人民共和国安全生产法》明确规定：“生产经营单位应当具备安全生产条件所必需的资金投入，由生产经营单位的决策机构、主要负责人或者个人经营的投资人予以保证，并对由于安全生产所必需的资金投入不足导致的后果承担责任”。该规定为建立烟花爆竹生产企业安全费用提取制度提供了明确的法律依据。

2004 年 1 月 9 日，国务院发布了《关于进一步加强安全生产工作的决定》（国发〔2004〕2 号），明确提出：建立企业提取安全费用制度。为保证安全生产所需资金投入，形成企业安全生产投入的长效机制，借鉴煤矿提取安全费用的经验，在条件成熟后，逐步建立对高危行业生产企业提取安全费用制度。企业安全费用的提取，要根据地区和行业的特点，分别确定提取标准，由企业自行提取，专户储存，专项用于安全生产。

2004 年和 2005 年，财政部、国家发改委、安全监管总局先后联合下发了《关于印发〈煤炭生产安全费用提取和使用管理办法〉和〈关于规范煤矿维简费管理问题的若干规定〉的通知》(财建〔2004〕119号)、《关于调整煤炭生产安全费用提取标准加强煤炭生产安全费用使用管理与监督的通知》(财建〔2005〕168号)，建立和规范了煤炭生产企业安全费用提取和使用办法，并取得了实效，为其他高危行业的生产企业建立安全生产投入的长效机制积累了丰富的经验。

为促使烟花爆竹生产企业加大安全生产所需资金投入，开辟稳定的安全保障资金供给渠道，形成烟花爆竹生产企业安全生产投入的长效机制，自2004年开始，财政部联合国家安全生产监督管理总局着手研究建立烟花爆竹生产企业安全费用提取制度，在全国范围内组织开展了烟花爆竹生产企业建立安全费用提取制度调研和座谈工作，并广泛征求了有关省（区、市）安全监管局和烟花爆竹生产企业意见，形成了该办法。

二、关于制定办法的必要性

（一）充分认识搞好烟花爆竹安全生产的重要性

烟花爆竹行业是劳动密集型高危行业，其烟火药、引火线等主要原材料及产品易燃易爆，生产过程中容易发生燃烧、爆炸事故，造成严重人员伤亡。据统计，自1984年至2004年，烟花爆竹行业累计发生事故8586起，平均每年发生408起；造成死亡累计9383人，平均每年死亡447人。2004年全国烟花爆竹行业共发生伤亡事故138起，死亡322人。事故的频繁发生给人民生命和国家财产造成了重大的损失，也造成了不良的政治影响。随着改革的不断深化、经济的持续发展和社会的全面进步，要求我们必须下大气力切实改变目前烟花爆竹安全生产的严峻局面，不断提高安全生产水平。

搞好安全生产，减少伤亡事故，是人民群众的根本利益之所在，是实践“三个代表”重要思想的具体体现。烟花爆竹行业的安全生产工作关系到人民群众生命和国家财产的安全，一旦发生事故，社会影响较大。搞好安全生产，不但有利于保证人民群众的生命财产安全，也有利于促进经济发展、社会进步，有利于构建和谐社会。

（二）烟花爆竹生产的本质安全程度低，决定必须建立烟花爆竹安全生产投入的长效机制

烟花爆竹生产是传统产业，以劳动密集型手工生产为主，产业结构正处在调整过程中，从业人员文化素质不高、安全意识不强，具有人员密集、工艺和设备技术含量低、容易发生燃煤事故等特点。从目前全国烟花爆竹生产企业安全生产形势看，主要存在以下问题：

1. 安全基础设施落后。全国烟花爆竹生产企业大多数是在20世纪七八十年代建立和发展起来的，除少数规模化企业外，大多数企业生产规模普遍较小，工厂化程度低，产品科技含量低、生产设备简陋、安全基础差和防护设施不健全等。

2. 从业人员素质较低。由于烟花爆竹生产工艺和设备简单，技术含量低，一直以手工操作为主，其从业人员大多数为文化素质较低、流动程度较大的农民工。

3. 安全技术进步落后。对生产工艺改进、原材料的基础研究及替代品开发研究相对滞后，一些落后工艺、简陋设备等仍在

使用。

要加强烟花爆竹生产企业安全生产，就必须加强安全基础设施建设，增强从业人员的安全意识，积极开展安全科技研究，推动行业技术进步。建立烟花爆竹生产企业安全费用提取制度，有利于形成烟花爆竹企业安全生产投入长效机制，努力改善企业安全生产状况，减少安全事故发生。

三、关于全国烟花爆竹生产企业基本情况

据2004年统计，全国烟花爆竹行业现有生产企业7064户。在地域分布上，烟花爆竹生产企业主要集中在湖南、江西和广西，这三个传统产区的生产企业数量占全国企业总数的近70%；安徽、河南、广东、四川、陕西等省属于烟花爆竹行业的重点产区，其企业总数占全国总数的15%以上；天津、上海、青海、宁夏和西藏5个省、自治区、直辖市没有烟花爆竹生产企业。

《安全生产许可证条例》明确要求对烟花爆竹生产企业实行安全生产许可制度，全国各地在发放烟花爆竹安全生产许可证过程中，将有一批不具备安全生产条件的企业退出烟花爆竹行业，烟花爆竹生产企业数量要有所减少。据多次召开烟花爆竹安全生产许可证审批、发放工作会议和摸底情况，通过贯彻安全生产行政许可制度，全国烟花爆竹生产企业的数量将在5000户左右。

四、关于安全费用提取标准

烟花爆竹生产企业安全费用提取标准的计算基数主要有生产能力、产值和年销售收入等几种方法。通过综合论证，确定以年销售收入作为烟花爆竹生产企业安全费用提取标准的计算基数是比较科学且可行的方法。其分析如下：

1. 以企业产量或生产能力作为烟花爆竹生产企业安全费用提取标准的方法无法实施。烟花爆竹生产不同于煤炭、矿山、冶金等行业，其产品数量的统计因其产品不同存在多种方法，烟花类产品和爆竹类产品的数量统计有响、挂、箱等多种单位，而引火线和烟火药类产品的数量又分别以米（万米）、吨等单位计；即使同一类产品的同一种计量单位也存在诸如烟花和爆竹的“箱”国家无明确的“标准箱”容量规定，不便统计，烟火药、引火线的每吨、每米产量因其成分、效果不同无法准确计算成本等现象。故而，对企业产品数量或生产能力的统计存在不统一的现象，煤炭行业积累的以产量为基数计算吨煤提取率的经验方法在烟花爆竹行业无法实施。

2. 以产值计算安全费将可能无法确保安全费用按期如额提取。烟花爆竹是受市场作用较大的产品，只有经过销售方可变成资金。在市场机制运作下，产值未必能够直接转化为企业的收益，因此以产值作为标准基数计算出的安全费用提取额度，可能因产品销路不畅造成无法落实。

3. 以年销售收入作为烟花爆竹生产企业安全费用提取标准的计算基数科学可行。一方面，以销售收入作为计算基数，不仅在数字上可以通过有关会计核算方法得出，便于执行过程中的计算与检查，而且符合企业市场经营的客观规律，可以确保企业有能力按期如额提取安全费用；另一方面，各地现行的烟花爆竹企业税收计算方法亦大都以销售收入为计算基数，烟花爆竹生产企业安全费用提取标准同样以销售收入作为计算基数有利于与税收等国家有关政策配合落实。烟花爆竹的销售季节性较强，销售旺季相对集中，内销与出口的销售旺季也有一定差异，若提取基数的计算周期按照月或季度等相对较短的时间计算可能会出现因提取额不稳定难以管理等现象，故提取基数以年度为周期计算较为符合实际情况。

综合各方面意见及烟花爆竹生产企业安全投入的实际需要，并考虑到随着安全生产行政许可制度的贯彻实施，烟花爆竹生产企业的准入门槛提高，安全投入将相应增加，《办法》对安全费用提取计算依据及提取标准做出具体规定如下：以上年销售收入为计算基数，按照超额累退计算提取率的方法，按以下标准提取安全费用；上年销售收入不足200万元的部分按3.5%提取；上年销售收入200万元至500万元的部分按3%提取；上年销售收入500万元至1000万元的部分按2.5%提取；上年销售收入1000万元以上的部分按2%提取。

考虑到烟花爆竹生产企业的分布及与煤矿企业的区别，办法没有规定各省、自治区、直辖市人民政府安全生产监督管理部门根据各地区实际情况确定具体交纳数额，而是统一按照上述标准计算提取。

五、关于安全费用的使用范围

根据烟花爆竹企业的实际情况，办法规定安全费用具体使用范围界定为：安全设施，防爆机械电器设备，设备设施检验检测，危险源监控，检验检测仪器配备等五个方面。

考虑到烟花爆竹生产企业的应急救援费用在具体操作中难以量化，不宜列入提取安全费使用的范围：事故隐患整改费用的落实应在上述5项费用列支，故应记入企业提取的安全费用使用，但无须专门列入提取安全费使用的范围中的一项。其他必要的安全投入，如安全培训可列入企业职工教育经费中；劳动防护用品、定期健康检查可列入劳动保护费；安全评价列入会计财务处理中聘请中介机构费用中或其他相关费用，这些费用都可作为企业的管理费，列入成本在税前列支，故无须列入提取安全费用的范围。

办法同时规定提取的安全费用在规定的范围内由企业自行安排使用，年度结余资金允许结转下年度使用。

六、关于安全费用的核算及会计处理

安全费用由企业按照办法规定的标准自行提取，要求建立专门账户核算，在交纳企业所得税前列支。具体会计核算问题，按国家统一会计制度处理。

七、关于安全费用的管理和监督

《办法》对安全费用的管理、监督做出规定，要求企业切实加强安全费用提取和使用管理，制定年度使用计划，并纳入企业全面预算。年度终了，企业应将安全费用提取和使用情况报当地主管安全监管、财政、税务部门备案，接受监督。对不按办法提取和使用安全费用的企业，有关部门应责令其限期整改，并按有关法律和行政法规的规定予以处罚。以确保企业采取科学、有效的措施加大对企业安全费用的管理，切实将该项资金用到安全投入上，充分发挥其使用效益。

另外，针对煤炭生产企业提取使用安全费用过程中出现的问题，办法还规定任何部门和单位不得以任何形式集中烟花爆竹生产企业提取的安全费用。

财政部　国家安全生产监督管理总局关于印发《高危行业企业安全生产费用财务管理暂行办法》的通知

2006 年 12 月 8 日　财企〔2006〕478 号

各省、自治区、直辖市、计划单列市财政厅（局）、安全生产监督管理局，新疆生产建设兵团财务局，有关中央管理企业：

为了建立高危行业企业安全生产投入长效机制，加强企业安全生产费用财务管理，根据《国务院关于进一步加强安全生产工作的决定》（国发〔2004〕2 号），财政部、国家安全生产监督管理总局联合制定了《高危行业企业安全生产费用财务管理暂行办法》。现予印发，请遵照执行。

附件：高危行业企业安全生产费用财务管理暂行办法

附件：

高危行业企业安全生产费用财务管理暂行办法

第一章 总 则

第一条 为了建立高危行业企业安全生产投入长效机制，加强企业安全生产费用财务管理，维护企业、职工以及社会公共利益，根据有关法律和国务院有关决定，制定本办法。

第二条 在中华人民共和国境内从事矿山开采、建筑施工、危险品生产以及道路交通运输的企业以及其他经济组织（以下简称企业）适用本办法。

国家对煤炭开采企业和烟花爆竹生产企业另有规定的，从其规定。地热、温泉、矿泉水、卤盐开采矿山和河道采砂、采金船作业、小型砖瓦粘土矿等危险性较小的非煤矿山，不适用本办法。

第三条 企业应当建立安全生产费用管理制度。

安全生产费用（以下简称安全费用）是指企业按照规定标准提取，在成本中列支，专门用于完善和改进企业安全生产条件的资金。

第四条 安全费用按照“企业提取、政府监管、确保需要、规范使用”的原则进行财务管理。

第五条　本办法下列用语的含义是：

矿山开采是指石油和天然气、金属矿、非金属矿及其他矿产资源的勘探和生产、闭坑及有关活动。

建筑施工是指土木工程、建筑工程、井巷工程、线路管道和设备安装及装修工程的新建、扩建、改建以及矿山建设。

危险品是指列入国家标准《危险货物品名表》（GB 12268）和国家有关部门确定并公布的《剧毒化学品目录》的物品，包括军工生产危险品和民用爆炸物品等。

道路交通运输是指以机动车为交通工具的旅客和货物运输。

第二章　安全费用的提取标准

第六条　矿山企业安全费用依据开采的原矿产量按月提取。各类矿山原矿单位产量安全费用提取标准如下：

（一）石油，每吨原油 17 元；

（二）天然气，每千立方米原气 5 元；

（三）金属矿山，其中露天矿山每吨 4 元，井下矿山每吨 8 元；

（四）核工业矿山，每吨 22 元；

（五）非金属矿山，其中露天矿山每吨（立方米）1 元，井下矿山每吨（立方米）2 元；

（六）小型露天采石场，即年采剌总量 50 万吨以下，且最大开采高度不超过 50 米，产品用于建筑、铺路的山坡型露天采石场，每吨 0.5 元。

原矿产量不含金属、非金属矿山尾矿库和废石场中用于综合利用的尾砂和低品位矿石。

第七条 煤系及与煤共（伴）生的金属非金属矿山、水体下开采矿：山、有自然发火可能性的矿山、在需要保护的建（构）筑物和铁路下面开采的矿山，以及其他对安全生产有特殊要求的矿山，经省级安全生产监督管理局会同财政厅（局）核准后，可以在本办法第六条规定的基础上提高提取标准，但增加的提取标准不得超过原提取标准的50%。

第八条 建筑施工企业以建筑安装工程造价为计提依据。各工程类别安全费用提取标准如下：

（一）房屋建筑工程、矿山工程为2.0%；

（二）电力工程、水利水电工程、铁路工程为1.5%；

（三）市政公用工程、冶炼工程、机电安装工程、化工石油工程、港口与航道工程、公路工程、通信工程为1.0%。

建筑施工企业提取的安全费用列入工程造价，在竞标时，不得删减。国家对基本建设投资概算另有规定的，从其规定。

总包单位应当将安全费用按比例直接支付分包单位，分包单位不再重复提取。

第九条 危险品生产企业以本年度实际销售收入为计提依据，采取超额累退方式按照以下标准逐月提取：

（一）全年实际销售收入在1000万元（含）以下的，按照4%提取；

（二）全年实际销售收入在1000万元至1亿元（含）的部分，按照2%提取；

（三）全年实际销售收入在1亿元至10亿元（含）的部分，

按照0.5%提取；

（四）全年实际销售收入在10亿元以上的部分，按照0.2%提取。

第十条　道路交通运输企业以营业收入为计提依据，按照以下标准逐月提取：

（一）客运业务按照0.5%提取；

（二）普通货运业务按照1%提取；

（三）危险品等特殊货运业务按照1.5%提取。

第十一条　中小型企业和大型企业上年末安全费用专户结余分别达到本企业上年度销售收入的5%和2%时，经当地县级以上安全生产监督管理部门商财政部门同意，企业本年度可以缓提或少提安全费用。

企业规模划分标准按照原国家经贸委、原国家计委、财政部、国家统计局《关于印发中小企业标准暂行规定的通知》（国经贸中小企〔2003〕143号）和国家统计局《统计上大中小型企业划分办法（暂行）》（国统字〔2003〕17号）规定执行。

第十二条　本办法公布前，各省级政府已制定下发企业安全费用提取使用办法的，其提取标准如果低于本办法规定的标准，应当按照本办法进行调整；如果高于本办法规定的标准，按照原标准执行。

第三章　安全费用的使用和管理

第十三条　安全费用应当按照以下规定范围使用。

（一）完善、改造和维护安全防护设备、设施支出，其中：

1. 矿山企业安全设备设施是指矿山综合防尘、地质监控、防灭火、防治水、危险气体监测、通风系统，支护及防治边帮滑坡设备、机电设备、供配电系统、运输（提升）系统以及尾矿库（坝）等；

2. 危险品生产企业安全设备设施是指车间、库房等作业场所的监控、监测、通风、防晒、调温、防火、灭火、防媒、泄压、防毒、消毒、中和、防潮、防雷、防静电、防腐、防渗漏、防护围堤或者隔离操作等设施设备；

3. 道路交通运输企业安全设备设施是指运输工具安全状况检测及维护系统、运输工具附属安全设备等。

（二）配备必要的应急救援器材、设备和现场作业人员安全防护物品支出。

（三）安全生产检查与评价支出。

（四）重大危险源、重大事故隐患的评估、整改、监控支出。

（五）安全技能培训及进行应急救援演练支出。

（六）其他与安全生产直接相关的支出。

第十四条　在本办法规定的使用范围内，企业应当将安全费用优先用于满足安全生产监督管理部门对企业安全生产提出的整改措施或达到安全生产标准所需支出。

第十五条　企业提取安全费用应当专户核算，按规定范围安排使用。年度结余结转下年度使用，当年计提安全费用不足的，超出部分按正常成本费用渠道列支。

集团公司可经过履行内部决策程序，可以对所属企业提取的安全费用按照一定比例集中管理，统筹使用。

第十六条　企业应当建立健全内部安全费用管理制度，明确安全费用使用、管理的程序、职责及权限，接受安全生产监督管理部门和财政部门的监督。

第十七条　企业利用安全费用形成的资产，应当纳入相关资产进行管理。

第十八条　企业应当为从事高空、高压、易燃、易爆、剧毒、放射性、高速运输、野外、矿井等高危作业的人员办理团体人身意外伤害保险或个人意外伤害保险。所需保险费用直接列入成本（费用），不在安全费用中列支。

企业为职工提供的职业病防治、工伤保险、医疗保险所需费用，不在安全费用中列支。

第十九条　矿山企业已提取维持简单再生产费用的，应当继续提取维持简单再生产费用，但其使用范围不再包含安全生产方面的用途。

第二十条　危险品生产企业转产、停产、停业或者解散的，应将安全费用结余用于处理转产、停产、停业或者解散前危险品生产或储存的设备、库存产品及生产原料所需支出。

第二十一条　企业由于产权转让、公司制改建等变更股权结构或者组织形式的，其结余的安全费用应当继续按照本办法管理使用。

企业调整业务、终止经营或者依法清算，其结余的安全费用应当结转本期收益或者清算收益。

第四章　财 务 监 督

第二十二条　企业应当及时、足额提取安全费用，并按规定使用。在年度财务会计报告中，企业应当披露安全费用提取和使用的具体情况。

第二十三条　财政部门、安全生产监督管理部门对企业安全费用提取、管理、使用进行监督检查。

第二十四条　企业未按本办法提取和使用安全费用的，安全生产监督管理部门应当会同财政部门责令其限期改正、予以警告。逾期不改正的，由安全生产监督管理部门按照相关法规进行处理。

第五章　附　　则

第二十五条　企业安全费用的会计处理，应当符合国家统一的会计制度的规定。

第二十六条　各省、自治区、直辖市财政部门和安全生产监督管理部门可以结合本地区实际情况，制订具体实施办法，并报财政部、国家安全生产监督管理总局备案。

第二十七条　本办法由财政部、国家安全生产监督管理总局负责解释。

第二十八条　本办法自 2007 年 1 月 1 日起施行。

关于《高危行业企业安全生产费用财务管理办法》的说明

一、制定《高危行业企业安全生产费用财务管理办法》的必要性

安全生产关系人民群众的生命财产安全，关系改革发展和社会稳定大局。党中央、国务院高度重视，多次就安全生产工作做出重要指示。《国务院关于进一步加强安全生产工作的决定》（国发〔2004〕2号）明确提出，“借鉴煤矿提取安全费用的经验，在条件成熟后，逐步建立对高危行业生产企业提取安全费用制度”。为贯彻落实国务院关于安全生产工作的有关决定，保证安全生产所需资金投入，促进高危行业安全生产形势稳定好转，必须建立高危行业企业安全费用制度。

建立安全费用制度也是企业安全生产投入长效保障机制的现实需要。目前全国的安全生产形势依然严峻，危险品生产、道路交通运输、非煤矿山等领域伤亡事故多发的状况尚未根本扭转。其中重要的原因是：安全生产基础比较薄弱，保障体系和机制不健全；部分地方和生产经营单位安全意识不强，投入不足，安全设备设施亟须得到更新和补充。因此，必须通过建立企业安全生产费用制度，明确企业安全投入责任，并为企业安全生产投入建立财务储备。

二、关于办法制定的基本过程

2006 年初，财政部邀请 10 多家相关企业及行业协会进行了座谈，研究探讨建立矿”山企业安全费用制度的必要性及具体的财务问题。2 月下旬，财政部就草拟的高危行业企业安全生产有关财务管理办法向各省级财政部门、国务院有关部门、有关中央企业和行业协会广泛征求意见。随后，财政部、国家安全生产监督管理总局组成联合调研组赴山东、河北和陕西等部分省市就高危行业企业安全生产问题进行了重点调研。

同时，国家安全生产监督管理总局于 2006 年 3 月份召开安全生产经济政策专题座谈会，召集各省安全监管局、部分重点企业集团、有关行业协会及科研单位专门研究了高危行业安全费用提取使用等问题，研究草拟了《非煤矿山生产安全费用提取和使用管理办法》、《危险化学品生产企业安全费用提取与使用管理办法》。随后到中国石油天然气集团总公司及所属新疆克拉玛依油田、辽河油田，中石化集团公司，广州吴天化学（集团）公司等石油石化企业进行了现场调研。

在财政部、国家安全生产监督管理总局共同努力配合下，经过多次修改完善，形成了《高危行业企业安全生产费用财务管理办法》。

三、关于《办法》的适用范围

办法适用于高危行业企业，具体包括从事矿山开采、危险品生产、建筑施工以及道路交通运输的企业以及其他经济组织，对比《国务院关于进一步加强安全生产工作的决定》中规定的商危行业企业范围，一是不再包括已经单独制定了安全生产费用制度的煤炭和烟花爆竹企业；二是根据国防科工委的意见，将军工危险品生产也纳入了本办法的适用范围。此外，对一些危险系数较小的非煤矿山企业，也不包括在内。

四、关于安全费用提取标准

（一）制定安全费用提取标准的原则

从调研情况看，小型、民营、老旧企业的安全生产条件、安全生产投入能力、生产工艺设备、安全生产管理普遍落后于大中型、国有、新建企业。所以，实施安全费用管理办法的侧重点应是解决部分高危行业企业缺乏安全生产投入的责任和能力问题。因此，我们将安全费用提取的原则确定为满足基本安全生产条件的低标准，同时规定实际投入超过计提部分可以据实列支。这样，可以强制那些缺乏安全生产投入意识或能力的私营或小型企业按照安监部门安全生产标准保障基本的投入，而大中型企业也可以按照原有渠道和水平满足安全生产投入的需求。

（二）提取标准的研究确定

经过对重点企业及行业协会做典型调查和研究测算工作，提出了安全费用提取标准的分类意见。按照中国石油天然气集团对安全投入情况的测算，提出石油 17 元/吨和天然气 5 元/千立方米的提取标准，冶金矿山协会价格研究会测算金属矿山安全费用提取标准为露天 4 元，井下 8 元/吨；核工业矿山每吨原矿提取 22 元，小型露天采石场每吨原矿提取 1 元，金属非金属矿山区分露天和地下按不同标准提取等。经过对全国 8000 多家危险化学品生产企业的调查，确定危险品生产企业以本年度实际销售收入为计提依据，采取超额累退方式逐月提取较为合适和简便易行。

调研和测算数据表明，《办法》规定的安全费用提取标准，基本保持现有实际水平，对正常投入安全成本的企业，不会造成大的生产和财务方面的影响，应当可行。具体情况如下：

1. 石油天然气生产企业方面。《办法》规定的标准是“原油 17 元/吨，天然气 5 元/千立方米”。根据中国石油天然气集团公司的统计和测算，2003 年至 2005 年，中石油集团用于原油和天然气勘探开发板块的安全生产费用年均约为 17.5 亿元，其中 2005 年安全生产费用支出约为 22.4 亿元。预计“十一五”期间，油气勘探开发板块的安全生产费用支出每年约为 20 亿元。2005 年，中石油集团国内原油产量为 10585 万吨，国内天然气产量为 367 亿立方米。按《办法》规定的标准计算，年提取安全生产费用约为 20 亿元，基本上能够满足安全生产投入的要求。

2. 金属矿山企业方面。《办法》规定的标准是“露天矿山每吨 4 元，井下矿山每吨 8 元”。根据典型调查，山东焦家金矿、山东三山岛金矿、陕西镇安金矿 2005 年吨矿石安全生产投入分别为 38.74 元、14.35 元和 5.91 元。山东金岭铁矿、邯邢冶金矿山管理局和鲁中矿业管理局同为铁矿企业，平均吨矿安全投入分别为 19.82 元、22.24 元和 10.07 元。这些矿山企业的安全投入除了陕西镇安金矿安全投入不足，导致 2006 年 4 月发生尾矿库坝坍塌的重大安全事故外，均大大高于《办法》的标准。

3. 建筑施工企业方面。建设部专门成立了课题组，进行了长达半年的研究，并对全国 690 家具有特级和一级资质的总承包建筑施工企业进行调研测算，提出以建筑安装工程造价为计取依据，按照各工程类别的危险性以 2.5%、2.0%、1.5% 的标准提取安全生产费用。经研究，认为建设部测算的安全费用使用范围比《办法》规定略宽，根据就低原则，在《办法》规定的标准比建设部测算的标准分别下调了 0.5 个百分点。

4. 危险品生产企业方面。《办法》规定的标准是“当年实际销售收入在 1000 万元以下的按照 4% 提取；超过 1000 万元至 1 亿元的部分按照 2% 提取；超过 1 亿元至 10 亿元的部分按照 0.5% 提取；超过 10 亿元的部分按照 0.2% 提取。”调查显示，齐鲁石化股份公司、潍坊亚星集团公司、宝硕股份氯碱公司、诸城化工有限公司 2005 年销售收入分别为 195 亿元、12.8 亿元、6.12 亿元、4.52 亿元，安全相关支出约占当年收入的 0.26%、0.42%、0.8%、1.28%。如按规定标准计算，则应为 0.22%、0.56%、0.77%、0.81%，除潍坊亚星集团公司实际投入略低外，均高于规定的水平。

5. 交通运输企业方面。《办法》中规定“客运业务按照营业收入的 0.5% 提取；普通货运业务按照 1% 提取；危险品等特殊货运业务按照 1.5% 提取”。调查显示，河北保运集团以客运为主，2003 年至 2005 年随着新车型逐步投入运营，安全生产费用逐年减少，实际支出分别占收入的比例为 1.35%、0.73% 和 0.55%，与规定标准基本相符。

（三）提取标准的特别规定

考虑到一些危险系数更大的矿山企业，《办法》第七条规定可根据实际情况提高其安全费用提取标准。另外，考虑到随着安全生产基础逐渐加强，投入需要可能会相应减少，为防止企业安全费用提取过多而影响企业税基和资金流动的问题，《办法》第九条规定“中小型企业和大型企业安全费用专户结余资金分别达到本企业年销售收入的5%和2%时，经当地县级以上安全生产监督管理部门会商财政部门同意，企业可以缓提或少提安全费用”。

五、关于安全费用的使用范围

不同高危行业的企业，其安全生产条件的改善和事故的控制具有不同的要求。因此，安全费用不应当限于安全设施，还应当包括安全生产宣传教育培训、重大危险源监控等，对于企业投产时按照“三同时”要求初期投入的安全设施，则不应当包括在内。这与已出台的煤矿企业安全生产费用“专门用于煤矿安全生产设施投入的资金”略有不同。

为了使安全费用首先用于安全条件最薄弱的环节，《办法》第十四条规定：“在本办法规定的使用范围内，企业应当将安全费用优先用于满足安全生产监督管理部门对企业安全生产提出的整改措施或达到安全生产标准所需支出”。

六、关于财务处理方法

按照现行做法，企业安全投入区分资本性支出和收益性支出两类，前者作为资产购建支出，通过折旧计入费用；后者直接计入当期费用。为了调动企业加大安全投入的积极性，同时便于监管，《办法》规定企业安全费用按照先提后用的原则处理，资金通过专户存储进行筹集，对使用安全费用形成的资产管理要求以及企业在变更、终止经营或者调整业务等情况下的处理等财务问题，都做出了相应的规定。

七、关于监督管理

针对基层单位提出的制度办法“执行难、监督难”的问题，《办法》第二十二条规定了企业安全费用的提取和使用的责任，第二十三条规定了安监部门、财政部门的监督责任，第二十四条加强了安监部门等职能部门对企业安全费用的提取和使用的监督管理。

财政部　国家安全生产监督管理总局有关负责人就高危行业企业提取使用安全费用问题答记者问

为了建立高危行业企业安全生产投入长效机制，加强企业安全生产费用财务管理，财政部、国家安全监管总局联合制定发布了《高危行业企业安全生产费用财务管理暂行办法》（以下简称《暂行办法》）。目前，财政部、国家安全监管总局有关负责人就《暂行办法》的有关情况回答了记者提问。

问：请简要介绍一下出台《高危行业企业安全生产费用财务管理办法》的背景。有何重要意义？

安全监管总局新闻发言人（以下简称发言人）：安全生产关系人民群众的生命财产安全，关系改革发展和社会稳定大局。党中央、国务院始终高度重视安全生产工作，近年来采取一系列重大举措，见到明显的效果。但是，全国的安全生产形势依然严峻，特别是危险品生产、道路交通运输、非煤矿山等领域伤亡事故多发的状况尚未根本扭转。造成这种情况的原因是多方面的。除了一些地方和单位重视程度不够，政府安全监普和企业责任主体不到位，非法违法生产和违规违章现象比较严重之外，还存在着一些深层次的问题。其中一个重要的深层次原因就是企业安全生产基础比较薄弱，保障体系和机制不健全；部分地方和生产经营单位安全意识不强，安全投入不足，安全设备设施亟须得到更新和补充。

为此，国务院研究提出了解决影响安全生产深层次问题的一系列政策措施。2004 年《国务院关于进一步加强安全生产工作的决定》（国发〔2004〕2 号），首次明确了企业安全费用提取、加大企业对伤亡事故的经济赔偿、企业安全生产风险抵押金三项经济政策。国务院第 116 次常务会议提出安全生产的 12 项治本之策，强调要重视运用经济政策和经济调控手段，实行有利于安全生产的经济政策。

近年来，贯彻党中央、国务院指示精神，安全监管总局紧密配合财政部等相关部门，加快安全生产政策研究制定工作。先后建立完善了煤矿企业安全费用提取使用制度、煤矿企业安全生产风险抵押金制度；与财政部、中国人民银行联合制定了《安全生产风险抵押金管理暂行办法》；贯彻《国务院关于预防煤矿生产安全事故的特别规定》，与财政部联合发布了《举报煤矿重大安全生产隐患和违法行为的奖励办法》；建立了烟花爆竹生产企业安全费用提取使用制度。

《国务院关于进一步加强安全生产工作的决定》提出：“为保证安全生产所需资金投入，形成企业安全生产投入的长效机制，借鉴煤矿提取安全费用的经验，在条件成熟后，逐步建立对高危行业生产企业提取安全费用制度”。这次矿山开采、建筑施工、危险品生产以及道路交通运输等高危行业安全费用制度的研究制定，就是在这样的背景下进行的。

通过建立和实施提取安全费用制度，进一步明确了企业安全投入主体责任，并为企业安全生产投入建立财务储备，有利于改变企业安全投入不足的状况，在提升企业安全生产水平，保障企业安全生产方面必将发挥重要作用，对建立企业安全生产投入长效保障机制，以至于构建社会主义和谐社会都有着重要意义。

问：何谓安全生产费用？哪些企业能够提取安全费用？安全费用可以用于哪些方面？

财政部企业司负责人（以下简称负责人）：安全生产费用是指企业按照规定标准提取，在成本中列支，专门用于完善和改进企业安全生产条件的资金，按照“企业提取，政府监管，确保需要，规范使用”的原则进行财务管理。安全费用制度建立的初衷是为了提商高危行业企业的安全装备水平，改善安全生产条件，因此，目前只规定了高危行业的企业可以提取安全费用。2004年和2005年分别出台了煤炭生产企业和烟花爆竹生产企业的安全费用提取使用制度，这次把其他几个高危行业的一起发布，是经过了认真调研和综合考虑的，也是对高危行业建立安全费用制度的一个总结。

不同高危行业的企业，其安全生产条件的改普和事故的控制具有不同的要求。因此，安全费用不应当限于安全设施，还应当包括安全生产宣传教育培训、重大危险源监控等，对于企业投产时按照“三同时”要求初期投入的安全设施，则不应当包括在内。这与已出台的煤矿企业安全生产费用“专门用于煤矿安全生产设施投入的资金”略有不同。

为了使安全费用首先用于安全条件最薄弱的环节，《暂行办法》第十四条明确规定：“在本办法规定的使用范围内，企业应当将安全费用优先用于满足安全生产监督管理部门对企业安全生产提出的整改措施或达到安全生产标准所需支出”。

问：高危行业是怎么界定的？高危行业企业提取安全费用政策都适用于哪些类别的企业？

发言人：高危行业通常指生产危险性系数较高、容易对人身造成伤害、对生产造成危害的行业。比如矿山开采、烟花爆竹生产、建筑施工等行业，由于生产作业的特殊性，容易对参与生产过程的个体造成伤害。这时候就需要企业有足够的安全保障来维护职工人身安全，促进生产安全。

《暂行办法》明确了适用的高危行业企业范围，具体包括：从事矿山开采、危险品生产、建筑施工以及道路交通运输的企业以及其他经济组织。其中，矿山开采是指石油和天然气、金属矿、非金属矿及其他矿产资源的勘探和生产、闭坑及有关活动。建筑施工是指土木工程、建筑工程、井巷工程、线路管道和设备安装及装修工程的新建、扩建、改建以及矿山建设。危险品是指列入国家标准《危险货物品名表》和国家有关部门确定并公布的《剧毒化学品目录》的物品，包括军工生产危险品和民用爆炸物品等。道路交通运输是指以机动车为交通工具的旅客和货物运输。

对比《国务院关于进一步加强安全生产工作的决定》中规定的高危行业企业范围，一是不再包括已经单独制定了安全生产费用制度的煤炭和烟花爆竹企业；二是根据国防科工委的意见，将军工危险品生产也纳入了本办法的适用范围。此外，对一些危险系数较小的非煤矿山企业，如地热、温泉、矿泉水、卤盐开采矿山和河道采砂、采金船作业、小型砖瓦粘土矿等，也不包括在内。

问：请您介绍一下国家规定的高危行业企业提取安全费用政策主要包括哪些内容?

负责人：总体来讲，《暂行办法》主要包括三方面内容：

一是安全费用的提取标准。规定了石油天然气、金属非金属、核工业矿山、小型露天采石场等矿山企业以及建筑施工、危险品生产、道路交通运输等各类企业的安全费用提取标准。在本办法公布前，各省级政府已制定下发企业安全费用提取使用办法的，提取标准按照就高原则执行。

二是安全费用的使用和管理。规定了安全费用的具体使用范围。包括六个方面：完善、改造和维护安全防护设备、设施支出；配备必要的应急救援器材、设备和现场作业人员安全防护物品支出；安全生产检查与评价支出；重大危险源、重大事故隐患的评估、整改、监控支出；安全技能培训及进行应急救援演练支出；以及其他与安全生产直接相关的支出。在此范围内，安全费用应优先用于满足安全监管部门对企业安全生产提出的整改措施或达到安全生产标准所需支出。

按照现行做法，企业安全投入分为资本性支出和收益性支出两类，前者作为资产购建支出，通过折旧计入费用；后者直接计入当期费用。为了调动企业加大安全投入的积极性，同时便于监管，《暂行办法》规定企业安全费用按照先提后用的原则处理，资金通过专户存储进行筹集，对使用安全费用形成的资产管理要求以及企业在变更、终止经营或者调整业务等情况下的处理等财务问题，都做出了相应的规定。

三是财务监督。企业要及时、足额提取安全费用，并按规定使用。年度财务会计报告中要披露安全费用提取和使用的具体情况。由财政部门、安全生产监管部门对企业安全费用提取、管理、使用进行监督检查。企业未按本办法提取和使用安全费用的，安全生产监管部门应当会同财政部门责令其限期改正、予以警告。逾期不改的，由安全监管部门按照相关法规进行处理。

问：能具体介绍一下各类企业提取安全费用的标准吗？这个标准是怎么确定的？

负责人：为确定各类不同行业的合适的提取标准，我们联合安监总局做了大量调研。从调研情况看，小型、民营、老旧企业的安全生产条件、安全生产投入能力、生产工艺设备、安全生产管理普遍落后于大中型、国有、新建企业。实施安全费用管理办法的侧重点，应是解决部分高危行业企业缺乏安全生产投入的责任和能力问题。因此，将安全费用提取的原则确定为满足基本安全生产条件的低标准，同时规定实际投入超过计提部分可以据实列支。这样，可以强制那些缺乏安全生产投入意识或能力的私营或小型企业按照安监部门安全生产标准保障基本的投入，而大中型企业也可以按照原有渠道和水平满足安全生产投入的需求。

矿山企业安全费用依据开采的原矿产量按月提取。各类矿山原矿单位产量安全费用提取标准为：石油，每吨原油 17 元；天然气，每千立方米原气 5 元；金属矿山，其中露天矿山每吨 4 元，井下矿山每吨 8 元；核工业矿山，每吨 22 元；非金属矿山，其中露天矿山每吨（立方米）1 元，井下矿山每吨（立方米）2

元；小型露天采石场，即年采剥总量50万吨以下，且最大开采高度不超过50米，产品用于建筑、铺路的山坡型露天采石场，每吨0.5元。

建筑施工企业以建筑安装工程造价为计提依据。各工程类别安全费用提取标准为：房屋建筑工程、矿山工程为2.0%；电力工程、水利水电工程、铁路工程为1.5%；市政公用工程、冶炼工程、机电安装工程、化工石油工程、港口与航道工程、公路工程、通信工程为1.0%。

危险品生产企业以本年度实际销售收入为计提依据，采取超额累退方式逐月提取。全年实际销售收入在1000万元（含）以下的，按照4%提取；全年实际销售收入在1000万元至1亿元（含）的部分，按照2%提取；全年实际销售收入在1亿元至10亿元（含）的部分，按照0.5%提取；全年实际销售收入在10亿元以上的部分，按照0.2%提取。

道路交通运输企业以营业收入为计提依据，按照以下标准逐月提取：客运业务按照0.5%提取；普通货运业务按照1%提取；危险品等特殊货运业务按照1.5%提取。

另外对提取标准还做了一些特别规定。考虑到一些危险系数更大的矿山企业，如煤系及与煤共（伴）生的金属非金属矿山、水体下开采矿山、有自然发火可能性的矿山、在需要保护的建（构）筑物和铁路下面开采的矿山，以及其他对安全生产有特殊要求的矿山，《暂行办法》中规定可根据实际情况提高其安全费用提取标准，但增加的提取标准不得超过原提取标准的50%。

另外，考虑到随着安全生产基础逐渐加强，投入需要可能会相应减少，为防止企业安全费用提取过多而影响企业税基和资金流动的问题，《暂行办法》规定“中小型企业和大型企业安全费用专户结余资金分别达到本企业年销售收入的5%和2%时，经当地县级以上安全监管部门会商财政部门同意，企业本年度可以缓提或少提安全费用”。

问：对如何使提取安全费用这项有利于安全生产的经济政策落实到位，政府方面有何考虑？

发言人：目前高危行业安全生产存在诸多隐患，隐患不除，永无宁日。要建立企业、地方、国家多渠道的安全投入机制，偿还历史欠账，加快技术改造，消除安全隐患。企业作为责任主体必须重视安全投入，安全投入到位，企业安全基础工作才能得到加强，安全生产才有基础，安全生产才有保障。国家和地方制定的源头治本的经济政策，就是为了支持企业进行设备更新和技术改造，促进各类企业建立正常的安全投入机制，建立确保企业安全投入的制约机制。

贯彻国务院有关决定，实施有利于安全生产的经济政策，关键是抓落实。总局下一步的工作重点是，加大监督检查力度，将安全投入方面的监察作为安全监察执法的重要内容，督促企业贯彻实施，确保这些有利于安全生产的经济政策实施到位，切实发挥政策治本、源头治本的效用。初步考虑，明年安全监管总局将联合财政部开展对安全费用政策落实情况的重点监察。各安全监管部门也要联合地方财政部门对企业进行监督监察。要检查核实企业安全费用是否按标准提足、按规定使用？是否足额投入安全生产？对违法违纪行为要依法依规进行处罚。要通过对安全费用提取工作的重点监察、定期监察和专项监察，促使企业加大投入，督促企业依法提足大修、折旧、维简费、安全费用等专项资金，优先用于隐患治理和安全技术改造，淘汰落后的工艺技术和设备，从根本上促进企业安全生产水平的提升。

财政部关于印发《企业会计准则解释第3号》的通知

财会〔2009〕8号

国务院有关部委、有关直属机构，各省、自治区、直辖市、计划单列市财政厅（局），新疆生产建设兵团财务局，有关中央管理企业：

为了深入贯彻企业会计准则，解决执行中出现的问题，同时考虑会计准则持续趋同和等效情况，我部制定了《企业会计准则解释第3号》，现予印发。本解释中除特别注明应予追溯调整的以外，其他问题自2009年1月1日起施行。

附件：企业会计准则解释第3号

2009年6月11日

附件：

企业会计准则解释第3号

一、采用成本法核算的长期股权投资，投资企业取得被投资单位宣告发放的现金股利或利润，应当如何进行会计处理？

答：采用成本法核算的长期股权投资，除取得投资时实际支付的价款或对价中包含的已宣告但尚未发放的现金股利或利润外，投资企业应当按照享有被投资单位宣告发放的现金股利或利润确认投资收益，不再划分是否属于投资前和投资后被投资单位实现的净利润。

企业按照上述规定确认自被投资单位应分得的现金股利或利润后，应当考虑长期股权投资是否发生减值。在判断该类长期股权投资是否存在减值迹象时，应当关注长期股权投资的账面价值是否大于享有被投资单位净资产（包括相关商誉）账面价值的份额等类似情况。出现类似情况时，企业应当按照《企业会计准则第8号——资产减值》对长期股权投资进行减值测试，可收回金额低于长期股权投资账面价值的，应当计提减值准备。

二、企业持有上市公司限售股权，对上市公司不具有控制、共同控制或重大影响的，应当如何进行会计处理？

答：企业持有上市公司限售股权（不包括股权分置改革中持有的限售股权），对上市公司不具有控制、共同控制或重大影响的，应当按照《企业会计准则第22号——金融工具确认和计量》的规定，将该限售股权划分为可供出售金融资产或以公允价值计量且其变动计入当期损益的金融资产。

企业在确定上市公司限售股权公允价值时，应当按照《企业会计准则第 22 号——金融工具确认和计量》有关公允价值确定的规定执行，不得改变企业会计准则规定的公允价值确定原则和方法。

本解释发布前未按上述规定确定所持有限售股权公允价值的，应当按照《企业会计准则第 28 号——会计政策、会计估计变更和差错更正》进行处理。

三、高危行业企业提取的安全生产费，应当如何进行会计处理？

答：高危行业企业按照国家规定提取的安全生产费，应当计入相关产品的成本或当期损益，同时记入“4301 专项储备”科目。

企业使用提取的安全生产费时，属于费用性支出的，直接冲减专项储备。企业使用提取的安全生产费形成固定资产的，应当通过“在建工程”科目归集所发生的支出，待安全项目完工达到预定可使用状态时确认为固定资产；同时，按照形成固定资产的成本冲减专项储备，并确认相同金额的累计折旧。该固定资产在以后期间不再计提折旧。

“专项储备”科目期末余额在资产负债表所有者权益项下“减：库存股”和“盈余公积”之间增设“专项储备”项目反映。

企业提取的维简费和其他具有类似性质的费用，比照上述规定处理。

本解释发布前未按上述规定处理的，应当进行追溯调整。

四、企业收到政府给予的搬迁补偿款应当如何进行会计处理？

答：企业因城镇整体规划、库区建设、棚户区改造、沉陷区治理等公共利益进行搬迁，收到政府从财政预算直接拨付的搬迁补偿款，应作为专项应付款处理。其中，属于对企业在搬迁和重建过程中发生的固定资产和无形资产损失、有关费用性支出、停工损失及搬迁后拟新建资产进行补偿的，应自专项应付款转入递延收益，并按照《企业会计准则第16号——政府补助》进行会计处理。企业取得的搬迁补偿款扣除转入递延收益的金额后如有结余的，应当作为资本公积处理。

企业收到除上述之外的搬迁补偿款，应当按照《企业会计准则第4号——固定资产》《企业会计准则第16号——政府补助》等会计准则进行处理。

五、在股份支付的确认和计量中，应当如何正确运用可行权条件和非可行权条件？

答：企业根据国家有关规定实行股权激励的，股份支付协议中确定的相关条件，不得随意变更。其中，可行权条件是指能够确定企业是否得到职工或其他方提供的服务，且该服务使职工或其他方具有获取股份支付协议规定的权益工具或现金等权利的条件；反之，为非可行权条件。可行权条件包括服务期限条件或业绩条件。服务期限条件是指职工或其他方完成规定服务期限才可行权的条件。业绩条件是指职工或其他方完成规定服务期限且企业已经达到特定业绩目标才可行权的条件，具体包括市场条件和非市场条件。

企业在确定权益工具授予日的公允价值时，应当考虑股份支付协议规定的可行权条件中的市场条件和非可行权条件的影响。股份支付存在非可行权条件的，只要职工或其他方满足了所有可行权条件中的非市场条件（如服务期限等），企业应当确认已得到服务相对应的成本费用。

在等待期内如果取消了授予的权益工具，企业应当对取消所授予的权益性工具作为加速行权处理，将剩余等待期内应确认的金额立即计入当期损益，同时确认资本公积。职工或其他方能够选择满足非可行权条件但在等待期内未满足的，企业应当将其作为授予权益工具的取消处理。

六、企业自行建造或通过分包商建造房地产，应当遵循哪项会计准则确认与房地产建造协议相关的收入？

答：企业自行建造或通过分包商建造房地产，应当根据房地产建造协议条款和实际情况，判断确认收入应适用的会计准则。

房地产购买方在建造工程开始前能够规定房地产设计的主要结构要素，或者能够在建造过程中决定主要结构变动的，房地产建造协议符合建造合同定义，企业应当遵循《企业会计准则第15号——建造合同》确认收入。

房地产购买方影响房地产设计的能力有限（如仅能对基本设计方案做微小变动）的，企业应当遵循《企业会计准则第14号——收入》中有关商品销售收入的原则确认收入。

七、利润表应当做哪些调整？

答：（一）企业应当在利润表“每股收益”项下增列“其他

综合收益”项目和“综合收益总额”项目。“其他综合收益”项目，反映企业根据企业会计准则规定未在损益中确认的各项利得和损失扣除所得税影响后的净额。“综合收益总额”项目，反映企业净利润与其他综合收益的合计金额。“其他综合收益”和“综合收益总额”项目的序号在原有基础上顺延。

（二）企业应当在附注中详细披露其他综合收益各项目及其所得税影响，以及原计入其他综合收益、当期转入损益的金额等信息。

（三）企业合并利润表也应按照上述规定进行调整。在“综合收益总额”项目下单独列示“归属于母公司所有者的综合收益总额”项目和“归属于少数股东的综合收益总额”项目。

（四）企业提供前期比较信息时，比较利润表应当按照《企业会计准则第30号——财务报表列报》第八条的规定处理。

八、企业应当如何改进报告分部信息？

答：企业应当以内部组织结构、管理要求、内部报告制度为依据确定经营分部，以经营分部为基础确定报告分部，并按下列规定披露分部信息。原有关确定地区分部和业务分部以及按照主要报告形式、次要报告形式披露分部信息的规定不再执行。

（一）经营分部，是指企业内同时满足下列条件的组成部分：

1. 该组成部分能够在日常活动中产生收入、发生费用；

2. 企业管理层能够定期评价该组成部分的经营成果，以决定向其配置资源、评价其业绩；

3. 企业能够取得该组成部分的财务状况、经营成果和现金流量等有关会计信息。

企业存在相似经济特征的两个或多个经营分部，同时满足《企业会计准则第 35 号——分部报告》第五条相关规定的，可以合并为一个经营分部。

（二）企业以经营分部为基础确定报告分部时，应当满足《企业会计准则第 35 号——分部报告》第八条规定的三个条件之一。未满足规定条件，但企业认为披露该经营分部信息对财务报告使用者有用的，也可将其确定为报告分部。

报告分部的数量通常不应超过 10 个。报告分部的数量超过 10 个需要合并的，应当以经营分部的合并条件为基础，对相关的报告分部予以合并。

（三）企业报告分部确定后，应当披露下列信息：

1. 确定报告分部考虑的因素、报告分部的产品和劳务的类型；

2. 每一报告分部的利润（亏损）总额相关信息，包括利润（亏损）总额组成项目及计量的相关会计政策信息；

3. 每一报告分部的资产总额、负债总额相关信息，包括资产总额组成项目的信息，以及有关资产、负债计量的相关会计政策。

（四）除上述已经作为报告分部信息组成部分披露的外，企业还应当披露下列信息：

1. 每一产品和劳务或每一类似产品和劳务组合的对外交易收入；

2. 企业取得的来自于本国的对外交易收入总额以及位于本

国的非流动资产（不包括金融资产、独立账户资产、递延所得税资产，下同）总额，企业从其他国家取得的对外交易收入总额以及位于其他国家的非流动资产总额；

3. 企业对主要客户的依赖程度。

国家安全生产监督管理总局办公厅关于重新明确高危行业企业提取安全生产费用会计处理有关规定的通知

安监总厅财〔2009〕110 号

各省、自治区、直辖市及新疆生产建设兵团安全生产监督管理局，各省级煤矿安全监察机构：

财政部近期印发了《企业会计准则解释第 3 号》(财会〔2009〕8 号附后)，其中第三条对高危行业企业提取使用安全生产费用会计处理问题作了重新明确。请各单位尽快将文件及有关精神转达到辖区内各高危行业企业。

建立企业提取安全费用制度，是落实安全生产十二项治本之策的一项具体政策措施，是促进企业安全生产投入长效机制的重要手段。各单位要按照财政部、国家安全监管总局《关于印发〈高危行业企业安全生产费用财务管理暂行办法〉的通知》(财企〔2006〕478 号)等文件规定要求，做好监督检查和政策指导工作，对企业在执行安全费用提取使用政策中遇到的有关问题，及时向国家安全监管总局办公厅(财务司)反映，以便及时与财政部协调解决。

2009 年 7 月 7 日

财政部办公厅关于征求企业安全生产费用提取和使用管理办法意见的函

财办企〔2011〕86号

黑龙江、辽宁、河北、山西、浙江、江西、重庆、湖南、湖北省（区、市）财政厅（局），发展改革委、住房城乡建设部、铁道部、交通运输部、国防科工局办公厅，有关中央管理企业：

为了健全企业安全生产投入长效机制，加强安全生产费用管理，根据《中华人民共和国安全生产法》等有关法律法规和国务院有关决定，我部会同国家安全生产监督管理总局研究起草了《企业安全生产费用提取和使用管理办法》。现征求你们意见，请于2011年9月16日前将书面意见反馈我部。

联系人：企业司　李炜，联系电话：68552416，电子邮件：liweiqiye@ mof. gov. cn

附件：1. 企业安全生产费用提取和使用管理办法（征求意见稿）

2. 关于《企业安全生产费用提取和使用管理办法》修订情况的说明

2011年8月23日

附件1：

企业安全生产费用提取和使用管理办法
（征求意见稿）

第一章 总 则

第一条（依据和目的） 为了建立企业安全生产投入长效机制，加强安全生产费用管理，保障企业安全生产资金投入，维护企业、职工以及社会公共利益，根据《中华人民共和国安全生产法》等有关法律法规和国务院有关决定，制定本办法。

第二条（适用范围） 在中华人民共和国境内从事煤炭生产、非煤矿山开采、建设工程、危险品生产与储存、交通运输、烟花爆竹生产及电力、冶金、机械制造、武器装备研制生产与试验（含民用航天及核燃料）等行业的企业以及其他经济组织（以下简称企业）适用本办法。

第三条（行业属性内涵） 本办法下列用语的含义是：

煤炭生产是指煤炭资源开采作业有关活动。

非煤矿山开采是指石油和天然气、煤层气（地面开采）、金属矿、非金属矿及其他矿产资源的勘探作业和生产、选矿、闭坑及尾矿库运行、闭库等有关活动。

建设工程是指土木工程、建筑工程、井巷工程、线路管道和设备安装及装修工程的新建、扩建、改建以及矿山建设。

危险品是指列入国家标准《危险货物品名表》（GB 12268）和《危险化学品目录》的物品。

烟花爆竹是指烟花爆竹制品和用于生产烟花爆竹的民用黑火药、烟火药、引火线等物品。

交通运输包括道路运输、水路运输、铁路运输、航空运输、管道运输。道路运输是指以机动车为交通工具的旅客和货物运输；水路运输是指以运输船舶为工具的旅客和货物运输；铁路运输是指以火车为工具的旅客和货物运输（包括高铁和城际铁路）；航空运输是指以飞机为工具的旅客和货物运输；管道运输是指以管道为工具的液体和气体物资运输。

电力是指发电、供电、输变电、检修、试验、电力信息通讯，电力研究和检查评估等活动。

冶金是指金属矿物的冶炼以及压延加工有关活动，包括：黑色金属、有色金属、黄金等的冶炼生产和加工处理活动，以及碳素、耐火材料等与主工艺流程配套的辅助工艺环节的生产。

机械制造是指各种动力机械、冶金矿山机械、运输机械、农业机械、工具、仪器、仪表、特种设备、大中型船舶、石油炼化装备及其他机械设备的制造活动。

武器装备科研生产与试验，包括武器装备和弹药的科研、生产、试验、储存、销毁、维修保障等。

第四条（安全费用定义及管理原则） 本办法所称安全生产费用（以下简称安全费用）是指企业按照规定标准提取，在成本中列支，专门用于完善和改进企业或项安全生产条件的资金。安全费用按照“企业提取、政府监管、确保需要、规范使用”

的原则进行管理。

第二章　安全费用的提取标准

第五条（煤炭生产企业提取标准） 煤炭生产企业依据开采的原煤产量按月提取。各类煤矿原煤单位产量安全费用提取标准如下：

（一）煤（岩）与瓦斯（二氧化碳）突出矿井、高瓦斯矿井吨煤30元；

（二）其他井工矿吨煤15元；

（三）露天矿吨煤5元。

矿井瓦斯等级划分按现行《煤矿安全规程》和《矿井瓦斯等级鉴定办法》的规定执行。

第六条（非煤矿山开采企业提取标准） 非煤矿山开采企业依据开采的原矿产量按月提取。各类矿山原矿单位产量安全费用提取标准如下：

（一）石油，每吨原油17元；

（二）天然气、煤层气（地面开采）每千立方米原气5元；

（三）金属矿山，其中露天矿山每吨5元，地下矿山每吨10元；

（四）核工业矿山，每吨25元；

（五）非金属矿山，其中露天矿山每吨2元，地下矿山每吨4元；

（六）小型露天采石场，即年采剥总量50万吨以下，且最大开采高度不超过50米，产品用于建筑、铺路的山坡型露天采石场，每吨 1 元；

（七）尾矿库按入库尾矿量计算，三等及三等以上尾矿库每吨 1 元，四等及五等尾矿库每吨 1.5 元。

本办法下发之日以前已经实施闭库的尾矿库，按照已堆存尾砂的有效库容大小提取，库容 100 万立方米以下的，每年提取 5 万元；超过 100 万立方米的，每增加 100 万立方米增加 3 万元，但最高不超过 30 万元。

原矿产量不含金属、非金属矿山尾矿库和废石场中用于综合利用的尾砂和低品位矿石。

地质勘探单位安全费用按地质勘查项目或工程总费用的 2% 提取。

第七条（建设工程项目提取标准） 建设工程项目以建筑安装工程概（预）算为计提依据，由建设单位提取并依据工程进度提前预支给项目施工单位。各工程类别安全费用提取标准为：

（一）房屋建筑工程、矿山工程、水利水电工程、电力工程、铁路工程为 2.0%；

（二）市政公用工程、冶炼工程、机电安装工程、化工石油工程、港口与航道工程、公路工程、通信工程为 1.5%。

建设单位提取的安全费用列入工程造价和基本建设项目的投资概算；在竞标时，不得删减，列入标外管理。国家对基本建设投资概算另有规定的，从其规定。

承包单位不重复提取安全费用。

总承包单位应当将安全费用按比例直接支付分包单位并监督使用。

第八条（危险品生产与储存企业提取标准） 危险品生产与储存企业以上年度实际营业收入为计提依据，按照以下标准平均逐月提取：

（一）营业收入在1000万元及以下的，按照4%提取；

（二）营业收入在1000万元至1亿元（含）的部分，按照2%提取；

（三）营业收入在1亿元至10亿元（含）的部分，按照0.5%提取；

（四）营业收入在10亿元以上的部分，按照0.2%提取。

第九条（交通运输企业提取标准） 交通运输企业以上年度营业收入为计提依据，按照以下标准平均逐月提取：

（一）道路运输、水路运输、铁路运输、航空运输、管道运输业务按照1%提取；

（二）危险品等特殊货运业务按照1.5%提取。

第十条（电力企业提取标准） 电力企业以上年度实际营业收入为计提依据，按照以下标准平均逐月提取：

（一）营业收入在1亿元及以下的，按照1%提取；

（二）营业收入在1亿元至10亿元（含）的部分，按照0.5%提取；

（三）营业收入在10亿元以上的部分，按照0.2%提取。

第十一条（冶金企业提取标准） 冶金企业以上年度实际营业收入为计提依据，按照以下标准平均逐月提取：

（一）营业收入在1000万元及以下的，按照3%提取；

（二）营业收入在1000万元至1亿元（含）的部分，按照

1.5% 提取；

（三）营业收入在 1 亿元至 10 亿元（含）的部分，按照 0.5% 提取；

（四）营业收入在 10 亿元至 50 亿元（含）的部分，按照 0.2% 提取；

（五）营业收入在 50 亿元至 100 亿元（含）的部分，按照 0.1% 提取；

（六）营业收入在 100 亿元以上的部分，按照 0.05% 提取。

第十二条（机械制造提取标准） 机械制造企业以上年度实际营业收入为计提依据，按照以下标准平均逐月提取：

（一）营业收入在 1000 万元及以下的，按照 2% 提取；

（二）营业收入在 1000 万元至 1 亿元（含）的部分，按照 1% 提取；

（三）营业收入在 1 亿元至 10 亿元（含）的部分，按照 0.2% 提取；

（四）营业收入在 10 亿元以上的部分，按照 0.1% 提取。

第十三条（烟花爆竹生产、储存企业提取标准） 烟花爆竹生产、储存企业以上年度实际营业收入为计提依据，按照以下标准平均逐月提取：

（一）营业收入在 200 万元（含）以下的，按照 3.5% 提取；

（二）营业收入在 200 万元至 500 万元（含）的部分，按照 3% 提取；

（三）营业收入在 500 万元至 1000 万元（含）的部分，按照 2.5% 提取；

（四）营业收入在1000万元以上的部分，按照2%提取。

第十四条（武器装备科研生产企事业单位提取标准） 武器装备科研生产企事业单位以上年度军品实际营业收入为计提依据，按照以下标准逐月提取：

（一）营业收入在1000万元（含）以下的，按照3%提取；

（二）营业收入在1000万元至1亿元（含）的部分，按照2%提取；

（三）营业收入在1亿元至10亿元（含）的部分，按照0.5%提取；

（四）营业收入在10亿元以上的部分，按照0.2%提取。

第十五条（提取必要条款） 中小微型企业和大型企业上年末安全费用结余分别达到本企业上年度营业收入的5%和2%时，经当地县级以上安全生产监督管理部门、煤矿安全监察机构商财政部门同意，企业本年度可以缓提或少提安全费用。

企业规模划分标准按照工业和信息化部、国家统计局、发展和改革委员会、财政部《关于印发中小企业划型标准规定的通知》规定执行。

第十六条（核算要求） 本办法公布前，各省级政府已制定下发企业安全费用提取使用办法的，其提取标准如果低于本办法规定的标准，应当按照本办法进行调整；如果高于本办法规定的标准，按照原标准执行。

新建企业和投产不足一年的企业以本年度实际营业收入为提取依据。

混业经营企业，如能按业务类别分别核算的，则按上述标准分别计提安全费用；如不能分别核算的，则按主营业务计提标准提取安全费用。

第三章　安全费用的使用

第十七条（煤炭生产企业使用范围）　煤炭生产企业安全费用按照以下规定范围使用：

（一）煤与瓦斯突出及高瓦斯矿井落实“两个四位一体”综合防突措施支出，包括瓦斯区域预抽、保护层开采区域防突措施，开展突出区域和局部预测、实施局部补充防突措施、更新改造防突设备和设施、建立突出防治实验室等；

（二）煤矿安全生产改造和重大隐患治理支出，包括“一通三防”、防治水、供电、运输等系统设备改造和灾害治理工程，淘汰禁止使用的设备，实施煤矿机械化改造，实施矿压（冲击地压）、热害、露天矿边坡治理、采空区治理等；

（三）完善煤矿井下监测监控、人员定位、紧急避险、压风自救、供水施救和通信联络安全避险“六大系统”和应急救援技术装备、设施配置及维护保养支出，事故逃生和紧急避难设施设备的配置和应急演练支出；

（四）开展重大危险源和事故隐患评估、安全生产检查与评价（不包括新、改、扩建项目安全评价）、咨询、标准化建设及安全生产宣传教育培训支出；

（五）配备和更新现场作业人员安全防护物品支出；

（六）安全生产适用新技术、新工艺、新装备、新标准的推广应用支出；

（七）安全设施及特种设备检测检验支出；

（八）其他与安全生产直接相关的支出。

第十八条（非煤矿山开采企业使用范围） 非煤矿山开采企业安全费用按照以下规定范围使用：

（一）完善、改造和维护安全防护设备、设施（不含“三同时”要求初期投入的安全设施）以及重大隐患治理支出，包括矿山综合防尘、防灭火、防治水、危险气体监测、通风系统、支护及防治边帮滑坡设备、机电设备、供配电系统、运输（提升）系统以及尾矿库等，实施地压监测监控、露天矿边坡治理、采空区治理等；

（二）建立完善非煤矿山监测监控、人员定位、紧急避险、压风自救、供水施救和通信联络等安全避险“六大系统”、尾矿库全过程在线监控系统、海上石油开采出海人员动态跟踪系统支出，应急救援技术装备、设施配置及维护保养支出，事故逃生和紧急避难设施设备的配置和应急演练支出；

（三）开展重大危险源和事故隐患评估、安全生产检查与评价（不包括新、改、扩建项目安全评价）、咨询、标准化建设及安全生产宣传教育培训支出；

（四）安全生产适用的新技术、新标准、新工艺、新装备的推广应用；

（五）配备现场作业人员安全防护应急用品支出；地质勘探单位野外应急食品、应急器械、应急药品支出；

（六）安全设施及特种设备检测检验支出；

（七）尾矿库闭库及闭库后维护费用支出；

（八）其他与安全生产直接相关的支出。

第十九条（建设工程项目使用范围） 施工单位收到的建设工程项目安全费用按照以下规定范围使用：

（一）完善、改造和维护安全防护设备、设施支出（不含“三同时”要求初期投入的安全设施），包括施工现场临时用电系统、洞口、临边、机械设备、高处作业防护、交叉作业防护、防火、防爆、防尘、防毒、防雷、防台风、防地质灾害、地下工程有害气体监测、通风、临时安全防护等设备设施；

（二）配备应急救援器材、设备及维护保养和进行应急演练支出；

（三）重大危险源、事故隐患评估和整改、监控支出；

（四）安全生产适用的新技术、新标准、新工艺、新装备的推广应用；

（五）安全生产检查与评价（不包括新、改、扩建项目安全评价）、咨询及标准化建设支出；

（六）安全生产宣传教育培训支出；

（七）配备现场作业人员安全防护用品支出；

（八）安全设施及特种设备检测检验支出；

（九）其他与安全生产直接相关的支出。

第二十条（危险品生产和储存企业使用范围） 危险品生产与储存企业安全费用按照以下规定范围使用：

（一）完善、改造和维护安全防护设备、设施支出（不含“三同时”要求初期投入的安全设施），包括车间、库房、罐区等作业场所的监控、监测、通风、防晒、调温、防火、灭火、防爆、泄压、防毒、消毒、中和、防潮、防雷、防静电、防腐、防渗漏、防护围堤或者隔离操作等设施设备；

（二）配备应急救援器材、设备及维护保养和进行应急演练支出；

（三）重大危险源、事故隐患评估和整改、监控支出；

（四）安全生产适用的新技术、新标准、新工艺、新装备的推广应用；

（五）安全生产检查与评价（不包括新、改、扩建项目安全评价）、咨询及标准化建设支出；

（六）安全生产宣传教育培训支出；

（七）配备现场作业人员安全防护用品支出；

（八）安全设施及特种设备检测检验支出；

（九）其他与安全生产直接相关的支出。

第二十一条（交通运输企业使用范围） 交通运输企业安全费用按照以下规定范围使用：

（一）完善、改造和维护安全防护设备、设施支出（不含“三同时”要求初期投入的安全设施），包括道路、水路、铁路、航空、管道交通运输企业运输设施设备和装卸工具安全状况检测及维护系统、运输设施设备和装卸工具附属安全设备等；购置安装具有行驶记录功能的车辆卫星定位装置、船舶防撞自动识别系统、船舶远程跟踪与识别系统、航空器防撞自动识别系统等；

（二）配备应急救援器材、设备及维护保养和进行应急演练支出；

（三）重大危险源、事故隐患评估和整改、监控支出；

（四）安全生产适用的新技术、新标准、新工艺、新裴备的推广应用；

（五）安全生产检查与评价（不包括新、改、扩建项目安全评价）、咨询及标准化建设支出；

（六）安全生产宣传教自培训支出；

（七）配备现场作业人员安全防护用品支出；

（八）安全设施及特种设备检测检验支出；

（九）其他与安全生产直接相关的支出。

第二十二条（电力企业使用范围） 电力企业安全费用按照以下规定范围使用：

（一）完善、改造和维护安全防护设备、设施支出（不含“三同时”要求初期投入的安全设施），包括电力企业生产作业场所的防触电、防坠落、防火、防爆、防毒、防雷、防洪、防汛、防风、防污闪、防地质灾害、防覆冰等设施设备；

（二）配备应急救援器材、设备及维护保养和进行应急演练支出；

（三）重大危险源、事故隐患评估和整改、监控支出；

（四）安全生产适用的新技术、新标准、新工艺、新装备的推广应用；

（五）安全生产检查与评价（不包括新、改、扩建项目安全评价）、咨询及标准化建设支出；

（六）安全生产宣传教育培训支出；

（七）配备现场作业人员安全防护用品支出；

（八）安全设施及特种设备检测检验支出；

（九）其他与安全生产直接相关的支出。

第二十三条（冶金企业使用范围） 冶金企业安全费用按照以下规定范围使用：

（一）完善、改造和维护安全防护设备、设施支出（不含“三同时”要求初期投入的安全设施），包括车间、站、库房等作业场所的监控、监测、防火、防爆、防坠落、防尘、防毒治理、防噪声与振动、防辐射或者隔离操作等设施设备；

（二）配备应急救援器材、设备及维护保养和进行应急演练支出；

（三）重大危险源、事故隐患评估和整改、监控支出；

（四）安全生产适用的新技术、新标准、新工艺、新装备的推广应用；

（五）安全生产检查与评价（不包括新、改、扩建项目安全评价）、咨询及标准化建设支出；

（六）安全生产宣传教育培训支出；

（七）配备现场作业人员安全防护用品支出；

（八）安全设施及特种设备检测检验支出；

（九）其他与安全生产直接相关的支出。

第二十四条（机械制造企业使用范围） 机械制造企业安全费用按照以下规定范围使用：

（一）完善、改造和维护安全防护设备、设施支出（不含“三同时”要求初期投入的安全设施），包括机械制造企业生产作业场所的防火、防爆、防坠落、防毒、防静电、防腐、防尘、防噪声与振动、防辐射或者隔离操作等设施设备；大型起重机械安装安全监控管理系统支出；

（二）配备应急救援器材、设备及维护保养和进行应急演练支出；

（三）重大危险源、事故隐患评估和整改、监控支出；

（四）安全生产适用的新技术、新标准、新工艺、新装备的推广应用；

（五）安全生产检查与评价（不包括新、改、扩建项目安全评价）、咨询及标准化建设支出；

（六）安全生产宣传教育培训支出；

（七）配备现场作业人员安全防护用品支出；

（八）安全设施及特种设备检测检验支出；

（九）其他与安全生产直接相关的支出。

第二十五条（烟花爆竹生产、储存企业使用范围） 烟花爆竹生产、储存企业安全费用按照以下规定范围使用：

（一）完善和改造安全设备设施支出；

（二）防爆机械电器设备配备和完善以及仪器检验检测支出；

（三）设施设备及危险源监控支出；

（四）安全生产检查与评价（不包括新、改、扩建项目安全评价）、咨询及标准化建设支出；

（五）安全生产宣传教育培训支出；

（六）配备应急救援器材、设备及维护保养和应急演练支出；

（七）安全生产适用新技术、新标准，新工艺、新装备的推广应用支出；

（八）其他与安全生产直接相关的支出。

第二十六条（武器装备科研生产企事业使用范围） 国防科技工业科研生产单位安全费用按照以下规定范围使用：

（一）完善、改造和维护安全防护设备、设施支出（不含“三同时”要求初期投入的安全设施），包括车间、库房、罐区等作业场所的监控、监测、防触电、防坠落、防爆、泄压、防火、灭火、通风、防晒、调温、防毒、防雷、防静电、防腐、防尘、防噪声与振动、防辐射、防护围堤或者隔离操作等设施设备；

（二）配备和维护保养应急抢险与处置、应急救援器材设备和特种个体防护设施，以及进行应急演练支出；

（三）重大危险源、事故隐患评估与监控支出；

（四）高新技术特种专用设备安全鉴定评估、安全性能检验检测与操作人员上岗培训支出；

（五）安全生产及老旧军用核设施的安全评价（不包括新、改、扩建项目安全评价）、咨询支出；

（六）安全生产宣传教育培训支出；

（七）军用核设施废物防泄漏、防辐射的设施设备支出；军用核设施操作人员辐射防护用品支出；

（八）军用危险化学品及武器装备研制、生产、运输、储存、销毁过程中的安全技措费和安全防护费用支出；

（九）大型复杂武器装备制造、安装、调试的特殊工种和特种作业人员培训支出；

（十）武器装备大型试验安全专项论证及安全防护费用支出；

（十一）特殊军工电子元器件制造过程中有毒有害物质监测及特种防护支出；

（十二）其他与武器装备科研生产安全事项直接相关的支出；

（十三）其他与安全生产直接相关的支出。

第二十七条（安全费用使用的优先条款） 在本办法规定的使用范围内，企业应当将安全费用优先用于满足安全生产监管部门、煤矿安全监察机构对企业安全生产提出的整改措施或达到安全生产标准所需支出。

第二十八条（安全费用财务管理规定） 企业提取的安全费用应专户核算，按规定范围安排使用，不得挤占、挪用。年度结余资金结转下年度使用，当年计提安全费用不足的，超出部分按正常成本费用渠道列支。

集团公司经过履行内部决策程序，可以对所属企业提取的安全费用按照一定比例集中管理，统筹使用。

第二十九条（维简费的规定） 煤炭生产及非煤矿山企业已提取维持简单再生产费用的，应当继续提取维持简单再生产费用，但其使用范围不再包含安全生产方面的用途。

第三十条（对关停并转企业安全费用的处理） 矿山企业转产、停产、停业或者解散的，应当将安全费用结余转入矿山闭坑安全保障基金，用于矿山闭坑、尾矿库闭库后可能的危害治理和赔偿。

危险品生产与存储企业转产、停产、停业或者解散的，应将安全费用结余用于处理转产、停产、停业或者解散前危险品生产或储存的设备、库存产品及生产原料所需支出。

企业由于产权转让、公司制改建等变更股权结构或者组织形式的，其结余的安全费用应当继续按照本办法管理使用。

企业调整业务、终止经营或者依法清算，其结余的安全费用应当结转本期收益或者清算收益。

第三十一条（其他企业的安全投入） 本办法第二条规定范围以外的企业应当具备的安全生产条件所必需的资金投入，按原渠道列支。

第四章　监督管理

第三十二条（建立健全制度） 企业应当建立健全内部安全费用管理制度，明确安全费用使用、管理的程序、职责及权限，按规定提取和使用安全费用，接受财政、税务、安全生产监管、煤矿安全监察机构等有关部门的监督检查。

第三十三条（安全费用计划管理） 企业要加强安全费用管理，编制年度安全费用提取和使用计划，纳入企业财务预算。企业年度安全费用使用计划和上一年安全费用的提取、使用情况按照管理权限报同级财政部门、安全生产监管部门、煤矿安全监察机构和有关主管部门备案。

第三十四条（安全费用财务会计核算管理） 企业安全费用的会计处理，应当符合国家统一的会计制度的规定。

第三十五条（监管部门监督检查责任） 财政部门、安全生产监管部门、煤矿安全监察机构和行业主管部门对企业安全费用提取、管理、使用进行监督检查。税务部门对企业安全费用纳税扣除进行监督审核。

企业提取的安全费用属于企业自有财产，其他单位和部门不得采取收取、代管等形式对其进行集中管理和使用，国家法律、法规另有规定的除外。

第三十六条（违规提取使用安全费用行为处理） 企业未按本办法提取和使用安全费用的，安全生产监管部门（煤矿安全监察机构）应当责令其限期改正、予以警告；逾期不改正的，依照相关法律、法规、规章进行处罚处理。

建设单位未按照本办法规定向施工单位支付安全费用、总承包单位未向分包单位支付必要的安全费用以及承包单位挪用安全费用的，由建设、交通、铁路、水利、安全生产监管（煤矿安全监察）等部门依据各自权限，依照相关法规、规章进行处罚处理。

第三十七条（实施） 各省（区、市）财政部门、税务部门和安全生产监管部门（煤矿安全监察机构）可以结合本地区实际情况，制订具体实施办法，并报财政部、国家税务总局和国家安全生产监督管理总局备案。

第五章　附　　则

第三十八条（解释部门） 本办法由财政部、国家税务总局和国家安全生产监督管理总局负责解释。

第三十九条（生效时间） 本办法自印发之日起施行。《关于调整煤炭生产安全费用提取标准加强煤炭生产安全费用使用管理与监督的通知》（财建〔2005〕168号）、《关于印发〈烟花爆竹生产企业安全费用提取与使用管理办法〉的通知》（财建〔2006〕180号）和《关于印发〈高危行业企业安全生产费用财务管理暂行办法〉的通知》（财企〔2006〕478号）同时废止。其他有关规定与本办法不一致的，以本办法为准。

附件2：

关于《企业安全生产费用提取和使用管理办法》修订情况的说明

一、《办法》修订有关背景

2004年以来，财政部会同发展改革委、安全监管总局等部门落实《国务院关于加强安全生产工作的决定》（国发〔2004〕2号），先后制定并实施了《煤炭生产安全费用提取和使用管理办法》（财建〔2004〕119号）、《关于调整煤炭生产安全费用提取标准加强煤炭生产安全费用使用管理与监督的通知》（财建〔2005〕168号）、《烟花爆竹生产企业安全费用提取与使用管理办法》（财建〔2006〕180号）和《高危行业企业安全生产费用财务管理暂行办法》（财企〔2006〕478号），这些办法的出台，对高危行业企业提升安全生产能力和水平起到了重要作用。但是，安全监管总局分别于2009年、2010年开展了对企业安全费用提取使用和管理情况的调研，结果表明，在实际运行中存在提取标准偏低、适用范围有待进一步扩大、使用方向需要进一步明确、税前列支等配套政策需进一步落实等问题，企业呼声较大，需进一步调整和修订完善。《国务院关于进一步加强企业安全生产工作的通知》（国发〔2010〕23号）印发后，财政部和安全监管总局即在调研和征求意见基础上，修改形成了《企业安全生产费用提取和使用管理办法》（以下简称《办法》）。

制定《办法》的主要依据仍是《安全生产法》、《国务院关于进一步加强安全生产工作的决定》（国发〔2004〕2号）及相关法律法规，以及《国务院关于进一步加强企业安全生产工作的通知》（国发〔2010〕23号）关于“扩大适用范围，适当提高提取下限标准”的要求，进一步规范使用方向，并由财务管理办法修订为提取使用管理办法。同时也参考依据财政部会同国家安全监管总局、国家煤矿安监局及相关部门已颁布的《煤炭生产安全费用提取和使用管理办法》（财建〔2004〕119号）、《高危行业企业安全生产费用财务管理暂行办法》（财企〔2006〕478号）和《烟花爆竹生产企业安全费用提取与使用管理办法》（财建〔2006〕180号）等三个办法（以下简称《原办法》）中相关规定。制定《办法》目的是进一步贯彻落实国务院通知精神，在维护原有的政策目标基础上，对上述涉及企业安全费用的管理办法进行整合，推进企业安全生产投入长效保障机制建设。

二、《办法》扩大了适用范围

按照23号文“适当扩大适用企业范围”的要求，修订后《办法》明确的适用范围包括：煤炭生产、非煤矿山开采、建设工程、危险品生产与储存、烟花爆竹生产、交通运输、电力、冶金、机械制造、武器装备研制生产的企业以及其他经济组织。

（一）与原办法适用范围相比，新增了电力、冶金，机械制造、武器装备科研生产四类行业（企业）范围

1. 电力企业。目前我国有火力、水力发电等主要发电形式，以及核能、风能、太阳能、潮汐能、生物质能等新型能源发电形式。与电力生产有关的工作，包括发电、输变电、供电、电力检

修、电力试验、电力建设等生产性工作。电力生产企业包括的劳动条件和环境比较复杂，本身存在着诸多不安全因素，潜在的危险性大，同时，电力安全关系各行各业安全生产和社会稳定，电力生产和电网安全一旦突发问题，将给整个社会安全和国民经济发展带来很大影响。

2. 冶金生产企业。国发〔2010〕23号文已将冶金行业列为全面加强安全生产工作的重点对象。冶金是指从矿石中提取金属或金属化合物，用各种加工方法将金属制成具有一定性能的金属材料的过程和工艺，主要包括黑色冶金、有色冶金、稀有金属冶金和粉末冶金等。在炼铁、炼钢、轧钢、铁合金等冶金生产活动中易发生中毒、爆炸等事故，其危害程度极为严重。

3. 机械制造企业。机械制造企业范围宽泛，其中动力机械、特种设备、大中型船舶、石油炼化装备等制造活动具有高危行业特性。这些企业具有典型的高空作业、大型吊装、易燃易爆、劳动密集、交叉作业等特点和危险性，特别是船舶制造企业超重、超高作业频繁，工作环境十分复杂，管理相对困难，在作业过程中极易发生人身伤害事故。

4. 武器装备科研生产企事业。武器装备是在高速、高压、高过载、强对抗、全天候等恶劣环境条件下具备高效毁伤和对抗能力的复杂高技术产品，武器装备的发展过程也是不断地在更严酷条件下追求毁伤和对抗性能最大化的过程，其高危险性与生俱来且不断演变发展；武器装备科研生产包括研制、生产、试验、储存、销毁、维修保障等过程，存在大量易燃易爆、有毒有害、放射性等高危险物质，以及超高速机械撞击、强微波辐射等安全隐患。

（二）调整扩大了非煤矿山、危险品、交通运输三类高危行业（企业）范围

在非煤矿山领域增加了煤层气地面开采企业、尾矿库及地勘单位。主要考虑到煤层气本身具有易燃、易爆的特性，而煤层气开采还要受自然条件的影响和约束，开发过程中需要克服许多不安全因素等。

在危险品方面增加了危险品储存企业。危险品具有燃烧、爆炸等特性，危险品储存场所极易引发事故，且事故后果非常严重。

在交通运输企业方面增加了水路运输、铁路运输和航空运输企业。主要考虑到水路运输（含海洋运输）、铁路运输和航空运输主要是长距离运输，运输时间较长，运输工具灵活性较差，暴雨、大风等极端天气，对海上石油和运输安全产生极大影响。

三、《办法》提高了安全费用提取标准

考虑到煤炭生产安全费用提取使用制度已经运行7年，其他高危行业（企业）安全费用政策也已运行近5年，随着经济社会发展对安全生产的要求越来越高，企业对安全生产投入在不断加大，原有标准已不能满足企业在安全生产方面的需求。各地区也普遍反映目前国家规定的煤炭及其他高危行业安全生产费用提取标准相对偏低，建议适当提高提取标准。在安全监管总局研究中心对各行业重点企业典型调查的基础上，经过认真测算、分析、论证，对高危行业企业安全生产费用提取标准做出了适当调整，主要按照23号文件要求，提高了下限标准。具体情况如下：

（一）煤炭生产企业。《办法》适当提高了煤炭安全生产费用的提取标准：对煤（岩）与瓦斯（二氧化碳）突出矿井、高瓦斯矿井吨煤30元，其他井工矿吨煤15元，露天矿吨煤5元。同时，在原来的基础上，根据新的煤矿等级划分标准，对分类进行了调整。

（二）非煤矿山开采企业。新纳入的煤层气地面开采企业与天然气生产企业执行相同的提取标准，主要是考虑到煤层气的行业特点与天然气行业相似，且煤层气行业暂时执行石油天然气行业技术标准；金属露天矿山企业的提取标准由原来的每吨4元提高到每吨5元，金属地下矿山企业由此前的每吨8元上调至每吨10元；核工业矿山企业由原来的每吨22元提高到每吨25元；非金属露天矿山企业由原来每吨1元提高到每吨2元，非金属地下矿山企业由此前的每吨2元上调至每吨4元；小型露天采石场由原来的每吨0.5元提高到每吨1元。上述标准是在综合各地区各有关企业意见和建议的基础上提出的。同时，对于尾矿库及地质勘探单位的提取标准进行了界定。

（三）建设工程项目。根据全国政协代表李国瑞等同志的提案，以及安全监管总局局长骆琳同志在杭州地铁塌陷事故调查情况报告上批示“在建筑工程招投标中，把‘安全费用’列为标外管理，确保安全费用足额到位，克服明显低价竞标后危及安全生产的矛盾”的要求，安全监管总局财务司及时会同财政部税政司，联合召开了24个建筑施工企业调整安全费用座谈会，确定将建筑施工企业的计提依据由“建筑安装工程造价”调整为“建筑安装工程概（预）算”，避免实际操作中出现安全生产费用的计提与使用存在时间差等问题，并在《办法》中规定“建设单位提取的安全费用列入工程造价和基本建设项目的投资概算，在竞标时不得删减、列入标外管理”，有助于消除竞标过程中不合理的低价竞标，进一步规范建设工程项目提取使用安全生产费用。电力工程、水利水电工程和铁路工程的提取标准由此前的1.5%上调到2%；市政公用工程、冶炼工程等的提取标准由原来的1%提高到1.5%。标准的提高主要是考虑到一些建筑施工项目技术标准要求高，安全生产费用投入比例相对比较高。

（四）危险品生产和储存企业。计提依据由“本年度实际销售收入”调整为“上年度实际营业收入”，主要是符合现行会计制度的规定，并规定企业每月提取时按全年提取总额平均到每月提取。这样企业在实际提取时不需要按全年预计收入平均到每月提取，可以增强安全费用使用定额计划性。另外，基于相同的考虑，烟花爆竹生产、电力、冶金和机械制造企业均依据上年度实际营业收入计提安全生产费用，提取时按全年提取总额平均到每月提取。在充分考虑各相关企业意见的基础上，规定危险品储存企业与生产企业执行相同的提取标准。根据中国航天科工集团公司等企业的意见，将军工危险化学品生产企业提取标准中全年实际营业收入在1亿元至10亿元（含）的部分，由此前的0.5%上调到0.75%。

（五）交通运输企业。《办法》规定交通运输客运企业与货运企业均按上年度营业收入的1%逐月提取。调查显示，交通运输客运企业在安全生产方面的投入不低于货运企业，因此，《办法》规定交通运输客运企业与货运企业执行相同的提取标准。

（六）电力企业。《办法》中规定，上年度实际营业收入在1亿元及以下的按照1%提取；超过1亿元至10亿元（含）的按照0.5%提取；超过10亿元的按照0.2%提取。充分考虑电力企业的意见，长期看，这个标准是可行的。

（七）冶金企业。根据中国铝业、中建集团等国有大中型企业测算情况，综合各方面意见及冶金企业安全投入的需求，《办法》对提取标准规定如下：上年度实际营业收入在1000万元及以下的，按照3%提取；超过1000万元至1亿元（含）的，按照1.5%提取；超过1亿元至10亿元（含）的，按照0.5%提取；超过10亿元至50亿元（含）的，按照0.2%提取；超过50亿元至100亿元（含）的，按照0.1%提取；100亿元的以上的部分，按照0.05%提取。

（八）机械制造企业。《办法》中规定“上年度营业收入在1000万元及以下的按照2%提取；超过1000万元至1亿元（含）的按照1%提取；超过1亿元至10亿元（含）的按照0.2%提取；超过10亿元的按照0.1%提取”。调查显示，机械制造企业的利润水平较低，销售利润率一般在10%以内，因此，提取标准是在充分考虑企业利润和企业安全投入实际需求的基础上提出的。

（九）烟花爆竹企业。计提依据由“本年度实际销售收入”调整为“上年度实际营业收入”，规定“营业收入在200万元（含200万元）以下的按3.5%提取；营业收入超过200万元至500万元（含500万元）的部分按3%提取；营业收入超过500万元至1000万元（含1000万元）的部分按2.5%提取；营业收入1000万元以上的部分按2%提取”。

（十）武器装备科研生产企事业。由于武器装备内容比较多，《办法》规定分别按核装备（含工程）及核燃料、军工危险化学品（火化工品）、弹药（含战斗部、引信、火工品）和火箭发动机、飞船和卫星、军用飞机、坦克车辆火炮、轻武器和大型天线等、大中型舰艇（含修理）、其他军用危险品等5个类别确定提取标准，主要是采纳国防科工局的意见。

另外，在确定上述标准的基础上，经过各行业测算和部分企业抽样调查，考虑到各地区经济发展不平衡，各行业企业安全生产水平差异性较大，《办法》规定安全费用提取标准“上不封顶”。根据各地区经济发展水平和安全生产实际需要，可适当提高安全费用提取标准，并报省级财政部门、行业管理部门和安全生产监管部门、煤矿安全监察机构备案。这样，在保证最低提取标准的情况下，地方可根据实际情况适当提高标准，以保证企业安全生产投入的能力。

四、《办法》扩大并细化了使用范围

根据近几年煤炭及其他高危行业安全费用政策运行状况和企业在安全生产方面的实际支出情况，参考各单位提出的意见和建议，对安全费用使用范围作了符合企业实际的调整，具体如下：

（一）煤矿企业。在原有使用范围基础上进行了扩大和调整，并重新做了划分归类。将完善和改造露天边坡治理支出，完善和改造矿压（冲击地压）支出、完善和改造矿井热害、采空区治理支出增加纳入安全生产费用使用范围，增加了事故应急救援，逃生和紧急避难设施设备的配置和事故应急救援演练等支出，建设完善井下安全避险“六大系统”装备支出；重大危险源、事故隐患评估支出；安全生产适用的新技术、新标准、新工艺、新装备的推广应用；安全生产检查与评价（不包括新、改、扩建项目安全评价）、咨询及标准化建设支出；安全生产宣传教育培训支出；配备和更新现场作业人员安全防护物品支出。将这部分内容明确列入使用范围，主要是考虑到当前煤炭安全生产费用的作用已由弥补煤矿企业安全欠账过渡到保证煤矿安全投入，因此，煤炭安全生产费用的使用范围不能仅局限于安全生产设施，还应当包括一些预防职业危害和减少事故损失等方面的支出。

（二）其他行业企业。在原有使用范围基础上，增加了应急救援器材、设备维护保养、安全生产适用的新技术、新标准、新工艺、新装备的推广应用、安全设施及特种设备检测检验支出、安全评价、咨询及标准化建设支出等纳入安全生产费用的使用范围；调整原有的“安全技能培训支出”为“安全生产宣传教育培训支出”，使企业培训的目标从单一的技能培训转向全方位的素质培训。上述几项主要是用于改善企业安全生产条件和预防事故发生的费用支出，属于安全预防性的投入，这与安全生产费用的使用目的一致。

五、关于监督管理问题

为确保企业切实落实安全生产费用政策，《办法》对安全生产费用的监督管理内容进行了补充完善。一是要求企业建立健全安全生产费用管理制度，明确安全生产费用管理的职责等。二是要求企业将本年度安全费用投入计划和上年度安全费用的提取使用情况报有关部门备案。三是《建设工程安全生产管理条例》对建设单位提供安全费用、施工单位使用安全费用做出了明确规定。

国家安全生产监督管理总局关于征求企业安全生产费用提取和使用管理办法意见的函

财务函〔2011〕174号

各省、自治区、直辖市及新疆生产建设兵团安全生产监督管理局，各省级煤矿安全监察机构：

为了健全企业安全生产投入长效机制，加强安全生产费用管理，现将财政部《关于征求企业安全生产费用提取和使用管理办法意见的函》（财办企〔2011〕86号）转发你们，请各地结合自身实际，提出切实可行的修改意见，请将意见书面反馈总局办公厅（财务司）。

2011年9月3日

二、安全生产专用设备所得税优惠目录相关政策

财政部　税务总局　应急管理部关于印发《安全生产专用设备企业所得税优惠目录（2018年版）》的通知

财税〔2018〕84号

各省、自治区、直辖市、计划单列市财政厅（局）、应急管理部门，国家税务总局各省、自治区、直辖市、计划单列市税务局，新疆生产建设兵团财政局、应急管理部门，各省级煤矿安全监察局：

经国务院同意，现就安全生产专用设备企业所得税优惠目录（以下简称优惠目录）调整完善事项及有关政策问题通知如下：

一、对企业购置并实际使用安全生产专用设备享受企业所得税抵免优惠政策的适用目录进行适当调整，统一按《安全生产专用设备企业所得税优惠目录（2018年版）》（见附件）执行。

二、企业购置安全生产专用设备，自行判断其是否符合税收优惠政策规定条件，自行申报享受税收优惠，相关资料留存备查，税务部门依法加强后续管理。

三、建立部门协调配合机制，切实落实安全生产专用设备税收抵免优惠政策。税务部门在执行税收优惠政策过程中，不能准确判定企业购置的专用设备是否符合相关技术指标等税收优惠政策规定条件的，可提请地方应急管理部门和驻地煤矿安全监察部门报请应急管理部，由应急管理部会同有关行业部门委托专业机构出具技术鉴定意见，相关部门应积极配合。对不符合税收优惠政策规定条件的，由税务部门按税收征收管理法及有关规定进行相应处理。

四、本通知所称税收优惠政策规定条件，是指 2018 年版优惠目录所规定的设备名称、性能参数和执行标准。

五、本通知自 2018 年 1 月 1 日起施行，《安全生产专用设备企业所得税优惠目录（2008 年版）》同时废止。企业在 2018 年 1 月 1 日至 2018 年 8 月 31 日期间购置的安全生产专用设备，符合 2008 年版优惠目录规定的，仍可享受税收优惠。

附件：安全生产专用设备企业所得税优惠目录（2018 年版）

财　政　部

税 务 总 局

应急管理部

2018 年 8 月 15 日

附件：

安全生产专用设备企业所得税优惠目录（2018 年版）

序号	设备名称	性　能　参　数	应用领域	执行标准
一、煤　　矿				
1	瓦斯含量、压力测试设备	煤层斯含量快速测定仪：测定时间≤30 min，误差＜10%。 井下瓦斯解析仪：量程 0～3000 g，精度 ±0.1%，测试范围 50～120 kPa。 煤层瓦斯压力测量记录仪：精确度 0.5 级，分辨率≥0.001 MPa。	井工煤矿、穿煤层隧道掘进	GB/T 23250、AQ 1080、MT 393、MT/T 856、MT/T 752
2	瓦斯突山预测预报设备	突出危险预报仪：测量涌出初速度 0～50 L/min，钻孔瓦斯涌出衰减指标 0～1.0，解吸压力 0～0.4 MPa，测量误差 ±4%。 瓦斯突出参数仪：测定钻屑 K1、钻屑量等突出预报指标，测量范围 0～10 kPa、误差 ±1.5% F. S、分度值 10 Pa。 防突动态信息管理系统：在线采集 K_1、Δh_2 等突出预报指标，防突预测表单自动生成及远程审批、查询，表单自动生成时间＜30 s。	井工煤矿	MA 依据标准

续表

序号	设备名称	性　能　参　数	应用领域	执行标准
3	瓦斯抽放监测设备	瓦斯抽采多参数传感器：实时监测抽采管道内瓦斯流量、压力、温度及环境参数，可测最低流速 0.3 m/s，测量精度等级 1.5 级；测压范围 20 ~ 200 kPa，测温范围 -10 ~ 50 ℃，测量 CO 范围 0 ~ 1000 ppm。 管道用激光甲烷传感器：测量范围 0 ~ 100% CH_4，基本误差 0.01% ~ 1.00% CH_4， ±0.07%；1.00% ~ 100% CH_4，真值 ±7%。 瓦期抽采监测（控）系统：对瓦斯抽采管道内压力、流量、温度、气体浓度等进行实时监测，对抽采量进行计量。	井工煤矿	MT 1035、AQ 6211、MT/T 1126、MT/T 642
4	矿井井下超前探测设备	矿用分布式槽波地震仪：采用无缆分布节点式，可探测煤层地质构造、煤厚变化。夹层夹矸等，探测深度 > 200 m。 巷道超前探测地震仪：采用有缆集中式，可探测巷道前端各类地质构造，超前探测距离 ≥100 m。 矿用瞬变电磁仪：可探测井下含水体，超前探测距离 ≥80 m。 矿用无线电波透视仪：可探测瓦斯富集区、断距 0.3 m 以上断层、直径 7 m 以上陷落柱，接收灵敏度优于 0.05 μV/m。频率 ≥300 kHz，透视距离 ≥250 m。	井工煤矿	MT/T 693、MT/T 898、MT 470、MT 471、MT/T 1145、MA 依据标准

续表

序号	设备名称	性　能　参　数	应用领域	执行标准
5	矿山人员精确定位监测设备	煤矿人员管理（位置监测定位）系统：实时监测井下人员位置，检测标识卡状态及唯一性，并发识别数量≥80，定位精度≤1 m。 井口唯一性检测装置：具备人脸识别、标识卡唯一性快速检测等功能，人员通过速率≥1000 人/h。	井工煤矿	AQ 6210、MT/T 1005、MT/T 1103
6	安全监测监控设备	矿用激光甲烷传感器：测量浓度 0% ~100% CH_4，基本误差 0.01% ~1.00% CH_4，±0.06%；1.00% ~100% CH_4，真值 ±6%，调校周期≥6 个月。 煤矿安全监控系统：监测监控与预测预警、传输数字化、抗电磁干扰，支持多网融合，系统巡检周期≤20 s，异地断电时间≤40 s。 煤矿图像监视系统：具备人员越界、区域入侵等监视功能，图像质量≥四级，分辨灰度≥8 级；分辨率≥1920×1080。	井工煤矿	AQ 6211、AQ 6201、MT/T 1112
7	顶底板灾害监测设备	煤矿顶板动态监测系统：实时监测顶板位移、离层等，实时采集、动态显示、超限报警；基本测量误差±2% F.S。 声发射监测系统：实时在线监测煤岩体内部的声发射信号，最高采样率≥51.2 ks/s，采集通道≥8，信号有效传输距离＞10 km。	井工煤矿	MT/T 1004、MT/T 1059、MT 1109、MA 依据标准

续表

序号	设备名称	性　能　参　数	应用领域	执行标准
7	顶底板灾害监测设备	微震监测系统：实时采集煤岩震动信号，监测煤岩体稳定性。水平定位误差＜±20 m，垂直定位误差＜±50 m；监测范围＞1 km；灵敏度＞28 V/(m/s)。	井工煤矿	MT/T 1004、MT/T 1059、MT 1109、MA 依据标准
8	矿井水文监测设备	煤矿水文监测系统：具备在线水质分析及导通水源识别功能，富水性监测范围＞50 m，水源特征离子识别种类＞30 种，传输距离≥10 km。 矿用本安型水质分析仪：具有快速识别水质、精确判断矿井突水水源种类等功能，测量化学指标种类＞40。	井工煤矿	MT/T 894、MA 依据标准
9	车辆安全管控设备	煤矿轨道运输监控系统：矿井轨道机车运输的实时监控和自动调度，监控容量≥64 台分站。 矿用无轨胶轮车调度管理系统：实时跟踪井下车辆位置信息和车辆交通智能调度，定位精度≥±5 m。	各类煤矿	GB 50388、MT/T 1113、MA 依据标准
10	粉尘监测仪表及降尘设备	粉尘浓度传感器：零点自动校准、免维护，可测量瞬时或平均粉尘浓度，测量范围 0.1～1000 mg/m^3；测量误差≤±15%。 矿用气动湿式孔口除尘器：除尘效率≥97%，负载能力≥1000 Pa；耗气量≥0.75 m^3/min。	井工煤矿	GB/T 20964、GB/T 15187、MT/T 1102、MT 159、MT 503～MT 505

续表

序号	设备名称	性能参数	应用领域	执行标准
10	粉尘监测仪表及降尘设备	矿用采煤机尘源跟踪喷雾降尘系统：智能跟踪采煤机滚筒，根据粉尘浓度自动调整喷雾参数，开启时间≤1 s，关闭时间≤2 s，喷雾压力≥4.0 MPa，联控容量≥200台。 综掘工作面控除尘系统：与掘进机同步运行，处理风量120～550 m^3/min，总粉尘降尘效率≥90%，呼吸性粉尘降尘效率≥85%。	井工煤矿	GB/T 20964、GB/T 15187、MT/T 1102、MT 159、MT 503～MT 505
11	矿井火灾预测预报及防灭火设备	矿井束管监测系统：监测采空区CO、CO_2、CH_4、C_2H_4、C_2H_6、C_2H_2、N_2、O_2等气体，并具备自动分析和存储功能。 矿用分布式光纤测温系统（装置）：连续自动监测温度、CO、CH_4、O_2等，火灾报警与关联控制灭火。 矿用区域自动喷粉灭火装置：火焰传感器响应时间≤1 ms，控制器不少于8路输入、4路输出，有效灭火时间≥2 min，单灭火器控制区域≥15 m^3。	井工煤矿	MT/T 757、GB 16280、AQ 1079
12	提升安全监测与保护设备	立井提升过卷、过放防护缓冲托罐装置：防止提升容器过卷或过放，并能将过卷过放容器或配重托住，过放最大下落距离<0.5 m。 钢丝绳无损探伤仪：利用强磁原理对钢丝绳损伤快速非接触探测、诊断，断丝检测准确度≥99%，检测灵敏度重复性误差≤±0.05%。	井工煤矿	MA依据标准

续表

序号	设备名称	性　能　参　数	应用领域	执行标准
13	带式输送机安全保护设备	带式输送机综合保护装置：具备输送带打滑、堆煤、跑偏、洒水、烟雾、撕裂、急停等保护及语音通信功能。 矿用钢绳芯输送带 X 射线探伤装置：对输送带钢绳芯断绳、锈蚀、劈丝、接头抽动及带面损伤等无损检测及定位，定位精度≥1 m。 带式输送机用断带抓捕装置：响应时间≤1s，最大额定抓捕力≥400 kN，适用带宽可调。	井工及露天煤矿、非煤矿山	MT 872、MA 依据标准
14	井下通信设备	矿用无线通信系统：具备通信和定位功能，覆盖范围≥400 m。 矿用调度通信系统：地面远程供电、矿用本质安全型，通信距离≥10 km。 矿用广播通信系统：多节目同时传输，支持物理链路＞5 路；可按区域或逻辑分组、分区域广播；井下音响远程可寻址到点控制；支持与安全监控系统、调度通信系统有机融合；传输距离＞10 km。	井工煤矿	MT 401、MT/T 1115、MA 依据标准
15	瓦斯抽采设备	履带式全液压定向钻机：具备定向钻进和随钻测量功能，扭矩＞4000 Nm，钻进深度＞400 m。 水环真空泵：吸气量＞100 m^3/min，极限真空度≥－81 kPa。	井工煤矿	MT/T 790、JB/T 7255、AQ 1079、GB/T 18154、MT/T 987、MA 依据标准

续表

序号	设备名称	性　能　参　数	应用领域	执行标准
15	瓦斯抽采设备	抑爆装置：矿用本质安全型，火焰传感器响应时间＜5 ms,控制器响应时间＜15 ms,喷射完成时间150 ms。 移动式瓦斯抽放泵站：吸气量＞50 m^3/min，极限真空度≥－81 kPa。 高压水射流割缝增透装备：割缝工作压力＞50 MPa，煤层内形成割缝半径＞2.0 m。	井工煤矿	MT/T 790、JB/T 7255、AQ 1079、GB/T 18154、MT/T 987、MA依据标准
16	抽排水设备	矿用隔爆型潜水电泵:扬程≥220 m、流量≥160 m^3/h、允许潜没深度＞5 m。 煤矿排水监控系统：对水泵成套设备就地自动控制、集中控制、地面远程控制，控制响应时间≤2 s。	井工煤矿	JB/T 6762、MT/T 671、MT/T 1128
17	矿井降温设备	矿用防爆制冷装置：名义制冷量≥1500 kW，具备压力、断油、温度等保护功能。	井工煤矿	GB9237、MT/T 1136
18	供电安全监测与保护装置	煤矿供电监控系统：可地面远程实时监测井下变电所各开关输出电力参数，对井下供电系统“五遥”（遥测、遥信、遥控、遥调和遥视），实现防越级跳闸功能。	井工煤矿	MT/T 1114
二、非　煤　矿　山				
19	采空区三维激光扫描仪	激光扫描距离：150 m；精度：±2 cm；扫描速度：250 点/s；防水防尘：IP65。	地下矿山采空区探测	CHZ3017

续表

序号	设备名称	性　能　参　数	应用领域	执行标准
20	自动全站仪	测量精度：2 mm 以内；测距：>2 km。	尾矿库、露天采场	GB/T 27663
21	边坡雷达	全天候大范围远距离高精度遥测边坡位移，监测距离：>4 km；监测精度：±0.1 mm；单帧变形数据获取时间：1～10 min；防护等级：IP65。	矿山等各类边坡工程	SJ 2584
22	层析扫描成像超前预报系统	前方地质体三维立体成像，超前预报最小距离大于100 m。	地下矿山采掘作业	Q/CR 9217
23	微震监测仪	8 通道以上，能够对 200 J 以上震动事件进行响应，定位精度 10 m 以内，有效距离 250 m。	地下矿山	AQ 2031
24	尾矿库坝面位移北斗卫星定位高精度接收机	水平监测精度小于 5 mm；防水防尘等级 IP67。	尾矿库、露天采场	GB 51108
25	撬毛台车	撬毛高度不低于 5 m，最大爬坡能力不低于 40%（坡度角 25°），车身宽度≤1.8 m，自动湿式除尘。	地下矿山	JB/T 10844
26	湿式制动井下无轨运输车	柴油机功率：>50 kW；额定负载最高行驶速度：30 km/h；爬坡能力：>10°。	地下矿山	GB 21500

续表

序号	设备名称	性能参数	应用领域	执行标准
27	深锥膏体浓密机和充填工业泵	深锥膏体浓密机：底流浓度达 70% 以上，溢流水质量达到国家排放标准。 充填工业泵：泵送压力 15 MPa 以上，输送能力 100 m^3/h 以上。	矿山采空区充填尾矿膏体排放	GB/T 10605、GB 8978、GEB/T 13333、JB/T 8098、JB/T 8097
三、石油及危险化学品				
28	作业环境气体检测报警仪	检测作业环境中 CO、O_2、NO_2、SO_2、H_2S、Cl_2、NH_3、光气等有毒可燃气体浓度，并具有声、光报警功能。	含有毒性、可燃气体或密闭空间作业环境	GB 12358、GB 15322、GB 50493
29	井控防喷装置	防喷器（组）：通径 180 mm，工作压力≥35 MPa。 地面防喷器控制装置；电缆井口防喷控制装置；石油钻井作业施工常规井控设备节流和压井系统，井口装置和采油树，液气分离器装置，地面压力分流控制装置；钻柱内防喷装置。 海上井控防喷装置压力等级：≥10000 psi 级别，并满足 API 标准要求。	石油钻井、修井、测井作业、石油射孔作业	GB/T 25429、SY/T 5053.1、SY/T 5053.2、SY/T 5127、SY/T 53234、SY/T 5127、SY/T 0515、SYT 5964、SY/T 5525
30	大型石油储罐主动安全防护系统	单套设备保护罐数量：≥4 个；分区额定供气流量：200 Nm^3/h；气体浓度分析响应时间：≤30 s；主动防护响应时间：≤5 s；单罐惰化完成时间：≤20 min；氧气检测量程：0% ~ 21%；可燃气体检测量程：0% ~ 100%；样气巡检通道：8 路。	巷口、码头、石油储备基地等石油储罐	GB/T 25844、AQ 3035、AQ 3036

续表

序号	设备名称	性　能　参　数	应用领域	执行标准
31	水下井口及控制系统	水下井口：额定工作压力≥34 MPa。 水下采油（气）树；类型：直立型和水平型。 脐带缆：电缆、光缆、金属管群、高压软管等组成，有外护套或铠装保护壳。 水下生产控制系统：全液压控制系统、电液控制系统，包括安装在水面和水下的控制系统设备、控制流体。	海洋石油天燃气开采	GB/T 21412. 1、GB/T 21412.4、GB/T 21412.5、GB/T 21412. 6
32	阻隔防爆运油车	与所运介质有良好的相容性，对罐体有效容积降低率不大于 6%；振动试验后，单位容积碎屑质量≤1. 3 mg/L；防爆性能；防爆增压值≤0. 14 MPa。	危险品专用运输	GB 50156、AQ 3001、AQ 3002、JT/T 1046
33	腐蚀在线监测设备	电感腐蚀监测点及 PH 监测：测试腐蚀电流、介质电阻、腐蚀速率，进行数据采集、传送。	存在腐蚀风险的设备、密闭管道等	API RP571、GB/T 23258、GB 3836
34	管道泄漏检测设备	采用波敏法（负压波法），并通过其调用泄漏检测模块、定位分析模块共同组成。直接读取下位机系统的数据，包括站场、阀室的进、出站压力信号、流量信号、温度信号、密度信号、输油泵运行状态等。系统信号精度为 0. 001 MPa，且当压力下降 2% 时能够自动报警。	埋地管道	SY/T 6826

续表

序号	设备名称	性能参数	应用领域	执行标准
35	氮气水击泄压阀	阀门形式：轴流式；阀门开启方式：氮气；阀门公称直径：6″、8″、10″；阀门泄放量：820 m^3/h、1500^3 m/h、400 m^3/h、710 m^3/h；阀门设定压力：1.9 MPa、7.9 MPa、8.4 MPa；上下游接管材质：L415、20#；进出口压力等级：Class150、400、600；法兰面执行标准：RTJ。	埋地管道站场	API Std526、API Std527、API RP520、API RP521
36	大型石油储罐感温光栅	罐区感湿感烟光栅：i Smart－TMS。	石油化工生产企业	GB 50160
四、民爆及烟花爆竹				
37	烟火药安全性能检测仪	静电火花感度仪；高压电源：0.4 kV～50 kV 连续可调 30 min 内漂移应为 5%；静电电压表：Q3－V 型，最大 30 kV；电容：500 pF/30 kV，精度 5%；电阻：5 kΩ/168 kΩ；上、下电极同轴度≤Φ3.0 mm；电极间隙调节范围≤4 mm。	烟花爆竹安全检测	QB/T 1941.4
		撞击感度测试仪：导轨滑动表面对重力线（铅垂线）的偏离或对水平面的垂直度＞1.0 mm/m；钢砧倾斜度≤0.20 mm/m；落锤重量：2.000±0.002 kg，10.000±0.010 kg；落锤自由下落时，锤头中心对撞击装置中心的同轴度为 Φ3.0 mm；落锤仪导轨装有落高值的刻度尺，刻度尺最小分度值 1 mm。	烟花爆竹安全检测	QB/T 1941.2

续表

序号	设备名称	性　能　参　数	应用领域	执行标准
37	烟火药安全性能检测仪	摩擦感度测试仪：摆锤质量：1500 ± 5 g；摆锤提升和定位：0° ~ 180°可调，精度 ≤1°；试验压强：0.5 ~ 6 MPa 连续可调，分辨率 0.01 MPa；摆长：760 ± 1 mm；最大允许试验药量：0.03g；摆锤与击杆中心偏离 ≤1.5 mm；滑柱位移量：1.5 ~ 2.0 mm；压力恒定（加压至 6 MPa，稳定 5 min）：压力波动 ≤0.1 MPa。	烟花爆竹安全检测	QB/T 1941.3
		火焰感度测试仪：药柱模中心线对托盘试样座中心线的不同轴度 ≤0.5 mm；两柱对底座上平面的不垂直度在 630 mm 内 ≤0.25 mm；底座上平面与顶盖上平面的不平行度 ≤0.15 mm，其不平行度由平行度调整垫调整；最大试验高度 550 mm。	烟花爆竹安全检测	QB/T 1941.6
		爆发点测定仪：控温范围：0 ~ 650 ℃；温度分辨率：0.1 ℃；时间分辨率：0.01 s；功耗：≤2 kW；测温元件：进口热电阻；定位精度：1 mm；合金浴尺寸：直径 62 mm，深度 60 mm（可定制）。	烟花爆竹安全检测	QB/T 1941.1
38	民爆产品检测测试仪器仪表	工业炸药爆速测试仪：测量范围：0 ~ 10000 m/s。	民用爆炸物品安全检测	GB/T 13228
		工业雷管延期时间测试仪：分辨率不小于 0.1 m/s。		GB/T 13225
		数码电子雷管检测及起爆系统：延期时间设定范围满足数码电子雷管性能要求，时间间隔 1 ms，在线注册或非电注册，单台起爆能力大于 200 发，组网起爆能力大于 4000 发。		WJ 9085
		电雷管测试仪：输出电流 ≤30 mA，最大输出电流 ≤2 mA，精度 0.01 Ω。		GB 6722

续表

序号	设备名称	性　能　参　数	应用领域	执行标准
39	民用爆炸物品危险作业场所监控系统	工业炸药及其制品制药安全生产控制系统：主要工艺参数（如电流、温度、压力、流量等）自动采集、故障自诊断、自动存储，关键指标超标自动报警、超限自动安全联锁；自动控制系统人机界面良好，视频监控系统符合行业标准要求。	工业炸药及其制品制药安全生产	GB 50089、WJ 9065
		工业炸药及其制品装药安全控制系统：对自动装药机各工艺参数进行自控和安全联锁，故障自诊断和报警、自动停机，自动控制系统人机界面良好，视频监控系统符合行业标准要求。	工业炸药及其制品装药安全作业	
		工业炸药及其制品包装、装车安全控制系统：对包装、装车过程各工艺参数进行自控和安全连锁，故障自诊断和报警、自动停机，自动控制系统人机界面良好，视频监控系统符合行业标准要求。	工业炸药及其制品包装安全作业	
		工业雷管火工药剂制药安全控制系统：主要工艺参数（如电流、温度、压力、流量等）自动采集、故障自诊断、自动存储，关键指标超标自动报警、超限自动安全联锁；自动控制系统人机界面良好，视频监控系统符合行业标准要求。	工业雷管火工药剂制药安全生产	

续表

序号	设备名称	性能参数	应用领域	执行标准
39	民用爆炸物品危险作业场所监控系统	基础雷管制造安全生产控制系统：对生产过程主要工艺参数（如电流、数量等）自动采集、故障自诊断、自动存储，关键指标超标自动报警、超限自动安全联锁；自动控制系统人机界面良好，视频监控系统符合行业标准要求。	基础雷管制造安全生产	GB 50089、WJ 9065
		成品工业雷管制造安全控制系统：对生产过程主要工艺参数（如电流、数量等）自动采集、故障自诊断、自动存储，关键指标超标自动报警、超限自动安全联锁；自动控制系统人机界面良好，视频监控系统符合行业标准要求。	成品工业雷管制造安全生产	
		起爆具自动化安全控制系统：对炸药计量及输送、熔混药等主要工艺参数（如电流、温度等）进行自控和安全联锁，故障自诊断和报警、自动停机，自动控制系统人机界面良好，视频监控系统符合行业标准要求。	起爆具自动化安全生产	
		石油射孔弹自动化安全控制系统：对生产线设备各机械动作进行自控和安全互锁，具有参数设置、故障自诊断和报警、自动停机功能，自动控制系统人机界面良好，视频监控系统符合行业标准要求。	石油射孔弹安全生产	

续表

序号	设备名称	性能参数	应用领域	执行标准
39	民用爆炸物品危险作业场所监控系统	现场混装炸药生产安全控制系统：对制药系统的水相、油相溶液、硝酸铵等材料配比及输送，乳胶基质制备，乳胶基质冷却及输送等主要工艺参数（如电流、温度、压力、流量等）进行自控和安全联锁，故障自诊断和报警、自动停机，控制系统具备良好人机界面，视频监控系统符合行业标准要求。	现场混装乳化炸药的乳胶基质制备	GB 50089、WJ 9065
		索类火工品制造安全控制系统：对生产过程主要工艺参数（如装药量、数量等）自动采集、故障自诊断、自动存储，关键指标超标自动报警、超限自动安全联锁；自动控制系统人机界面良好，视频监控系统符合行业标准要求。	导爆索、高强度塑料导爆管自动化安全生产	
		爆破作业安全监控设备与系统：视频输入：一路高清视频，兼容 CVBS，AHD1.0 和 AHD2.0 自动识别；分辨率：960H、D1、4CIF、CIF、VGA、720P、1080P；制式：支持 GPS 和北斗双模定位；帧率：1 ~ 25 帧可调。	爆破作业安全生产	GB 6722、GA 991
40	爆破测震仪	具有国家计量器具生产许可证（CMC 证书），量程 0.001 ~ 35.4 cm/s，分辨率≥0.0001 cm/s。	爆破作业安全生产	GB 6722

续表

序号	设备名称	性能参数	应用领域	执行标准
41	乳化炸药现场混装车	汽车底盘、乳胶基质储存及其输送系统、敏化剂储存及其输送系统、履带式送管器、输药管卷筒、液压系统和动态监控信息系统。	爆破作业安全生产	JB 8432.3、GA 991
五、交通运输				
（一）公路行业				
42	隧道超前探测设备	地质雷达：100 MHz 天线，天线频带带宽 30～150 MHz；红外探测仪：分辨率 H 档为：0.05 mV/cm^2，M 档为：0.07 mV/cm^2；地震波法超前地质预报设备：TPG/TSP/TST/TRT 等设备。	隧道施工安全预报预警	JTG F60、TG F90、TB 10304
43	架桥机安全监控系统	架桥机运行状态的全方位检测。	桥梁架设施工	GB/T 28264
44	隧道施工人员识别定位设备	分区域定位和精确定位，精确定位精度可达 5 米；具有考勤/提醒和报警/消警功能；设备电压：220 V。	隧道等空间的人员安全行为监控	JTG F60
45	桥梁检测设备	桥梁检测车：桥梁下部结构检测，包括梁体、墩柱混凝土裂缝宽度长度及深度，混凝土破损面积，桥梁支座检查，支座垫石完整性等。 桥梁 CT 扫描系统：无损检测桥梁混凝土裂缝，波纹管内灌浆密实度，钢筋及斜拉索、悬索探伤。	桥梁检测	QC/T 826

续表

序号	设备名称	性　能　参　数	应用领域	执行标准
46	商用车主动安全系统	倒车辅助系统：具有倒车后视影像、倒车过程障碍物距离测量、倒车障得物报警功能，探测距离不小于2 m，最高工作速度不小于10 km/h。	营运客车和危险品运输车辆	QC/T 549
		疲劳及瞌睡监测警告系统：具有驾驶员疲劳状态检测功能，对疲劳的驾驶员进行声音、光或震动报警，同时将行为发生时刻前后10秒的视频上传网络平台，报警准确率不低于90%。		GB/T 19056、JT/T 794、JT/T 808、JT/T 809
		前撞预警（FCW）系统：具备探测前车相关距离，相对速度功能，探测距离不小于100 m，可提供声音、光或震动报警，最低起作用车速不大于30 km/h。		ISO15623
		自动紧急刹车系统（AEB）：具备探测前车相关距离，相对速度功能，探测距离不小于100 m，可提供声音、光或震动报警。车辆有碰撞危险时，可实现自动刹车，避免发生车、车碰撞，避免碰撞最低车速不小于30 km/h。		ISO 22839
		电子控制制动系统（EBS）：具有缩短制动响应时间、优化制动力分配、协调车桥间的制动力、平衡各车轮摩擦片磨损等功能。		GB 7258

续表

序号	设备名称	性　能　参　数	应用领域	执行标准
46	商用车主动安全系统	车载监控终端及管理平台：定位精度≤15 m，速度记录误差≤ ±1 km/h；事故疑点记录：应能以 0.2 s 的间隔记录并存储形式结束前 20 s 行驶状态数据；位置信息记录：能以 1 min 的间隔记录并存储位置数据；超时驾驶记录：记录次数不少于 100 条；管理平台接收终端信息时间间隔：行驶状态下最小间隔≤5 s，最大间隔≥60 s。	营运客车和危险品运输车辆	GB/T 19056、JT/T 794、JT/T 808
		侧后方盲区警告系统：具备探测盲区车辆功能、探测邻车道快速靠近车辆功能，探测距离不小于 30 m，盲区有车辆具有报警功能。		LCDAS、ISO 17387
		车道偏离预警（LDW）：具备探测车道线功能，对非主动的变道或压线，能够进行声音、光或震动报警，报警准确率不低于 90%，最迟报警距离不大于 0.8 m。		GB/T 26773
		电子稳定控制系统（ESC）：具备车道保持能力和防侧翻控制能力。车辆以 32 ~ 64 km/h 进行 J－转向时，车辆应保持在车道。		GB/T 30677、JT/T 1094
		爆胎应急安全装置：具备当车辆轮胎爆裂失压时，安全装置应能立刻抑制该轮产生行驶距离不小于 1 km。		JT/T 782、JT/T 1094

续表

序号	设备名称	性能参数	应用领域	执行标准
（二）铁路行业				
47	车辆运行安全监控系统探测设备	车辆轴温智能探测系统（THDS）：适应列车运行速度 5～160 km/h，自动计轴计辆，计轴误差 $<3\times10^{-6}$，计辆误差 3×10^{-5}；热轴故障预报兑现率：区间探测站：>60%；系统可维护性：机械部分 <10 min，电气部分 <3 min，适应温湿度工作条件，室外设备环温 -40～60 ℃，室内相对湿度 <95%，室外相对湿度 <85%。	车辆热轴	Q/CR 319
		车辆运行故障图像检测系统：适应车速 5～250（140、160）km/h，自动计轴计辆，计轴误差 $<3\times10^{-6}$，计辆误差 $<3\times10^{-5}$，故障信息存储容量≥两年（一个段修期），图像传输速率≤2 min/百辆，摄像机分辨率≥640×480，抓拍速率≥50 帧/s，补偿光源开启关闭响应时间≤1s，保护门开启、关闭反应时间≤2 s，室外设备适应温度 -40～70 ℃。	动车组、客车、货车	Q/CR 351、TJ/CL 255A、TJ/CL 255、TJ/CL 399、TJ/CL 401
		铁道车辆运行品质轨旁动态监测系统（TPDS）：适应列车速度：动车组 30～350 km/h，客车 30～160 km/h、货车 30～120 km/h；适应车辆轴重：≤30 t；自动计轴、计辆、测速；轮轨垂向力和横向力连续测量，动车	动车组、客车、货车	Q/CR 349、TJ/CL 438

续表

序号	设备名称	性　能　参　数	应用领域	执行标准
47	车辆运行安全监控系统探测设备	组测区长度≥9.0 m、客车测区长度≥6.0 m、货车测区长度≥4.8 m；自动识别车辆运行品质不良、超载、偏载和车轮踏面损伤；轮轨力检测准确度：列车以40 km/h及以下速度通过时垂向力测量最大允许误差±5‰，40～60 km/h速度通过时垂向力测量最大允许误差±1%，60 km/h以上垂向力测量最大允许误差±3%；横向力测量最大允许误差±3%；识别车轮失圆、多边形和踏面擦伤、剥离、碾堆等踏面损伤兑现率：>95%；运行品质不良按脱轨系数和轮重减载率进行联网评判、报警；车辆标签及本辆端位识别率：≥99.9%。	动车组、客车、货车	Q/CR 349、TJ/CL 438
		铁道车辆车轮故障在线检测系统：适用车速：8～12 km/h。车轮外形几何尺寸检测误差范围：踏面磨耗：±0.2 mm；轮缘厚度：0.2 mm；QR：±0.4 mm；车轮直径，±0.5 mm；轮对内距：±0.6 mm。踏面擦伤深度检测误差：±0.2 mm。车轮探伤范围：轮毂部位径向裂纹；距轮毂内侧面60 mm至100 mm区域内轮毂周向裂纹；轮缘顶部至根部径向裂纹；轮毂周向裂纹：长轴40 mm、短轴30 mm的平底椭圆当量缺陷。轮缘顶部径向5 mm深刻槽当量缺陷。	动车组、客车	TJ/CL 256、TJ/CL 405

续表

序号	设备名称	性能参数	应用领域	执行标准
47	车辆运行安全监控系统探测设备	车辆滚动轴承早期故障轨边声学诊断系统（TADS）：预报等级：3 级，适应车速：30～110 km/h，检测精度：预报准确＞97%，数据传输速率：不低于 9600 bit/s，传输接口协议：CCITT 及我国铁路通信的有关规定，传输校验方式：文件传输协议（FTP）。	动车组、客车、货车	Q/CR 350
48	轨道设施检测设备	钢轨探伤车：最高探伤速度 80 km/h；超声波对钢轨的最小扫查间距为 0.8 mm，最大扫查间距为 5.6 mm；超声波覆盖钢轨区域：轨头、轨腰、位于轨腰投影区的轨底部分；探伤灵敏度：钢轨头部横向裂纹，≥直径 8 mm 平底孔当量；钢轨头部及腰部纵向水平裂纹，≥10 mm×15 mm；螺栓孔裂纹，裂纹深度≥8 mm。	钢轨无损检测	GB/T 28426
		轨道检测系统；适用速度 15～350 km/h；检测轨道的轨距、轨向、高低、水平、三角坑、超高、曲率、车体垂向和横向振动加速度等项目，具有轨道几何偏差编辑、轨道几何波形输出、报表打印等功能。	轨道状态检测	TJ/GW 126
		钢轨轮廓及磨耗检测系统：适用速度 160 km/h；可按照 1 m、2 m、3 m、5 m 间隔等间距采样；磨耗分辨力 0.1 mm；检测精度 0.2 mm。	轨道状态检测	TJ/GW 127

续表

序号	设备名称	性　能　参　数	应用领域	执行标准
48	轨道设施检测设备	轨道状态巡检系统：适用速度 160 km/h；图像分辨率为横向 1 mm，纵向 1.6 mm；可智能识别 15 mm × 15 mm 以上钢轨表面擦伤及剥离掉块；可智能识别扣件缺失、弹条断裂、弹条移位等异常。	轨道状态检测	TJ/GW 127
		线路限界检测系统：适用速度 160 km/h；测量间距 0 ~450 mm；测量精度 ± 15 mm；测量范围：轨面上方 10 m、线路中心线两侧各 10 m 的范围内。	轨道状态检测	TJ/GW 127
49	铁路供电安全检测监测系统（6C 系统）	高速弓网综合检测装置（1C）：适用车速 350 km/h，监控分辨率≥1024 ×1024，帧率≥100 fps，弓网接触力分辨率 1 N，接触线和拉出值测量分辨率 1 mm。 接触网安全巡检装置（2C）：适用车速 350 km/h，图像分辨率≥1024 ×1024。 车载接触网运行状态检测装置（3C）：适用车速 350 km/h，燃弧持续时间精度 2 ms，接触网温度测量精度 2 ℃，弓网视频分辨率≥1024 ×1024，帧率≥25 fps。 接触网悬挂状态检测监测装置（4C）：适用车速 160 km/h，接触线测量精度 10 mm，拉出值测量精度 25 mm，关键区域检测图像像素≥5000 万。 受电弓滑板监测装置（5C）：适应车速 350 km/h，图像分辨率≥2448 ×2048。	铁路牵引供电设备	《高速铁路供电安全检测监测系统（6C 系统）总体技术规范》（铁运〔2012〕136 号）； 1C 技术条件：TJ/GD 007； 2C 技术条件：TJ/GD 004； 3C 技术条件：TJ/GD 005； 4C 技术条件：TJ/GD 006；

续表

序号	设备名称	性　能　参　数	应用领域	执行标准
49	铁路供电安全检测监测系统（6C 系统）	接触网及供电设备地面监测装置（6C）：接触线索张力测量精度 0.1 kN，温度测量精度 1 ℃。6C 综合数据处理中心：数据传输通道带宽≥2 Mbps，主备机自动切换时间≤30 s，主要节点 CPU 负载≤50%，局域网平均负载≤30%。	铁路牵引供电设备	5C 技术条件：TJ/GD 008； 6C 技术条件：TJ/GD 009； 6C 综合数据处理中心技术条件：TJ/GD 010
50	列车运行监控装置（LKJ）	适应自动闭塞和半闭塞的 UM71、ZPW－2000、移频、交流计数等信号制式；制动控制计算符合 TB/T 1407。	机车、动车组	TJ/DW 070、TJ/DW 169、TJ/DW 170、TJ/DW 173、TJ/DW 174
51	机车车载安全防护系统（6A 系统）	包括：中央处理平台、机车空气制动安全监测子系统、机车防火监测子系统、机车高压绝缘检测子系统、机车列车供电监测子系统、机车走行部故障监测子系统、机车自动视频监控及记录子系统，工作温度－40～70 ℃，持续滚动存储数据 30 天，持续滚动存储视频 15 天，报警响应时间 1 s。	内燃、电力机车	TJ/JW 001、TJ/JW 001A、TJ/JW 001B、TJ/JW 001C、TJ/JW 001D、TJ/JW 001E、TJ/JW 001F、TJ/JW 001G
52	列车尾部安全防护装置	LD2006－1 型、LD2006－2 型、LD2009－1 型、HBTL－11(S)型、LD2006－11a 型。主机反光标志正常天气目测显示距离不小于 400 m；适应列车制动主管定压 500 kPa 和 600 kPa 的要求；排风口径 6～8 mm；软管连接器符合 TB/T 60 的规定；天线技术符合 TB/T 1875 要求；质量不大于 11 kg。	在铁路上运行的货物列车	TB/T 2973、TJ/CW 004、TJ/CW 005、TJ/DW 009、TJ/DW 179、TJ/DW 180

续表

序号	设备名称	性　能　参　数	应用领域	执行标准
53	列控车载设备（ATP）	系统的所有安全邮件的设计可确保按 SIL4 级安全要求运行。系统的开发遵循 CENELEC 标准 EN50126、EN50128 和 EN50129 规定的质量和安全管理的要求，最大列车速度 350 km/h。	动车组	TJ/DW 061、TJ/DW 139B、TJ/DW 152、TJ/DW 152A
54	轨道车运行控制设备（GYK）	GYK 电源工作范围：DC18 V ~ 36 V；测速测距误差：－2% ~ ＋2%；GYK 系统时钟精度：误差 ＜90 s/月；整机平均无故障工作时间 MTBF 应不低于 6000 h。	自轮运转特种设备	TJ/DW 046
（三）水　运　行　业				
55	电子海图显示与信息系统（ECDIS）	支持显示由政府授权的航道组织颁布发行的安全高效航行所必须的海图信息；支持在线或离线更新；支持 AIS、GNSS、测深、雷达等设备接入及显示；支持航线设计、航线检测、船位标绘、雷达跟踪、海图物标属性查询等功能；长江电子航道图显示与信息系统：支持显示由政府授权的航道组织颁布发行的安全高效航行所必须的海图信息；支持在线或离线更新；支持 AIS、GNSS、测深、雷达等设备接入及显示；支持航线设计、航线检测、船位标绘、雷达跟踪、航道图物标属性查询等功能。	船舶	IHO S52、IHO S57、IHO S61、IHO S63、IHO S64、IEC、IMO、MSC、CJ52、CJ57、CJ58、CJ63 以及国内船舶设备相关标准

续表

序号	设备名称	性能参数	应用领域	执行标准
56	海上导航和无线电通信设备	海上通讯设施；海洋气象设施。 船用紧急无线电示位标(EPIRB):工作频率:406 MHz；寻位频率：21.5 MHz/243 MHz；定位模式：GMDSS；启动方式：人工启动、自助启动。	水上船舶、海洋石油生产作业	《固定平台安全规则》（国经贸安全〔2000〕944 号）、IMO 和 IEC 相关标准以及国内船舶设备相关标准
		AIS 船台：工作频率：161.975 MHz、162.025 MHz；定位模式：GPS、北斗、GMDSS；通信模式：SOTDMA；发射功率：1 W、2 W、12.5 W。	船舶	GB/T 20068、ITU/R M.1371 –5
		AIS 岸台：工作频率：161.975 MHz、162.025 MHz；定位模式：GPS、北斗、GMDSS；通信模式：SOTDMA；发射功率：12.5 W。	沿岸	IEC 62320 –2、ITU/R M.1371 –5
57	船岸紧急切断系统（ESD）	紧急切断阀：采取自动、遥控和手动等组合设计，具备遥控和就地操作功能。	石油化工码头	GB/T 24918、GB/T 22653、JB/T 9094
		紧急切断控制系统：独立于过程控制系统（DCS），具备检测元件、逻辑运算器和执行元件，可对紧急切断阀进行应急关断并在控制柜进行指示和声光报警，具有故障安全、冗余容错等技术。	石油化工码头	SHB –Z06

续表

序号	设备名称	性　能　参　数	应用领域	执行标准
（四）民　航　行　业				
58	火警探测器	发动机火警探测，技术指标达到美国民航规章FAR23标准，设备型号：473581/473581－1/473583/473583－1/473583－3/473583－2/473582/474188－1/474189－1/474190－1/473597－5/473955－1/475571－2/902864/PU90－499R3/902018－01/PU90－471WR1/2119835－6/2119835－7/PPA1103－00/PPA1204－00/PPC1100－00/PPC1200－00/RA12800M0706/GPA1102－00/GPA1103－00/PPA1203－00/PPA1204－00/PPA2100－00/PPA2101－00/RA12811M0106/FSD9480－00/GMC1102－02/PMC1102－02/PMC1103－03/474449－5/7011200H01/504643－9/8920－10/904653－10/904655－10/904656－10/474435/474436/474437/474438/474439/474443－2/8918－01/8919－01/472583/472584/5421－14/904807－03/（3601－155－565/19）；APU及发动机火警过热控制组件：901950－02；过热探测控制组件：35008－307/20－035008－300；火警控制面板：69－37307－300/69－37307－153/411000－001；发动机火警线：325－027－302－0/325－027－303－0/325－027－402－0/325－027－403－0/325－027－404－0/325－027－505－0；发动机吊架火警探测元件：474443－2。	飞机灭火系统	美国民航规章标准FAR23

续表

序号	设备名称	性能参数	应用领域	执行标准
59	卫星通讯系统	增强了飞机远距离通讯的能力，弥补了高频通讯易受环境干扰的不足，防止飞机失联。设备型号：822-2556-102/701-10300-00/710100-2/500644-6/288E5733-00/822-1785-401/7516118-X7145/822-2909-050/RD-NB2501-01/RD-NB2111-02/RD-KA1003-04/RD-AA903194-02/RD-AA903194-01/RD-AA903463-01；82158A31-000/822-2558-101/418E5733-00；82155D33-032/822-2556-102/228E5733-00/7516100-20050/7516118-27010/82155D33-032/7516118-27010/822-2023-101/822-3057-101/883E5910-04/7516118-47145/7516118-47141/7516118-27140/7516118-27020/822-1785-402/822-1785-401/7520061-34010/7520061-34016/7520000-20140/710617-2/7520033-901；M0DREF472285/804-10-0015/002W0129-3/002W0129-4/002W0129-3/100-602198-001/M0DREF376715/M0DREF418185/M0DREF457619/513738-513/284W3009-1/284W3009-2/866-5015-101/009E5733-00/4141-89-99。	飞机导航系统	《国际民用航空组织附件10》ICAO Annex10

续表

序号	设备名称	性　能　参　数	应用领域	执行标准
60	自动相关监控系统	提供飞机空中交通管制相关信息（例如飞机位置、高度、航向、速度、垂直速度），防止飞机空中飞行冲突。设备型号：7517800 – 10004/7517800 – 11005/7517800 – 11006/7517800 – 11009/822 – 1338 – 002/822 – 1338 – 003/066 – 01127 – 1601/066 – 01127 – 1602/822 – 1338 – 005/822 – 1338 – 205/822 – 1338 – 225/066 – 01127 – 1402/066 – 01127 – 1101/066 – 01212 – 0101/9008000 – 10000/822 – 1338 – 205/066 – 01212 – 0301/066 – 01212 – 0101/7517800 – 12401/822 – 2120 – 101/822 – 2911 – 002/822 – 1293 – 332/822 – 1338 – 021/066 – 01127 – 1402/9005000 – 10204/7517800 – 12401/7517800 – 10100/822 – 1821 – 002/69001757 – 000/822 – 1821 – 430。	飞机导航系统	《国际民用航空组织附件 10》ICAO Annex 10
61	飞行数据及语音记录系统	记录飞机发动机操作系统等关键系统的参数，及驾驶舱语音记录，用于事故预防和事故调查。设备型号：1605 – 01 – 00/1605 – 00 – 00/866 – 0084 – 102/866 – 0084 – 101；980 – 6020 – 001/980 – 6022 – 001/980 – 6032 – 001/980 – 6032 – 001/980 – 6032 – 023/980 – 6032 – 020/2100 – 1020 – 00/2100 – 1925 – 22/2100 – 1020 – 02/2100 – 1025 – 22/2100 – 1226 – 02/2100 – 1025 – 02/2100 – 1227 – 02；980 – 4700 – 042/980 –	飞机导航系统	美国民航规章标准 FAR 23/31

续表

序号	设备名称	性能参数	应用领域	执行标准
61	飞行数据及语音记录系统	4750 – 003/980 – 4750 – 002/980 – 4750 – 009/980 – 4700 – 003/2100 – 4043 – 00/2100 – 4945 – 22/2100 – 4045 – 22/2100 – 4245 – 00/2100 – 4045 – 00；2243800 – 73/2243800 – 364；HL2. 776. 036/800 – 180 – 001/800 – 180 – 002/01 – 830 – 180 – 010/880 – 180 – 600 – 002。	飞行导航系统	美国民航规章标准 FAR 23/31
62	防冰控制系统温度控制设备	防冰控制系统温度控制器：发动机防冰控制器组件：810503 – 10，2915 – 5/733474 – 3 – 5。	民航飞行器	美国民航监督管理标准 FAA TSO – C13，C24
		防冰控制系统温度控制面板：233W、233N、69、233A 系列。		
		防冰面板：机翼防冰保护系统区域控制卡 003CM00 – 0200，233N3204 – 1019。		
		防冰活门：发动机整流罩防冰活门 3215618 – 5/3215618 – 4/3215618 – 3；机翼防冰活门 67 – 2960 – 002；发动机防冰压力调节关断活门 7011101H02。		
		防冰控制系统结冰探测器：0871HT3/0871DL6/1001844 – 3/0871DP5 – 1/0877B1。		
		防冰控制系统窗温控制器：风挡加热控制组件：83000 – 05605/83000 – 05604ATS/83000 – 27901/S283T007 – 3/785897 – 2/785897 – 3/624066 – 3/624066 – 5/774767 – 1 – 1；风挡加温保护组件：7002576H02。		

续表

序号	设备名称	性　能　参　数	应用领域	执行标准
63	机载防相撞系统	空中防撞，探测范围：飞机上下8700英尺最远80海里。工作频率，发射1030 MHz信号，接收1030 MHz信号。根据入侵机距离分为：其他飞机：6海里外；或6海里内且相对高度大于1200英尺，且没有RA和TA警告；接近的飞机：相对高度小于1200英尺，距离6海里内，没有达到RA和TA级别警告。交通咨询（TA）和避让警告（RA）：根据TAU和CPA具体确定，设备型号：905000 – 11203/066 – 50000 – 2220/066 – 50000 – 2221/940 – 0300 – 001/066 – 50008 – 0405/4066010 – 910/4066010 – 913/622 – 8971 – 022/622 – 8917 – 522/822 – 1293 – 003/7517900 – 10004/7517900 – 10020/9003500 – 10903/7517900 – 10006/7517900 – 10012/7517900 – 55003/822 – 1293 – 002/822 – 2911 – 001/9003500 – 10905/9003500 – 55905/940 – 0351 – 001/965 – 1694 – 001/822 – 2120 – 101/071 – 50001 – 8104/7514081 – 911/7514081 – 912/071 – 50001 – 8107/673Z5011 – 4106/673Z5011 – 4108/822 – 0020 – 101/673Z5011 – 8107/673Z5011 – 4105/622 – 8973 – 001/7514081 – 901/071 – 50001 – 8102/7514081 – 903/G6990 – 4。	飞机导航系统	美国民航监督管理标准 FAA TSO – C13，C38，C39

续表

序号	设备名称	性　能　参　数	应用领域	执行标准
64	增强型近地警告系统	近地警告，达到美国民航监督管理标准 FAA TSO－C13，C16，设备型号：965－1690－052/965－1690－055/BCREF78944/69000940－102/69000940－104/69000940－106/BCREF17394/BCREF49033/BCREF50601/BCREF68842/69000940－101/822－2120－101/965－1676－001/965－1676－002/965－1676－003/9650976003206/69000942－151/965－1676－006/522－2998－011/7028419－1904/9000000－11111/965－1694－001。	飞机导航系统	美国民航监督管理标准 FAA TSO－C13，C16
65	飞行警告系统	当飞机系统出现故障或错误操作时，提供语音和可视警告，提醒机组采取纠正措施，使飞机恢复安全运行状态。设备型号：350E053021212/350E053021414/350E053021717/350E053021818/350E053021919/65－54499－18/69－78214－1/39－78214－3/69－78214－4/285W0015－101/285W0015－102/LA2E20202T30000/LA2E20202T40000/LA2E20202T50000/LA2E20202T70000。	飞机导航系统	美国民航规章标准 FAR 31

续表

序号	设备名称	性能参数	应用领域	执行标准
66	飞机中央油箱惰性气体阻燃系统（FTIS）	防止点火源：European lnterim policy 25/12、USA SFAR 88；降低可燃性：将中央油箱内氧气含量降低到12%以下。空气分离组件：2050067 – 101/2030157 – 102/2060017 – 102/2060017 – 103/PPC1200 – 00/7012014H05/260032 – 101/；气滤：2040025 – 104/2040025 – 105/2040025 – 106/；气滤压差电门：2040061 – 103/；热交换器：2341924 – 2/7012011H01/；臭氧转换器：2341926 – 2/；冲压空气活门：3291828 – 1/；氧气传感器；3522W000 – 001/7012040H01/2040081 – 101/；双流量关断活门：2040029 – 104；惰性气体隔离活门：2040031 – 102/3957A0000 – 02/；惰性气体控制组件：367 – 359 – 005/；惰性气体旁通活门：3958A0000 – 01/；NGS 冲压进气门作动筒：2741686 – 1/；再预冷器：2342176 – 1/。	飞机中央油箱	European Interim policey 25/12、USA SFAR 88、FAA – 2005 – 22997 – 5、EASA ED Decision 2014/024/R
六、电力				
67	SF_6 泄漏报警装置	SF_6 检测范围：50 ~ 5000 ppm;超限报警点:1000 ppm,精度 < 5% F · S；O_2 浓度检测范围：1% ~ 25%，缺氧报警点:18%,精度 < 1% F · S;风机启动:氧含量≤19.6%时或 SF_6 气体浓度 > 1000 ppm 时，自动启动风机每次启动时间 15 min 或自定义，可手动控制或强制启动风机。	变电站、开关站 SF_6 配电装置室	GB/T 8905、DL/T 846.6

续表

序号	设备名称	性　能　参　数	应用领域	执行标准
68	测温式电气火灾监控探测器	报警值：55～140 ℃；报警时间：温度达到报警设定值时，探测器 40 s 内发出报警信号。	电力隧道、变电站、开关站、发电厂	GB 14287.3、GB 50116、GB 50166
69	电力线路杆塔作业防坠落装置	导轨载荷：不小于 100 kg；锁止距离：不大于 0.2 m；导轨型式：T 型导轨、槽型导轨、钢绞线。	输电线路杆塔	DL/T 1147
70	绝缘检修作业平台	绝缘电压等级：10～1000 kV、±800 kV；抱杆梯、梯具、梯台、过桥、拆卸型检修平台、升降型检检平台工作载荷不小于 100 kg；复合材料快装脚手架单层额定工作载荷不小于 200 kg。	变电站、开关站、发电厂、输电线路	DL/T 1209
71	带电作业车	绝缘等级 10～110 kV，工作斗载荷：200 kg（2 人）。	架空电力线路	GB/T 9465、GB/T 18037、DL/T 972
72	超声波局放检测仪	灵敏度：峰值灵敏度一般不小于 60 dB（V/(m/s)），均值灵敏度一般不小于 40 dB（V/(m/s)）；检测频带：用于 SF_6 气体绝缘电力设备的超声波检测仪，一般在 20～80 kHz 范围内；对于充油电力设备的超声波检测仪，一般在 80～200 kHz 范围内；对于非接触方式的超声波检测仪，一般在 20～60 kHz 范围内；线性度误差：不大于 ±20%；稳定性：局部放电超声波检测仪连续工作 1 小时后，注入恒定幅值的脉冲信号时，其响应值的变化不应超过 ±20%。	变电站、开关站、输电线路、发电厂	DL/T 250、DL/T 1416

续表

序号	设备名称	性　能　参　数	应用领域	执行标准
七、建　筑　施　工				
73	附着升降脚手架全金属安全防护装置	全金属网架安全防护屏，随作业面同步升降的相邻提升点间高差≤30 mm，防坠落制动距离≤80 mm。架体高度＜5 倍楼层高；架体宽度＜1.2 m；直线布置的架体支承跨度＜7 m，折线或曲线布置的架体，相邻两主框架支撑点处的架体外侧距离＜5.4 m；架体的水平悬挑长度＜2 m，且＜跨度的 1/2；架体全高与支承跨度的乘积＜110 m^2。	建筑主体施工与外装饰工程的整体或分片、分段提升的附着升降脚手架安全作业防护与控制	JGJ 202、JGJ 59、JGJ 130
	附用看升降脚手架防倾覆装置	在升降和使用两种工况下，最上和最下两个导向件间的最小间距不得小于 2.8 m 或架体高度的 1/4；具有防止竖向主框架倾斜的功能；采用螺栓与附墙支座连接，其装置与导轨之间的间隙＜5 mm。		
	附着升降脚手架防坠落装置	每一升降点不少于 1 个防坠落装置，在使用和升降工况下均须起作用;除应满足承载能力要求外,整体式脚手架制动距离≤80 mm,单片式脚手架制动距离≤150 mm。采用钢吊杆式防坠落装置，钢吊杆规格由计算确定，且不应小于 Φ25 mm。采用丝杠丝母传动防坠落装置，丝杠外径为 40 mm，须承受 670 kN 的荷载。		
	附着升降脚手架同步升降控制安全装置	当水平支承桁架两端高差达到 30 mm 时，自动停机；控制精度在 5% 以内，具有显示各提升点的实际升高和超高的数据，有记忆和储存功能。		

续表

序号	设备名称	性　能　参　数	应用领域	执行标准
74	集成式爬模防坠落装置	爬模支座内设有防止导轨提升时坠落的装置，架体与结构内设有防止架体提升时坠落的装置。	建筑施工的爬模安全作业控制	JGJ 202、JQJ 59、JGJ 195
	集成式爬模防倾覆装置	爬模提升系统的每机位设置不少于2个附着支座，导轨长度不低于2个楼层。		
	集成式爬模同步升降控制安全装置	当机位荷载变化15%以上的，报警提示；变化30%以上的，报警并自动停机。		
75	施工升降机防坠落安全装置	施工升降机额定提升速度 $v \leq 0.65$ m/s时，安全制动距离为0.15～1.40 m，额定提升速度 0.65 m/s $< v \leq 1.00$ m/s时，安全制动距离为0.25～1.60 m，额定提升速度 1.00 m/s $< v \leq 1.33$ m/s时，安全制动距离为0.35～1.80 m，额定提升速度 >1.33 m/s时，安全制动距离0.55～2.00 m。钢丝绳式施工升降机应有停层防坠落装置，该装置应在吊笼达到工作面后人员进入吊笼之前起作用，使吊笼固定在导轨架上。卷扬机传动的施工升降机应设防松绳和断绳保护安全装置。	施工升降机安全作业控制	GB 26557、GB/T 10054、GB/T 10055、TSG Q7008、JG 121

续表

序号	设备名称	性　能　参　数	应用领域	执行标准
75	施工升降机安全监控系统	当载荷达到额定载重量的 90% 时，发出报警信号；达到额定载重量的 110% 前，中止吊笼启动。在吊笼到达行程终点时，自动切断控制电路；超越行程终点时，自动切断总电源。自动记录施工升降机运行的实时状态数据，记录存储量 > 7000 条；报警为蜂鸣器鸣音、指示灯显示。	施工升降机安全作业控制	GB 26557、GB/T 10054、GB/T 10055、TSG Q7008、JG 121
76	高处作业吊篮安全锁装置	当高处作业吊篮的悬吊平台运行速度达到额定锁绳速度时，能够自动锁住安全钢丝绳，制停距离 ≤200 mm；在悬吊平台纵向倾斜角度不大于 8°时，自动锁住安全钢丝绳并停止悬吊平台运行，防止悬吊束发生坠落。	建筑施工用高处作业吊篮安全作业控制	GB 19155、JGJ 202、JGJ 59
77	塔式起重机安全监控系统	当吊重力矩达到控制值 90% 时，发出断续报警并黄灯闪烁；达到 100% 时，发出持续报警并红灯闪烁，自动切断吊钩上升高速和小车往臂端行高速接触器；达到 110% 时，红灯闪烁并自动切断吊钩上升低速和小车往臂端行低速接触器，不允许吊钩起吊。自动记录塔式起重机运行时的回转角度、小车位移、吊钩高度、日期、风速等实时状态数据，存储时间 ≥48 h，工作循环记录储存次数 ≥16000 条，系统综合误差 ≤5%，环境温度 −20 ~ 60 ℃。	施工现场单台或多台塔式起重机的安全作业控制	GB/T 5031、GB 12602、GB/T 3811、GB/T 28264

续表

序号	设备名称	性　能　参　数	应用领域	执行标准
78	升降式作业平台安全防护及门控系统	升降式作业平台安全防护系统：当平台与墙面水平距离为0.3～0.5 m时，应不低于1.1 m，平台外侧防护高度应不低于1.1 m,安全防护系统应设高度不低于0.15 m的护脚板，及距离顶部横杆或护脚板均不大于0.5 m的中间横杆，以防止平台上作业人员发生高空坠落。 升降式作业平台门控系统：保证作业平台的入口门不得向外侧开启，并采用电控方式进行互锁，以防止在入口门开启时，发生作业平台升降运行的危险动作。	建筑施工外装修施工、既有建筑改造用作业平台及物料运送平台	GB/T 27547、JCJ 202
八、应急救援设备				
79	呼吸防护器	正压式空气呼吸器：具有耐高温、抗热老化、耐辐射热、阻燃、防水、重量轻、气密性好、电气元件防爆等性能，背架应为高强度的非金属材料制成，面罩防结雾，具有他救、压力平视显示、应急救援用快速充气等功能。	在浓烟、有毒气体成严重缺氧环境中进行呼吸防护	GA 124
		正压氧气呼吸器：防护时间1 h以上，氧浓度不得低于21%； 正压式消防氧气呼吸器：重型劳动强度下防护时间1 h以上，吸气中氧气浓度不得低于21%，吸气中二氧化碳浓度不得高于1%，吸气温度不得高于38 ℃。	煤矿井下；在高原、地下、隧道以及高层建筑等场所长时间作业时进行呼吸保护	MT 86、GA 632

续表

序号	设备名称	性　能　参　数	应用领域	执行标准
79	呼吸防护器	全防型滤毒罐：对有毒气体和蒸汽、有毒颗粒及放射性粒子、细菌具有良好的过滤性能，NBC 防护标准，储存期限不低于 5 年。	危险场所呼吸保护与防毒面罩配套使用	GB/T 2892
		压缩氧自救器：具有防爆合格证和 MA 标志定量供氧量 1.2～1.6 L/min、通气阻力 196 Pa、吸气温度 45 ℃、手动补给 60 L/min、二氧化碳吸收剂用量 350 g、氧气瓶额定充气压力 20 MPa、排气阀开启压力 200～400 Pa。	煤矿井下发生缺氧或在有毒有害气体环境中矿工逃生用	MT 711
		送风式长管呼吸器：正压送风，防止作业环境气体被劳动者吸入。	有毒有害物质作业和救援场所	GB 6220、GA1261
80	核放射探测仪	可自动声光报警、显示所检测射线的强度持续工作时间不少于 70 h。	有 α、β、γ 射线污染源的作业环境	GB 10257
81	矿山救护指挥车	具有高底盘，功率大，起步快，越野性能好等特点。汽车性能应达到：爬坡度在 30% 以上；最小离地间隙在 220 mm 以上；行车速度在 120 km/h 以上；配有无线通信系统、卫星定位系统和警灯警报装置。	矿山事故抢险的救援指挥	GB 50313、QC/T 457、GA14

续表

序号	设备名称	性　能　参　数	应用领域	执行标准
82	消防车	水罐消防车、泡沫消防车、高倍泡沫消防车、供水消防车、供液消防车：配备消防泵（或供液泵），不分配备水罐（或泡沫液罐、泡沫比例混合器）、高倍数泡沫发生器、消防炮等灭火设备。	灭火救援及危险化学品应急处置、灭火现场供给泡沫液	GB 7956.1、GB 7956.2、GB 7956.3、GA39
		举高类消防车（含云梯消防车、登高平台消防车、举高喷射消防车）：配备举高臂架（直臂、曲臂、直曲臂）或梯架（伸缩或组合）、回转机构，部分配备滑车、消防泵、水罐（或泡沫液罐、泡沫比例混合器）、消防炮、工作斗、破拆装置等。	储罐、塔釜、框架设备、高层建筑场所灭火救援及危险化学品应急处置及高空人员救援	GB 7956.1、GB 7956.12
		干粉/干粉水联用/干粉泡沫联用消防车：配备干粉灭火剂罐、减压装置、氮气瓶组、干粉喷射装置，部分配备消防泵、水罐（或泡沫液罐、泡沫比例混合器）、消防炮等设备。	可燃液体、可燃气体、带电设备、遇水燃烧物质等场所灭火救援、危险化学品应急处置	GB 7956.1、GA39
		抢险救援消防车、化学救援消防车：配备抢险救援器材（涉及侦检类、破拆类、堵漏类、防护类、洗消类、警戒类等）、随车吊或具有起吊功能的随车叉车、绞盘和照明系统、化学事故处置装置等。	危险化学品泄漏、着火，工程抢险、自然灾害等事件灭火救援应急处置	GB 7956.1、GB 7956.14、GA39

续表

序号	设备名称	性　能　参　数	应用领域	执行标准
82	消防车	供气消防车：配备高压空气压缩机、高压气瓶组、防爆充气箱等装置，部分配备照明系统。	为空气呼吸器瓶充气、气动工具供气	GB 7956.1、GA39
		照明消防车：配备固定照明灯、移动照明等、发电机。	灾害现场照明	GB 7956.1、GA39
		排烟消防车：配备固定排烟送风装置及辅助设备。	灾害现场排烟、通风	GB 7956.1、GA39
83	机场消防业务车辆	快速调动车：发动机不用预热；气温在 7 ℃以上时，满载状态下静止加速到 80 km/h 以上不超过 25 s；全轮驱动；喷射率不小于 4500 L/min；一次性泡沫混合液喷射量不低于 5000 L；最大车速大于 105 km/h；在水泵全功率工作状态下车辆行驶速度不小于 40 km/h；专用越野底盘（非商用越野底盘）；具备 3C 证书。	预防及扑救飞机火灾	《机场服务手册－第一部分救援与消防》(ICAO Doc9137－AN898)、GB 7956.1、GA 39、MH/T 7002，并参考 NFPA414、FAA No. 150/5220
		主力泡沫车：满载状态下由静止加速到 80 km/h 以上不超过 40 s；最大车速大于 100 km/h；喷射率不小于 4500 L/min；一次性泡沫混合液喷射量不低于 10000 L；在水泵全功率工作状态下车辆行驶速度不小于 40 km/h；专用越野底盘（非商用越野底盘）；具备 3C 证书。		《机场服务手册－第一部分救援与消防》(ICAO Doc9137－AN898)、GB 7956.1、GA 39、MH/T 7002，并参考 NPPA414、FAA No. 150/5220

续表

序号	设备名称	性能参数	应用领域	执行标准
83	机场消防业务车辆	重型泡沫车：最大载重量大于 8000 kg；设电控消防炮，并符合《消防炮通用技术条件》（GB 19156）要求；越野底盘；具备 3C 证书。	预防及扑救飞机火灾	GB 7956.1、GB 7956.3、GA 39、MH/T 7002
		中型泡沫车：最大载重量小于或等于 8000 kg；设电控消防炮，并符合《消防炮通用技术条件》（GB 19156）要求；越野底盘；具备 3C 证书。		GB 7956.1、GB 7956.3、GA 39、MH/T 7002
		升降救援车：救援梯采用防腐金属材质伸缩型，高度：最低位≥3.0 m，最高位≥8.0 m；台阶两边设置不低于 0.7 m 的护栏，台阶的底部应尽量靠近地面；顶部救援平台：宽度：>2.0 m；深度：>2.0 m；左右两边设置不低于 0.7 m 的护栏；前部设有可移动式的保护装置。中、顶部平台应始终保持水平状态，顶部平台载重量>300 kg；驱动形式：4×4 或 6×4 驱动；发动机功率：>300 kW，轴距：≤4500 mm；使用车辆发动机经过取力系统驱动液压泵向系统提供液压，液压阀门为电动控制，紧急情况下也可手动控制。		《机场服务手册－第一部分救援与消防》（ICAO Doc9137－AN898）、MH/T 7002，并参考 NFPA414、FAA No. 150/5220
84	应急电源（发电）车	发电功率 200～500 kW。	事故、灾害救援现场，保电现场	GB/T 21225、GB 50052、GB/T 2819

续表

序号	设备名称	性　能　参　数	应用领域	执行标准
85	溢油回收设备	收油机：最大收油速率为 10 ~ 200 m^3/h，最大收油效率为 98%，粘度范围为 1 ~ 1,000,000 cSt。	海上井喷、火灾爆炸事故造成的溢油回收	JT/T 863
		围油栏：总高大于 400 mm，最小总抗拉强度 55 kN，最大抗波高 1.8 m，最大抗风速 15 m/s，最大抗流速 3 kn。	海上溢油应急处置	JT/T 465
		防火围油栏：耐热温度：1000 ℃，总高大于 800 mm，最小总抗拉强度 80 kN，最大抗波高 1.8 m，最大抗风速 15 m/s，最大抗流速 3 kn。	海上溢油应急处置	JT/T 465
		吸油拖栏：最大吃水深度为 150 mm，最大抗拉强度为 18 kN，吸附倍率大于 10 倍，吸水量为自重的 10%。	海上溢油应急处置	JT/T 864
86	管道带压开孔封堵设备	带压开孔设备：能够实现 PN10 MPa，DN1200 mm 管道的开孔作业。	油气长输管道、市政管道的不停输抢维修	GBT 28055、SY/T 6150.1、SY 6554
		带压封堵设备：能够实现 PN10 MPa，DN1200 mm 管道的封堵作业。		
		管道带压开孔封堵专用阀门：用于配合开孔封堵设备使用实现 PN10 MPa，DN1200 mm 管道开孔封堵作业。		
		管道带压开孔封堵对开管件：用于配合开孔封堵设备使用实现 PN10 MPa，DN1200 mm 管道开孔封堵作业。		

续表

序号	设备名称	性能参数	应用领域	执行标准
87	矿山应急救援设备	地面大直径钻机:可移动式,最大钻进孔径≥600 mm,钻深≥500 m。 井下轻型救灾钻机：模块化设计，最大拆分模块重量＜60 kg；钻孔深度≥100 m，终孔直径≥75 mm。 多功能快速水平钻机：发动机功率 135 kW，钻孔口径最大可达 165 mm，具备套管作业、止水止浆、超前地质预报等功能。 矿用雷达生命探测仪：探测距离＞10 m，探测张角＞100°，探测精度≥ ±20 cm。 井下快速成套支护装备：支撑高度范围 1 ~ 4 m，初撑力≥100 kN，静态支撑力≥400 kN。 矿用逃生救援补给站：具备防护、供给和通信功能，自救器存储量≥30 台，允许同时补给人数≥4 人。 矿用救灾多媒体通信系统：无线语音、视频及环境参数实时传输、持机人员定位，通信距离≥20 km，定位精度≥ ±5 m。	井工煤矿救援	MT/T 1129、MA 依据标准
88	破拆工具车	箱式货车功率 221 kW，具备照明、连接市电等功能，配置荷马特破拆支护类工具（手动多功能剪扩钳、钢缆剪切钳、便携机动泵、液压扩张钳、单向液压千斤顶、机械撑杆、延伸管 250 mm/500 mm 等）。	隧道救援中破拆和支护	JTGF60

续表

序号	设备名称	性　能　参　数	应用领域	执行标准
89	消防机器人	灭火机器人：以消防炮等灭火装置为主要机载设备，在高温、浓烟、强热辐射、爆炸等危险场所执行灭火、冷却剂化学污染场所洗消等作业。 排烟机器人：以排烟机为主要机载设备，对消防车辆及人员无法靠近的灾害现场进行正压送风、排烟、水雾灭火、冷却等作业。 侦察机器人：具有防爆性能，以气体侦检仪等传感器为主要机载设备，对室内外危险灾害现场进行现场探测、侦察，并可将采集到的信息（数据、图像、语音）进行实时处理和无线传输。用于化学事故现场的视频采集及危险气体、液体的侦察与检测。	危险场所灭火救援	GA 892.1

注：表内安全设备按照行业列示，对于可在不同行业中通用的专用设备，不受该专用设备所处行业和所列应用领域的限制。

财政部　国家税务总局　国家安全生产监督管理总局关于公布《安全生产专用设备企业所得税优惠目录（2008年版）》的通知

财税〔2008〕118号

各省、自治区、直辖市、计划单列市财政厅（局）、国家税务局、地方税务局、安全生产监督管理局，新疆生产建设兵团财务局：

《安全生产专用设备企业所得税优惠目录（2008年版）》已经国务院批准，现予以公布，自2008年1月1日起施行。

附件：安全生产专用设备企业所得税优惠目录（2008年版）

财　政　部

国家税务总局

国家安全生产监督管理总局

2008年8月20日

附件：

安全生产专用设备企业所得税优惠目录（2008年版）

序号	设备名称	技术指标	参照标准	功能及作用	适用范围
一、煤　　矿					
01	瓦斯含量、压力测试设备		国家煤矿安全监察局强制执行安全标志管理检验标准	随时监测煤矿瓦斯含量及涌出量，防止发生瓦斯事故	有有害气体的矿井
02	瓦斯突出预测预报设备		国家煤矿安全监察局强制执行安全标志管理检验标准	预测高瓦斯矿井瓦斯变化情况，防止瓦斯突出	有有害气体的矿井
03	瓦斯抽放监测设备		国家煤矿安全监察局强制执行安全标志管理检验标准	降低煤矿瓦斯含量，保证瓦斯不超标，确保安全生产	有有害气体的矿井
04	煤矿井下瓦斯抽采用钻机		国家煤矿安全监察局强制执行安全标志管理检验标准	抽采煤矿瓦斯，防止瓦斯事故	有瓦斯灾害的矿井

续表

序号	设备名称	技术指标	参照标准	功能及作用	适用范围
05	瓦斯抽放泵		国家煤矿安全监察局强制执行安全标志管理检验标准	降低煤矿瓦斯含量，保证瓦斯不超标，确保安全生产	有瓦斯灾害的矿井
06	瓦斯抽放封孔泵		国家煤矿安全监察局强制执行安全标志管理检验标准	降低煤矿瓦斯含量，保证瓦斯不超标，确保安全生产	有瓦斯灾害的矿井
07	矿井井下超前探测设备		国家煤矿安全监察局强制执行安全标志管理检验标准	探测断层、含水层等地质构造，防治突出、冲击地压、透水事故	有瓦斯、冲击地压和水害的矿井
08	矿井井下安全监测监控及人员定位监测设备		国家煤矿安全监察局强制执行安全标志管理检验标准	监测煤矿井下动态，防止违章作业	用于煤矿安全监测监控
09	一氧化碳检测警报仪器		国家煤矿安全监察局强制执行安全标志管理检验标准	防止一氧化炭超标	用于煤矿安全监测
10	粉尘监测仪表及降尘设备		国家煤矿安全监察局强制执行安全标志管理检验标准	监测煤矿地下煤尘变化情况，防止发生煤尘爆炸事故	有粉尘灾害的矿井

续表

序号	设备名称	技术指标	参照标准	功能及作用	适用范围
11	煤层火灾预测预报设备		国家煤矿安全监察局强制执行安全标志管理检验标准	预测煤矿火灾事故	有火灾危险的矿井
12	采煤工作面矿压监测装备		国家煤矿安全监察局强制执行安全标志管理检验标准	检测煤矿地下顶板压力，防止发生冒顶事故	易发生顶板事故的矿井
13	矿井自动化排水监控设备		国家煤矿安全监察局强制执行安全标志管理检验标准	监测煤矿地下涌水量，防止发生透水事故	有水患威胁的矿井
14	煤矿井下通讯设备		国家煤矿安全监察局强制执行安全标志管理检验标准	确保井下通讯畅通，防止因通讯不畅发生事故	煤矿安全生产调度
15	隔爆型低压检漏设备	GB 3836. 1 -4—2000爆炸性气体环境用电气设备	国家煤矿安全监察局强制执行安全标志管理检验标准	检测煤矿地下电器设备，防止漏电产生电火花	有爆炸性气体环境的矿井
16	隔爆型电气综合保护设备	GB 3836. 1 -4—2000爆炸性气体环境用电气设备	国家煤矿安全监察局强制执行安全标志管理检验标准	检测煤矿地下电器设备，防止漏电产生电火花	有爆炸性气体环境的矿井

续表

序号	设备名称	技术指标	参照标准	功能及作用	适用范围
17	防爆型功率因数补偿设备	GB 3836.1 -4—2000 爆炸性气体环境用电气设备	国家煤矿安全监察局强制执行安全标志管理检验标准	防止煤矿设备因电压不足，影响通风、排水	有爆炸性气体环境的矿井
18	矿用隔爆移动变电站	GB 3836.1 -4—2000 爆炸性气体环境用电气设备	国家煤矿安全监察局强制执行安全标志管理检验标准	防止煤矿爆炸性气体发生爆炸	有爆炸性气体环境的矿井
19	矿井供电电容电流自动补偿设备	GB 3836.1 -4—2000 爆炸性气体环境用电气设备	国家煤矿安全监察局强制执行安全标志管理检验标准	防止煤矿设备因电压、电流不足，影响设备正常运行	有爆炸性气体环境的矿井
二、非煤矿山					
20	无轨设备自动灭火系统			在无轨设备作业过程中发生火灾时，自动灭火保证人身和设备安全	适用露天矿山作业
21	烟雾传感器			检测坑内烟尘的浓度，并报警	适用于产生烟雾的矿山作业
22	斜井提升用捞车器			当斜井提升钢丝绳断绳时，可以捞住人车，防止坠入井底，造成人身事故	矿山斜井提升

续表

序号	设备名称	技术指标	参照标准	功能及作用	适用范围
23	70 ℃防火调节阀			炸药库通风管路调节	矿山企业炸药库监测
24	井下低压不接地系统绝缘检漏装置			对井下低压 IT 系统进行漏电监视，保证井下作业人员人身安全	矿山井下
25	带张力自动平衡悬挂装置的多绳提升容器			提升过程中，自动平衡各钢丝绳张力，防止钢丝绳张力过大造成断绳和人身伤亡事故	矿井提升设备保护
26	带 BF 型钢丝绳罐道罐笼防坠器的罐笼			确保钢丝绳断绳时能够抓住钢丝绳，避免人身伤亡	带 BF 型钢丝绳罐道罐笼保护
27	带木罐道罐笼防坠器的罐笼			确保钢丝绳断绳时能够抓住钢丝绳，避免人身伤亡	带木罐道罐笼保护
28	带制动器的斜井人车			当钢丝绳断绳时，人车立即在轨道上制动，避免人身伤亡事故	矿山斜井提升

续表

序号	设备名称	技术指标	参照标准	功能及作用	适用范围
三、危 险 化 学 品					
29	毒性气体检测报警器	毒性气体浓度超限报警	《作业环境气体检测报警仪通用技术要求》GB 12358—1990	测定作业环境毒气含量，防止发生中毒事故	含有毒性气体的作业环境
30	地下管道探测器	埋地管道泄漏检测报警		检测埋地管道泄漏情况	探测埋地管道泄漏点专用设备
31	管道防腐检测仪	检测管道防腐涂层厚度的变化		检测管道腐蚀情况	生产装置、井场、长输管线
32	氧气检测报警器	氧气超低、超高浓度报警	《作业环境气体检测报警仪通用技术要求》GB 12358—1990	检测密闭作业空间氧气含量，防止含量过低或过高引发事故	密闭空间作业
33	便携式二氧化碳检测报警器	二氧化碳气体超高浓度报警	《作业环境气体检测报警仪通用技术要求》GB 12358—1990	检测密闭作业空间二氧化碳含量	密闭空间作业

续表

序号	设备名称	技术指标	参照标准	功能及作用	适用范围
34	便携式可燃气体检测报警器	可燃气体浓度超限报警	《可燃气体探测器》GB 15322—2003	检测作业场所可燃气体含量	可燃气体是指列入《危险化学品名录》（2002 年版本，国家安全生产监督管理局公告〔2003〕第 1 号，如有更新版本以最新版本为准）中的可燃气体
35	送风式长管呼吸器	正压送风，防止作业环境气体被劳动者吸入	《长管面具》GB 6220—86	有毒有害物质作业和救援场所作业人员防护	有毒有害物质作业和救援场所
四、烟花爆竹行业					
36	静电火花感度仪	火工药品及电火工品静电放电火花敏感度		监测并预防静电火花的产生	烟花爆竹生产
五、公路行业					
37	路况快速检测系统（CiCS）	以车流速度（0 ~ 100 km/h）快速检测路况指标：路面损坏（裂缝）等数据、道路平整度、路面车辙、路	《公路技术状况评定标准》	用于道路缺陷及安全隐患检测。	用于道路施工。

续表

序号	设备名称	技术指标	参照标准	功能及作用	适用范围
37	路况快速检测系统（CiCS）	面纹理深度、道路前方图像。自动采集上述5项路面状况指标；对检测数据自动处理识别；路面裂缝等识别准确率达到95%以上。			
六、铁 路 行 业					
38	红外线轴温探测智能跟踪设备（THDS）	适应列车运行速度5~160公里/小时：自动计轴计辆：计轴误差 $<3\times10^{-6}$，计辆误差 $<3\times10^{-5}$；热轴故障预报兑现率：区间探测站：>60%；系统可维护性；机械部分<10分钟，电气部分<3分钟；适应温湿度工作条件：室外设备环温 -40 ~ +60 ℃，室内温度 0 ~ +40 ℃，室内相对湿度<95%，室外相对湿度<85%	运装管验〔2003〕276号	车辆轴温监测，防止轴温过高发生事故	车辆热轴

续表

序号	设备名称	技术指标	参照标准	功能及作用	适用范围
39	货车运行故障动态检测成套设备（TFDS）	适应车速（公里/小时）5～140 km/h，自动计轴计辆计轴误差：$<3\times10^{-6}$，计辆误差：$<3\times10^{-5}$，故障信息存储容量≥两年（一个段修期），图像传输速率≤2 分钟/百辆，摄像机分辨率≥640×480，抓拍速率≥50 帧/秒，补偿光源开启关闭响应时间≤1 秒，保护门开启、关闭反应时间≤2 秒，室外设备适应温度 -40～70 ℃	运装管验〔2004〕141 号	货车运行故障动态监测，预防事故发生	货车
40	货车运行状态地面安全监测成套设备（TPDS）	称重范围：最大轴重 25 t；计量方式：双向全自动轴、转向架动态计量；通过速度不限；	运装管验〔2002〕306 号	货车最大轴重、转向动态、通过速度等方面监测	货车运行状态

续表

序号	设备名称	技术指标	参照标准	功能及作用	适用范围
40	货车运行状态地面安全监测成套设备（TPDS）	检测精度：列车以 45 km/h 及以下速度通过时超载检测精度优于 5‰，45～60 km/h 速度通过时超载检测精度优于 1%，60 km/h 以上重车超载检测准确度优于 3%；识别车轮踏面擦伤：监测速度范围 20～90 km/h；识别车辆蛇行运动失稳：车辆运行速度不限；允许超载：为额定载荷的 250%			
七、民 航 行 业					
41	发动机火警探测器	10-61096-97/899315-05/473597－5	FAR 23	设备校准灭火、火警探测	飞机发动机

续表

序号	设备名称	技术指标	参照标准	功能及作用	适用范围
42	防冰控制系统温度控制器	2915－5	FAA TSO－C43，C16	防冰、防水控制系统温度控制	利用发动机引气给飞机大翼和发动机整流包皮提供防冰防止这些部位结冰使飞机失去控制
	防冰控制系统温度控制面板	233W、233N、69、233A 系列		同上	
	防冰面板	233N3204－1019		同上	
	防冰活门	C146009－2/3215618－4/172625－7/810502－3/7612B000/7646B000/326975/38E93－5		同上	
	防冰控制系统结冰探测器	0871HT3/0871DL6		同上	
	防冰控制系统窗温控制器	S283T007－3/785897－2/785897－3/624066－3/624066－5/83000－05602/83000－05604		同上	

续表

序号	设备名称	技术指标	参照标准	功能及作用	适用范围
八、应急救援设备类					
43	正压式空气呼吸器	具有耐高温、阻燃、绝缘、防腐、防水、重量轻、气密性好等性能气瓶工作压力 30 MPa，背架应为高强度的非金属材料制成，面罩防结雾，一级减压阀输出端应具有他救接口，使用时间不得低于 45 min	GA 124—2004《正压式消防空气呼吸器》	对人体呼吸器官的防护	用于现场作业时，对人体呼吸器官的防护装具，供作业人员在浓烟、毒气性气体或严重缺氧的环境中使用
44	隔绝式正压氧气呼吸器	防护时间 1 h 以上，氧浓度不得低于 21%	MT 86—2000《隔绝式正压氧气呼吸器》	煤矿井下危险场所救护人员防护	煤矿井下
45	全防型滤毒罐	对有毒气体和蒸气、有毒颗粒及放射性粒子、细菌具有良好的过滤性能 NBC 防护标准储存期限不低于 5 年	GB/T 2892—1995《过滤式防毒面具滤毒罐性能试验方法》	对危险作业人员呼吸保护	用于危险场所呼吸保护与防毒面罩配套使用
46	消防报警机		GBJ 116—88	初期火灾报警	用于机库，器材库及厂房内预报初期火灾，提示人员疏散

续表

序号	设备名称	技术指标	参照标准	功能及作用	适用范围
47	核放射探测仪	可自动声光报警、显示所检测射线的强度持续工作时间不少于 70 小时	GB 10257—1988《核仪器与核辐射探测器质量检验规则》	快速寻找并确定 α、β、γ 射线污染源的位置	用于有 α、β、γ 射线污染源的作业环境
48	可燃气体检测仪	可检测 10 种以上易燃易爆气体的体积浓度	GB 15322—2003《可燃气体探测器》	易燃易爆气体检测	用于检测事故现场易燃易爆气体
49	压缩氧自救器	具有防爆合格证和 MA 标志定量供氧量 1.2～1.6 L/min、通气阻力 196 Pa、吸气温度 45 ℃、手动补给 60 L/min、二氧化碳吸收剂用量 350 g、氧气瓶额定充气压力 20 MPa、排气阀开启压力 200～400 Pa	MT 711—1997《隔绝式压缩氧自救器》	发生缺氧或在有毒有害气体环境中工作人员佩用自救逃生	用于煤矿井下发生缺氧或在有毒有害气体环境中矿工佩用它可以自身逃生。

续表

序号	设备名称	技术指标	参照标准	功能及作用	适用范围
50	矿山救护指挥车	具有高地盘，功率大，起步快，越野性能好汽车性能应达到：爬坡度在 30% 以上；最小离地间隙在 220 mm 以上；行车速度在 120 km/h 以上配有无线通讯系统、卫星定位系统和警灯警报装置	QC/T 457—2002《救护车汽车标准》GA 14—91《用无线电话机技术要求和试验方法》GB 50313—2000《城市通讯指挥系统设计规范》	矿山发生事故救援指挥	用于矿山事故抢险的救援指挥

三、安全生产举报奖励与经济处罚相关政策

财政部关于印发《罚没财物管理办法》的通知

财税〔2020〕54号

党中央有关部门，国务院各部委、各直属机构，最高人民法院、最高人民检察院、国家监委，各省、自治区、直辖市、计划单列市财政厅（局），新疆生产建设兵团财政局，财政部各地监管局：

为进一步规范和加强罚没财物管理，根据国家有关法律法规，结合各地区、各部门实践情况，我部制定了《罚没财物管理办法》，现印发给你们，请遵照执行。

附件：罚没财物管理办法

财政部

2020年12月17日

附件：

罚没财物管理办法

第一章　总　　则

第一条　为规范和加强罚没财物管理，防止国家财产损失，保护自然人、法人和非法人组织的合法权益，根据《中华人民共和国预算法》、《罚款决定与罚款收缴分离实施办法》（国务院令第235号）等有关法律、行政法规规定，制定本办法。

第二条　罚没财物移交、保管、处置、收入上缴、预算管理等，适用本办法。

第三条　本办法所称罚没财物，是指执法机关依法对自然人、法人和非法人组织作出行政处罚决定，没收、追缴决定或者法院生效裁定、判决取得的罚款、罚金、违法所得、非法财物，没收的保证金、个人财产等，包括现金、有价票证、有价证券、动产、不动产和其他财产权利等。

本办法所称执法机关，是指各级行政机关、监察机关、审判机关、检察机关，法律法规授权的具有管理公共事务职能的事业单位和组织。

本办法所称罚没收入是指罚款、罚金等现金收入，罚没财物处置收入及其孳息。

第四条　罚没财物管理工作应遵循罚款决定与罚款收缴相分离，执法与保管、处置岗位相分离，罚没收入与经费保障相分离的原则。

第五条 财政部负责制定全国罚没财物管理制度，指导、监督各地区、各部门罚没财物管理工作。中央有关执法机关可以根据本办法，制定本系统罚没财物管理具体实施办法，指导本系统罚没财物管理工作。

地方各级财政部门负责制定罚没财物管理制度，指导、监督本行政区内各有关单位的罚没财物管理工作。

各级执法机关、政府公物仓等单位负责制定本单位罚没财物管理操作规范，并在本单位职责范围内对罚没财物管理履行主体责任。

第二章 移交和保管

第六条 有条件的部门和地区可以设置政府公物仓对罚没物品实行集中管理。未设置政府公物仓的，由执法机关对罚没物品进行管理。

各级执法机关、政府公物仓按照安全、高效、便捷和节约的原则，使用下列罚没仓库存放保管罚没物品：

（一）执法机关罚没物品保管仓库；

（二）政府公物仓库；

（三）通过购买服务等方式选择社会仓库。

第七条 设置政府公物仓的地区，执法机关应当在根据行政处罚决定，没收、追缴决定，法院生效裁定、判决没收物品或者公告期满后，在同级财政部门规定的期限内，将罚没物品及其他必要的证明文件、材料，移送至政府公物仓，并向财政部门备案。

第八条　罚没仓库的保管条件、保管措施、管理方式应当满足防火、防水、防腐、防疫、防盗等基础安全要求，符合被保管罚没物品的特性。应当安装视频监控、防盗报警等安全设备。

第九条　执法机关、政府公物仓应当建立健全罚没物品保管制度，规范业务流程和单据管理，具体包括：

（一）建立台账制度，对接管的罚没物品必须造册、登记，清楚、准确、全面反映罚没物品的主要属性和特点，完整记录从入库到处置全过程。

（二）建立分类保管制度，对不同种类的罚没物品，应当分类保管。对文物、文化艺术品、贵金属、珠宝等贵重罚没物品，应当做到移交、入库、保管、出库全程录音录像，并做好密封工作。

（三）建立安全保卫制度，落实人员责任，确保物品妥善保管。

（四）建立清查盘存制度，做到账实一致，定期向财政部门报告罚没物品管理情况。

第十条　罚没仓库应当凭经执法机关或者政府公物仓按管理职责批准的书面文件或者单证办理出库手续，并在登记的出库清单上列明，由经办人与提货人共同签名确认，确保出库清单与批准文件、出库罚没物品一致。

罚没仓库无正当理由不得妨碍符合出库规定和手续的罚没物品出库。

第十一条　执法机关、政府公物仓应当运用信息化手段，建立来源去向明晰、管理全程可控、全面接受监督的管理信息系统。

执法机关、政府公物仓的管理信息系统，应当逐步与财政部门的非税收入收缴系统等平台对接，实现互联互通和信息共享。

第三章　罚没财物处置

第十二条　罚没财物的处置应当遵循公开、公平、公正原则，依法分类、定期处置，提高处置效率，降低仓储成本和处置成本，实现处置价值最大化。

第十三条　各级执法机关、政府公物仓应当依照法律法规和本级人民政府规定的权限，按照本办法的规定处置罚没财物。

各级财政部门会同有关部门对本级罚没财物处置、收入收缴等进行监督，建立处置审批和备案制度。

财政部各地监管局对属地中央预算单位罚没财物的处置、收入收缴等进行监督。

第十四条　除法律法规另有规定外，容易损毁、灭失、变质、保管困难或者保管费用过高、季节性商品等不宜长期保存的物品，长期不使用容易导致机械性能下降、价值贬损的车辆、船艇、电子产品等物品，以及有效期即将届满的汇票、本票、支票等，在确定为罚没财物前，经权利人同意或者申请，并经执法机关负责人批准，可以依法先行处置；权利人不明确的，可以依法公告，公告期满后仍没有权利人同意或者申请的，可以依法先行处置。先行处置所得款项按照涉案现金管理。

第十五条　罚没物品处置前存在破损、污秽等情形的，在有利于加快处置的情况下，且清理、修复费用低于变卖收入的，可以进行适当清理、修复。

第十六条　执法机关依法取得的罚没物品，除法律、行政法规禁止买卖的物品或者财产权利、按国家规定另行处置外，应当按照国家规定进行公开拍卖。公开拍卖应当符合下列要求：

（一）拍卖活动可以采取现场拍卖方式，鼓励有条件的部门和地区通过互联网和公共资源交易平台进行公开拍卖。

（二）公开拍卖应当委托具有相应拍卖资格的拍卖人进行，拍卖人可以通过摇珠等方式从具备资格条件的范围中选定，必要时可以选择多个拍卖人进行联合拍卖。

（三）罚没物品属于国家有强制安全标准或者涉及人民生命财产安全的，应当委托符合有关规定资格条件的检验检疫机构进行检验检测，不符合安全、卫生、质量或者动植物检疫标准的，不得进行公开拍卖。

（四）根据需要，可以采取“一物一拍”等方式对罚没物品进行拍卖。采用公开拍卖方式处置的，一般应当确定拍卖标的保留价。保留价一般参照价格认定机构或者符合资格条件的资产评估机构作出的评估价确定，也可以参照市场价或者通过互联网询价确定。

（五）公开拍卖发生流拍情形的，再次拍卖的保留价不得低于前次拍卖保留价的 80%。发生 3 次（含）以上流拍情形的，经执法机关商同级财政部门确定后，可以通过互联网平台采取无底价拍卖或者转为其他处置方式。

第十七条　属于国家规定的专卖商品等限制流通的罚没物

品，应当交由归口管理单位统一变卖，或者变卖给按规定可以接受该物品的单位。

第十八条 下列罚没物品，应当移交相关主管部门处置：

（一）依法没收的文物，应当移交国家或者省级文物行政管理部门，由其指定的国有博物馆、图书馆等文物收藏单位收藏或者按国家有关规定处置。经国家或者省级文物行政管理部门授权，市、县的文物行政管理部门或者有关国有博物馆、图书馆等文物收藏单位可以具体承办文物接收事宜。

（二）武器、弹药、管制刀具、毒品、毒具、赌具、禁止流通的易燃易爆危险品等，应当移交同级公安部门或者其他有关部门处置，或者经公安部门、其他有关部门同意，由有关执法机关依法处置。

（三）依法没收的野生动植物及其制品，应当交由野生动植物保护主管部门、海洋执法部门或者有关保护区域管理机构按规定处置，或者经有关主管部门同意，交由相关科研机构用于科学研究。

（四）其他应当移交相关主管部门处置的罚没物品。

第十九条 罚没物品难以变卖或者变卖成本大于收入，且具有经济价值或者其他价值的，执法机关应当报送同级财政部门，经同级财政部门同意后，可以赠送有关公益单位用于公益事业；没有捐赠且能够继续使用的，由同级财政部门统一管理。

第二十条 淫秽、反动物品，非法出版物，有毒有害的食品药品及其原材料，危害国家安全以及其他有社会危害性的物品，以及法律法规规定应当销毁的，应当由执法机关予以销毁。

对难以变卖且无经济价值或者其他价值的，可以由执法机关、政府公物仓予以销毁。

属于应销毁的物品经无害化或者合法化处理，丧失原有功能后尚有经济价值的，可以由执法机关、政府公物仓作为废旧物品变卖。

第二十一条 已纳入罚没仓库保管的物品，依法应当退还的，由执法机关、政府公物仓办理退还手续。

第二十二条 依法应当进行权属登记的房产、土地使用权等罚没财产和财产权利，变卖前可以依据行政处罚决定，没收、追缴决定，法院生效裁定、判决进行权属变更，变更后应当按本办法相关规定处置。

权属变更后的承接权属主体可以是执法机关、政府公物仓、同级财政部门或者其他指定机构，但不改变罚没财物的性质，承接单位不得占用、出租、出借。

第二十三条 罚没物品无法直接适用本办法规定处置的，执法机关与同级财政商有关部门后，提出处置方案，报上级财政部门备案。

第四章 罚没收入

第二十四条 罚没收入属于政府非税收入，应当按照国库集中收缴管理有关规定，全额上缴国库，纳入一般公共预算管理。

第二十五条 除依法可以当场收缴的罚款外，作出罚款决定的执法机关应当与收缴罚款的机构分离。

第二十六条 中央与省级罚没收入的划分权限，省以下各级政府间罚没收入的划分权限，按照现行预算管理有关规定确定。法律法规另有规定的，从其规定。

第二十七条 除以下情形外，罚没收入应按照执法机关的财务隶属关系缴入同级国库：

（一）海关、公安、中国海警、市场监管等部门取得的缉私罚没收入全额缴入中央国库。

（二）海关（除缉私外）、国家外汇管理部门、国家邮政部门、通信管理部门、气象管理部门、应急管理部所属煤矿安全监察部门、交通运输部所属海事部门中央本级取得的罚没收入全额缴入中央国库。省以下机构取得的罚没收入，50% 缴入中央国库，50% 缴入地方国库。

（三）国家烟草专卖部门取得的罚没收入全额缴入地方国库。

（四）应急管理部所属的消防救援部门取得的罚没收入，50% 缴入中央国库，50% 缴入地方国库。

（五）国家市场监督管理总局所属的反垄断部门与地方反垄断部门联合办理或者委托地方查办的重大案件取得的罚没收入，全额缴入中央国库。

（六）国有企业、事业单位监察机构没收、追缴的违法所得，按照国有企业、事业单位隶属关系全额缴入中央或者地方国库。

（七）中央政法机关交办案件按照有关规定执行。

（八）财政部规定的其他情形。

第二十八条 罚没物品处置收入，可以按扣除处置该罚没物品直接支出后的余额，作为罚没收入上缴；政府预算已经安排罚没物品处置专项经费的，不得扣除处置该罚没物品的直接支出。

前款所称处置罚没物品直接支出包括质量鉴定、评估和必要的修复费用。

第二十九条　罚没收入的缴库，按下列规定执行：

（一）执法机关取得的罚没收入，除当场收缴的罚款和财政部另有规定外，应当在取得之日缴入财政专户或者国库；

（二）执法人员依法当场收缴罚款的，执法机关应当自收到款项之日起2个工作日内缴入财政专户或者国库；

（三）委托拍卖机构拍卖罚没物品取得的变价款，由委托方自收到款项之日起2个工作日内缴入财政专户或者国库。

第三十条　政府预算收入中罚没收入预算为预测性指标，不作为收入任务指标下达。执法机关的办案经费由本级政府预算统筹保障，执法机关经费预算安排不得与该单位任何年度上缴的罚没收入挂钩。

第三十一条　依法退还多缴、错缴等罚没收入，应当按照本级财政部门有关规定办理。

第三十二条　执法机关在罚没财物管理工作中，应当按照规定使用财政部门相关票据。

第三十三条　对向执法机关检举、揭发各类违法案件的人员，经查实后，按照相关规定给予奖励，奖励经费不得从案件罚没收入中列支。

第五章　附　　则

第三十四条　各级财政部门、执法机关、政府公物仓及其工作人员在罚没财物管理、处置工作中，存在违反本办法规定的行为，以及其他滥用职权、玩忽职守、徇私舞弊等违法违纪行为的，按照《中华人民共和国监察法》、《财政违法行为处罚处分条例》等国家有关规定追究相应责任；构成犯罪的，依法追究刑事责任。

第三十五条　执法机关扣押的涉案财物，有关单位、个人向执法机关声明放弃的或者无人认领的财物；党的纪律检察机关依据党内法规收缴的违纪所得以及按规定登记上交的礼品、礼金等财物；党政机关收到的采购、人事等合同违约金；党政机关根据国家赔偿法履行赔偿义务之后向故意或者有重大过失的工作人员、受委托的组织或者个人追偿的赔偿款等，参照罚没财物管理。国家另有规定的除外。

国有企业、事业单位党的纪检机构依据党内法规收缴的违纪所得，以及按规定登记上交的礼品、礼金等财物，按照国有企业、事业单位隶属关系全额缴入中央或者地方国库。

第三十六条　本办法自2021年1月1日起实施。

本办法实施前已经形成的罚没财物，尚未处置的，按照本办法执行。

应急管理部关于印发《生产经营单位从业人员安全生产举报处理规定》的通知

应急〔2020〕69号

国家煤矿安监局，各省、自治区、直辖市应急管理厅（局），新疆生产建设兵团应急管理局：

为强化和落实生产经营单位安全生产主体责任，鼓励和支持生产经营单位从业人员参与安全生产监督工作，严格保护其合法权益，经商财政部同意，现将《生产经营单位从业人员安全生产举报处理规定》印发给你们，请遵照执行。

应急管理部

2020年9月16日

生产经营单位从业人员安全生产举报处理规定

第一条 为了强化和落实生产经营单位安全生产主体责任，鼓励和支持生产经营单位从业人员对本单位安全生产工作中存在的问题进行举报和监督，严格保护其合法权益，根据《中华人民共和国安全生产法》和《国务院关于加强和规范事中事后监管的指导意见》（国发〔2019〕18号）等有关法律法规和规范性文件，制定本规定。

第二条 本规定适用于生产经营单位从业人员对其所在单位的重大事故隐患、安全生产违法行为的举报以及处理。

前款所称重大事故隐患、安全生产违法行为，依照安全生产领域举报奖励有关规定进行认定。

第三条 应急管理部门（含煤矿安全监察机构，下同）应当明确负责处理生产经营单位从业人员安全生产举报事项的机构，并在官方网站公布处理举报事项机构的办公电话、微信公众号、电子邮件等联系方式，方便举报人及时掌握举报处理进度。

第四条 生产经营单位从业人员举报其所在单位的重大事故隐患、安全生产违法行为时，应当提供真实姓名以及真实有效的联系方式；否则，应急管理部门可以不予受理。

第五条 应急管理部门受理生产经营单位从业人员安全生产举报后，应当及时核查；对核查属实的，应当依法依规进行处理，并向举报人反馈核查、处理结果。

举报事项不属于本单位受理范围的，接到举报的应急管理部门应当告知举报人向有处理权的单位举报，或者将举报材料移送有处理权的单位，并采取适当方式告知举报人。

第六条　应急管理部门可以在危险化学品、矿山、烟花爆竹、金属冶炼、涉爆粉尘等重点行业、领域生产经营单位从业人员中选取信息员，建立专门联络机制，定期或者不定期与其联系，及时获取生产经营单位重大事故隐患、安全生产违法行为线索。

第七条　应急管理部门对受理的生产经营单位从业人员安全生产举报，以及信息员提供的线索，按照安全生产领域举报奖励有关规定核查属实的，应当给予举报人或者信息员现金奖励，奖励标准在安全生产领域举报奖励有关规定的基础上按照一定比例上浮，具体标准由各省级应急管理部门、财政部门根据本地实际情况确定。

因生产经营单位从业人员安全生产举报，或者信息员提供的线索直接避免了伤亡事故发生或者重大财产损失的，应急管理部门可以给予举报人或者信息员特殊奖励。

举报人领取现金奖励时，应当提供身份证件复印件以及签订的有效劳动合同等可以证明其生产经营单位从业人员身份的材料。

第八条　给予举报人和信息员的奖金列入本级预算，通过现有资金渠道安排，并接受审计和纪检监察机关的监督。

第九条　应急管理部门参与举报处理工作的人员应当严格遵守保密纪律，妥善保管和使用举报材料，严格控制有关举报信息的知悉范围，依法保护举报人和信息员的合法权益，未经其同意，不得以任何方式泄露其姓名、身份、联系方式、举报内容、奖励等信息，违者视情节轻重依法给予处分；构成犯罪的，依法追究刑事责任。

第十条 生产经营单位应当保护举报人和信息员的合法权益，不得对举报人和信息员实施打击报复行为。

生产经营单位对举报人或者信息员实施打击报复行为的，除依法予以严肃处理外，应急管理部门还可以按规定对生产经营单位及其有关人员实施联合惩戒。

第十一条 应急管理部门应当定期对举报人和信息员进行回访，了解其奖励、合法权益保护等有关情况，听取其意见建议；对回访中发现的奖励不落实、奖励低于有关标准、打击报复举报人或者信息员等情况，应当及时依法依规进行处理。

第十二条 应急管理部门鼓励生产经营单位建立健全本单位的举报奖励机制，在有关场所醒目位置公示本单位法定代表人或者安全生产管理机构以及安全生产管理人员的电话、微信、电子邮件、微博等联系方式，受理本单位从业人员举报的安全生产问题。对查证属实的，生产经营单位应当进行自我纠正整改，同时可以对举报人给予相应奖励。

第十三条 举报人和信息员应当对其举报内容的真实性负责，不得捏造、歪曲事实，不得诬告、陷害他人和生产经营单位，不得故意诱导生产经营单位实施安全生产违法行为；否则，一经查实，依法追究法律责任。

第十四条 本规定自公布之日起施行。

应急管理部有关负责人就《生产经营单位从业人员安全生产举报处理规定》答记者问

2020 年 9 月 24 日

近日，应急管理部印发《生产经营单位从业人员安全生产举报处理规定》（以下简称《规定》）。记者就《规定》采访了应急管理部有关负责人。

问：《规定》出台的背景和主要考虑是什么？

答：《国务院关于加强和规范事中事后监管的指导意见》要求，对举报严重违法违规行为和重大风险隐患的有功人员予以重奖和严格保护。在安全生产领域建立生产经营单位从业人员举报处理制度，对于及时发现并有效查处生产经营单位违法违规行为，提高监管效率，有效遏制重特大事故发生具有重要意义。

目前，安全生产领域已经建立了有奖举报制度。2018 年 1 月，原安全监管总局与财政部联合印发《安全生产领域举报奖励办法》（安监总财〔2018〕19 号），适用于重大事故隐患和安全生产违法行为的举报奖励，对举报事项范围、举报的途径、举报的处理和反馈、奖励的标准、保护举报人合法权益等作出了详细规定，但并未区分一般群众举报和生产经营单位从业人员举报，二者实行的是统一的奖励标准。同时，对生产经营单位从业人员也未规定区别于一般举报人的保护机制。

与一般举报相比，生产经营单位从业人员的举报具有信息翔实准确、可信程度高等特点，能够帮助监管部门及时发现违法行为，精准开展执法活动。但与此同时，这类举报也存在举报人容易遭受打击报复、举报风险较高等问题。因此，只有对生产经营单位从业人员给予重奖，并严格维护其合法权益，才能保护其举报积极性，倒逼生产经营单位提高安全生产水平。

为强化和落实生产经营单位安全生产主体责任，鼓励和支持生产经营单位从业人员对本单位安全生产工作中存在的问题进行举报和监督，严格保护其合法权益，应急管理部制定印发了《规定》。

问：《规定》的基本定位和总体思路是什么？

答：《规定》的基本定位是：充分利用现有工作基础，将生产经营单位从业人员安全生产举报处理制度纳入安全生产领域举报奖励总体制度设计之中，将其作为《安全生产领域举报奖励办法》的补充规定。总体思路是：以习近平总书记关于安全生产的重要论述为指导，严格落实《安全生产法》关于“任何单位或者个人对事故隐患或者安全生产违法行为，均有权向负有安全生产监督管理职责的部门报告或者举报”的规定，深入研究借鉴食品药品安全领域举报奖励制度，结合安全生产工作实际，在《奖励办法》有关规定的基础上，进一步提高对生产经营单位从业人员举报的奖励标准，强化保护措施。

问：如何准确认定“生产经营单位从业人员举报”？

答：认定举报人为生产经营单位从业人员，必须获得其真实的姓名和有效的联系方式，且应当有劳动合同等证明材料。因此《规定》明确，生产经营单位从业人员举报时，应当提供真实姓名以及真实有效的联系方式；领取现金奖励时，应当提供身份证件复印件以及签订的有效劳动合同等可以证明其生产经营单位从业人员身份的材料。

问：对生产经营单位从业人员的举报应如何奖励？

答：《规定》建立了两个方面的奖励机制。一是政府有关部门的奖励。经商财政部同意，《规定》明确，应急管理部门对受理的生产经营单位从业人员安全生产举报，经核查属实的，给予现金奖励，奖励标准在《安全生产领域举报奖励办法》规定的基础上按照一定比例上浮，具体标准由各省级应急管理部门、财政部门根据本地实际情况确定。同时，对因生产经营单位从业人员安全生产举报直接避免了伤亡事故发生或者重大财产损失的，各地应急管理部门可以根据本地区实际情况，给予举报人特殊奖励。上述奖金列入本级预算，通过现有资金渠道安排，并接受审计和纪检监察机关的监督。

二是生产经营单位对其从业人员的奖励。应急管理部门鼓励生产经营单位建立健全本单位的举报奖励机制，公示举报方式，受理本单位从业人员举报的安全生产问题。对查证属实的，生产经营单位要进行自我纠正整改，同时可以对举报人给予相应奖励。

问：如何保护举报人的合法权益？

答：为保护举报人的合法权益，《规定》建立了三重保护机制。

一是严格保护举报人信息。应急管理部门参与举报处理工作的人员应当严格遵守保密纪律，妥善保管和使用举报材料，严格控制有关举报信息的知悉范围，依法保护举报人合法权益，未经其同意，不得以任何方式泄露其姓名、身份、联系方式、举报内容、奖励等信息。

二是严格依法处理打击报复行为。生产经营单位对举报人实施打击报复行为的，除依法予以严肃处理外，应急管理部门还可以按规定对生产经营单位及其有关人员实施联合惩戒。

三是建立回访制度。应急管理部门定期对举报人进行回访，了解其奖励、合法权益保护等有关情况，听取其意见建议。对回访中发现的奖励不落实、奖励低于有关标准、打击报复等情况，要及时依法依规进行处理。

同时，举报人也要依法依规进行举报，不得捏造、歪曲事实，不得诬告、陷害他人和生产经营单位，不得故意诱导生产经营单位实施安全生产违法行为，否则，将依法追究法律责任。

问：我们注意到，《规定》提出可以在重点行业领域选取信息员，建立专门联络机制获取线索，能否介绍一下这一制度的有关情况？

答：危险化学品、矿山、烟花爆竹、金属冶炼、涉爆粉尘等重点行业领域的安全风险高、监管任务重。为了建立长期精准有效的监管机制，《规定》明确，应急管理部门可以在上述行业领域生产经营单位从业人员中选取信息员，建立专门联络机制，应急管理部门要定期或者不定期与信息员联系，及时获取生产经营单位重大事故隐患、安全生产违法行为线索。对线索核查属实的，将按照生产经营单位从业人员举报的标准给予信息员现金奖励，同时，对信息员的合法权益也将给予严格保护。

国家安全生产监督管理总局　财政部关于印发《安全生产领域举报奖励办法》的通知

安监总财〔2018〕19号

各省、自治区、直辖市安全生产监督管理局、财政厅（局），新疆生产建设兵团安全生产监督管理局、财务局，各省级煤矿安全监察局：

现将《安全生产领域举报奖励办法》印发给你们，请遵照执行。

国家安全生产监督管理总局

财　　　　政　　　　部

2018年1月4日

安全生产领域举报奖励办法

第一条 为进一步加强安全生产工作的社会监督，鼓励举报重大事故隐患和安全生产违法行为，及时发现并排除重大事故隐患，制止和惩处违法行为，依据《中华人民共和国安全生产法》《中华人民共和国职业病防治法》和《中共中央 国务院关于推进安全生产领域改革发展的意见》等有关法律法规和文件要求，制定本办法。

第二条 本办法适用于所有重大事故隐患和安全生产违法行为的举报奖励。

其他负有安全生产监督管理职责的部门对所监管行业领域的安全生产举报奖励另有规定的，依照其规定。

第三条 任何单位、组织和个人（以下统称举报人）有权向县级以上人民政府安全生产监督管理部门、其他负有安全生产监督管理职责的部门和各级煤矿安全监察机构（以下统称负有安全监管职责的部门）举报重大事故隐患和安全生产违法行为。

第四条 负有安全监管职责的部门开展举报奖励工作，应当遵循“合法举报、适当奖励、属地管理、分级负责”和“谁受理、谁奖励”的原则。

第五条 本办法所称重大事故隐患，是指危害和整改难度较大，应当全部或者局部停产停业，并经过一定时间整改治理方能排除的隐患，或者因外部因素影响致使生产经营单位自身难以排除的隐患。

煤矿重大事故隐患的判定，按照《煤矿重大生产安全事故隐患判定标准》（国家安全监管总局令第85号）的规定认定。其他行业和领域重大事故隐患的判定，按照负有安全监管职责的部门制定并向社会公布的判定标准认定。

第六条　本办法所称安全生产违法行为，按照国家安全监管总局印发的《安全生产非法违法行为查处办法》（安监总政法〔2011〕158号）规定的原则进行认定，重点包括以下情形和行为：

（一）没有获得有关安全生产许可证或证照不全、证照过期、证照未变更从事生产经营、建设活动的；未依法取得批准或者验收合格，擅自从事生产经营活动的；关闭取缔后又擅自从事生产经营、建设活动的；停产整顿、整合技改未经验收擅自组织生产和违反建设项目安全设施“三同时”规定的。

（二）未依法对从业人员进行安全生产教育和培训，或者矿山和危险化学品生产、经营、储存单位，金属冶炼、建筑施工、道路交通运输单位的主要负责人和安全生产管理人员未依法经安全生产知识和管理能力考核合格，或者特种作业人员未依法取得特种作业操作资格证书而上岗作业的；与从业人员订立劳动合同，免除或者减轻其对从业人员因生产安全事故伤亡依法应承担的责任的。

（三）将生产经营项目、场所、设备发包或者出租给不具备安全生产条件或者相应资质（资格）的单位或者个人，或者未与承包单位、承租单位签订专门的安全生产管理协议，或者未在承包合同、租赁合同中明确各自的安全生产管理职责，或者未对承包、承租单位的安全生产进行统一协调、管理的。

（四）未按国家有关规定对危险物品进行管理或者使用国家明令淘汰、禁止的危及生产安全的工艺、设备的。

（五）承担安全评价、认证、检测、检验工作和职业卫生技术服务的机构出具虚假证明文件的。

（六）生产安全事故瞒报、谎报以及重大事故隐患隐瞒不报，或者不按规定期限予以整治的，或者生产经营单位主要负责人在发生伤亡事故后逃匿的。

（七）未依法开展职业病防护设施“三同时”，或者未依法开展职业病危害检测、评价的。

（八）法律、行政法规、国家标准或行业标准规定的其他安全生产违法行为。

第七条 举报人举报的重大事故隐患和安全生产违法行为，属于生产经营单位和负有安全监管职责的部门没有发现，或者虽然发现但未按有关规定依法处理，经核查属实的，给予举报人现金奖励。具有安全生产管理、监管、监察职责的工作人员及其近亲属或其授意他人的举报不在奖励之列。

第八条 举报人举报的事项应当客观真实，并对其举报内容的真实性负责，不得捏造、歪曲事实，不得诬告、陷害他人和企业；否则，一经查实，依法追究举报人的法律责任。

举报人可以通过安全生产举报投诉特服电话“12350”，或者以书信、电子邮件、传真、走访等方式举报重大事故隐患和安全生产违法行为。

第九条　负有安全监管职责的部门应当建立健全重大事故隐患和安全生产违法行为举报的受理、核查、处理、协调、督办、移送、答复、统计和报告等制度，并向社会公开通信地址、邮政编码、电子邮箱、传真电话和奖金领取办法。

第十条　核查处理重大事故隐患和安全生产违法行为的举报事项，按照下列规定办理：

（一）地方各级负有安全监管职责的部门负责受理本辖区内的举报事项；

（二）设区的市级以上地方人民政府负有安全监管职责的部门、国家有关负有安全监管职责的部门可以依照各自的职责直接核查处理辖区内的举报事项；

（三）各类煤矿的举报事项由所辖区域内属地煤矿安全监管部门负责核查处理。各级煤矿安全监察机构直接接到的涉及煤矿重大事故隐患和安全生产违法行为的举报，应及时向当地政府报告，并配合属地煤矿安全监管等部门核查处理；

（四）地方人民政府煤矿安全监管部门与煤矿安全监察机构在核查煤矿举报事项之前，应当相互沟通，避免重复核查和奖励；

（五）举报事项不属于本单位受理范围的，接到举报的负有安全监管职责的部门应当告知举报人向有处理权的单位举报，或者将举报材料移送有处理权的单位，并采取适当方式告知举报人；

（六）受理举报的负有安全监管职责的部门应当及时核查处理举报事项，自受理之日起60日内办结；情况复杂的，经上一级负有安全监管职责的部门批准，可以适当延长核查处理时间，但延长期限不得超过30日，并告知举报人延期理由。受核查手段限制，无法查清的，应及时报告有关地方政府，由其牵头组织核查。

第十一条 经调查属实的，受理举报的负有安全监管职责的部门应当按下列规定对有功的实名举报人给予现金奖励：

（一）对举报重大事故隐患、违法生产经营建设的，奖励金额按照行政处罚金额的15%计算，最低奖励3000元，最高不超过30万元。行政处罚依据《安全生产法》《安全生产违法行为行政处罚办法》《安全生产行政处罚自由裁量标准》《煤矿安全监察行政处罚自由裁量实施标准》等法律法规及规章制度执行。

（二）对举报瞒报、谎报事故的，按照最终确认的事故等级和查实举报的瞒报谎报死亡人数给予奖励。其中：一般事故按每查实瞒报谎报1人奖励3万元计算；较大事故按每查实瞒报谎报1人奖励4万元计算；重大事故按每查实瞒报谎报1人奖励5万元计算；特别重大事故按每查实瞒报谎报1人奖励6万元计算。最高奖励不超过30万元。

第十二条 多人多次举报同一事项的，由最先受理举报的负有安全监管职责的部门给予有功的实名举报人一次性奖励。

多人联名举报同一事项的，由实名举报的第一署名人或者第一署名人书面委托的其他署名人领取奖金。

第十三条 举报人接到领奖通知后，应当在60日内凭举报人有效证件到指定地点领取奖金；无法通知举报人的，受理举报的负有安全监管职责的部门可以在一定范围内进行公告。逾期未领取奖金者，视为放弃领奖权利；能够说明理由的，可以适当延长领取时间。

第十四条　奖金的具体数额由负责核查处理举报事项的负有安全监管职责的部门根据具体情况确定，并报上一级负有安全监管职责的部门备案。

第十五条　参与举报处理工作的人员必须严格遵守保密纪律，依法保护举报人的合法权益，未经举报人同意，不得以任何方式透露举报人身份、举报内容和奖励等情况，违者依法承担相应责任。

第十六条　给予举报人的奖金纳入同级财政预算，通过现有资金渠道安排，并接受审计、监察等部门的监督。

第十七条　本办法由国家安全监管总局和财政部负责解释。

第十八条　本办法自印发之日起施行。国家安全监管总局、财政部《关于印发安全生产举报奖励办法的通知》（安监总财〔2012〕63 号）同时废止。

财政部 国家煤矿安全监察局关于做好煤矿安全监察罚没收入管理工作的通知

2001年7月3日 财建〔2001〕375号

各省、自治区、直辖市财政厅（局），财政部驻各省、自治区、直辖市财政监察专员办事处，各省级煤矿安全监察局：

为了更好地贯彻《煤矿安全监察条例》（国务院令第296号）精神，规范煤矿安全监察罚款收入管理工作，现将有关问题通知如下：

一、有关单位必须严格执行《关于发布〈罚没财物和追回赃款赃物管理办法〉的通知》[（86）财预字第228号]、《关于行政性收费、罚没收入实行预算管理的规定》（中办发〔1993〕19号）、《关于下达行政性收费、罚没收入实行预算管理实施办法的通知》（财预字〔1995〕27号）、《罚款决定与罚款收缴分离实施办法》（国务院令第235号）、《关于印发〈行政事业性收费和罚没收入实行"收支两条线"管理的若干规定〉的通知》（财综字〔1999〕87号）、《关于印发〈罚款代收代缴管理办法〉的通知》（财预字〔1998〕201号）、《关于代收罚款手续费有关问题的通知》（财预字〔1999〕533号）、《关于印发〈当场处罚罚款票据管理暂行规定〉的通知》（财预〔2000〕4号）等文件规定，各司其职，做好罚款收入的开单、代收、缴库、报查工作。

二、罚款收入通过“其他罚没收入”科目就地缴入国库，其中：经国务院批准设立直属中央管理的河北、山西、内蒙古、辽宁、吉林、黑龙江、山东、江西、河南、湖南、重庆、四川、贵州、云南、陕西、新疆、安徽、甘肃、江苏、宁夏等20个省（自治区、直辖市）煤矿安全监察机构，执罚收入的50%上缴中央金库，50%上缴地方金库。

三、本《通知》适用于：煤矿安全监察办事处在国家煤矿安全监察机构规定的权限范围内，对违法行为实施行政处罚所取得的收入；未设立地区煤矿安全监察机构的省、自治区、直辖市，由省、自治区、直辖市人民政府指定的有关部门依照《煤矿安全监察条例》的规定对该行政区域内的煤矿实施安全监察的罚没收入。

接此通知后，请各煤矿安全监察机构抓紧与地方财政部门、财政部驻当地财政监察专员办事机构、代理机构进行协调，认真贯彻执行。

国家煤矿安全监察局关于进一步做好煤矿安全监察罚款管理工作的通知

2002年6月28日　煤安监财字〔2002〕70号

各煤矿安全监察局：

《煤矿安全监察罚款管理暂行办法》实施以来，各级煤矿安全监察机构做了大量工作。针对各地在具体执行中发现的一些问题，为进一步加强和规范煤矿安全监察罚款管理工作，现就有关事项通知如下：

一、省级煤矿安全监察局和煤矿安全监察办事处是煤矿安全监察的执法主体，应当根据《煤矿安全监察条例》和《煤矿安全监察行政处罚暂行办法》，确定罚款项目、标准、依据，并严格贯彻执行国务院“收支两条线”的规定，将收取的罚款收入全部上缴国库。

二、根据国务院《罚款决定与罚款收缴分离实施办法》及《罚款代收代缴管理办法》的要求，省级煤矿安全监察局应根据所在省（区、市）煤矿分布的实际情况，协商财政部驻各地财政监察专员办事处和省级财政部门后确定煤矿安全监察罚款代收代缴机构。

三、罚款票据分为两种，即：代收罚款收据和当场罚款收据。“代收罚款收据”由代收代缴机构统一向省级财政部门领取并负责管理。“当场罚款收据”由省级煤矿安全监察局统一向国家煤矿安全监察局办公室（财务司）领取并负责管理。当场罚款票据的使用，应当符合《当场处罚票据管理暂行规定》的规定。

四、行政执法人员收取的煤矿安全监察当场处罚罚款应及时存入代收代缴银行。执法人员对发生违法行为的煤矿或当事人，依法实施的1000元以下罚款收入，按规定在二日内交本单位财务部门，由财务人员在二日内缴付指定的代收代缴银行，或由执法人员直接将收取的罚款缴入当地代收银行，由其按规定比例分别缴入中央和地方金库。

五、省级煤矿安全监察局和煤矿安全监察办事处按照《煤矿安全监察罚款许可证》确定的种类、管辖和适用，对有关煤矿安全违法行为实施行政罚款，开具《煤矿安全监察行政处罚决定书》一式叁联，一联交被处罚单位（人）到指定的银行缴纳罚款，一联交银行，一联留存归档备案，财务人员按月与代收机构就罚款收入的代收情况进行对账。省级煤矿安全监察局每季终了后15日内将本单位和所属煤矿安全监察办事处汇总上报的《煤矿安全监察罚款统计表》分别报国家煤矿安全监察局办公室（财务司）、省级财政部门和财政部驻各地财政监察专员办事处。省级煤矿安全监察局和煤矿安全监察办事处罚款收入的缴库情况，应自觉接受省级财政部门和财政部驻各地财政监察专员办事处的检查和监督。

六、为做好煤矿安全监察罚款管理工作，进一步贯彻执行《行政事业性收费和罚没收入实行“收支两条线”管理的若干规定》，确保罚款收入按规定比例及时缴入中央和地方金库。省级煤矿安全监察局应与有关部门共同制定“煤矿安全监察罚款管理暂行办法”。主要内容应包括：明确执法部门，罚款票据和一般缴款书的领取，确定代收代缴机构，中央和地方金库分成比例，代收代缴机构的代收手续费，罚款对账等。

对地方财政返还的煤矿安全监察罚款应纳入省级煤矿安全监察局和煤矿安全监察办事处的财务预算管理，全部用于煤矿安全监察的执法活动，不得挪作他用；省级煤矿安全监察局应与省级财政部门制定相应的管理办法，确定罚款收入留省级使用的比例和使用范围，以及申请使用办案费用补助的程序。煤矿安全监察办案费用补助一般包括：煤矿专项安全检查费、危险区勘察作业补助费．临时调动救护队费用、临时调用抢险救灾设备费用、聘请专家协助调查事故费用、事故技术鉴定费、模拟实验费和办案费、专用设备购置费、举报人员奖励和安全监察人员奖励、安全生产先进单位的奖励、行政复议费、其他专项支出（包括事故案例分析会议经费补助、事故案例编撰费）等项支出。

七、执法人员应正确使用执法文书和开具当场处罚票据。填写执法文书和开具当场处罚票据必须内容完整，字迹工整，两人以上签名。如填写错误，应当重开，而不得涂改、挖补、撕毁。执法文书与罚款收据留存联应妥善保管，年度终了时，按档案管理要求及时整理归档。

煤矿安全监察罚款管理办法

2003 年 7 月 14 日

国家安全生产监督管理局　国家煤矿安全监察局令第7号

第一条　为规范煤矿安全监察罚款管理工作，依法实施煤矿安全监察，根据安全生产法、煤矿安全监察条例、罚款决定与罚款收缴分离实施办法和财政部关于做好煤矿安全监察罚没收入管理工作的通知（以下简称财政部《通知》）等有关规定，制定本办法。

第二条　煤矿安全监察机构依照安全生产法、煤矿安全监察条例和安全生产违法行为处罚办法、煤矿安全监察行政处罚办法等有关法律、法规和规章的规定，对煤矿安全违法行为依法实施罚款，适用本办法。

第三条　省级煤矿安全监察机构按照财政部《通知》的规定，统一到省级财政部门和相关部门办理煤矿安全监察罚款许可证。

第四条　省级煤矿安全监察机构商财政部驻各地财政监察专员办事处、省财政厅后，可与一至二个国有商业银行签订煤矿安全监察罚款代收代缴协议，并将代收代缴协议报国家煤矿安全监察局和财政部驻各地财政监察专员办事处备案。

罚款代收银行的确定以及会计科目的使用应严格按照财政部

《罚款代收代缴管理办法》的规定办理。代收银行的代收手续费按照财政部、中国人民银行关于代收罚款手续费有关问题的通知规定执行。

第五条 罚款票据使用财政部门统一印制的代收罚款收据，并由代收银行负责管理。

煤矿安全监察机构可领取小额当场罚款票据，并负责管理。当场罚款票据的使用，应当符合当场处罚罚款票据管理暂行规定。

第六条 煤矿安全监察罚款收入纳入中央预算，实行“收支两条线”管理。

煤矿安全监察罚款的缴库由代收银行按照财政部有关规定办理。

第七条 煤矿安全监察罚款按照财政部《通知》的要求，由银行内部交款单分列，并直接缴入中央和地方金库。

第八条 煤矿安全罚款实行处罚决定与罚款收缴分离。

煤矿安全监察机构依法对有关煤矿安全违法行为实施罚款，制作煤矿安全监察行政处罚决定书；被处罚人持煤矿安全监察行政处罚决定书到指定的代收银行及其分支机构缴纳罚款。

煤矿安全监察机构财务人员定期到代收银行索取缴款票据，并进行核对、登记和统计。

第九条 各煤矿安全监察办事处每月终了后 5 日内将煤矿安全监察罚款统计表报省级煤矿安全监察机构。

省级煤矿安全监察机构将本省区煤矿安全监察罚款统计表汇总后，在每月终了后 8 日内报国家煤矿安全监察局。

第十条　煤矿安全监察机构罚款收入的缴库情况，应接受财政部驻各地财政监察专员办事处的检查和监督。

第十一条　煤矿安全监察罚款应严格执行国家有关罚款收支管理的有关规定，对违反“收支两条线”管理的机构和个人，依照国务院违反行政事业性收费和罚没款收入收支两条线管理规定行政处分暂行规定追究责任。

第十二条　本办法自2003年8月1日起施行。国家煤矿安全监察局发布的《煤矿安全监察罚款管理暂行办法》同时废止。

财政部　国家安全生产监督管理局关于做好安全生产监督有关罚款收入管理工作的通知

2003年11月20日　财建〔2003〕617号

各省、自治区、直辖市财政厅（局）、安全生产监督管理部门，新疆生产建设兵团安全生产监督管理局：

为了更好地贯彻《中华人民共和国安全生产法》、《中华人民共和国矿山安全法》、《中华人民共和国矿山安全法实施条例》、《危险化学品安全管理条例》等安全生产法律、法规，现就安全生产监督有关罚款收入管理工作的问题通知如下：

一、有关单位必须严格执行《关于发布〈罚没财物和追回赃款赃物管理办法〉的通知》〔（86）财预字第228号〕、《关于行政性收费、罚没收入实行预算管理的规定》（中办发〔1993〕19号）、《关于下达行政性收费、罚没收入实行预算管理实施办法的通知》（财预字〔1995〕27号）、《罚款决定与罚款收缴分离实施办法》（国务院令第235号）、《关于印发〈行政事业性收费和罚没收入实行“收支两条线”管理的若干规定〉的通知》（财综字〔1999〕87号）、《关于印发〈罚款代收代缴管理办法〉的通知》（财预字〔1998〕201号）、《关于印发〈当场处罚罚款票据管理暂行规定〉的通知》（财预〔2000〕4 号）等文件规定，各司其职，做好罚款收入的开单、代收、缴库和报查工作。

二、罚款收入通过“其他罚没收入”科目就地全额缴入地方国库。

三、本通知适用于县级及县级以上地方安全生产监督管理部门在规定的职责范围内，对所负责行政区域内的安全生产违法行为实施安全监督所取得的罚款收入。

接此通知后，请各省级安全生产监督管理部门尽快与同级财政部门及其他相关机构进行协调，认真贯彻执行。

安全生产监督罚款管理暂行办法

2004 年 11 月 3 日

国家安全生产监督管理局　国家煤矿安全监察局　令第 15 号

第一条　为加强安全生产监督罚款管理工作，依法实施安全生产综合监督管理，根据《安全生产法》、《罚款决定与罚款收缴分离实施办法》和《财政部关于做好安全生产监督有关罚款收入管理工作的通知》等法律、法规和有关规定，制定本办法。

第二条　县级以上人民政府安全生产监督管理部门（以下简称安全生产监督管理部门）对生产经营单位及其有关人员在生产经营活动中违反安全生产的法律、行政法规、部门规章、国家标准、行业标准和规程的违法行为（以下简称安全生产违法行为）依法实施罚款，适用本办法。

第三条　安全生产监督罚款实行处罚决定与罚款收缴分离。

安全生产监督管理部门按照有关规定，对安全生产违法行为实施罚款，开具安全生产监督管理行政处罚决定书；被处罚人持安全生产监督管理部门开具的行政处罚决定书到指定的代收银行及其分支机构缴纳罚款。

罚款代收银行的确定以及会计科目的使用应严格按照财政部《罚款代收代缴管理办法》和其他有关规定办理。代收银行的代收手续费按照《财政部、中国人民银行关于代收罚款手续费有关问题的通知》的规定执行。

第四条　罚款票据使用省、自治区、直辖市财政部门统一印制的罚款收据，并由代收银行负责管理。

安全生产监督管理部门可领取小额罚款票据，并负责管理。罚没款票据的使用，应当符合罚款票据管理暂行规定。

尚未实行银行代收的罚款，由县级以上安全生产监督管理部门统一向同级财政部门购领罚款票据，并负责本单位罚款票据的管理。

第五条　安全生产监督罚款收入纳入同级财政预算，实行“收支两条线”管理。

罚款缴库时间按照当地财政部门有关规定办理。

第六条　安全生产监督管理部门定期到代收银行索取缴款票据，据以登记统计，并和安全生产监督管理行政处罚决定书核对。

各地安全生产监督管理部门应于每季度终了后7日内将罚款统计表（格式附后，见纸质版）逐级上报。各省级安全生产监督管理部门应于每半年（年）终了后15日内将罚款统计表报国家安全生产监督管理局。

第七条　安全生产监督管理部门罚款收入的缴库情况，应接受同级财政部门的检查和监督。

第八条　安全生产监督罚款应严格执行国家有关罚款收支管理的规定，对违反“收支两条线”管理的机构和个人，依照《违反行政事业性收费和罚没收入收支两条线管理规定行政处分暂行规定》追究责任。

第九条　本办法自公布之日起施行。

________安全生产监督管理局______季度

行政处罚情况统计表

单位名称（公章）：　　　　　年　　月　　日　　　　　金额单位：万元

项　目	行政处罚额			其中：					
				事故罚款			监察罚款		
	上年同期累计	本年度		上年同期累计	本年度		上年同期累计	本年度	
		本季	累计		本季	累计		本季	累计
合计									
一、矿山罚款									
二、危险化学品罚款									
三、烟花爆竹罚款									
四、其他									

主管领导：　　　　　　　　填表人：　　　　　　　　联系电话：

国家安全生产监督管理总局　财政部关于印发《举报煤矿重大安全生产隐患和违法行为的奖励办法（试行）》的通知

2005 年 9 月 24 日　安监总办字〔2005〕139 号

各省、自治区、直辖市及新疆生产建设兵团安全生产监督管理局、煤矿安全监管部门，各省级煤矿安全监察机构，各省、自治区、直辖市及新疆生产建设兵团、计划单列市财政厅（局），神华集团公司、中国中煤能源集团公司：

为落实《国务院关于预防煤矿生产安全事故的特别规定》（国务院令第 446 号），加强煤矿安全生产的社会监督，鼓励和奖励举报煤矿重大安全生产隐患和违法行为，及时发现并排除隐患，制止和惩处违法行为，国家安全生产监督管理总局、财政部联合制定了《举报煤矿重大安全生产隐患和违法行为的奖励办法（试行）》，现予印发，请遵照执行。请各省（区、市）煤矿安全监督管理部门负责将此通知转发至各产煤市（地）、县（市）、乡（镇）人民政府及煤矿企业。

附件：举报煤矿重大安全生产隐患和违法行为的奖励办法（试行）

附件：

举报煤矿重大安全生产隐患和违法行为的奖励办法（试行）

第一条 为了加强煤矿安全生产的社会监督，鼓励和奖励举报煤矿重大安全生产隐患和违法行为，及时发现并排除隐患，制止和惩处违法行为，依据《中华人民共和国安全生产法》、《国务院关于预防煤矿生产安全事故的特别规定》（国务院第446号令）等法律、行政法规和国家有关规定，制定本办法。

第二条 任何单位和个人（以下简称举报人）有权对其发现的煤矿重大安全生产隐患和煤矿有关安全生产的违规违法行为向县级以上地方人民政府负责煤矿安全生产监督管理的部门、国家安全生产监督管理部门或者国家煤矿安全监察机构及其设在各省、自治区、直辖市和煤矿矿区的煤矿安全监察机构举报。

第三条 受理的举报经调查属实的，受理举报的部门或者机构应当给予实名举报的最先举报人1000元至1万元的奖励，依法免交个人所得税。

第四条 举报有下列情形之一、经核查属实的，给予举报人奖励：

（一）举报非法煤矿的，即煤矿未依法取得采矿许可证、安全生产许可证、煤炭生产许可证、营业执照和矿长未依法取得矿长资格证、矿长安全资格证擅自进行生产，或者未经批准擅自建设的；

（二）举报煤矿非法生产的，即煤矿已被责令关闭、停产整顿、停止作业，而擅自进行生产的；

（三）举报煤矿重大安全生产隐患的；

（四）举报隐瞒煤矿伤亡事故的；

（五）举报国家机关工作人员和国有企业负责人投资人股煤矿，及其他与煤矿安全生产有关的违规违法行为的；

（六）举报煤矿其他安全生产违规违法行为的。

举报人举报的事项，应当是地方人民政府负责煤矿安全生产监督管理的部门或者煤矿安全监察机构没有发现，或者虽然发现但未按有关规定依法处理的。

第五条　受理举报的部门或者机构应当建立健全受理举报煤矿重大安全生产隐患和违法行为的登记、核查、处理、督办、答复、统计和报告制度，并向社会公开举报电话（传真）、电子信箱、通信地址、邮政编码和领取奖金办法。

第六条　举报人可以采取书信、电子邮件、电话、传真、走访等方式举报。

举报人举报的事项应当客观真实，对其提供材料内容的真实性负责，不得捏造、歪曲事实，不得诬告、陷害他人。

第七条　核查处理煤矿重大安全生产隐患和煤矿有关安全生产的违规违法行为的举报事项以及对举报人的奖励，按照下列规定办理：

（一）县级人民政府负责煤矿安全生产监督管理的部门，负责受理本行政区域内煤矿（不含设区的市以上人民政府所属煤矿）的举报事项；设区的市人民政府负责煤矿安全生产监督管理的部门，负责受理本行政区城内市属煤矿的举报事项；省、自治区、直辖市人民政府负责煤矿安全生产监督管理的部门，负责受理本省、自治区、直辖市所属煤矿的举报事项。

（二）国家煤矿安全监察机构设在省、自治区、直辖市的煤矿安全监察机构以及设在煤矿矿区的分支机构，负责所辖区域内各类煤矿的举报事项。

（三）地方人民政府负责煤矿安全生产监督管理的部门与煤矿安全监察机构在核查受理的举报事项之前，应当相互沟通，避免重复核查和重复奖励。

（四）设区的市以上地方人民政府负责煤矿安全生产监督管理的部门、省级煤矿安全监察机构以及国家煤矿安全监察机构、国家安全生产监督管理部门可以直接核查处理辖区内的举报事项。

（五）举报国家机关工作人员和国有企业负责人投资人股煤矿及其他与煤矿安全生产有关的违规违法行为的，按照人事管理权限，由接到举报的部门或者机构及时转送相应的纪检、监察机关核查处理，经核查属实的，由接到举报的部门或者机构对举报人给予奖励。

（六）举报事项涉及其他部门的，由接到举报的部门或者机构及时转送相关部门核查处理，经核查属实的，由接到举报的部门或者机构对举报人给予奖励。

（七）受理举报的部门或者机构应当及时核查处理举报事项，自受理之日起60日内办结；情况复杂的，经上一级负责煤矿安全生产监督管理的部门或者煤矿安全监察机构批准后可以延长核查处理时间。

第八条　多人多次举报同一事项的，由最先受理举报的县级以上负责煤矿安全生产监督管理的部门或者煤矿安全监察机构给予实名举报的最先举报人一次性奖励。

多人联名举报同一事项的，奖金可以平均分配，由第一署名人或者第一署名人书面委托的其他署名人领取。

举报人接到领奖通知后，应当在60日内凭举报人有效证件到指定地点领取奖金；对举报人无法通知的，受理举报的部门或者机构可在一定范围内进行公告；逾期未领者，视为放弃权利。

第九条　奖金的具体数额由负责核查处理举报事项的部门或者机构根据具体情况评定，并报省级负责煤矿安全生产监督管理的部门或者省级煤矿安全监察机构备案。

第十条　县级以上地方人民政府负责煤矿安全生产监督管理的部门负责核查处理的举报事项，给予举报人的奖金由同级财政列支。

煤矿安全监察机构负责核查处理的举报事项，给予举报人的奖金由中央财政列支。

第十一条　受理举报的部门或者机构应当依法保护举报人的合法权益并为其保密。举报人要求答复的，应当及时将核查处理结果用适当方式向举报人反馈。举报人受到打击报复的，有关部门应当依法查处。

第十二条　本办法自公布之日起施行。

关于《举报煤矿重大安全生产隐患和违法行为的奖励办法（试行）》的说明

依据《国务院关于预防煤矿生产安全事故的特别规定》（国务院第446号令）的有关规定，国家安全生产监督管理总局联合财政部起草了《举报煤矿重大安全生产隐患和违法行为的奖励办法（试行）》，在广泛征求各省、自治区、直辖市煤矿安全监管部门、各省级煤矿安全监察机构有关直属事业单位意见的基础上，国家安全生产监督管理总局、财政部以安监总办字〔2005〕139号文件正式颁布实行。

一、制定《奖励办法》的必要性

为进一步调动群众参与监督煤矿安全生产的积极性，充分发挥社会监督作用，有必要采取一定的鼓励措施，奖励举报煤矿重大安全生产隐患和违法行为，及时发现并排除隐患，制止和惩处违法行为。举报煤矿重大安全生产隐患和违法行为、揭露事故背后的腐败现象，是预防煤矿生产安全事故的重要措施，是党和政府保持与人民群众密切联系的必然要求。

二、制定《奖励办法》的法律依据

1.《中华人民共和国安全生产法》

第六十三条　负有安全生产监督管理职责的部门应当建立举报制度，公开举报电话、信箱或者电子邮件地址，受理有关安全生产的举报；受理的举报事项经调查核实后，应当形成书面材料；需要落实整改措施的，报经有关负责人签字并督促落实。

第六十四条　任何单位或者个人对事故隐患或者安全生产违法行为，均有权向负有安全生产监督管理职责的部门报告或者举报。

第六十五条　居民委员会、村民委员会发现其所在区域内的生产经营单位存在事故隐患或者安全生产违法行为时，应当向当地人民政府或者有关部门报告。

第六十六条　县级以上各级人民政府及其有关部门对报告重大事故隐患或者举报安全生产违法行为的有功人员，给予奖励。具体奖励办法由国务院负责安全生产监督管理的部门会同国务院财政部门制定。

2.《国务院关于预防煤矿生产安全事故的特别规定》（国务院第446号令）

第二十三条　任何单位和个人发现煤矿有本规定第五条第一款和第八条第二款所列情形之一的，都有权向县级以上地方人民政府负责煤矿安全生产监督管理的部门或者煤矿安全监察机构举报。

受理的举报经调查属实的，受理举报的部门或者机构应当给予最先举报人1000元至1万元的奖励，所需费用由同级财政列支。

县级以上地方人民政府负责煤矿安全生产监督管理的部门或者煤矿安全监察机构接到举报后，应当及时调查处理；不及时调查处理的，对有关责任人，根据情节轻重，给予警告、记过、记大过或者降级的行政处分。

3.《国务院办公厅关于坚决整顿关闭不具备安全生产条件和非法煤矿的紧急通知》(国办发明电〔2005〕21号)

……对已被责令停产整顿而明停暗开、非法生产造成重特大事故的案例，要公开查处情况，接受社会和舆论的监督。建立举报奖励制度，公开举报电话、举报信箱，鼓励广大职工和人民群众举报非法生产和存在重大安全隐患的煤矿。

4.《中共中央纪委、监察部、国务院国有资产监督管理委员会、国家安全生产监督管理总局关于清理纠正国家机关工作人员和国有企业负责人投资入股煤矿问题的通知》(中纪发〔2005〕12号)

……要充分发挥社会监督和舆论监督的作用，公开举报电话、设立举报信箱，鼓励煤矿职工和人民群众举报国家机关工作人员和国有企业负责人投资入股煤矿问题。

三、关于给予奖励的举报事项的范围

《特别规定》的奖励范围是：举报非法煤矿的、举报15项煤矿重大安全生产隐患的。结合《紧急通知》和四部委联合下发《通知》的要求，《奖励办法》第四条把奖励范围增加了4项：即举报煤矿非法生产的；举报隐瞒煤矿伤亡事故的；举报国家机关工作人员和国有企业负责人投资入股煤矿的；举报煤矿其他安全生产违法行为的。

四、关于核查处理举报事项的部门或者机构

《奖励办法》按三条线进行核查处理：地方人民政府负责煤矿安全生产监督管理的部门，按管理权限负责本行政区域内同级所属煤矿重大安全生产隐患和违法行为举报事项的核查处理；煤矿安全监察机构负责所辖区域内各类煤矿重大安全生产隐患和违法行为举报事项的核查处理；各级纪检监察部门按照人事管理权限核查处理投资入股煤矿等腐败问题。

五、关于核定最先举报人

考虑到对同一事项可能会有一人或者多人向不同的部门或者机构举报，《奖励办法》中界定最先举报人由地方人民政府负责煤矿安全生产监督管理的部门和煤矿安全监察机构相互沟通确定，避免重复核查、重复奖励。

六、关于奖金的具体数额

《特别规定》中规定奖金幅度为1000元至1万元，《奖励办法》中很难细化到“隐患和违法行为”与奖金数额一一对应，拟通过试行实践，积累经验后加以完善。

国家安全生产监督管理总局关于印发《举报煤矿重大安全生产隐患和违法行为奖励资金有关问题的规定》的通知

2006 年 12 月 27 日　安监总财〔2006〕276 号

各省级煤矿安全监察机构：

为贯彻落实安全监管总局、财政部联合发布的《举报煤矿重大安全生产隐患和违法行为的奖励办法（试行）》（安监总办字〔2005〕139 号），规范奖励资金渠道和奖励额度，安全监管总局制定了《举报煤矿重大安全生产隐患和违法行为奖励资金有关问题的规定》，现予印发，请遵照执行。

附件：举报煤矿重大安全生产隐患和违法行为奖励资金有关问题的规定

附件：

举报煤矿重大安全生产隐患和违法行为奖励资金有关问题的规定

一、为贯彻《国务院关于预防煤矿生产安全事故的特别规定》（国务院令第446号），落实安全监管总局、财政部联合制定的《举报煤矿重大安全生产隐患和违法行为的奖励办法（试行）》（安监总办字〔2005〕139号）（以下简称《办法》）“受理的举报经调查属实的，受理举报的部门或者机关应当给予实名举报的最先举报人1000元至1万元的奖励，依法免交个人所得税”的规定，特制定本规定。

二、各级煤矿安全监察机构受理《办法》第四条规定的举报内容实际支付的奖励资金，由安全监管总局在年度安全监管监察专项资金预算中安排解决。

三、举报奖励资金按以下标准核定：

（一）举报内容符合《办法》第四条第三款“举报煤矿重大安全生产隐患的”、第五款“举报国家机关工作人员和国有企业负责人投资入股煤矿，及其他与煤矿安全生产有关的违规违法行为的”、第六款“举报煤矿其他安全生产违规违法行为的”，经核查属实，给予1000～2000元奖励。

（二）举报内容符合《办法》第四条第一款“举报非法煤矿的，即煤矿未依法取得采矿许可证、安全生产许可证、煤炭生产许可证、营业执照和矿长未依法取得矿长资格证、矿长安全资格证擅自进行生产，或者未经批准擅自建设的”、第二款“举报煤矿非法生产的，即煤矿已被责令关闭、停产整顿、停止作业，而擅自进行生产的”，经核查属实，给予1000～3000元奖励。

（三）举报内容符合《办法》第四条第四款“举报隐瞒煤矿伤亡事故的”，经核查属实，事故造成1～2人死亡的，给予1000元奖励；事故造成3～9人死亡的，给予1000～3000元奖励；事故造成10～29人死亡的，给予3000～6000元奖励；事故造成30人及以上死亡的，给予6000～100000元奖励。

四、各省级煤矿安全监察机构在核查受理的举报事项之前，应主动与地方煤矿安全监管部门沟通，对地方煤矿安全监管部门已经受理的举报事项，要积极予以配合。地方煤矿安全监管部门负责核查处理的举报事项，给予举报人的奖金由地方财政列支。

五、各省级煤矿安全监察机构在每年11月底前，统计汇总上年度12月份至本年度11月份期间实际支付的奖励资金，并报安全监管总局办公厅（财务司）。安全监管总局将按照标准核定下达奖励资金。

六、奖励资金实际支出时，列“专项支出一安全监管监察专项”下“举报奖励支出”明细科目。

七、各单位应当在年度决算中如实反映奖励资金使用情况，办公厅（财务司）对奖励资金的使用情况进行监督检查。

八、各省级煤矿安全监察机构应结合本地区实际，细化奖励标准，并向社会公布。

四、资源有偿使用和瓦斯（煤层气）抽采利用税收扶持政策

财政部　国家税务总局关于资源税改革具体政策问题的通知

财税〔2016〕54号

各省、自治区、直辖市、计划单列市财政厅（局）、地方税务局，西藏、宁夏回族自治区国家税务局，新疆生产建设兵团财务局：

根据党中央、国务院决策部署，自2016年7月1日起全面推进资源税改革。为切实做好资源税改革工作，确保《财政部国家税务总局关于全面推进资源税改革的通知》（财税〔2016〕53号，以下简称《改革通知》）有效实施，现就资源税（不包括水资源税，下同）改革具体政策问题通知如下：

一、关于资源税计税依据的确定

资源税的计税依据为应税产品的销售额或销售量，各税目的征税对象包括原矿、精矿（或原矿加工品，下同）、金锭、氯化钠初级产品，具体按照《改革通知》所附《资源税税目税率幅度表》相关规定执行。对未列举名称的其他矿产品，省级人民政府可对本地区主要矿产品按矿种设定税目，对其余矿产品按类别设定税目，并按其销售的主要形态（如原矿、精矿）确定征税对象。

（一）关于销售额的认定

销售额是指纳税人销售应税产品向购买方收取的全部价款和

价外费用，不包括增值税销项税额和运杂费用。

运杂费用是指应税产品从坑口或洗选（加工）地到车站、码头或购买方指定地点的运输费用、建设基金以及随运销产生的装卸、仓储、港杂费用。运杂费用应与销售额分别核算，凡未取得相应凭据或不能与销售额分别核算的，应当一并计征资源税。

（二）关于原矿销售额与精矿销售额的换算或折算

为公平原矿与精矿之间的税负，对同一种应税产品，征税对象为精矿的，纳税人销售原矿时，应将原矿销售额换算为精矿销售额缴纳资源税；征税对象为原矿的，纳税人销售自采原矿加工的精矿，应将精矿销售额折算为原矿销售额缴纳资源税。换算比或折算率原则上应通过原矿售价、精矿售价和选矿比计算，也可通过原矿销售额、加工环节平均成本和利润计算。

金矿以标准金锭为征税对象，纳税人销售金原矿、金精矿的，应比照上述规定将其销售额换算为金锭销售额缴纳资源税。

换算比或折算率应按简便可行、公平合理的原则，由省级财税部门确定，并报财政部、国家税务总局备案。

二、关于资源税适用税率的确定

各省级人民政府应当按《改革通知》要求提出或确定本地区资源税适用税率。测算具体适用税率时，要充分考虑本地区资源禀赋、企业承受能力和清理收费基金等因素，按照改革前后税费平移原则，以近几年企业缴纳资源税、矿产资源补偿费金额（铁矿石开采企业缴纳资源税金额按40%税额标准测算）和矿产品市场价格水平为依据确定。一个矿种原则上设定一档税率，少数资源条件差异较大的矿种可按不同资源条件、不同地区设定两档税率。

三、关于资源税优惠政策及管理

（一）对依法在建筑物下、铁路下、水体下通过充填开采方式采出的矿产资源，资源税减征 50%。

充填开采是指随着回采工作面的推进，向采空区或离层带等空间充填废石、尾矿、废渣、建筑废料以及专用充填合格材料等采出矿产品的开采方法。

（二）对实际开采年限在 15 年以上的衰竭期矿山开采的矿产资源，资源税减征 30%。

衰竭期矿山是指剩余可采储量下降到原设计可采储量的 20%（含）以下或剩余服务年限不超过 5 年的矿山，以开采企业下属的单个矿山为单位确定。

（三）对鼓励利用的低品位矿、废石、尾矿、废渣、废水、废气等提取的矿产品，由省级人民政府根据实际情况确定是否给予减税或免税。

四、关于共伴生矿产的征免税的处理

为促进共伴生矿的综合利用，纳税人开采销售共伴生矿，共伴生矿与主矿产品销售额分开核算的，对共伴生矿暂不计征资源税；没有分开核算的，共伴生矿按主矿产品的税目和适用税率计征资源税。财政部、国家税务总局另有规定的，从其规定。

五、关于资源税纳税环节和纳税地点

资源税在应税产品的销售或自用环节计算缴纳。以自采原矿加工精矿产品的，在原矿移送使用时不缴纳资源税，在精矿销售或自用时缴纳资源税。

纳税人以自采原矿加工金锭的，在金锭销售或自用时缴纳资源税。纳税人销售自采原矿或者自采原矿加工的金精矿、粗金，在原矿或者金精矿、粗金销售时缴纳资源税，在移送使用时不缴纳资源税。

以应税产品投资、分配、抵债、赠予、以物易物等，视同销售，依照本通知有关规定计算缴纳资源税。

纳税人应当向矿产品的开采地或盐的生产地缴纳资源税。纳税人在本省、自治区、直辖市范围开采或者生产应税产品，其纳税地点需要调整的，由省级地方税务机关决定。

六、其他事项

（一）纳税人用已纳资源税的应税产品进一步加工应税产品销售的，不再缴纳资源税。纳税人以未税产品和已税产品混合销售或者混合加工为应税产品销售的，应当准确核算已税产品的购进金额，在计算加工后的应税产品销售额时，准予扣减已税产品的购进金额；未分别核算的，一并计算缴纳资源税。

（二）纳税人在2016年7月1日前开采原矿或以自采原矿加工精矿，在2016年7月1日后销售的，按本通知规定缴纳资源税；2016年7月1日前签订的销售应税产品的合同，在2016年7月1日后收讫销售款或者取得索取销售款凭据的，按本通知规定缴纳资源税；在2016年7月1日后销售的精矿（或金锭），其所用原矿（或金精矿）如已按从量定额的计征方式缴纳了资源税，并与应税精矿（或金锭）分别核算的，不再缴纳资源税。

（三）对在2016年7月1日前已按原矿销量缴纳过资源税的尾矿、废渣、废水、废石、废气等实行再利用，从中提取的矿产品，不再缴纳资源税。

上述规定，请遵照执行。此前规定与本通知不一致的，一律以本通知为准。

财　政　部
国家税务总局
2016 年 5 月 9 日

财政部　国家税务总局
关于全面推进资源税改革的通知

财税〔2016〕53号

各省、自治区、直辖市、计划单列市人民政府，国务院各部委、各直属机构：

根据党中央、国务院决策部署，为深化财税体制改革，促进资源节约集约利用，加快生态文明建设，现就全面推进资源税改革有关事项通知如下：

一、资源税改革的指导思想、基本原则和主要目标

（一）指导思想。

全面贯彻党的十八大和十八届三中、四中、五中全会精神，按照“五位一体”总体布局和“四个全面”战略布局，牢固树立和贯彻落实创新、协调、绿色、开放、共享的发展理念，全面推进资源税改革，有效发挥税收杠杆调节作用，促进资源行业持续健康发展，推动经济结构调整和发展方式转变。

（二）基本原则。

一是清费立税。着力解决当前存在的税费重叠、功能交叉问题，将矿产资源补偿费等收费基金适当并入资源税，取缔违规、越权设立的各项收费基金，进一步理顺税费关系。

二是合理负担。兼顾企业经营的实际情况和承受能力，借鉴煤炭等资源税费改革经验，合理确定资源税计税依据和税率水平，增强税收弹性，总体上不增加企业税费负担。

三是适度分权。结合我国资源分布不均衡、地域差异较大等实际情况，在不影响全国统一市场秩序前提下，赋予地方适当的税政管理权。

四是循序渐进。在煤炭、原油、天然气等已实施从价计征改革基础上，对其他矿产资源全面实施改革。积极创造条件，逐步对水、森林、草场、滩涂等自然资源开征资源税。

（三）主要目标。

通过全面实施清费立税、从价计征改革，理顺资源税费关系，建立规范公平、调控合理、征管高效的资源税制度，有效发挥其组织收入、调控经济、促进资源节约集约利用和生态环境保护的作用。

二、资源税改革的主要内容

（一）扩大资源税征收范围。

1. 开展水资源税改革试点工作。鉴于取用水资源涉及面广、情况复杂，为确保改革平稳有序实施，先在河北省开展水资源税试点。河北省开征水资源税试点工作，采取水资源费改税方式，将地表水和地下水纳入征税范围，实行从量定额计征，对高耗水行业、超计划用水以及在地下水超采地区取用地下水，适当提高税额标准，正常生产生活用水维持原有负担水平不变。在总结试点经验基础上，财政部、国家税务总局将选择其他地区逐步扩大试点范围，条件成熟后在全国推开。

2. 逐步将其他自然资源纳入征收范围。鉴于森林、草场、滩涂等资源在各地区的市场开发利用情况不尽相同，对其全面开征资源税条件尚不成熟，此次改革不在全国范围统一规定对森林、草场、滩涂等资源征税。各省、自治区、直辖市（以下统称省级）人民政府可以结合本地实际，根据森林、草场、滩涂等资源开发利用情况提出征收资源税的具体方案建议，报国务院批准后实施。

（二）实施矿产资源税从价计征改革。

1. 对《资源税税目税率幅度表》（见附件）中列举名称的21种资源品目和未列举名称的其他金属矿实行从价计征，计税依据由原矿销售量调整为原矿、精矿（或原矿加工品）、氯化钠初级产品或金锭的销售额。列举名称的21种资源品目包括：铁矿、金矿、铜矿、铝土矿、铅锌矿、镍矿、锡矿、石墨、硅藻土、高岭土、萤石、石灰石、硫铁矿、磷矿、氯化钾、硫酸钾、井矿盐、湖盐、提取地下卤水晒制的盐、煤层（成）气、海盐。

对经营分散、多为现金交易且难以控管的黏土、砂石，按照便利征管原则，仍实行从量定额计征。

2. 对《资源税税目税率幅度表》中未列举名称的其他非金属矿产品，按照从价计征为主、从量计征为辅的原则，由省级人民政府确定计征方式。

（三）全面清理涉及矿产资源的收费基金。

1. 在实施资源税从价计征改革的同时，将全部资源品目矿产资源补偿费费率降为零，停止征收价格调节基金，取缔地方针对矿产资源违规设立的各种收费基金项目。

2. 地方各级财政部门要会同有关部门对涉及矿产资源的收费基金进行全面清理。凡不符合国家规定、地方越权出台的收费基金项目要一律取消。对确需保留的依法合规收费基金项目，要严格按规定的征收范围和标准执行，切实规范征收行为。

（四）合理确定资源税税率水平。

1. 对《资源税税目税率幅度表》中列举名称的资源品目，由省级人民政府在规定的税率幅度内提出具体适用税率建议，报财政部、国家税务总局确定核准。

2. 对未列举名称的其他金属和非金属矿产品，由省级人民政府根据实际情况确定具体税目和适用税率，报财政部、国家税务总局备案。

3. 省级人民政府在提出和确定适用税率时，要结合当前矿产企业实际生产经营情况，遵循改革前后税费平移原则，充分考虑企业负担能力。

（五）加强矿产资源税收优惠政策管理，提高资源综合利用效率。

1. 对符合条件的采用充填开采方式采出的矿产资源，资源税减征 50%；对符合条件的衰竭期矿山开采的矿产资源，资源税减征 30%。具体认定条件由财政部、国家税务总局规定。

2. 对鼓励利用的低品位矿、废石、尾矿、废渣、废水、废气等提取的矿产品，由省级人民政府根据实际情况确定是否减税或免税，并制定具体办法。

（六）关于收入分配体制及经费保障。

1. 按照现行财政管理体制，此次纳入改革的矿产资源税收入全部为地方财政收入。

2. 水资源税仍按水资源费中央与地方 1：9 的分成比例不变。河北省在缴纳南水北调工程基金期间，水资源税收入全部留给该省。

3. 资源税改革实施后，相关部门履行正常工作职责所需经费，由中央和地方财政统筹安排和保障。

（七）关于实施时间。

1. 此次资源税从价计征改革及水资源税改革试点，自 2016 年 7 月 1 日起实施。

2. 已实施从价计征的原油、天然气、煤炭、稀土、钨、钼等 6 个资源品目资源税政策暂不调整，仍按原办法执行。

三、做好资源税改革工作的要求

（一）加强组织领导。各省级人民政府要加强对资源税改革工作的领导，建立由财税部门牵头、相关部门配合的工作机制，及时制定工作方案和配套政策，统筹安排做好各项工作，确保改革积极稳妥推进。对改革中出现的新情况新问题，要采取适当措施妥善加以解决，重大问题及时向财政部、国家税务总局报告。

（二）认真测算和上报资源税税率。各省级财税部门要对本地区资源税税源情况、企业经营和税费负担状况、资源价格水平等进行全面调查，在充分听取企业意见基础上，对《资源税税目税率幅度表》中列举名称的 21 种实行从价计征的资源品目和黏土、砂石提出资源税税率建议，报经省级人民政府同意后，于 2016 年 5 月 31 日前以正式文件报送财政部、国家税务总局，同时附送税率测算依据和相关数据（包括税费项目及收入规模，应税产品销售量、价格等）。计划单列市资源税税率由所在省份统一测算报送。

（三）确保清费工作落实到位。各地区、各有关部门要严格执行中央统一规定，对涉及矿产资源的收费基金进行全面清理，落实取消或停征收费基金的政策，不得以任何理由拖延或者拒绝执行，不得以其他名目变相继续收费。对不按规定取消或停征有关收费基金、未按要求做好收费基金清理工作的，要予以严肃查处，并追究相关责任人的行政责任。各省级人民政府要组织开展监督检查，确保清理收费基金工作与资源税改革同步实施、落实到位，并于2016年9月30日前将本地区清理收费措施及成效报财政部、国家税务总局。

（四）做好水资源税改革试点工作。河北省人民政府要加强对水资源税改革试点工作的领导，建立试点工作推进机制，及时制定试点实施办法，研究试点重大问题，督促任务落实。河北省财税部门要与相关部门密切配合、形成合力，深入基层加强调查研究，跟踪分析试点运行情况，及时向财政部、国家税务总局等部门报告试点工作进展情况和重大政策问题。

（五）加强宣传引导。各地区和有关部门要广泛深入宣传推进资源税改革的重要意义，加强政策解读，回应社会关切，稳定社会预期，积极营造良好的改革氛围和舆论环境。要加强对纳税人的培训，优化纳税服务，提高纳税人税法遵从度。

全面推进资源税改革涉及面广、企业关注度高、工作任务重，各地区、各有关部门要提高认识，把思想和行动统一到党中央、国务院的决策部署上来，切实增强责任感、紧迫感和大局意识，积极主动作为，扎实推进各项工作，确保改革平稳有序实施。

附件：资源税税目税率幅度表

财　政　部

国家税务总局

2016 年 5 月 9 日

附件：

资源税税目税率幅度表

序号	税　　目		征税对象	税率幅度
1	金属矿	铁矿	精矿	1% ~6%
2		金矿	金锭	1% ~4%
3		铜矿	精矿	2% ~8%
4		铝土矿	原矿	3% ~9%
5		铅锌矿	精矿	2% ~6%
6		镍矿	精矿	2% ~6%
7		锡矿	精矿	2% ~6%
8		未列举名称的其他金属矿产品	原矿或精矿	税率不超过20%
9	非金属矿	石墨	精矿	3% ~10%
10		硅藻土	精矿	1% ~6%
11		高岭土	原矿	1% ~6%
12		萤石	精矿	1% ~6%
13		石灰石	原矿	1% ~6%
14		硫铁矿	精矿	1% ~6%
15		磷矿	原矿	3% ~8%
16		氯化钾	精矿	3% ~8%
17		硫酸钾	精矿	6% ~12%
18		井矿盐	氯化钠初级产品	1% ~6%
19		湖盐	氯化钠初级产品	1% ~6%
20		提取地下卤水晒制的盐	氯化钠初级产品	3% ~15%

续表

序号	税　　目		征税对象	税率幅度
21	非金属矿	煤层（成）气	原矿	1% ~2%
22		黏土、砂石	原矿	每吨或立方米 0. 1 元 ~5 元
23		未列举名称的其他非金属矿产品	原矿或精矿	从量税率每吨或立方米不超过 30 元；从价税率不超过 20%
24	海盐		氯化钠初级产品	1% ~5%

备注：1. 铝土矿包括耐火级矾土、研磨级矾土等高铝黏土。

2. 氯化钠初级产品是指井矿盐、湖盐原盐、提取地下卤水晒制的盐和海盐原盐，包括固体和液体形态的初级产品。

3. 海盐是指海水晒制的盐，不包括提取地下卤水晒制的盐。

国务院关于促进煤炭工业健康发展的若干意见

国发〔2005〕18号

各省、自治区、直辖市人民政府，国务院各部委、各直属机构：

煤炭是我国重要的基础能源和原料，在国民经济中具有重要的战略地位。在我国一次能源结构中，煤炭将长期是我国的主要能源。改革开放以来，煤炭工业取得了长足发展，煤炭产量持续增长，生产技术水平逐步提高，煤矿安全生产条件有所改善，对国民经济和社会发展发挥了重要的作用。但煤炭工业发展过程中还存在结构不合理、增长方式粗放、科技水平低、安全事故多发、资源浪费严重、环境治理滞后、历史遗留问题较多等突出问题。随着国民经济的发展，煤炭需求总量不断增加，资源、环境和安全压力进一步加大。为促进煤炭工业持续稳定健康发展，保障国民经济发展需要，提出以下意见：

一、指导思想、发展目标和基本原则

（一）指导思想

以邓小平理论和“三个代表”重要思想为指导，全面落实科学发展观，坚持依靠科技进步，走资源利用率高、安全有保障、经济效益好、环境污染少和可持续的煤炭工业发展道路。把煤矿安全生产始终放在各项工作的首位，以建设大型煤炭基地、培育大型煤炭企业和企业集团为主线，按照统筹煤炭工业与相关产业协调发展，统筹煤炭开发与生态环境协调发展，统筹矿山经济与区域经济协调发展的要求，构建与社会主义市场经济体制相适应的新型煤炭工业体系，实现煤炭工业持续稳定健康发展，加快建设资源节约型社会，为全面建设小康社会提供可靠的能源保障。

（二）发展目标

从2005年起，用3~5年时间，建立规范的煤炭资源开发秩序，大型煤炭基地建设初见成效，形成若干个亿吨级生产能力的大型煤炭企业和企业集团，煤矿安全基础条件有较大改善，煤矿瓦斯得到有效治理，重特大事故多发的势头得到有效遏制，煤矿安全生产形势明显好转，矿区生态环境恶化的趋势初步得到控制，煤炭法规政策体系逐步完善。再用5年左右时间，形成以合理保护、强化节约为重点的资源开发监管体系，以大型煤炭基地和大型煤炭企业集团为主体的煤炭供给体系，以强化管理和投入为重点、先进技术为支撑的安全生产保障体系，以煤炭加工转化、资源综合利用和矿山环境治理为核心的循环经济体系，以《中华人民共和国煤炭法》和《中华人民共和国矿产资源法》为基础的法规政策调控体系。

（三）基本原则

坚持发展先进生产能力和淘汰落后生产能力相结合的原则，一方面加快现代化大型煤炭基地建设，培育大型煤炭企业和企业集团，促进中小型煤矿重组联合改造，另一方面继续依法关闭布局不合理、不具备安全生产条件、浪费资源、破坏生态环境的小煤矿。坚持治标与治本相结合的原则，着力解决影响煤炭工业健康发展的突出问题，同时抓紧完善法规政策调控体系，提高煤炭资源勘查、开发准入条件。坚持“安全第一、预防为主”的方针和综合治理的原则，促使煤矿安全文化、安全法制、安全责任、安全科技、安全投入等各项要素到位。坚持国家引导、扶持和企业自主发展相结合的原则，既要帮助企业解决历史遗留问题，为企业发展创造公平竞争的市场环境，又要尊重企业的自主发展权。坚持体制改革与机制创新相结合的原则，推进煤炭企业建立规范的现代企业制度，建立保障安全生产和促进健康发展的激励约束机制，提高企业的活力和竞争力。坚持煤炭开发与地方经济和社会发展相结合的原则，合理开发利用煤炭资源，促进煤炭、电力、冶金、化工等相关产业的联合和煤炭就地转化，带动地方经济和社会协调发展。

二、强化规划和管理，完善煤炭资源开发监管体系

（四）加强对煤炭资源的规划管理

煤炭资源是重要的战略资源，要改进管理方式，实现由粗放开发型管理向科学合理开发、保护节约型管理的转变。依法科学合理划定煤炭资源国家规划矿区和对国民经济具有重要价值的矿区，严格按国家规划有序开发。国家规划矿区、对国民经济具有重要价值矿区的划定，由国土资源部研究提出，会同发展改革委共同审定并公布。建立煤炭资源战略储备制度，对特殊和稀缺煤种实行保护性开发。

（五）完善煤炭资源管理与生产开发的管理制度

各级发展改革（煤炭行业）主管部门要综合运用煤炭发展

规划、产业政策、法律法规等手段，加强对煤矿开发建设和煤炭生产的监督管理。各级国土资源主管部门要按照《中华人民共和国矿产资源法》和国务院行政法规，规范煤炭资源勘查、开采登记管理工作，纠正、制止一切越权审批和以招商引资为由越权配置煤炭资源的行为。煤炭开发规划和资源管理工作要相互衔接，紧密配合。发展改革（煤炭行业）主管部门编制煤炭生产开发规划、矿区总体规划时，必须征求同级国土资源主管部门的意见，并作为批准规划的重要依据。国土资源主管部门在编制煤炭资源勘查规划、矿业权设置方案时，必须征求同级发展改革（煤炭行业）主管部门的意见，并作为批准煤炭资源勘查规划和矿业权设置方案的重要依据。产煤地区地方各级人民政府要落实煤炭行业管理职能部门，并充实和加强煤炭管理力量，健全和完善管理制度，强化煤炭资源和生产开发管理。

（六）加大煤炭资源勘探力度

加大煤炭资源勘探资金支持力度，研究建立煤炭地质勘探周转资金，增强煤炭资源保障能力。由国家投资完成煤炭资源的找煤、普查和必要的详查，统一管理煤炭资源一级探矿权市场，在此基础上编制矿区总体开发规划和矿业权设置方案；依据矿区总体开发规划和矿业权设置方案，实行煤炭资源二级探矿权和采矿权市场化转让，转让收入要按规定实行“收支两条线”管理，并用于煤炭资源勘探投入，实现滚动发展。健全煤炭地质勘查市场准入制度，培育精干高效、装备精良的煤田地质勘探队伍。严格执行勘查技术规程，进一步完善储量评估制度，依靠科技进步，提高地质勘探精度，保障地质勘查质量，为合理规划和开发煤炭资源奠定基础。

(七) 合理有序开发煤炭资源

进一步完善矿业权有偿取得制度，规范煤炭矿业权价款评估办法，逐步形成矿业权价款市场发现机制，实现矿业权资产化管理。煤炭矿业权资产化要与科学的生产规划相结合，按照“统一规划、集中开发、一次置权、分期付款”的原则有序进行。严格矿业权审批，对国家规划矿区内的煤炭资源，凡未经国家批准开发规划和矿业权设置方案的，一律不得办理矿业权的设置。保障矿区井田的科学划分和合理开发，形成有利于保护和节约资源的煤炭开发秩序。加快修订煤矿设计规范，严格开采顺序、开采方法和开发强度管理，禁止越层越界和私挖乱采。鼓励采用先进技术，开采难采煤层和极薄煤层。煤矿新建和改扩建项目必须按照隶属关系，依法取得同级安全生产监管部门的审查批准，并认真执行安全生产设施“三同时”制度（同时设计、施工和投入使用)。

(八) 保护节约和合理利用煤炭资源

修订煤炭生产矿井资源回采率标准和管理办法，凡设计回采率达不到国家规定标准的煤炭开发建设项目，一律不予核准，不予颁发采矿许可证。建立严格的煤炭资源利用监管制度，对煤炭资源回采率实行年度核查、动态监管，达不到回采率标准的煤矿，要责令限期整改；逾期仍达不到回采率标准的，依法予以处罚，直至吊销采矿许可证和煤炭生产许可证。加快完善煤炭资源税费计征办法，研究将煤炭资源税费以产量和销售收入为基数计征，改为以资源储量为基数计征的方案，并在条件成熟时实施；

同时，要积极探索多种激励约束机制，促使煤炭生产企业节约煤炭资源。健全煤炭生产企业资源储量管理机构，落实储量管理责任，完善煤炭储量管理档案和制度，严格执行生产技术和管理规程。

三、加快结构调整，加强煤炭供应体系

（九）加快大型煤炭基地建设

按照煤炭发展规划和开发布局，选择资源条件好、具有发展潜力的矿区，以国有大型煤炭企业为依托，加快神东、陕北、晋中等 13 个大型煤炭基地建设，形成稳定可靠的商品煤供应基地、煤炭深加工基地和出口煤基地。国家继续从中央预算内基建投资（或国债资金）中安排资金，以资本金注入等方式，重点支持大型煤炭基地建设。政策性银行、国有商业银行和股份制商业银行应积极改进金融服务，加大金融产品创新力度，切实支持符合国家产业政策和市场准入条件的煤炭开发建设。支持有条件的煤炭企业上市融资，按照国家规定发行企业债券，筹集建设资金，加快建设和发展。

（十）促进煤炭与相关产业协调发展

大型煤炭基地建设要与煤炭外运和水资源等条件相衔接，与相关产业和地方经济发展相协调。要加大投资力度，改革铁路和港口投资体制，鼓励企业法人、非公有资本参股建设和管理，抓紧建设和改造山西、陕西、内蒙古西部出煤通道和北方煤炭下水港口，提高煤炭运输能力，从根本上缓解交通运输对煤炭供给的制约。按照政府引导和企业自愿的原则，鼓励煤电一体化发展，加快大型坑口电站建设，缓解煤炭运输压力。鼓励大型煤炭企业

与冶金、化工、建材、交通运输企业联营。火力发电、煤焦化工、建材等产业发展布局，要优先安排依托煤炭矿区的项目，促进能源及相关产业布局的优化和煤炭产业与下游产业协调发展。

（十一）培育大型煤炭企业集团

打破地域、行业和所有制界限，加快培育和发展若干个亿吨级大型煤炭骨干企业和企业集团，使之成为优化煤炭工业结构、建设大型煤炭基地、平衡国内煤炭市场供需关系和“走出去”开发国外煤炭、参与国际市场竞争的主体。煤炭企业要进一步完善法人治理结构，按照现代企业制度要求积极推进股份制改造，转换经营机制，提高管理水平。国家规划矿区、对国民经济具有重要价值矿区的资源开发由国有资本控股。鼓励发展煤炭、电力、铁路、港口等一体化经营的具有国际竞争力的大型企业集团。鼓励大型煤炭企业到境外投资办矿，带动煤炭机械产品出口和技术、劳务输出，提高我国煤炭工业的国际竞争力。

（十二）进一步改造整顿和规范小煤矿

各产煤地区要充分发挥市场机制的作用，加快中小型煤矿的整顿、改造和提高，整合煤炭资源，实行集约化开发经营。鼓励大型煤炭企业兼并改造中小型煤矿，鼓励资源储量可靠的中小型煤矿，通过资产重组实行联合改造。积极推进中小型煤矿采煤工艺改革和技术改造，规模以上煤矿必须尽快做到壁式正规化开采。继续淘汰布局不合理、不符合安全标准、不符合环保要求和浪费资源的小煤矿，坚决取缔违法经营的小煤矿。

（十三）加快提升煤炭生产和设备制造技术水平

采用高新技术和先进适用技术，加快高产高效矿井建设，提高煤矿装备现代化、系统自动化、管理信息化水平，淘汰落后的技术装备与工艺，推动煤炭工业科技进步。大力推进中小型煤矿机械化，加快培育和发展面向小型煤矿的综合服务机构，形成完善的技术服务体系。通过关键技术引进、技贸结合、合作制造、市场换技术等多种方式，提高煤炭重大技术装备研发和制造能力，促进重大装备制造国产化。加强企业、科研机构和各类院校的联合，推进技术创新体系建设。

（十四）规范煤炭市场秩序

深化煤炭流通体制改革，改革电煤价格形成机制，运用经济手段和必要的行政法规，合理调整煤炭企业与发电企业的利益关系。继续推进煤炭订货方式改革，鼓励供需双方自主衔接、签订长期供货合同。加快建立以全国煤炭交易中心为主体，以区域市场为补充，以网络技术为平台，有利于政府宏观调控、市场主体自由交易的现代化煤炭交易体系。严格煤炭经营企业资格审查，取缔无证非法经营活动，清理煤炭运销环节乱收费、乱罚款，依法打击掺杂使假和偷骗税款等不法行为。

四、坚持综合治理，强化煤矿安全生产保障体系

（十五）进一步落实安全生产责任

加强“国家监察、地方监管、企业负责”的煤矿安全工作体系建设，进一步落实安全生产责任制。完善煤矿安全监察体制，提高监察的权威性和有效性，强化煤矿安全执法检查。落实地方人民政府煤矿安全监督管理职责，建立地方人民政府领导分工联系本地区煤矿安全生产工作制度。认真实行煤矿安全生产许可证制度，强化煤炭企业安全生产责任主体，落实企业法定代表人作为安全生产第一责任人的责任；精简企业管理机构，加强一线管理力量；坚持煤炭企业内部安全生产机构派驻制度，严格执行煤矿领导干部下井带班作业制度。严格外包工程队伍资质管理和现场管理。建立煤矿安全生产风险抵押金制度。

（十六）加大煤矿安全投入

按照企业负责、政府支持的原则，完善中央、地方和企业共同增加煤矿安全投入的机制。各类煤矿要按有关规定提取生产安全费用。国家继续从预算内基建投资（国债资金）中安排资金支持煤矿安全技术改造。对国家支持的煤矿安全改造项目，地方财政要积极安排配套资金，专项列支，并与中央资金同时到位。各级财政、审计和煤炭行业管理、煤矿安全监察部门要加强监督，确保煤矿安全资金专款专用,安全改造项目顺利实施并发挥效用。

（十七）提高瓦斯防治技术水平

成立煤矿瓦斯防治部际协调领导小组，加强煤矿瓦斯防治工作的领导和协调。设立国家瓦斯治理和利用（煤层气）工程研究中心，加强瓦斯防治科技攻关，立足于推动煤矿安全生产科技进步，从根本上扭转瓦斯事故多发的现状，加快瓦斯灾害监测预警、应急救援、瓦斯煤尘防爆、瓦斯抽采利用技术的研究。抓紧制订和实施全国煤矿瓦斯治理总体方案，尽快使煤矿瓦斯治理取得明显成效。财政、税务部门要尽快制订实施办法，对瓦斯（煤层气）抽采和利用实行税收优惠。煤炭企业要严格高瓦斯和瓦斯突出矿井的管理，建立健全危险源辨识技术体系、瓦斯抽采和监测监控体系、灾害预警救援体系，切实防范重特大瓦斯事故的发生。

（十八）提高煤矿职工队伍素质

建立和完善企业职工培训制度，组织和引导企业开展多层次、全方位的职工安全、技术培训和继续教育，全面提高煤矿职工队伍特别是采掘工人的素质和安全生产技能。对煤矿负责人和主要工种依法实行强制性安全培训，杜绝违章指挥、违章作业、违反纪律等现象。实行国家职业资格证书制度，对煤矿采煤等专业技术岗位人员和特殊工种人员实行职业准入，持证上岗，严格技术岗位人员配备标准。教育部门要加强与煤炭行业的合作，将煤炭行业有关专业纳入技能型紧缺人才培养、培训计划；要与大型煤炭企业合作，尽快恢复或设立一批煤炭职业技术学校。要引导有关大专院校和中等职业学校按照煤炭行业市场需求培养懂安全、有技术、会管理的煤炭专业人才。要通过设立煤炭专业奖学金、减免学费等措施，鼓励学生报考煤炭专业。

五、加强综合利用与环境治理，构建煤炭循环经济体系

（十九）推进洁净煤技术产业化发展

发展改革委要制定规划，完善政策，组织建设示范工程，并给予一定资金支持，推动洁净煤技术和产业化发展。大力发展洗煤、配煤和型煤技术，提高煤炭洗选加工程度。积极开展液化、气化等用煤的资源评价，稳步实施煤炭液化、气化工程。加快低品位、难采矿的地下气化等示范工程建设，带动以煤炭为基础的新型能源化工产业发展。采用先进的燃煤和环保技术，提高煤炭利用效率，减少污染物排放。

（二十）推进资源综合利用

按照高效、清洁、充分利用的原则，开展煤矸石、煤泥、煤层气、矿井排放水以及与煤共伴生资源的综合开发与利用。鼓励瓦斯抽采利用，变害为利，促进煤层气产业化发展。按照就近利用的原则，发展与资源总量相匹配的低热值煤发电、建材等产品的生产。修改制定配套法规、标准和管理办法，落实和完善财税优惠政策，鼓励对废弃物进行资源化利用，无害化处理。在煤炭生产开发规划和建设项目申报中，必须提出资源综合利用方案，并将其作为核准项目的条件之一。

（二十一）保护和治理矿区环境

煤炭资源的开发利用必须依法开展环境影响评价，环保设施与主体工程要严格实行建设项目“三同时”制度。按照“谁开发、谁保护，谁污染、谁治理，谁破坏、谁恢复”的原则，加强矿区生态环境和水资源保护、废弃物和采煤沉陷区治理。研究建立矿区生态环境恢复补偿机制，明确企业和政府的治理责任，加大生态环境治理投入，逐步使矿区环境治理步入良性循环。对原中央国有重点煤矿历史形成的采煤沉陷等环境治理欠账，要制订专项规划，继续实施综合治理，中央政府给予必要的资金和政策支持，地方各级人民政府和煤炭企业按规定安排配套资金。

（二十二）大力开展煤炭节约和有效利用

积极引导合理用煤、节约用煤和有效用煤，努力缓解当前煤炭供求紧张状况，解决煤炭产需长期矛盾。大力调整经济结构，切实转变增长方式，抓紧完善产业政策和产品能耗标准，限制高耗能工业的发展。优化能源生产和消费结构，鼓励发展新能源，努力减少和替代煤炭使用。依靠科技进步和创新，推广先进的节煤设备、工艺和技术。强化科学管理，减少煤炭生产、流通、消费等环节的损失和浪费。制定有利于节约用煤的经济政策、技术标准和法规，利用经济、法律和必要的行政手段，实行全面、严格的节煤措施，在全社会形成节约用煤和合理用煤的良好环境。

六、制订和完善有关法律规章制度，健全煤炭工业法规政策调控体系

（二十三）加强煤炭法制建设

抓紧修订《中华人民共和国煤炭法》和《中华人民共和国矿产资源法》，完善配套法规，建立健全与社会主义市场经济体制相适应的煤炭法规体系。尽快修订煤炭产业政策，完善办矿审核制度，严格准入标准。制订严格的煤炭资源消耗、污染物排放等标准，促进新技术、新工艺、新材料的应用，推动煤炭产业升级。加强煤炭执法队伍建设，依法规范煤炭市场秩序，为各类煤炭企业发展创造良好的市场环境。煤炭企业要认真贯彻执行国家关于资源、环境、安全生产等方面的技术政策和行业标准、规范，建立健全企业内部技术管理规章制度，规范矿井设计、施工、技术改造、生产和加工利用等方面的行为，深入开展安全质量标准化活动。

（二十四）切实减轻煤炭企业负担

各地要根据国家关于分离企业办社会职能的有关政策，加快分离煤炭企业办社会职能。严格按照 1998 年国务院关于改革国有重点煤矿管理体制的规定，切实落实原中央财政对国有重点煤矿增值税定额返还和所得税返还政策。加快增值税改革步伐，落实对已公布取消的各类基金和收费项目的清理、整顿措施，减轻煤炭企业负担。

（二十五）促进煤炭企业接续发展

落实《中华人民共和国煤炭法》有关规定，研究建立煤炭产业积累煤矿衰老期转产资金制度，筹集资金专项用于发展接续产业和替代产业。完善煤炭成本核算制度，保障煤炭企业增加接续资源，开展资源勘查，保护和治理环境，发展接续产业。重视煤炭合理开发与矿区经济社会的协调发展，在基础设施建设、财政转移支付等方面制定相关扶持政策，促进矿业城镇产业结构调整和经济发展，支持资源枯竭矿区经济转型。

（二十六）提高矿工劳动保障水平

加强煤矿质量标准化基础工作，提高机械化、自动化水平，改善作业环境，减轻矿工劳动强度。改革煤矿工作制度，将矿工入井时间缩短到八小时以内，并尽快实行四班六小时工作制。加强煤矿劳动保护用品的研发，煤炭企业必须为井下工人发放必需的劳动保护用品，不断提高劳动保护水平。加强对煤矿作业场所职业危害的监督检查，做好煤矿尘肺病等职业病的防治工作，保护矿工身心健康。全面贯彻落实《工伤保险条例》，各地劳动和社会保障部门要根据本地区煤炭企业的实际情况，制订煤炭企业参加工伤保险的具体办法。各类煤炭企业都应为矿工办理工伤保险，切实维护矿工的合法权益。

（二十七）提高矿工生活质量

劳动和社会保障部门要根据井下矿工的劳动强度和风险、生产环境等情况，制订或提高煤矿工人艰苦岗位津贴标准。各类煤炭企业应根据效益情况，逐步提高矿工收入水平。继续采取国家、地方政府、企业和个人共同出资的办法，解决历史形成的矿区危房、棚户改造问题。

（二十八）发挥中介组织作用

进一步培育和规范中介市场，充分发挥行业协会等中介组织在行业统计、技术服务、安全评价、市场开发、信息咨询、行业自律等方面的作用，为企业提供优质服务，为政府宏观调控提供决策咨询，规范企业市场行为，维护市场公平竞争秩序。

煤炭工业健康发展事关国民经济发展和能源安全大局。各地区、各部门要加强调查研究，结合本地区、本部门实际，认真做好贯彻落实工作，抓紧制订和落实各项具体措施。发展改革委要会同有关部门加强监督检查和指导协调，认真研究解决煤炭工业发展中遇到的困难和问题，促进煤炭工业持续健康发展。

国务院

2005 年 6 月 7 日

国家发展和改革委员会　科学技术部
财政部　劳动和社会保障部
国土资源部　国家环境保护总局
国家安全生产监督管理总局
国家煤矿安全监察局关于印发
煤矿瓦斯治理与利用实施意见的通知

发改能源〔2005〕1119号

各省（区、市）发展改革委（计委），神华集团、中国中煤集团、中联煤层气公司：

为了贯彻落实国务院第81次常务会议精神，做好全国煤矿瓦斯防治工作，有效遏制煤矿瓦斯事故多发的势头，充分利用煤矿瓦斯资源，煤矿瓦斯防治部际协调领导小组办公室组织有关专家，研究提出了《煤矿瓦斯治理与利用实施意见》，并经煤矿瓦斯防治部际协调领导小组第二次会议审议通过。现印发给你们，请尽快转发辖区内有关部门、单位和各类煤炭生产企业，在煤矿瓦斯防治工作中认真贯彻执行。

附件：煤矿瓦斯治理与利用实施意见

国家发展和改革委员会
科学技术部
财政部
劳动和社会保障部
国土资源部
国家环境保护总局
国家安全生产监督管理总局
国家煤矿安全监察局
2005年6月24日

附件：

煤矿瓦斯治理与利用实施意见

为贯彻落实国务院第81次常务会议精神，进一步加大煤矿瓦斯集中整治力度，遏制煤矿重特大瓦斯事故多发的势头，建立健全防治煤矿瓦斯的长效机制，充分利用煤矿瓦斯资源，现提出以下实施意见：

一、指导思想

以“三个代表”重要思想和科学发展观为指导，坚持以人为本，关爱矿工生命，树立“瓦斯事故可以预防和避免”“瓦斯是资源和清洁能源”的意识，贯彻“安全第一、预防为主”和瓦斯治理“先抽后采、监测监控、以风定产”的方针，完善与主体能源地位相适应的煤炭法律政策体系、煤矿安全技术标准体系，切实加强煤矿瓦斯治理与利用工作，努力建设本质安全型煤矿，确保能源供应安全和煤炭工业可持续发展。

二、治理与利用原则

坚持发展先进生产力原则，严格煤矿安全准入，加快淘汰落后工艺、技术、装备和管理模式；坚持“可保尽保、应抽尽抽、先抽后采、煤气共采”的原则，积极推广“高投入、高素质、严管理、强技术、重责任”等先进经验；坚持“以抽定产、以风定产、工程先行、技术突破、装备升级、管理创新、全面提高”的原则，正确处理瓦斯防治与煤炭生产的关系；坚持“以抽保用、以用促抽”的原则，大力发展瓦斯民用、发电、化工等。

三、分阶段治理目标

初步治理阶段（2005～2006年），控制一次死亡百人以上的特别重大瓦斯事故，瓦斯事故起数和死亡人数在现有基础上下降三分之一，实现煤矿安全状况稳定好转。基本治理阶段（2007～2010年），控制一次死亡50人以上的特别重大瓦斯事故，瓦斯事故起数和死亡人数在第一阶段的基础上继续下降三分之一，实现煤矿安全状况明显好转。根本治理阶段（2011～2012年），控制一次死亡10人以上的特大瓦斯事故，瓦斯事故起数和死亡人数在第二阶段基础上再下降三分之一，实现煤矿安全状况根本好转。

四、45户重点监控煤矿企业安全目标

到2006年底，一类企业（淮南、平顶山、阳泉、松藻、抚顺、天府、芙蓉、窑街、南桐、丰城、淮北、涟邵、阜新、铜川、焦作、郑煤、晋城、韩城、水城、盘江）建立起比较可靠的瓦斯防治系统；二类企业（沈阳、白沙、乐平、鸡西、徐州、开滦、大同、山西焦煤、鹤岗、峰峰、鹤壁、七台河、攀枝花、资兴、华蓥山）建立起比较完善的瓦斯防治系统；三类企业（通化、辽源、乌达、双鸭山、义马、广旺、达竹、平庄、宁夏、包头）建立起比较实用的瓦斯防治系统。

五、其他煤矿企业安全目标

积极采用机械化采掘技术，淘汰落后的生产方式和非正规采煤方法。按规定健全“一通三防”系统，高瓦斯、突出矿井全

部实现瓦斯抽采、建立健全"一通三防"专门机构,按标准配足"一通三防"技术人员、专职瓦斯检测员、安监员、防突员。到2006年底,各类煤矿必须达到上述要求。

六、煤矿瓦斯抽采与利用目标

2006年,有开采保护层条件的矿井,开采保护层比例达到30%以上;煤矿瓦斯抽采率达到30%以上;瓦斯(煤层气)抽采量达到40亿立方米。2010年,开采保护层比例达到90%以上;煤矿瓦斯抽采率达到50%以上;瓦斯(煤层气)抽采量达到100亿立方米。2006年,全国矿井瓦斯利用总量8亿立方米以上;已开展瓦斯利用的矿区,利用率提高到50%以上;尚未开展瓦斯利用的高瓦斯矿区必须实施瓦斯利用。2010年,利用总量50亿立方米以上,利用率50%以上。

七、加强对瓦斯防治工作的领导

各级政府要建立健全煤矿瓦斯防治工作机构,协调各方面力量,促进煤矿瓦斯治理与利用工作。要结合实际,突出重点,制定本地区煤矿瓦斯治理与利用的规划或方案,协调和帮助解决各种困难和问题。加强信息沟通和交流,取长补短,相互促进,逐步完善瓦斯综合治理的长效机制。

八、落实煤矿安全生产责任

认真贯彻执行国办发〔2004〕79号文件精神,各级煤矿安全监察机构,要加强对地方政府煤矿监管部门、煤矿企业安全职责落实情况的监察,对有法不依、有规不循造成严重安全事故的,要严肃处理有关责任人;地方政府安全监管部门要加大对瓦斯治理的监管力度,把安全监管要求落到实处;煤矿企业必须把瓦斯治理作为重点，落实法人及各类工作人员安全职责，为职工办理工伤保险。

九、严格现场作业管理

煤矿企业要把《煤矿安全规程》《防治煤与瓦斯突出细则》等规范落实到生产和管理的全过程，落实到每一个人身上。积极推广应用《煤矿瓦斯治理经验五十条》等先进的作业和管理方法。

十、加大煤矿安全系统与装备改造的投入

煤矿企业要按规定提足、用好煤炭生产安全费用，健全完善矿井通风、瓦斯抽采、防灭火、综合防尘、监测监控等系统和装备，并确保系统、装备处于完好状态，发挥效用。

十一、加快采煤工艺改革

制定切实可行的规划，加快中小型煤矿的联合改造，合理集中和整合煤炭资源，实行集约化开发经营。各类煤矿必须建立独立可靠的采区通风系统，每个采区内同时作业人员不得超过100人。2007年底之前，全国规模以上煤矿要基本实现壁式正规化采煤工艺。国家鼓励大型煤炭企业兼并改造中小煤矿，鼓励资源储量可靠的中小煤矿进行资产重组和联合改造。

十二、推进科技进步

煤矿企业要学习和应用国家“九五”“十五”科技攻关和其他科技成果，重点推广应用高产高效开采、瓦斯预测、瓦斯抽采、矿井通风、煤与瓦斯突出防治、隔抑爆技术、瓦斯监测监控与预警、瓦斯煤尘爆炸事故预防、事故应急救援、瓦斯利用等技术与装备。

十三、提高职工队伍素质

发挥高等院校的作用，培育煤矿瓦斯防治的专业人才。建立和完善职工教育培训机构，强制性进行全员安全培训、在职人员的再培训。提高矿工劳动保障水平，提高煤矿工人入井等津贴标准和收入水平，保持职工队伍稳定。

十四、加强国际技术交流与合作

积极开展国际交流与合作，认真学习和借鉴国外先进的瓦斯治理与利用技术和管理经验。研究制定切实可行的鼓励政策，广泛吸引有关国际组织和企业财团参与我国煤矿瓦斯治理与利用。进一步提高煤层气产业对外开放水平，形成大规模有序开发的新局面。

十五、完善煤炭法律法规体系

完善煤矿安全准入管理办法，严格煤矿安全生产、“一通三防”装备和人员素质基本条件，建立煤矿专业技术岗位和特殊工种职业准入制度，严格技术岗位人员配备标准。

十六、健全煤矿安全技术和管理标准

尽快完善和制定煤矿安全生产技术标准、安全评价标准、瓦斯治理与利用技术和装备标准、安全管理标准、煤层瓦斯地面抽采技术标准、《煤矿瓦斯利用安全质量标准化标准及评分细则》和《煤矿瓦斯利用设计规范》。

十七、鼓励瓦斯抽采和利用

制订瓦斯超标排放惩罚办法，研究出台有关政策鼓励煤矿抽采和利用瓦斯。2020 年以前，地面抽采项目免交探矿权和采矿权使用费，煤矿瓦斯抽采利用及其他综合利用项目实行税收优惠政策，具体实施办法由财政部会同有关部门研究制定，上报国务院批准后实行。煤矿瓦斯发电项目享受《可再生能源法》规定的鼓励政策。工业、民用瓦斯销售价格不低于等热值天然气价格。根据《京都议定书》规定，鼓励煤矿瓦斯利用开展清洁发展机制项目合作。

十八、支持瓦斯治理与利用技术改造

按照“企业负责、政府支持”的原则，国家继续利用中央预算内投资、国债资金，支持煤矿瓦斯治理与利用技术改造。各级地方政府也要安排配套资金，专项用于支持煤矿瓦斯治理与利用。

十九、支持瓦斯治理与利用科技攻关

国家增加科研资金投入，开展瓦斯治理与利用基础理论、关键技术、重大装备研究开发和专项攻关。国家组建煤层气等国家工程研究中心，支持国家认定企业技术中心的建设。对符合国务院有关规定条件、专项用于煤矿瓦斯治理与利用科技研发的进口设备免征进口环节增值税。

二十、支持瓦斯治理与利用示范工程建设

国家支持建设各类煤矿瓦斯治理与利用示范工程，包括高瓦斯、高地温、高地压、煤层群条件下的瓦斯综合治理与利用示范工程；严重突出矿井瓦斯综合治理与利用示范工程；自燃发火严重高瓦斯矿井瓦斯综合治理与利用示范工程；瓦斯综合治理与利用的技术研发与装备制造示范工程；煤层瓦斯地面、井下综合抽采与利用示范工程。

煤矿瓦斯防治是煤矿安全工作的重中之重。促进煤矿瓦斯治理与利用，是构建社会主义和谐社会的必然要求。各地、各部门、各煤矿企业要结合实际，认真研究解决煤矿瓦斯治理与利用实践中的困难和问题，为促进煤矿安全状况的根本好转做出贡献。

国务院关于全面整顿和规范矿产资源开发秩序的通知

国发〔2005〕28号

各省、自治区、直辖市人民政府，国务院各部委、各直属机构：

党中央、国务院对保护和合理开发利用矿产资源工作十分重视，制定了一系列方针、政策，多次部署了全国矿业秩序治理整顿工作。多年来，各地方和有关部门做了大量工作，取得了积极成效。但是，由于多方面的原因，矿产资源开发中存在的深层次矛盾和问题尚未得到解决，一些地区开发秩序仍然比较混乱，存在矿山布局不合理、经营粗放、浪费资源、破坏环境、安全生产事故频发等问题。尤其是最近一个时期，一些地区群发性无证勘查和开采、越界开采、乱采滥挖等各种违法违规行为出现严重反弹。为解决当前矿产资源开发中存在的突出问题，国务院决定全面整顿和规范矿产资源开发秩序。现就有关事项通知如下：

一、充分认识整顿和规范矿产资源开发秩序的重要意义

矿产资源是国民经济和社会发展的重要物质基础。整顿矿产资源开发中的各类违法违规行为，规范矿产资源开发活动，建立和维护良好的矿产资源开发秩序，是实现矿产资源合理开发、永续利用，确保安全的重要措施，对全面落实科学发展观、提高矿产资源对经济社会可持续发展的保障能力和全面建设小康社会，

具有十分重要的意义。各地区、有关部门要以邓小平理论和“三个代表”重要思想为指导，以科学发展观为统领，进一步提高对整顿和规范矿产资源开发秩序工作重要性、紧迫性和艰巨性的认识，将整顿和规范矿产资源开发秩序作为一项事关全局的重要任务抓紧抓好，推动我国矿业走出一条科技含量高、经济效益好、资源利用率高、环境污染少、安全有保障、人力资源优势得到充分发挥的新路子。

二、整顿和规范矿产资源开发秩序的目标

要正确处理整顿与发展、局部与全局、当前与长远的关系，严格依照《中华人民共和国矿产资源法》等法律法规的规定，加大执法力度，切实做到有法必依、执法必严、违法必究。要坚持依法行政，并运用经济手段，全面开展以煤炭开发为重点的矿产资源开发秩序的整顿和规范行动。到2007年底全面完成整顿和规范的各项任务，使无证勘查和开采、乱采滥挖、浪费破坏矿产资源、严重污染环境等违法行为得到全面遏制；越界开采、非法转让探矿权和采矿权等违法行为得到全面清理，违法案件得到及时查处；矿山安全事故及破坏生态环境现象明显减少；矿山布局不合理的状况得到明显改善，矿产资源开发利用规模化、集约化程度明显提高；基层监管到位，投资环境改善，矿产资源管理加强，基本建立规范的矿产资源开发秩序。

三、整顿矿产资源开发秩序的主要任务

（一）严厉打击无证勘查和开采等违法行为

地方各级人民政府要对本行政区域内的无证勘查和开采矿产资源的违法行为进行集中打击。对无证或持过期失效许可证进行勘查、开采的，公安部门不得批准其购买、使用民用爆破器材，电力部门不得供电，工商部门不得发放营业执照，安全监管部门不得发放安全生产许可证，国土资源主管部门要责令其停止开采，没收采出的矿产品和违法所得，并从重处以罚款。对持勘查许可证采矿或开采矿种与采矿许可证不符的，国土资源主管部门要责令其停止违法行为，并按无证开采予以处罚，对拒不改正的，依法吊销勘查许可证或采矿许可证和其他证照。对停产整改期间擅自采矿的，由决定停产整顿的部门进行严肃查处。对采矿许可证、安全生产许可证、生产许可证、营业执照和矿长资格证不全的煤炭开采企业，有关主管部门要责令其停止违法生产行为，并依法予以查处。为防止无证勘查、开采现象出现反弹，地方各级人民政府要组织有关部门及时拆除当地违法工程的地面设施，查封设备，充填井筒。国土资源主管部门要加强巡查，发现无证勘查、开采的，要及时报告当地人民政府予以取缔。各地要高度重视并有效制止各类群发性无证开采行为的发生，对违法行为保持高压态势，做到及时发现、及时查处。对拒不停止开采或取缔后又违法开采，造成矿产资源破坏、甚至发生事故的，要依法追究有关人员的刑事责任。

（二）全面查处越界开采等违法行为

地方各级人民政府要组织国土资源等部门对本行政区域内越界开采、非法转让探矿权和采矿权等违法行为进行全面排查。对超越批准矿区范围开采的，责令退回其本矿区范围，没收越界开采的矿产品和违法所得，密封越界的井巷工程，并依法进行处罚；对拒不退回本矿区范围内开采的，依法吊销其采矿许可证和其他证照。对非法转让探矿权、采矿权的，没收其违法所得，处以罚款，并责令限期改正，逾期仍不改正的，依法吊销勘查许可证、采矿许可证和其他证照；对受让方按无证勘查、开采予以处罚。对取得勘查许可证后不按期进行施工或未依法完成最低勘查投入的，国土资源主管部门要责令限期改正，并依法处罚；对拒不改正的，依法吊销勘查许可证。对吊销许可证的，要及时依法注销工商登记并予以公告。对未按批准的开发利用方案或矿山设计进行开采、开采回采率达不到设计要求、浪费破坏矿产资源的，要责令停止生产、限期整改，对整改后仍达不到要求的，要坚决予以关闭。

（三）坚决关闭破坏环境、污染严重、不具备安全生产条件的矿山企业

要加大对矿产资源开发环境保护和矿山企业安全生产的监管力度。对在各类保护区的禁采区内进行开采的矿山企业和影响大矿安全生产的小矿，由当地人民政府予以关闭。对严重污染环境、未进行环境影响评价的矿山企业，对不符合安全生产要求超通风能力生产、未按规定建立瓦斯抽放系统、未采取防突措施、未经“三同时”审查验收的矿山企业，环境、安全监管部门要依法责令限期整改或停产整顿，有关部门要及时收回所有证照；对拒不停产和整改后仍达不到要求的，要坚决及时予以关闭，有关部门要依法吊销所有证照。

（四）全面清查和纠正矿产资源开发管理中的各种违法违规行为

地方各级人民政府及国土资源、发展改革（经贸）、安全生

产、环保、工商等部门要严格依法行政，全面规范矿产资源开发管理的行政行为。要依照相关法律法规，对矿产资源开发管理中的探矿权和采矿权审批、项目核准、生产许可、安全许可、环评审查、企业设立等各项管理行为进行一次全面清理检查。对违法违规审批、滥用职权、失职、渎职行为以及国家工作人员参与办矿、徇私舞弊等腐败现象依法进行严肃查处。

（五）全面开展煤炭资源回采率专项检查

各地要采取切实有效措施，加大煤炭资源回采率专项检查工作力度。要严肃查处一批浪费、破坏煤炭资源的典型案件并进行曝光，坚决遏制浪费、破坏资源的势头。同时，表彰一批保护和合理利用资源的先进典型。修订完善煤炭资源回采率标准和管理办法。凡设计回采率达不到国家规定标准的建设项目，一律不予核准，不予颁发采矿许可证。对达不到回采率标准的煤矿，要责令其限期整改，逾期仍达不到的，依法予以经济处罚，直至吊销采矿许可证和煤炭生产许可证。强制淘汰落后的生产技术、工艺及设备。通过专项检查和整改，全面提高煤炭资源开发利用水平。

（六）对保护性开采的特定矿种进行专项整治

国土资源部要会同发展改革委、商务部等有关部门按照各自职责，对钨、锡、锑、稀土等保护性开采的特定矿种，进行开采、选冶、加工、销售和出口的专项整治，切实解决超量开采、经营秩序混乱、生产结构失衡、缺乏有效监管、不具备安全生产条件等问题。国土资源部要继续对保护性开采的特定矿种实行开采总量控制，并对控制指标执行情况进行全面清查。继续暂停审批和颁发钨矿采矿许可证。严禁保护性开采的特定矿种超计划开采和计划外出口。同时，要加强对稀缺矿种的资源保护，严禁乱采滥挖和浪费破坏资源，国土资源部要会同有关部门根据国民经济发展的需要，研究制订对保护性开采的特定矿种和稀缺矿种的管理办法。各省、自治区、直辖市人民政府要结合地方实际，对本行政区域内油气、铁、石墨、黄金等开发秩序问题突出的矿种以及影响铁路、公路安全的采矿行为，制订专项整治的具体措施，开展专项整治工作。

四、规范矿产资源开发秩序的主要任务

（一）严格探矿权、采矿权管理

国土资源部要严格依照《中华人民共和国行政许可法》《中华人民共和国矿产资源法》等有关法律法规的规定，组织对各地探矿权、采矿权审批情况进行全面清理，坚决刹住一些地方非法干预设置探矿权、采矿权的行为。国土资源部要严格按照国务院发布的《矿产资源勘查区块登记管理办法》和《矿产资源开采登记管理办法》的规定，对以往的各种授权进行清理并重新授权。要严格按照国家产业政策和矿产资源规划设置探矿权、采矿权。要依据法律规定严格审批条件，规范审批程序，进一步完善探矿权和采矿权申请、延续、变更、注销等相关管理制度。

（二）集中解决矿山布局不合理问题

各省、自治区、直辖市人民政府要结合本地实际，以煤炭资源为重点，通过资源整合，切实解决矿山布局不合理等问题，逐步实现资源开发规模化、集约化。国土资源部、发展改革委要积极扶持大型煤炭基地建设，在已划定19个煤炭国家规划矿区的

基础上，继续划定并公布大型煤炭基地内的煤炭国家规划矿区名单，按照规划合理安排大型煤炭基地建设项目。对影响大矿统一规划开采的小矿，凡能够与大矿进行资源整合的，由大矿采取合理补偿、整体收购或联合经营等方式进行整合。各类矿山都要按照规模化、集约化的原则进行整合，限期达到规定的最低开采规模。各地要统一组织制定小矿整合方案，并切实抓好落实，提高矿产资源开发利用水平。国土资源部要根据国民经济和社会发展需要，结合各地实际情况，组织制定和完善不同矿种的最低开采规模标准。

（三）完善矿产资源有偿使用制度

要按照矿产资源分类、分级管理的要求，进一步推进矿产资源有偿使用制度改革。加强煤炭等国家规划矿区以及其他煤炭资源集中区的普查和必要的详查，统一编制矿区总体开发规划和探矿权、采矿权设置方案。全面实行探矿权、采矿权有偿取得制度，采取市场竞争方式出让探矿权、采矿权，规范矿业权市场，研究解决探矿权、采矿权无偿和有偿取得“双轨制”问题的有效措施。调整现行的矿业税费政策，积极探索矿产资源税费征收与储量消耗挂钩的政策措施。理顺矿产资源利益分配关系，改善矿业投资环境。具体办法由财政部、国土资源部另行制订。

（四）探索建立矿山生态环境恢复补偿制度

地方各级人民政府应对本地矿区生态环境进行监督管理，按照“谁破坏、谁恢复”的原则，明确治理责任，保证治理资金和治理措施落实到位。新建和已投产生产矿山企业要制订矿山生态环境保护与综合治理方案，报经主管部门审批后实施。对废弃矿山和老矿山的生态环境恢复与治理，按照“谁投资、谁受益”的原则，积极探索通过市场机制多渠道融资方式，加快治理与恢复的进程。财政部、国土资源部等部门应尽快制订矿山生态环境恢复的经济政策，积极推进矿山生态环境恢复保证金制度等生态环境恢复补偿机制。

（五）严格矿产资源勘查、开采准入管理

国土资源部、发展改革委等有关部门要加强勘查、开采资质管理，制订勘查、开采资质管理办法，严格市场准入标准。国土资源主管部门审批采矿许可证，必须依法对开发利用方案进行严格审查，凡不符合国家规划、产业政策和技术规范以及开采回采率低、矿产资源不能合理利用、不符合安全生产条件、不提交环境影响评价报告和地质灾害危险性评估报告批复文件的，一律不予批准。设计单位要严格按照国家规定的技术规范编制开发利用方案或设计，有关主管部门要加强监管。

（六）建立矿产资源开发监管责任体系

国土资源等有关部门要依据法律法规，进一步完善探矿权和采矿权审批、项目核准、生产许可、安全许可、环评审查、企业设立等各项矿产资源开发的管理制度，切实加强对矿产资源开发各个环节的监管并承担相应责任。要充分发挥执法监察队伍和矿产督察员队伍的作用，建立监管责任体系。要强化市、县国土资源管理部门监管职能，加强监管力量，实行任务到矿，责任到人，维护矿产资源勘查、开采正常秩序。要积极探索对储量进行动态监管的有效办法，严格矿产资源开发利用方案执行情况的检查，完善年度报告制度，切实提高矿产资源开发利用水平。

五、加强领导，确保整顿和规范矿产资源开发秩序工作顺利进行

整顿和规范矿产资源开发秩序工作时间紧、涉及面广，任务十分艰巨。各地区和有关部门要高度重视，切实加强领导。国土资源部、发展改革委要会同公安部、监察部、财政部、商务部、工商总局、环保总局、安全监管总局等部门建立部际联席会议制度，研究解决整顿和规范工作中的重大问题，指导全国整顿和规范矿产资源开发秩序工作。联席会议的日常工作由国土资源部承担。各省、自治区、直辖市人民政府是整顿和规范矿产资源开发秩序的责任主体，要将维护正常的矿产资源开发秩序纳入政府工作目标，并成立领导小组，明确责任，协调行动，联合执法，统一组织实施本行政区域内整顿和规范矿产资源开发秩序工作。

要按照统一部署、依法推进、突出重点、分步实施的原则，开展整顿和规范矿产资源开发秩序的各项工作，做到进度服从质量。整顿和规范工作大致分为两个阶段：第一阶段，自本通知下发之日起至2006年底，基本完成整顿的主要任务，同时开展相关的规范工作；第二阶段，从2007年年初至当年年底，要全面完成本通知提出的各项任务。各地要建立整顿和规范工作目标责任制，一级抓一级，层层抓落实。对整顿工作不力、未完成整顿和规范任务的，要追究有关领导的责任。

各地区要在整顿和规范矿产资源开发秩序任务完成后，按照本通知的要求，分阶段认真做好检查验收工作，并向国务院作出报告。国土资源部、发展改革委要会同有关部门对全国整顿和规范矿产资源开发秩序工作进行检查验收。对整顿和规范工作中出现的重大问题，各地区和有关部门要及时向国务院报告。

国务院

2005 年 8 月 18 日

国务院关于加强地质工作的决定

2006年1月21日　国发〔2006〕4号

各省、自治区、直辖市人民政府，国务院各部委、各直属机构：

地质工作是经济社会发展重要的先行性、基础性工作，服务于经济社会的各个方面。贯彻党的十六届五中全会精神，全面落实科学发展观，构建社会主义和谐社会，对地质工作提出了新的更高的要求。为了全面增强地质勘查的资源保障能力和服务功能，促进地质工作更好地满足经济社会发展的需要，现做出如下决定：

一、以科学发展观指导地质工作

（一）充分认识地质工作的重要意义。新中国成立以来，地质工作得到党和国家的高度重视，地质勘查和科学研究成就显著，为经济社会发展做出了重要贡献。近年来，地质勘查队伍管理体制改革取得积极进展，地质事业有了新的发展。但是，当前地质工作与经济社会发展的要求不相适应，存在体制不顺、活力不足、投入不够、功能不强和人才缺乏等问题，特别是矿产资源勘查滞后，重要资源可采储量下降，难以满足现代化建设的需要。我国工业化、城镇化进程加快，经济社会发展与资源环境的矛盾日益突出。加强地质工作，是缓解资源约束、保障经济发展的重要举措，是推进城乡建设、开展国土整治的重要基础，是防治地质灾害、改善人居环境的重要手段。必须从全面建设小康社会、加快推进社会主义现代化的战略高度，进一步提高对地质工作重要性的认识，增强责任意识和紧迫感，切实加强地质调查、矿产勘查和地质灾害监测预警等工作。

（二）加强地质工作的总体要求。坚持以邓小平理论和“三个代表”重要思想为指导，全面贯彻落实科学发展观。按照以人为本、全面协调可持续发展的要求，统筹地质工作部署与经济社会发展需要，统筹公益性地质调查与商业性地质勘查，统筹矿产地质勘查与环境地质勘查，统筹国内地质事业发展与地质领域对外开放。深化体制改革，大力推进地质勘查管理体制和运行机制转变，加快构建与社会主义市场经济体制相适应的地质工作体系。切实加强重要矿产资源勘查，努力实现地质找矿新的重大突破，为全面建设小康社会提供更加有力的资源保障和基础支撑。

（三）加强地质工作的基本原则。坚持立足国内、适度超前、突出重点、完善体制、依靠科技。充分挖掘国内资源潜力，加大找矿力度，提高资源供给能力和保障程度。面向社会需求，搞好统筹规划，超前部署和开展地质勘查。集中力量加强矿产资源勘查，突出重点矿种和重点成矿区带勘查工作，增加资源地质储量。建立政府与企业合理分工、相互促进的地质勘查体系，健全中央和地方政府各负其责、相互协调的地质工作管理体制，形成矿产资源勘查开发和资金投入的良性循环机制。推进地质理论研究与创新，广泛应用高新技术和先进适用技术，加快地质工作现代化步伐。

二、明确地质工作主要任务

（四）突出能源矿产勘查。能源矿产是重要的战略资源，必须放在地质勘查的首要位置。按照深化东（中）部、发展西部、加快海域、开辟新区、拓展海外的方针，重点加强渤海湾、松辽、塔里木、鄂尔多斯等主要含油气盆地勘查，积极探索陆地新区、新领域、新层系和重点海城勘查，切实增加可采储量。加快神东、陕北、晋北、鲁西、两淮等大型煤炭基地普查和必要的详查，加强南方缺煤省区和边远地区的煤炭勘查。加强铀矿勘查，尽快探明一批新的矿产地。积极开展煤层气、油页岩、油砂、天然气水合物等非常规能源资源的调查评价和勘查。

（五）加强非能源重要矿产勘查。非能源矿产是经济社会发展的重要物质基础。以国内急缺的重要矿产资源为主攻矿种，兼顾部分优势矿产资源，按照东部攻深找盲、中部发挥特色、西部重点突破、境外优先周边的方针，实施矿产资源保障工程。重点加强铁、铜、铝、铅、锌、锰、镍、钨、锡、钾盐、金等矿产勘查。在西南三江、雅鲁藏布江、天山、南岭、大兴安岭等重点金属成矿区带，合理部署矿产普查，引导和鼓励商业性勘查，形成一批重要资源基地。继续实施国土资源大调查，积极开展矿产远景调查和综合研究，加大西部地区矿产资源调查评价力度，科学评估区域矿产资源潜力，为科学部署矿产资源勘查提供依据。

（六）做好矿山地质工作。矿山地质工作对合理开发利用资源、延长现有矿山服务年限意义重大。按照理论指导、技术优先、探边摸底、外围拓展的方针，搞好矿山地质工作。加强矿山生产过程中的补充勘探，指导科学开采。加快危机矿山、现有油气田和资源枯竭城市接替资源勘查，大力推进深部和外围找矿工作。开展共生伴生矿产和尾矿的综合评价、勘查和利用。做好矿山关闭和复垦阶段的地质工作。

（七）提高基础地质调查程度。基础地质调查是提高国土调查程度的基本手段。在重要经济区域、重点成矿区带、重大地质问题地区，按照多目标、多学科、多技术的要求，系统开展区域地质、地球物理、地球化学和遥感地质等调查，建立地质图文更新机制，为社会提供有效快捷的地质信息服务。实施海洋地质保障工程，开展区域海洋地质调查，进行海岸带、大陆架和海底地质情况探测，系统掌握海洋地质基础数据，摸清海域油气资源潜力。积极参与国际海洋地质调查计划和国际海底矿产资源勘查活动。

（八）强化地质灾害和地质环境调查监测。地质环境特别是地质灾害调查监测，是减少地质灾害损失、促进人与自然和谐的基础工作。实施地质环境保障工程，全面提高地质灾害防治和地质环境保护水平。完善全国地下水监测网络，加强地下水动态调查评价和过量开采与污染的监测。尽快完成重点地区地质灾害普查，建立健全群专结合的地质灾害防治体系，继续做好三峡库区等重点地区地质灾害防治工作。开展基础设施建设、城镇建设以及乡村建设前期地质勘查，搞好西电东送、南水北调、交通网络建设等重大工程的地质基础工作。强化地质灾害易发区工程建设和城镇规划地质灾害危险性评估。全面推进农业地质、城市地质、矿山环境地质调查工作。

（九）推进地质资料开发利用。地质资料是地质工作服务社会的主要载体。建立健全地质资料信息共享和社会化服务体系，加快利用现代信息技术，建设国家地质资料数据中心和全球矿产资源勘查开采投资环境信息服务系统。严格执行地质资料汇交制度，开展地质资料专项清理，推进地质资料的研究开发，充分发挥现有地质资料的作用，避免工作重复和资料浪费。全面公开地质资料目录，推进地质图书档案、重点实验室等向社会开放，依法及时向社会提供地质信息服务。

三、完善地质工作体制机制

（十）健全公益性地质工作体系。国家根据经济社会发展的需要，开展公益性地质工作。中央政府主要负责全国能源和其他重要矿产资源远景调查与潜力评价，全国性、跨区域、海域基础地质和环境地质的综合调查与重大地质问题专项调查。省级政府主要负责为本地区经济社会发展服务的基础地质、矿产地质和环境地质调查。实施公益性地质调查，应当积极引入市场竞争机制，优选项目承担单位。中央和省级政府要按照部门预算管理要求，将公益性地质调查队伍经常性支出等有关经费列为本级财政支出的重点内容，切实保障公益性地质调查队伍的运行和工作的开展；项目经费按实际工作量核定。

（十一）加强公益性地质调查队伍建设。中国地质调查局统一部署、组织实施中央政府负责的基础性、公益性地质调查和战略性矿产勘查工作，强化相关技术、质量、成果管理和社会化服务。以中国地质调查局直属单位为基础，按照人员精干、结构合理、装备精良、能承担重大任务的要求，抓紧建精建强中央公益性地质调查队伍。面向社会招聘专业技术骨干，充实野外地质调查技术力量，增强野外调查和科研能力。省级政府也要尽快建实建强地方公益性地质调查队伍，中国地质调查局应通过项目联系对其进行业务指导。

（十二）建立矿产资源勘查投入良性循环机制。充分发挥中央、地方和企业等各方面的积极性，形成多渠道投入地质勘查的机制。加大财政对矿产资源勘查的资金投入力度，注重发挥对社会资金的引导作用。国家建立地质勘查基金（周转金），着重用于重点矿种和重点成矿区带的前期勘查，主要通过招投标的方式确定项目承担单位，充分发挥各类地质勘查单位的人才和技术优势。对地质勘查基金出资查明的矿产资源，除国家另有规定外，一律采用市场方式出让矿业权（包括探矿权、采矿权），所得收入由中央和地方按比例分成，主要用于补充地质勘查基金，实现基金的镶动发展。完善资源税、矿产资源补偿费和矿业权使用费政策。合理划分中央与地方矿产资源收益，按照取之于矿、用之于矿的原则，确定使用方向，规范资金管理。中央财政和省级财政分成所得的矿产资源补偿费、矿业权使用费和矿业权价款等收益，主要用于矿产资源勘查。省级财政的资源税收入，也应拿出一定比例用于矿产勘查。省级政府可以根据需要，建立省级地质勘查基金。允许矿业企业的矿产资源勘查支出按有关规定据实列支。

（十三）完善商业性矿产资源勘查机制。对可以由企业投资的商业性地质勘查项目，政府原则上不再出资，主要运用政策调控，改善市场环境，发挥引导和促进作用。对勘查风险大的能源和其他重要矿产资源，政府适当加大前期勘查力度，带动商业性矿产勘查投资。鼓励各类社会资本参与矿产资源勘查，培育壮大商业性勘查市场主体，确立企业在商业性矿产资源勘查中的主体地位。各类矿业企业新建矿山或采区，必须依法投资矿产资源勘查或有偿取得矿业权，承担投资风险，享受投资权益。鼓励国有矿山企业实行探采结合、组建具有国际竞争力的矿业公司或企业集团，增强在国内外参与矿产资源勘查开采的能力。鼓励国有地质勘查单位与社会资本合资、合作，组建矿业公司或地质技术服务公司。鼓励发展多种所有制的商业性矿产资源勘查公司和机制灵活的找矿企业。

（十四）培育矿产资源勘查市场。深化矿产资源有偿使用制度和矿业权有偿取得制度改革，建立健全全国统一、竞争、开效、有序的矿业权市场。加强政策支持和信息引导，完善市场规则，建设交易平台，加强市场监管，维护市场秩序。培育矿产资源勘查资本市场，支持符合条件的勘查开采企业在境内外上市融资。培育和规范地质勘查市场中介服务机构，完善矿业权、矿产储量评估机制，健全矿业权评估师、矿产储量评估师制度，建立注册地质师执业准入资格制度。

（十五）深化国有地质勘查单位改革。进一步落实国务院关于地质勘查队伍管理体制改革的方案，按照企事分开的原则，推进国有地质勘查单位改革。省级政府和国务院相关部门要认真总结改革经验，加大工作力度，因地制宜，区别对待，加强对改革的指导。各地区、各部门应从实际出发，积极探索有利于加强地质工作的改革途径。加强中央管理的地质勘查队伍建设，提高矿产资源勘查技术水平和国际竞争能力。按照事业单位改革的有关规定，尽快落实国有地质勘查单位离退休人员和在职职工社会保障政策。对实行属地化管理的地质勘查单位，地方政府要按照当地统一政策，加快落实有关住房改革所需经费，解决职工住房和基础设施建设欠账过多等问题。对其中的原中央直属地质勘查单位，在“十一五”时期，国家继续实行中央预算内投资补助，主要用于基础设施建设。积极推进分离地质勘查单位办社会职能的改革。对中央管理的煤炭、核工业、冶金、有色、武警黄金、化工、建材、盐业地质勘查单位，比照上述有关政策执行。

（十六）扩大地质领域对外开放。以开放促改革促发展，全面提高矿产资源勘查开采效率和水平。进一步创造稳定、公平、透明的法制和政策环境，保障外商投资矿产资源勘查开采的合法权益。完善相关政策，加大鼓励外商投资矿产资源勘查开采的力度，积极引进国外资本、先进技术和管理方法。鼓励国内有条件的企业到境外开展重要矿产资源勘查开采。广泛开展地球科学和地质勘查领域的国际交流与合作。

四、增强地质科技创新能力

（十七）推进地质科技进步。完善地质科技创新体系，编制全国地质科学和技术发展中长期规划，建立健全鼓励创新的机制，营造良好的科研环境。积极开展重大地质问题科技攻关，突出重点矿种和重点成矿区带地质问题研究，大力推进成矿理论、找矿方法和勘查开发关键技术的自主创新。积极开展非常规油气资源、低品位资源、难利用资源以及尾矿资源的开发利用技术研究。加快推进地质工作信息化，继续实施数字国土工程，在矿产资源勘查中广泛应用地理信息系统、全球定位系统和遥感技术等现代信息技术，加快对地观测、深部探测和分析测试等高新技术的开发与应用。实施地壳探测工程，提高地球认知、资源勘查和灾害预警水平。提升地质装备水平，提高现有地质装备利用的效率，增强矿产资源勘查核心技术和关键装备的自主研究开发能力。加强重点实验室、工程技术研究中心、野外长期观测站网等科技平台建设。充分发挥地质类高等院校和科研机构：在地质科技领域的作用。建立多渠道的地质科技投入体系。国家逐步增加地质科技投入，并在相关地质专项中合理安排重大科技问题研究和新技术推广的经费。

（十八）积极发展地质教育。大力发展地质高等教育和中等职业教育。加强地质类学科建设，调整优化地质专业设置和教学内容。有关院校要增设地学综合类课程。积极推进地质类高等院校与行业企业的合作和共建。加大对地质类教育的财政投入，加强地质类院校办学条件建设。根据地质工作的实际需要，保持合理的地质类学生招生规模。国家奖学金和资助贫困学生政策进一步向地质类学生倾斜，鼓励学生报考地质类专业。提倡高等院校地质类教师到地质勘查单位挂职，加强地质类院校野外实习教学，鼓励学生毕业后到地质一线就业。在中小学教学中增加地球科学方面的内容。加大宣传力度，普及地球科学、资源环境、地质灾害等方面的知识。

（十九）加快地质人才开发。建立健全鼓励创新的地质人才开发机制和管理体制。造就一大批品德优良、基础厚实、知识广博、专业精深的地学新人。以重大地质勘查和科技攻关项目为依托，大力培养创新型人才、复合型人才和科技领军人才；项目负责人中要有一定比例的中青年技术骨干。改善野外地质工作条件，对野外地质工作人员继续实行工资倾斜政策，完善津贴补贴政策。逐步建立知识、技术、管理等要素按贡献参与勘查开采项目收益分配的新机制，为稳定地质人才队伍创造良好环境。

五、提高地质工作管理水平

（二十）加强对地质工作的领导。各地区要进一步提高加强地质工作重要性和紧迫性的认识，将地质工作列入重要议事日程，强化对地方公益性地质调查队伍、实行属地化管理的地质勘查队伍的管理，落实和完善相关政策，指导各类地质队伍的改革和发展。国务院有关部门要认真履行各自职责，研究制定政策，加大支持力度，加强协作配合，共同做好地质工作。要建立健全地质勘查法规体系，严格依法行政，依法维护地质工作秩序，为地质调查和矿产资源勘查提供良好的工作环境。

（二十一）科学编制和实施地质勘查规划。通过规划明确地质勘查的发展目标、重点任务和保障措施，统筹全国地质工作布局，引导地质勘查资源合理配置。国务院和省级国土资源管理部门要根据经济社会发展的需要，充分利用现有工作基础，科学编制地质勘查规划，分别纳入国家和省级国民经济和社会发展规划，与相关专项规划搞好衔接，并通过年度计划、勘查项目、专项措施等予以落实。省级地质勘查规划要符合全国地质勘查规划的要求，报国土资源部批准后实施。

（二十二）做好地质勘查行业管理工作。国务院和省级国土资源管理部门要认真履行地质勘查行业管理职能。组织制定地质勘查政策措施，引导各类地质勘查企业健康发展，指导国有地质勘查单位改革和发展。完善地质勘查技术规范、行业标准，建立健全地质勘查单位资质管理制度，依法规范行业准入。建立统一的地质勘查行业统计制度，及时提供信息服务。规范和发展行业协会，发挥好行业自律、中介服务等作用。有关部门和单位要积极配合国土资源管理部门做好行业管理工作。

（二十三）强化矿业权管理。按照分类分级管理的原则，调整矿业权审批权限，增强中央政府对重要矿产资源勘查开采的调控能力。根据国家矿产资源规划，科学设置探矿权，并明确探矿权人的权利和义务。对发现有商业价值矿产地的探矿权人，依法维护其继续勘查、探矿权转让、采矿权取得等权利。加强对矿产资源勘查活动的监督管理，依法禁止圈而不探或以采代探的行为。整顿规范矿产资源勘查开采秩序，规范矿业权出让转让，依法查处矿产资源勘查开采违法行为。

（二十四）发挥地质工作者的积极性和创造性。各级政府都要积极创造条件，改善环境，充分发挥现有地质队伍和广大地质工作者的作用。广大地质工作者要进一步解放思想、转变观念，主动面向经济社会发展的主战场，积极拓展为现代化建设服务的领域。要适应新形势的需要，强化业务培训，不断更新知识，提高业务素质，增强服务能力。要大力弘扬“热爱祖国、追求真理、开拓创新、无私奉献”的精神，继承和发扬“以献身地质事业为荣、以艰苦奋斗为荣、以找矿立功为荣”的优良传统，在新时期地质工作中再创辉煌。

加强地质工作，任务光荣，责任重大。各地区、各部门要认真贯彻本决定，抓紧制定有关配套政策措施，加强监督检查，协调解决好执行过程中出现的问题，重大问题要及时向国务院报告。

国务院关于同意在山西省开展煤炭工业可持续发展政策措施试点意见的批复

国函〔2006〕52号

山西省人民政府，发展改革委、财政部、劳动保障部、国土资源部、税务总局、环保总局、煤矿安全监察局：

发展改革委商有关部门和地方报送的《关于在山西省开展煤炭工业可持续发展政策措施试点的意见》收悉。现批复如下：

一、同意《关于在山西省开展煤炭工业可持续发展政策措施试点的意见》。

二、试点工作的主要任务是：强化煤炭行业管理，完善煤矿安全生产机制，深化煤炭企业改革，推进资源市场化管理，建立煤炭开采综合补偿和生态环境恢复补偿机制以及煤炭企业转产、煤炭城市转型发展的长效机制，探索实现煤炭工业可持续发展的有效途径。

三、山西省人民政府要制订试点工作具体实施方案，加强领导，精心组织，积极稳妥地推进试点工作。发展改革委要会同有关部门加强指导，密切配合，认真研究解决试点中遇到的困难和问题，确保试点工作取得成效。

附件：关于在山西省开展煤炭工业可持续发展政策措施试点的意见

国务院

2006 年 6 月 15 日

附件：

关于在山西省开展煤炭工业可持续发展政策措施试点的意见

煤炭工业是我国重要的能源产业。煤炭工业可持续发展事关国民经济发展和能源安全大局。改革开放以来，我国煤炭工业快速发展，煤炭产量持续增长，对国民经济和社会发展发挥了重要作用。但煤炭工业在体制、资源、安全、环境和转产发展等方面的深层次矛盾仍然很多，山西等产煤大省遇到的问题更为突出，煤炭工业、产煤地区经济和社会可持续发展面临严峻挑战。为了促进煤炭工业可持续发展，按照国务院批准的《煤炭工业可持续发展政策研究及试点工作方案》，制定以下政策措施。本政策措施先在山西省试点，条件成熟后逐步在全国实施。

一、总体思路

（一）指导思想

以科学发展观为指导，全面贯彻落实《国务院关于促进煤炭工业健康发展的若干意见》（国发〔2005〕18 号），统筹研究管理体制、资源开发、安全生产、环境治理、煤矿转产和煤炭城市经济转型，通过研究论证和试点工作，探索和制定促进煤炭工业可持续发展的政策措施，加强煤矿人才队伍建设，依靠科技创新，使煤炭工业尽快步入资源回采率高、安全有保障、环境污染少、经济效益好、全面协调和可持续的发展道路，为全面建设小康社会提供可靠的能源保障。

（二）主要任务

强化煤炭行业管理，形成职责明确、相互协调、务实高效的监管机制。进一步完善煤矿安全生产长效机制，保障煤炭工业安全发展。深化煤炭企业改革，推进煤炭成本完全化，培育具有发展活力、依法经营、承担经济和社会责任的市场主体。完善资源资产化和市场化管理，形成企业节约和合理开发煤炭资源的机制。建立生态环境恢复补偿机制，发展环境友好型煤炭工业。建立煤炭企业转产、煤炭城市转型发展援助机制，加大对产煤地区的政策扶持，促进产煤地区经济和社会协调发展。

（三）基本原则

坚持以人为本，充分发挥人的主观能动作用，促进煤炭工业健康发展新机制的形成；坚持培育合格的市场竞争主体，发挥市场在资源配置中的基础性作用，促进资源向优势企业集中；坚持市场化改革方向，各类企业市场主体地位平等，为大型煤炭企业参与市场公平竞争创造条件；坚持“谁开采、谁治理”，构建适应社会主义市场经济的新机制，统筹解决历史遗留问题；坚持“谁收益、谁付费”，兼顾企业和社会的承受能力，逐步实现煤炭生产外部成本内在化。

二、加强煤炭行业宏观管理

（一）健全煤炭行业管理体制

落实煤炭行业管理职能部门，科学确定职能，充实和加强煤炭管理力量，健全和完善管理制度，优化政策环境，加强对煤炭生产经营全过程的监督管理。具体方案由山西省政府按程序报批。

（二）加强煤炭行业中长期规划管理

在国家加强煤炭行业宏观调控的同时，山西省要根据国民经济发展和国家能源中长期发展规划，结合“十一五”规划，统筹市场需求、资源条件、外运通道建设、煤炭就地加工转化、环境承载能力等因素，全面开展煤炭资源开发潜力评价，合理确定本省煤炭产量等中长期规划目标，并据此加强煤矿开发建设调控，优化资源配置和煤炭生产开发布局，保障国民经济发展需要和山西煤炭工业健康发展。

（三）提高煤矿准入标准

尽快完善煤矿准入标准。继续推进煤矿的整顿关闭，规范资源整合，整合后矿井规模不低于30万吨/年，新建矿井规模原则上不低于60万吨/年，回采率不低于国家规定。年产量30万吨以上煤矿的矿长，以及安全、生产、机电副矿长和总工程师必须由具有中专以上学历或助理工程师以上技术职称的人员担任；30万吨以下煤矿至少配3名中专以上学历或助理工程师以上技术职称的人员担任领导职务。

三、完善煤矿安全生产长效机制

（一）落实安全生产责任制

进一步完善煤矿企业主要负责人对安全生产工作全面负责的企业安全责任体系。山西省煤炭行业管理部门要加强对煤矿生产建设全过程的安全管理。山西省安全生产监管局要加强对煤矿安全生产的指导和监管。山西煤矿安全监察局要加强对地方政府煤矿安全监管工作的检查指导，依法监察煤矿企业，查处煤矿安全事故。要按照《安全生产许可条例》的规定，将煤炭企业参加工伤保险作为颁发安全生产许可证的前提条件。

（二）建立联合执法机制

山西省安全生产监管局和山西煤矿安全监察局要与省煤炭行业管理、国土资源、工商管理、公安等部门建立联合执法制度。对依法责令停产整顿的煤矿，有关部门要协同配合，暂扣安全生产许可证、煤炭生产许可证、采矿许可证、企业营业执照等，查封或限量供应火工品，派专人驻矿监督，保证整改措施落实到位。对依法关闭的煤矿，要及时注销各种证照，并采取炸毁井筒、收缴火工品、停电停水等措施。要严厉打击非法开采行为，落实县、乡政府监管责任。

（三）提高安全生产技术水平

加强煤矿安全技术培训和资质管理，煤矿井下人员必须经有资质的安全培训机构培训并考试合格，做到持证上岗；从事特殊工种的人员要具备初中以上文化程度。国家规定的特殊职业（工种）必须取得职业资格证书，实行就业准入。从事煤矿生产和建设施工单位必须具有安全资质，负责人必须取得相应资格证书。依托现有国有重点煤矿科技资源，建立面向中小型煤矿的区域性煤矿安全生产技术服务中心。积极推广数字化瓦斯远程监控系统建设，山西省内高瓦斯与瓦斯突出矿井要全部建立安全监测监控系统，国有重点煤矿企业要实现内部联网，国有地方煤矿、乡镇煤矿要实现县（区）范围内联网，确保系统功能健全、运行可靠、监控有效。鼓励煤矿企业深入开展安全质量标准化活动，对达到安全质量标准的煤矿实行减收安全风险抵押金等优惠政策。

（四）加强劳动用工管理

进一步规范劳动用工行为，促进煤炭企业安全生产。所有煤炭生产企业在招用职工后，要按规定到当地劳动保障部门办理招用工登记、备案手续；招用的职工须经过安全教育培训和就业前培训，掌握安全生产的基本知识；企业必须与所有职工依法签订和严格履行劳动合同，并按照《工伤保险条例》规定，为职工依法办理工伤保险手续，按时足额缴纳费用。凡达不到要求的企业，限期进行整改，逾期达不到要求的，依法责令其停产整顿。煤矿企业要按劳动定员组织生产。制订并实施煤矿井下工人艰苦岗位津贴标准。

四、深化煤炭企业改革

（一）分离煤矿企业办社会职能

加快分离国有煤炭企业（包括原国有重点煤矿）办社会职能，增强企业发展活力和市场竞争力。所需费用原则上由山西省政府负责筹集，主要通过地方分成的有偿处置原国有地方煤矿、非国有煤矿已无偿获得资源的矿业权价款来解决。要统筹规划，周密安排，确保矿区社会稳定。

（二）加快培育和发展大型煤炭企业集团

结合大型煤炭基地建设，打破地域、行业和所有制界限，鼓励国内大型企业集团参与山西煤炭资源开发，加快培育和发展大同煤矿集团公司、山西焦煤集团公司，组建区域性的阳泉、潞安、晋城煤炭企业集团公司。鼓励大型煤炭集团公司采取收购、兼并、控股等多种形式整合地方煤矿特别是乡镇煤矿。在存量资源市场化过程中推进煤炭资源整合，引导和鼓励煤矿企业以“资源资产化管理、企业股份制改造、区域集团化重组”的方式，组建区域性、综合性煤炭企业集团。

（三）加快中小型煤矿股份制改造

按照现代企业制度的要求，加快煤矿企业股份制改造。煤矿企业股份制改造过程中，要按照国家有关规定，对煤炭矿业权合理评估作价，防止资源资产流失。采取切实可行的措施，促使煤炭资源向优势企业集中，促进大型煤炭企业发展，带动中小型煤矿生产技术和管理水平的提高。乡镇煤矿股份制改造时，要充分兼顾乡（镇）、村的利益，调动基层的积极性，为煤矿企业发展创造良好的外部环境。

（四）完善煤炭成本核算办法

完善煤炭企业成本核算制度和财务核算办法。在保持煤炭市场价格基本稳定的前提下，煤炭企业要足额核算安全成本、劳动力成本、资源成本、环境成本、转产成本，逐步使煤炭开采外部成本内在化，实现煤炭成本合理化。同时，必须足额列支井下职工特殊津贴。在煤炭成本完整、真实、可比的基础上，完善煤炭价格市场形成机制，在执行煤电价格联动政策时，坚持煤炭企业和电力企业双方协商定价的原则，兼顾行业间的利益平衡。

五、促进煤炭资源有偿使用和合理开发

（一）做好煤炭资源开发规划和矿业权管理

加强煤田地质勘探，勘查程度具备规划条件的煤炭矿区，由山西省发展改革、煤炭行业、国土资源主管部门分别组织编制矿区总体规划、矿业权设置方案，在充分沟通和衔接的基础上，分别报国家发展改革委、国土资源部审批，并抄报财政部。勘查程度不具备规划条件的煤炭矿区，由国家出资勘查，具备规划条件后编制矿区总体规划、矿业权设置方案。依据矿区总体规划和矿业权设置方案，设置和出让探矿权、采矿权。本意见开始实施之日起，山西省境内不再设置由社会投资的普查程度以下的探矿权，已经取得的要限期提交普查报告，逾期不提交的不再受理探矿权延续登记申请。具体办法由山西省政府制定，报国土资源部备案。

（二）完善矿业权有偿取得制度

现有煤矿无偿取得的矿业权要实行有偿取得。山西省要按照国家关于矿产资源矿业权出让转让、矿业权价款处置的有关规定，结合煤炭资源整合、中小型煤矿兼并重组和股份制改造，有序推进国有地方煤矿、非国有煤矿采矿权有偿取得制度的改革。

新设立煤炭资源矿业权，按照“统一规划、集中开发、一次置权、分期付款”的原则，以招标、拍卖、挂牌等市场竞争方式出让。其中，国有重点煤炭企业需要扩大矿区范围解决接续资源的，按国土资源部有关规定可以协议方式有偿取得探矿权和采矿权，出让价款比照同类条件下的市场价确定。国有重点煤炭企业现有井田周边由国家出资勘查形成的矿业权，同等条件下优先出让给该国有重点煤炭企业。鉴于煤炭矿业权市场化初期市场价格变化较大，为保障国家资源所有者权益，维护公平竞争，杜绝炒卖矿业权，对服务年限较长、一次性缴纳矿业权价款有困难的煤矿，可以按照国家有关规定分期确定和缴纳矿业权价款。

（三）合理分配和使用矿业权出让收益

有偿出让煤炭资源矿业权收取的价款，由中央政府和山西省政府按2：8比例分成。矿业权价款中央留成部分按照国家有关规定使用；地方留成部分除了用于煤炭资源勘查、保护和管理支出外，主要用于解决由于煤炭开采造成的生态环境、国有企业办社会等历史遗留问题。具体办法由山西省政府提出，报财政部、国土资源部和国家发展改革委审定。对山西原国有地方煤矿、非国有煤矿已无偿取得矿业权的资源，其矿业权价款中央分成部分主要用于支持山西煤炭工业发展。具体办法由财政部、国土资源部商山西省政府确定。

六、加强产煤地区生态环境综合治理

（一）制定生态环境恢复治理规划

山西省要按照“统筹兼顾、突出重点”的原则，突出土地塌陷治理、煤矸石治理、水资源保护和环境污染治理、生物多样性保护、植被恢复等内容，结合当地经济和社会发展中长期规划，编制生态环境恢复治理规划。通过资源资产收益、地方财政和企业增加投入、中央财政转移支付等多渠道筹集资金，加大环境保护和治理投入，区分轻重缓急，逐步实施规划，力争用10年左右的时间，使山西省生态环境有明显好转，促进经济和社会和谐发展。

（二）完善生态环境评价及监管制度

煤炭资源开发利用要与城市规划相衔接。环保行政主管部门要加强环境影响评价工作，具体制定煤炭开发环评内容、标准和规范，强化生态环境评价。严格实施煤炭开发规划的环境影响评价，高度重视水源地、人口密集村镇、重要河床下采煤问题，开采前必须进行生态破坏和经济损失专项评估。对可能造成严重生态破坏和巨额经济损失的，必须禁采、限采或采取有效的保护和防范措施。建立环境监理制度，加强对煤炭开采活动环境监理，有效预防和减少环境污染和生态破坏。制定地方性法规，依法促使煤炭企业把环境保护和治理贯穿于煤炭资源开发、利用、加工、转化的全过程。

（三）建立煤炭开采综合补偿机制

新建和已投产的各类煤炭生产企业要制订矿山生态环境保护与综合治理方案，加快矿井废水、煤矸石、矿区地面沉陷和水土流失的治理。对废弃矿山和老矿山的生态环境恢复与治理，按照“谁投资、谁受益”的原则，积极探索通过市场机制多渠道融资，加快治理与恢复进程。

煤矿企业应依据矿井设计服务年限或剩余服务年限，按煤炭销售收入的一定比例，分年预提矿山环境治理恢复保证金，并列入成本，按“企业所有、专款专用、专户储存、政府监督”的原则管理。

将现行征收的山西能源基地建设基金调整为煤炭可持续发展基金，对各类煤矿按动用（消耗）资源储量、区分不同煤种征收，主要用于企业无法解决的区域生态环境治理、资源型城市和重点接替产业发展、因采煤引起的其他社会性问题。企业缴纳的煤炭可持续发展基金计入生产成本。基金的审批管理由财政部负责，征求国家发展改革委意见，报国务院批准；有关基金具体使用安排等事项，由国家发展改革委会同财政部、环保总局审批。

征收煤炭可持续发展基金之前，延续征收山西能源基地建设基金。

七、加快煤矿转产和产煤地区经济转型

（一）加大转产转型力度

山西省要根据煤矿转产和资源型城市转型的需要，编制全省煤炭企业转产和资源型城市转型发展规划，利用报废矿区土地发展循环经济和接替产业，优先审批项目规划和用地计划。支持大型煤炭基地发展坑口电站、资源综合利用项目和煤化工项目，在同等条件下国家投资主管部门要优先给予项目核准。

（二）鼓励煤矿企业转产职工再就业

按照国务院批准的国有企业关闭破产总体规划，继续做好原国有重点煤矿政策性关闭破产工作，妥善安置职工，做好各项社会保险关系接续，切实保障煤矿职工的合法权益。安置煤矿转岗失业人员再就业的企业和自谋职业、自主创业的转岗失业人员，符合条件的，按规定享受再就业优惠政策。

（三）建立煤矿转产发展资金

根据《煤炭法》关于“建立煤矿企业积累煤矿衰老期转产资金的制度”的规定，煤炭生产企业要建立煤矿转产发展资金，用于煤炭企业转产、职工再就业、职业技能培训和社会保障等。转产发展资金“成本列支、自提自用、专款专用、政府监督”。具体办法由山西省政府提出，报财政部和国家发展改革委审批。

煤炭工业可持续发展试点工作是一项复杂的系统工程，涉及面广，政策性强。国务院有关部门和单位组成的煤炭工业可持续发展政策研究及试点工作协调小组要跟踪试点工作，及时发现问

题，及时指导、协调、完善有关政策，为试点工作顺利进行创造条件。山西省成立煤炭工业可持续发展试点工作领导组，并在综合经济部门设立办事机构，抽调人员做好相关工作；要研究制定相关地方法规和试点工作具体实施方案，做好宣传教育和稳定工作；要加强对煤矿特别是对中小煤矿筹集各项费用的监管，创造公平竞争的市场环境；建立各部门有效沟通和信息反馈机制，对可能出现的突出问题和矛盾，要做好应对预案，确保煤炭工业可持续发展政策措施试点工作有序进行。

财政部　国土资源部　国家发展改革委关于转发深化煤炭资源有偿使用制度改革试点实施方案的请示

2006 年 8 月 9 日　财建〔2006〕193 号

国务院：

根据国务院领导同志的有关指示精神，为了稳步推进矿产资源有偿使用制度改革工作，财政部会同有关部门对深化矿产资源有偿使用制度改革的总体思路、实施步骤和配套政策进行了认真研究。鉴于此项改革涉及面广，历史遗留问题多，宜先易后难，循序渐进。为此，财政部、国土资源部商定，拟从 2006 年起，选择煤炭行业进行矿产资源有偿使用和探矿权采矿权有偿取得制度改革试点。2005 年 12 月财政部、国土资源部联合向国务院报送了《关于深化煤炭资源有偿使用制度改革试点的意见》（以下简称《意见》）。2006 年 1 月 18 日，张平副秘书长约请发展改革委、财政部、国土资源部、税务总局的有关负责同志对《意见》进行了研究。会议协商同意，在方案完善的基础上，财政部、国土资源部牵头选择煤炭主产省进行煤炭资源有偿使用制度改革试点。此事已报培炎副总理审示。

根据协调会议精神，2006 年 2 月 9 日财政部、国土资源部邀请发展改革委、国资委、环保总局和煤炭工业协会进行了座谈，对《意见》做了进一步论证和完善。在此基础上，财政部会同国土资源部、发展改革委研究草拟了《关于深化煤炭资源有偿使用制度改革试点的实施方案》（以下简称《实施方案》），拟选择山西等 8 个煤炭主产省进行煤炭资源有偿使用制度改革试点。

现将《实施方案》送上，请审定，并建议以国务院办公厅名义转发。

附件：1. 国务院办公厅转发财政部国土资源部发展改革委关于深化煤炭资源有偿使用制度改革试点实施方案的通知（代拟稿）

2. 关于深化煤炭资源有偿使用制度改革试点的实施方案

3. 关于对《深化煤炭资源有偿使用制度改革试点的实施方案》的说明

4. 国务院领导批示复印件（略）

附件1:

国务院办公厅转发财政部国土资源部发展改革委关于深化煤炭资源有偿使用制度改革试点实施方案的通知

(代拟稿)

各省、自治区、直辖市人民政府,国务院各部委、各直属机构:

财政部、国土资源部、发展改革委《关于深化煤炭资源有偿使用制度改革试点的实施方案》已经国务院同意,现转发给你们,请认真贯彻执行。

2006 年　月　日

附件 2：

关于深化煤炭资源有偿使用制度改革试点的实施方案

财政部 国土资源部 国家发展改革委

2006 年 月 日

为了稳步推进矿产资源有偿使用制度改革工作，财政部会同有关部门对深化矿产资源有偿使用和探矿权采矿权有偿取得制度改革的总体思路、实施步骤和配套政策进行了认真研究。鉴于此项改革涉及面广，历史遗留问题多，宜先易后难，循序渐进。为此，财政部、国土资源部、发展改革委决定，从 2006 年起，选择山西等煤炭主产省进行煤炭资源有偿使用制度改革试点。现提出如下改革试点实施方案：

一、深化煤炭资源有偿使用制度改革试点的总体思路

坚持保护环境、节约资源的基本国策与促进煤炭工业健康发展并举。结合贯彻落实党的十六届五中全会精神和国务院关于加强地质工作的决定及国务院关于促进煤炭工业健康发展的若干意见，以深化煤炭资源探矿权采矿权有偿取得和建立煤炭资源勘查、开发合理成本负担制度为核心，以促进煤炭资源合理有序开发和不断提高煤從资源回采率为目标，在深化煤炭探矿权采矿权有偿取得的同时，相应地调整现行涉及煤炭资源的税费政策，逐步让煤炭企业合理负担其成本，煤炭产品价格真正反映其价值，各级政府依法进行监管并获得其收益。同时，国家加大对煤炭资源勘查的支持力度。

二、深化煤炭资源有偿使用制度改革试点的主要政策措施

（一）煤炭资源探矿权采矿权全面实行有偿取得

自本实施方案发布之日起，凡出让新设的煤炭资源探矿权采矿权，除特别规定的以外，一律以市场竞争方式有偿取得。

本实施方案发布之日前企业无偿占有属于国家出资探明的煤炭探矿权和无偿取得的采矿权，均应进行清理，并严格依据国家有关规定对剩余的资源储量评估作价，缴纳探矿权采矿权价款。一次性缴纳探矿权采矿权价款有困难的，经探矿权采矿权登记管理机关批准，可在探矿权采矿权有效期内，探矿权价款最多分2年、采矿权价款最多分10年缴纳，分期缴纳价款的应承担不低于同期银行贷款利率水平的资金占用费：对分期缴纳价款仍有困难的国有煤炭企业，其探矿权采可权凡属由国家出资（包括中央财政出资、中央财政和地方财政共同出资）勘查形成的，经财政部会同国土资源部批准，允许申请将应缴纳的探矿权采那权价款部分或全部以折股的形式上缴，划归中央地质勘查基金（周转金）持有。

本实施方案发布之日前经财政部、国土资源部批准已将探矿权采矿权价款部分或全部转增国家资本金的，企业应当向国家补缴价款，也可以选择将已转增的国家资本金划归中央地质勘查基金（周转金）持有。

自本实施方案发布之日起，无论是中央财政出资、中央财政和地方财政共同出资还是地方财政出资形成的煤炭矿产地新设探

矿权采矿权，其价款一律不再转增国家资本金，或以持股形式上缴。

地勘单位在转让本实施方案发布之日前持有的由各级财政出资勘查形成的煤炭资源探矿权采矿权，其价款转增国家资本金政策可继续执行。

对国务院批准的重点煤炭开发项目、经省（自治区、直辖市）人民政府批准的大型煤炭开发项目、已设采矿权需要整合或利用原有生产系统扩大勘查开采范围的毗邻区域项目以及国家出资为危机矿山寻找接替资源的找矿项目，经国土资源部会同发展改革委批准，可以允许以协议方式有偿出让矿业权。

为了充分调动地方积极性，上述中央和地方收取的价款收入，统一按中央财政 20%、地方财政 80% 的比例分成。按照“取之于矿、用之于矿”的原则，中央分成部分将主要用于补充中央地质勘查基金（周转金）。地方分成部分除用于国有企业和国有地勘单位矿产资源勘查外，也可以用于解决国有老矿山企业的各种历史包袱。

（二）中央财政建立地质勘查基金（周转金），将煤炭资源勘查作为基金重点支持的矿种之一

根据《国务院关于加强地质工作的决定》（国发〔2006〕4号）精神，从 2006 年起，中央财政建立地质勘查基金（周转金）。中央地质勘查基金（周转金）来源包括：中央财政预算安排（含从中央所得的矿产资源补偿费、探矿权采矿权价款划入部分）；矿山企业和地勘单位应缴纳的探矿权采矿权价款以折股形式上缴的股权以及股权红利和股权变现收入等。

中央地质勘查基金（周转金）将国家确定的重点成矿区（带）内煤炭资源的预查、普查和必要的详查作为支持重点之一。同时注重引导地方政府和社会资金投入，共担风险、共享收益，形成滚动发展的良性投入机制，以缓解国民经济可持续发展对煤炭资源的需求问题。

（三）合理调整煤炭资源税费政策，促进煤炭企业提高资源回采率和加强安全生产

财政部会同有关部门研究进一步调整煤炭资源税税额。同时，在充分考虑资源有效利用率的基础上，研究改革煤炭资源税的计征办法。

财政部会同国土资源部、发展改革委研究调整矿产资源补偿费费率，探索建立矿产资源补偿费浮动费率制度，进一步完善矿产资源有偿使用制度，并充分体现国家资源所有权权益；适当调整煤炭资源探矿权采矿权使用费收费标准，完善探矿权采矿权使用费动态调整机制。

督促各类煤矿企业按有关规定足额提取煤矿生产安全费用和维简费，确保煤矿安全技术改造资金来源。

（四）加强煤炭资源开发和管理的宏观调控

国土资源部会同发展改革委等部门开展全国矿业秩序整顿和规范。发展改革委会同国土资源部等部门研究制定煤炭资源开发准入门槛，促进煤矿企业改组、改制，鼓励大煤矿兼并、收购中小煤矿，走规模化、集约化经营道路，推进资源开发方式的转变，提高煤炭资源利用效率。

加强煤炭资源规划管理。国土资源部抓紧编制煤炭勘查规划

和探矿权采矿权设置方案，组织开展国家规划矿区煤炭资源普查和必要的详查。同时，加强对地方煤炭资源规划的协调指导。

国土资源部会同财政部、发展改革委等部门研究加强煤炭资源探矿权采矿权一级市场管理的有关措施，探索国家建立煤炭等矿产地储备制度的可行性。同时进一步规范煤炭资源等探矿权采矿权交易市场，促进煤炭等矿业权有序流动和公开、公平、公正交易。

三、深化煤炭资源有偿使用制度改革试点的工作安排

（一）试点范围

选择山西、陕西、内蒙古、山东、黑龙江、安徽、河南、贵州等8个煤炭主产省（自治区）进行试点，并加以重点指导。山西省开展煤炭资源有偿使用制度试点工作要与国务院批复的在山西省开展煤炭工业可持续发展政策措施试点的意见相衔接。

（二）时间进度

2006年9月，财政部、国土资源部、发展改革委联合进行试点动员布置，启动试点工作。

2007年底，对试点工作进行评估、总结，提出完善矿产资源有偿使用制度改革的政策建议。

（三）组织分工

改革试点工作采取财政部、国土资源部、发展改革委统一部署，实施中给予指导并及时研究解决问题，具体工作由各省负责，由各省根据自身情况稳步推进。同时，财政部将会同有关部门抓紧制定推进改革试点工作的具体配套措施。

附件3：

关于对《深化煤炭资源有偿使用制度改革试点的实施方案》的说明

根据国务院领导的有关指示精神，财政部会同有关部门对深化矿产资源有偿使用和探矿权采矿权有偿取得制度改革的总体思路、实施步骤和配套政策进行了认真研究。鉴于此项改革涉及面广，历史遗留问题多，宜先易后难，循序渐进。财政部、国土资源部、发展改革委商定，从2006年起，选择山西、陕西、内蒙古、山东、黑龙江、安徽、河南、贵州等8个煤炭主产省（自治区）进行试点。据此，我们起草了《关于深化煤炭资源有偿使用制度改革试点的实施方案》（以下简称“实施方案”）。现对有关问题说明如下：

一、关于实施方案的可行性问题

实施方案是在深入调研和广泛听取各方面意见基础上形成的。各有关方面对上述方案表示赞成，认为是可行的。

需要强调的是，尽管叫试点，但矿业权（探矿权、采矿权）有偿取得不是新事情或新政策，国土资源部2003年颁发《探矿权采矿权招标拍卖管理办法（试行）》，规定从2003年8月1日起，新设置的矿业权除特别规定以外，一律以招拍挂方式出让，实行有偿取得。实施方案除了重申所有新设置的矿业权必须坚持有偿取得并进一步规范外，还提出了研究解决新旧政策衔接问题或矿业权取得“双轨制”问题，即过去无偿取得的矿业权也要对剩余储量评估后，补交价款或分年补交价款，变目前矿业权取得“双轨制”为“单轨制”，这样才体现公平。

为了稳妥推进此项改革，我们拟将从以下几个方面做工作：一是将拟定和出台一整套配套政策和办法；二是选择主产省试点并加强重点指导；三是实施中重点研究解决大家担心的国有老煤，矿企业能否交得起矿业权价款，能否优先取得矿业权问题。

二、关于改革试点对煤炭资源成本价格推动问题

我们认为，改革试点对煤炭资源成本价格会有推动，但推动是逐步到位的，总体上影响并不大。

改革试点将实现煤炭企业资源外部成本内部化，即将矿业权取得成本和安全生产投入成本包含到煤炭资源成本价格中。

初步测算，上述两项成本内部化后，将增加煤炭企业生产成本约 27 元/吨。其中：预计煤炭安全成本吨煤增加 17 元。此项政策在 2004 年已出台，2005 年提高了提取标准。矿业权取得成本，由于从 2003 年 8 月起新设置的矿业权实行有偿使用，此次改革试点只对老矿业权有影响，主要是对老的国有煤炭企业增加一部分成本，预计吨煤成本增加 8 ~ 10 元，并允许最长分 10 年缴纳，因而影响是局部的，并且逐步到位。

上述成本内部化后，是逐步到位并影响价格的。实际上，上述成本有的目前虽未列入成本但已有部分在税后利润中列支，如企业安全投入等。考虑到当前煤炭资源价格形势，成本内部化后，煤炭企业仍有一定的利润空间，估计会吃掉一块利润，对煤炭价格的影响会小一些。当然，当煤炭价格走低时，企业会因为难以消化成本而推动价格上涨。初步匡算，上述成本内部化3年左右到位，真正影响或推动价格的一年平均下来7~8元/吨。

三、关于调整转增国家资本金政策问题

推进矿产资源有偿使用制度改革的难点和重点是调整现行探矿权采矿权价款转增国家资本金政策，充分体现国家出资人权益和新旧政策公平，也为加大地质勘查投入拓展资金渠道。

目前，财政部已会同国土资源部联合下发文件，明确从2005年10月1日起暂停受理矿山企业缴纳的探矿权采矿权价款部分或全部转增国家资本金的申请。当前的任务是抓紧做好遗留问题的清理工作。

对地勘单位转增国家资本金政策问题，撒区分改革前后，采取不同方式处理：实施方案规定，地勘单位在转让实施方案发布之日前持有的由各级财政出资勘查形成的煤炭探矿权采矿权，其价款转增国家资本金政策可继续执行。主要考虑，国务院有关文件明确规定地勘单位可以享受该政策，保留该政策是为了保持国家政策的连续性。同时规定，实施方案发布后，无论是中央出资还是地方出资勘查形成的煤炭矿产地新设探矿权采矿权，其价款一律不再转增国家资本金或以持股形式上缴。

改革后，涉及改革前已转增的国家资本金如何处置，如不调整，将产生新旧政策的不公平。实施方案规定，改革前已转增的国家资本金应当向国家补缴价教，或者折股后划归中央地质勘查基金（周转金）持有。

改革后取消转增国家资本金政策后，按照“取之于矿，用之于矿”的原则，国家通过设立中央地质勘查基金（周转金）

对地质勘查工作给予支持，也体现了对矿业企业和地勘单位的支持。

四、关于对国有煤矿企业和地勘单位的影响问题

我们认为，改革试点对包括矿山企业和地勘单位在内的国有单位是有利的。大家担心的国有老煤矿企业能否交得起矿业权价款，能否优先取得矿业权问题，在相关配套政策和办法中已作了考虑。

矿业权实行有偿取得对所有企业都一样，但矿业权价款收上来后，重点用于支持国有企业和国有地勘单位。按照“取之于矿、用之于矿”的原则，中央分成部分将主要用于补充中央地勘基金。地方分成部分除用于国有企业和国有地勘单位矿产资源勘查外，也可以用于解决国有老矿山企业的各种历史包袱，这对国有煤矿企业和地勘单位的发展是有利的。

至于大家担心的国有老煤矿企业能否交得起矿业权价款，实施方案中提出允许分10年缴纳，也可以折股上缴。在具体实施中，财政部、国土资源部将对确需支持的国有重点且财务困难的煤矿企业，拟采取“花钱买机制”的支持方式，即企业矿业权价款照交，财政部门、国土资源部门会同地方政府一起研究通过项目支持等方式予以补偿的办法。以上办法可以基本解决国有老煤矿企业缴纳矿业权价款问题。

五、关于以折股形式上缴矿业权价款问题

考虑到国有重点企业、老企业资金运转困难的情况，改革试点方案提出以折股方式缴纳价款，其目的是减少企业的现金流出，是缓解企业困难的好办法，我们在征求国有煤炭企业意见时，受到企业的欢迎。

六、关于合理确定国家有偿出让矿业权收益中中央和地方的分成比例问题

矿业权有偿出让收入中央与地方二八分成，主要考虑以下四点：

一是按照《国务院关于加强地质工作的决定》中对中央和地方有关地质勘查事权的划分：中央政府主要负责全国能源和其他重要矿产资源远景调查与潜力评价，全国性、跨区域、海城基础地质和环境地质的综合调查与重大地质问题专项调查。省级政府主要负责为本地区经济社会发展服务的基础地质、矿产地质和环境地质调查。相对来说地方承担的地质工作量较大。

二是现在大多数矿山企业和地勘队伍均已下放地方政府管理。

三是现在的探矿权采矿权价款出让收入实际上已绝大部分留在地方。

四是充分调动地方积极性。

七、关于全面推开还是选择主产省试点问题

包括探矿权、采矿权在内的矿业权有偿取得改革以及资源成本内部化，这是一项制度安排，理应所有矿种或者一个矿种全国推开，这样才具有可比性和有利于公平竞争，否则，可能造成先改革试点和成本内部化的地区或企业反而缺乏成本竞争力。但考虑到此项改革沙及面广，历史遗留问题多，宜先易后难，循序渐进，因此财政部、国土资源部、发展改革委选择山西、陕西、内蒙古、山东、黑龙江、安徽、河南、贵州等 8 个煤炭主产省

（自治区）进行试点，并加以重点指导。上述8个煤炭主产省（自治区）2005年产量占全国总产量的70%左右。

改革试点工作采取财政部、国土资源部、发展改革委统一部署，实施中给予指导和及时研究解决问题，具体工作由各省负责，由各省根据自身情况稳步推进。财政部、国土资源部、发展改革委拟于9月份联合进行试点动员布置，启动试点工作。

八、关于配套政策文件问题

为了周密、稳妥地推进此项改革试点工作，财政部将会同有关部门在上报国务院方案文件的基础上，拟制定出台以下配套办法：

1. 深化探矿权采矿权有偿使用制度改革有关问题的通知；

2. 探矿权采矿权有偿出让收益收缴使用管理办法；

3. 关于调整探矿权采矿权价款转增国家资本政策的通知；

4. 关于以折股形式上缴的探矿权采矿权价款管理办法；

5. 中央地质勘查基金（周转金）管理办法；

6. 矿业权设置管理办法；

7. 国有重点矿山企业资源有偿使用制度改革扶持资金管理办法。

以上7个配套办法与试点方案构成一套完善的思路和政策体系，对改革试点中的具体操作问题进行了明确，尤其是从配套政策上解决了大家担心的国有老煤矿能否交得起矿业权价款和能否优先取得矿业权问题。

国务院关于同意深化煤炭资源有偿使用制度改革试点实施方案的批复

国函〔2006〕102号

财政部、国土资源部、发展改革委：

你们《关于深化煤炭资源有偿使用制度改革试点的实施方案》收悉。现批复如下：

一、原则同意《关于深化煤炭资源有偿使用制度改革试点的实施方案》，请认真组织实施。

二、试点工作要以深化煤炭资源探矿权、采矿权有偿取得和建立煤炭资源勘查、开发合理成本负担制度为核心，加大对煤炭资源勘查的支持力度，完善煤炭资源税费政策，加强煤炭资源开发管理和宏观调控，促进煤炭资源合理有序开发，不断提高煤炭资源回采率。

三、各试点省(区)人民政府要根据试点工作的统一部署，加强领导，精心组织，结合本地区实际制订具体方案，积极稳妥地推进试点工作。国务院有关部门要加强指导，密切配合，抓紧出台各项配套政策和措施，及时研究解决试点工作中遇到的各种问题。

国务院

2006年9月30日

附件：关于深化煤炭资源有偿使用制度改革试点的实施方案

附件：

关于深化煤炭资源有偿使用制度改革试点的实施方案

财政部　国土资源部　国家发展改革委

为贯彻落实党的十六届五中全会精神和《国务院关于加强地质工作的决定》（国发〔2006〕4号）、《国务院关于促进煤炭工业健康发展的若干意见》（国发〔2005〕18号），财政部、国土资源部、发展改革委等有关部门对深化矿产资源有偿使用制度改革的总体思路、实施步骤和配套政策进行了认真研究。考虑到此项改革涉及面广，历史遗留问题较多，宜先易后难，逐步推开。经国务院批准，从2006年起，选择山西省等8个煤炭主产省（区）进行煤炭资源有偿使用制度改革试点。为做好试点工作，现提出如下实施方案：

一、总体思路

坚持保护环境、节约资源与促进煤炭工业健康发展并举，以深化煤炭资源探矿权、采矿权有偿取得和建立煤炭资源勘查、开发合理成本负担制度为核心，以促进煤炭资源合理有序开发和不断提高煤炭资源回采率为目标，相应调整煤炭资源税费政策，逐步使煤炭企业合理负担煤炭资源成本，煤炭产品价格真实反映价值，各级政府依法监管并获得相应收益，同时加大国家对煤炭资源勘查的支持力度。

二、主要政策措施

（一）严格实行煤炭资源探矿权、采矿权有偿取得制度

自本实施方案发布之日起，试点省（区）出让新设煤炭资源探矿权、采矿权，除特别规定的以外，一律以招标、拍卖、挂牌等市场竞争方式有偿取得。

本实施方案发布之日前企业无偿占有属于国家出资探明的煤炭探矿权和无偿取得的采矿权，均应进行清理，并在严格依据国家有关规定对剩余资源储量评估作价后，缴纳探矿权、采矿权价款。一次性缴纳探矿权、采矿权价款确有困难的，经探矿权、采矿权登记管理机关批准，可在探矿权、采矿权有效期内分期缴纳。其中，探矿权价款最多可分 2 年缴纳，采矿权价款最多可分 10 年缴纳，分期缴纳价款的企业应承担不低于同期银行贷款利率水平的资金占用费。分期缴纳价款仍有困难的国有煤炭企业，经财政部会同国土资源部批准，允许将应缴纳的探矿权、采矿权价款部分或全部以折股形式上缴，划归中央地质勘查基金（周转金）持有。

本实施方案发布之日前经财政部、国土资源部批准已将探矿权、采矿权价款部分或全部转增国家资本金的，企业应当向国家补缴价款，也可以将已转增的国家资本金划归中央地质勘查基金（周转金）持有。

自本实施方案发布之日起，新设煤炭资源探矿权、采矿权，其价款一律不再转增国家资本金，或以持股形式上缴。

地勘单位转让在本实施方案发布之日前持有的由各级财政出资勘查形成的煤炭资源探矿权、采矿权，可继续执行将价款转增

国家资本金的政策。

对国务院批准的重点煤炭开发项目，经省级人民政府批准的大型煤炭开发项目，已设采矿权需要整合或利用原有生产系统扩大勘查开采范围的项目，以及国家出资为危机矿山寻找接替资源的找矿项目，经国土资源部会同发展改革委批准，可以允许以协议方式有偿出让矿业权。

上述中央和地方收取的矿业权价款收入，统一按中央财政20%、地方财政80%的比例分成。按照“取之于矿、用之于矿”的原则，中央分成部分主要用于补充中央地质勘查基金（周转金）；地方分成部分除用于国有企业和国有地勘单位矿产资源勘查外，也可以用于解决国有老矿山企业的各种历史包袱问题。

（二）将煤炭资源勘查作为中央财政地质勘查基金（周转金）支持的重点

根据国发〔2006〕4号文件精神，从2006年起，中央财政建立地质勘查基金（周转金），其来源主要包括：中央财政预算安排资金（含从中央所得的矿产资源补偿费和探矿权、采矿权价款划入部分）；矿山企业和地勘单位应缴纳的探矿权、采矿权价款以折股形式上缴的股权以及股权红利、股权变现收入等。

为促进煤炭资源开发利用，中央地质勘查基金（周转金）将国家确定的重点成矿区（带）内煤炭资源的预查、普查和必要的详查作为支持重点之一，同时引导地方政府和社会资金投入，共担风险、共享收益，形成滚动发展的良性投入机制，以满足国民经济可持续发展对煤炭资源的需要。

（三）建立煤矿矿山环境治理和生态恢复责任机制

试点省（区）煤矿企业应依据矿井服务年限或剩余服务年限，按煤炭销售收入的一定比例，分年预提矿山环境治理恢复保证金，并列入成本，按照“企业所有、专款专用、政府监督”的原则管理。

对此前遗留的煤矿环境治理问题，试点省（区）要制定矿区环境治理和生态恢复规划，按照企业和政府共同负担的原则加大投入力度。对不属于企业职责或责任人已经灭失的煤矿环境问题，以地方政府为主，根据财力区分重点逐步解决。

（四）合理调整煤炭资源税费政策

由财政部会同有关部门研究进一步调整煤炭资源税税额。同时，在充分考虑资源有效利用率的基础上，研究改革煤炭资源税的计征办法。

由财政部会同国土资源部、发展改革委研究调整矿产资源补偿费费率，探索建立矿产资源补偿费浮动费率制度；适当调整煤炭资源探矿权、采矿权使用费收费标准，建立和完善探矿权、采矿权使用费的动态调整机制。

各类煤矿企业要按有关规定足额提取煤矿生产安全费用和维简费，确保煤矿安全技术改造资金来源。

（五）加强煤炭资源开发管理和宏观调控

由国土资源部会同发展改革委等部门进一步整顿和规范矿产资源开发秩序。发展改革委会同国土资源部等部门研究制订煤炭资源开发准入标准，促进煤矿企业改组、改制，鼓励大煤矿兼并、收购中小煤矿，走规模化、集约化经营道路，推进资源开发方式的转变，提高煤炭资源利用效率。

加强煤炭资源规划管理。国土资源部抓紧编制煤炭勘查规划和探矿权、采矿权设置方案，组织开展国家规划矿区煤炭资源普查和必要的详查。同时，加强对地方煤炭资源规划的协调指导。

国土资源部会同财政部、发展改革委等部门研究加强煤炭资源探矿权、采矿权一级市场管理的有关措施，探索建立国家煤炭等矿产地储备制度。同时，进一步规范煤炭资源等探矿权、采矿权交易市场，促进煤炭等矿业权有序流动和公开、公平、公正交易。

三、具体工作安排

（一）试点范围

选择山西、内蒙古、黑龙江、安徽、山东、河南、贵州、陕西等8个煤炭主产省（区）进行试点，并加以重点指导。山西省开展煤炭资源有偿使用制度试点工作要与国务院批复的在山西省开展煤炭工业可持续发展政策措施试点工作做好衔接。

（二）时间进度

2006年10月，由财政部、国土资源部、发展改革委联合进行试点动员，并启动试点工作。

2007年底，对试点工作进行评估、总结，提出进一步完善矿产资源有偿使用制度改革的政策建议。

（三）组织分工

由财政部、国土资源部、发展改革委对改革试点工作进行统一部署，对试点地区给予指导，并及时研究解决试点中出现的问题。具体工作由试点省（区）人民政府负责。

由财政部会同有关部门抓紧出台推进改革试点工作的各项具体配套措施。

财政部就深化煤炭资源有偿使用制度改革试点等相关问题答记者问

2006 年 11 月 29 日

近日，国务院批复了财政部、国土资源部、国家发展和改革委《关于深化煤炭资源有偿使用制度改革试点的实施方案》，并召开电视电话会议对煤炭资源有偿使用制度改革试点工作进行了动员和部署，财政部会同有关部门已出台了一系列配套政策措施，为改革试点工作顺利实施提供了保障。就深化煤炭资源有偿使用制度改革相关问题，财政部副部长朱志刚近日接受了记者的采访。

问：能否简单介绍一下深化矿产资源有偿使用制度改革的重大意义？

答：矿产资源是经济社会发展的重要物质基础。深化矿产资源有偿使用制度改革是促进矿业可持续发展的一项根本性措施。党中央、国务院对此高度重视，胡锦涛总书记、温家宝总理多次做出重要指示，党的十六届五中、六中全会指出，要健全资源开发有偿使用制度和补偿机制。为此，财政部会同国土资源部、国家发展和改革委对深化矿产资源有偿使用制度改革的总体思路、实施步骤和配套政策进行了认真研究，本着先易后难、逐步推进的原则，拟定了先从煤炭行业进行试点的改革实施方案。这项改革意义重大，我理解有以下几方面：

首先，深化矿产资源有偿使用制度改革，是实现经济社会可持续发展的必要措施。深化矿产资源有偿使用制度改革，可以使矿山企业在利益机制和价格杠杆的作用下，更加珍惜宝贵的矿产资源，提高资源开采效率；使消费者更加注重节约资源，提高资源的使用效率；还有利于从源头上减少污染排放，恢复和保护矿山生态环境，增加矿产资源勘查开发的投入，走节约发展、清洁发展、安全发展的可持续发展道路。

其次，深化矿产资源有偿使用制度改革，是完善社会主义市场经济体制的内在要求。深化资源有偿使用制度改革，就是要改变传统体制下廉价或无偿使用资源的情况，建立起充分反映资源稀缺程度、市场供求关系和环境治理成本的资源价格形成机制，使资源性产品价格能够体现完全成本，逐步形成有利于促进资源节约和集约利用的体制、机制。

第三，深化矿产资源有偿使用制度改革，是整顿和规范矿业市场秩序的重要内容。从根本上解决矿业秩序混乱问题，必须一手抓整顿，一手抓规范，在巩固整顿成果的基础上，加快推进规范建设。深化矿产资源有偿使用制度改革，重点要解决矿业权取得有偿与无偿并存的“双轨制”问题，理顺资源收益分配关系，建立权责一致的管理体制，促进企业公平竞争。

第四，深化矿产资源有偿使用制度改革，是促进地区经济社会发展的有效手段。深化资源有偿使用制度改革，合理调整政府和企业、中央和地方的利益分配关系，有利于调动地方的积极性和主动性，有利于把地方的资源优势转化为经济优势，进而带动资源富集地区的经济加快发展、社会全面进步，形成优势互补、良性互动的区域发展格局。

问：能否介绍一下为什么选择煤炭资源作为矿产资源有偿使用制度改革的试点？

答：选择煤炭资源进行试点，主要有以下几点考虑：一是煤炭作为我国最主要的能源资源行业，率先进行改革，具有较强的示范性，对于全面建立矿产资源有偿使用制度至关重要。二是煤炭资源的勘查开发风险较低，有利于采取招标、拍卖、挂牌等方式，建立规范的矿业权有偿出让制度。三是煤炭行业市场化程度高，部分省区具有矿产资源有偿使用的工作基础。四是当前煤炭市场形势有利于改革措施出台，今年1—10月全国原煤产量同比增长12.2%，生产持续增长，企业效益较好。这些都为改革试点创造了良好的条件和环境。五是从整顿和规范矿产资源开发秩序情况看，煤炭行业是治理整顿的重点，虽然整个煤炭行业矿业秩序有所好转，但还需要从体制、机制上采取治本的长效措施。

问：请您简单介绍一下《关于深化煤炭资源有偿使用制度改革试点的实施方案》的框架思路和政策要点。

答：深化煤炭资源有偿使用制度改革试点工作的指导思想是：以邓小平理论和“三个代表”重要思想为指导，按照全面贯彻落实科学发展观和构建社会主义和谐社会的要求，认真贯彻落实党中央、国务院关于矿业管理的一系列决策和部署。其基本原则是：坚持节约资源、保护环境与促进煤炭工业健康可持续发展并举，坚持整顿和规范矿业开发秩序与建立长效机制并举，坚持市场配置资源与国家宏观调控并举。其主要目标是：加大对煤炭资源勘查的支持力度，完善煤炭资源税费政策，加强煤炭资源开发管理和宏观调控，促进煤炭资源合理有序开发，不断提高煤炭资源回采率。其改革核心是：将矿业权取得由“双轨制”改为“单轨制”，即严格实行煤炭资源探矿权、采矿权有偿取得。其改革的重点是：建立新机制，即建立煤炭资源勘查、开发和矿山环境保护的约束和激励机制。

试点实施方案的政策措施主要有五个方面：一是严格实行煤炭资源探矿权、采矿权有偿取得制度；二是将煤炭资源勘查作为中央地质勘查基金（周转金）的支持重点；三是建立煤矿矿山环境治理和生态恢复责任机制；四是合理调整煤炭资源税费政策；五是加强煤炭资源开发管理和宏观调控。

问：这次改革叫做“深化煤炭资源有偿使用制度改革试点”，说明改革已有一定基础。请问这次改革有什么新的突破?

答：《矿产资源法》明确规定，国家实行探矿权采矿权有偿取得的制度。去年，国务院印发了《关于促进煤炭工业健康发展的若干意见》《关于全面整顿和规范矿产资源开发秩序的通知》，今年以来，国务院又印发了《关于加强地质工作的决定》，批复了《关于在山西省开展煤炭工业可持续发展政策措施试点的意见》。这些文件都对煤炭资源有偿使用制度改革提出了明确要求。近年来，山西、内蒙古等资源大省、区都已进行了矿产资源有偿使用制度改革的有益探索，为深化这项改革积累了丰富的实践经验。

这次改革试点最大的突破就是将目前煤炭矿业权取得有偿和无偿并存的“双轨制”统一改为有偿取得的“单轨制”。尽管

1998年以来，国家出台的有关法律和文件反复强调，新设煤炭矿业权一律实行有偿取得，但执行情况并不理想，即使有偿取得也不规范。对于以往取得的煤炭矿业权有偿处置问题，国家一直未做明确规定，大部分企业未做有偿处置。因此，国务院批复的试点实施方案突出强调所有煤炭企业取得国家出资勘查形成的新老矿业权，一律要向国家缴纳探矿权采矿权价款。除此之外，这次改革试点还将煤炭矿业权有偿取得与建立煤炭资源开采补偿机制一并考虑，将国务院批复的深化煤炭资源有偿使用制度改革试点实施方案与相关配套政策同步出台执行，将国务院有关部门宏观指导与地方政府负责试点实施工作相结合等。

问：这次试点改革与促进煤炭工业健康发展的各项政策措施是什么关系?

答：深化煤炭资源有偿使用制度改革试点与国务院颁发的促进煤炭工业健康发展等各项政策措施密不可分。所有涉及促进煤炭工业健康发展的各项政策措施及相关改革试点均涉及一个制度性的问题，就是必须建立煤炭资源有偿使用制度。深化煤炭资源有偿使用制度改革，是整顿煤炭矿业市场秩序的一项根本性措施。从实践看，一些地方坚持推进煤炭资源整合与煤炭资源有偿使用相结合，坚持煤炭工业可持续发展试点与深化煤炭资源有偿使用制度改革试点相结合，收到了良好效果。这充分说明了深化煤炭资源有偿使用制度改革是促进煤炭行业可持续发展的一项根本性措施，也是确保煤炭工业健康发展的各项政策取得成效及各项改革试点获得成功的关键。

问：我注意到您多次提到要解决煤炭开采中“内部成本外

部化”“企业成本社会化”这个问题，我理解，就是要建立一个资源开采合理成本负担机制和补偿机制的问题。请问这次改革试点对此是如何考虑的?

答：这次改革试点，就是要使煤炭企业负担矿业权取得成本、矿山环境治理和生态恢复成本以及安全生产成本，将过去矿产品的不完全成本变为完全成本，实现资源开采“外部成本内部化”“生活成本企业化”，使煤炭资源的开采和利用行为，能够在利益机制和价格杠杆的作用下，自动走向节约型发展道路。

试点实施方案中强调不论是新设立的探矿权采矿权，还是以前已经无偿取得的探矿权采矿权，一律要向国家缴纳探矿权采矿权价款，这是矿山企业必须负担的矿业权取得成本；试点实施方案还提出了建立煤矿矿山环境治理和生态恢复责任机制，按煤炭销售收入的一定比例，分年预提矿山环境治理恢复保证金，这是矿山企业必须负担的环境治理成本；此外，试点实施方案还督促煤炭企业按照有关部门已出台的相关政策足额提取安全生产费用，这是矿业企业必须负担的安全生产成本。只有建立起资源开采合理成本负担机制和补偿机制，煤炭企业自身才能实现良性循环，煤炭行业才能实现可持续发展。

问：建立矿山环境治理和生态恢复责任机制是一个新的矿业发展理念，也是建设和谐社会的要求。这次试点改革对此是如何考虑的?

答：建立煤矿矿山环境治理和生态恢复责任机制是试点改革的一项重要内容。过去，矿山环境治理和生态恢复成本难以落实到企业，其中一个重要原因就是缺乏制度和机制上的约束和保障。此次改革试点要求，煤矿企业应依据矿井服务年限或剩余服务年限，按煤炭销售收入的一定比例，分年预提矿山环境治理恢复保证金，并列入成本，按照“企业所有、专款专用、政府监督”的原则管理。对此前遗留的煤矿环境治理问题，要在科学规划的基础上，按照企业和政府共同负担的原则加大投入力度。对不属于企业职责或责任人已经灭失的煤矿环境问题，以地方政府为主，根据财力区分重点逐步解决。

问：改革试点提出对煤炭矿业权有偿取得的收益中央和地方“二八”分成，这是出于什么考虑？

答：这次改革试点，对政府与企业、中央与地方在煤炭资源开发中的利益分配关系进行了调整。矿业权有偿出让价款，中央与地方按比例分成，20%归中央，80%留在地方，改变了原来按矿业权审批机关隶属关系进行收益分配的做法。资源开发收益主要留给地方，主要是考虑目前大多数煤炭矿山企业和地勘队伍均已下放地方，这种分配比例有利于调动地方政府推进这项改革和加大对矿业投入的积极性。

问：您前面提到要建立资源勘查资金投入良性循环机制，能否简单介绍一下这个机制怎么建，目前进展如何？

答：为了建立矿产资源勘查资金投入良性循环机制，按照“取之于矿，用之于矿”的原则，中央财政将矿产资源有偿使用的收益主要用于加大对矿产资源勘查的投入。为此，2006年中央财政设立了中央地质勘查基金（周转金），首期安排启动资金20亿元。目前，中央地勘基金管理机构正在筹建之中，首批地勘基金项目申报工作也已经展开。

中央地勘基金主要用于国家确定的重点矿种和重点成矿区带的前期勘查工作，并把煤炭资源勘查作为支持重点。中央地勘基金投入的勘查项目在发现矿产地，形成矿业权后，国家将矿业权通过招标、拍卖和挂牌等方式有偿出让，所获得的收益主要用于补充中央地勘基金，壮大中央地勘基金规模，中央地勘基金再投入到矿产资源勘查项目，从而形成中央地勘基金的滚动发展，建立起矿产资源勘查资金投入的良性循环机制。

问：煤炭资源有偿使用是否会推动煤炭资源产品价格上升？

答：深化煤炭资源有偿使用制度改革，核心是将过去矿山企业无偿占有的探矿权采矿权改为有偿取得，这主要是老的国有煤炭企业增加探矿权采矿权价款支出，会对煤炭价格产生一定影响。如果考虑到探矿权采矿权价款允许分 10 年缴纳，这个影响是逐步显现的。至于环境成本，以前虽未强制列入成本，但企业发生的这方面支出，是在自有资金或税后利润中列支的，这次强制规定提取环境方面的保证金并列入成本。安全成本已经明确规定列入成本，主要是督促企业打足的问题。考虑到当前煤炭资源价格仍处于高位，煤炭企业仍有一定利润空间，成本内部化后，我们认为还是在企业承受范围之内。

财政部　国土资源部关于深化探矿权采矿权有偿取得制度改革有关问题的通知

2006 年 10 月 25 日　财建〔2006〕694 号

国务院有关部委、有关直属机构，各省、自治区、直辖市、计划单列市财政厅（局）、国土资源厅（局），有关中央管理企业：

为了进一步推进矿产资源有偿使用制度改革，逐步理顺矿产资源价格形成机制，促进资源节约，根据《国务院关于全面整顿和规范矿产资源开发秩序的通知》（国发〔2005〕28 号）和《国务院关于同意深化煤炭资源的有偿使用制度改革试点实施方案的批复》（国函〔2006〕102 号）的有关要求以及其他有关法律法规的规定，现就深化探矿权、采矿权有偿取得制度改革的有关问题通知如下：

一、探矿权、采矿权全面实行有偿取得制度。国家出让新设探矿权、采矿权，除按规定允许以申请在先方式或以协议方式出让的以外，一律以招标、拍卖、挂牌等市场竞争方式出让。

二、探矿权、采矿权人应按照国家有关规定及时足额向国家缴纳探矿权、采矿权价款，除本通知另有规定外，探矿权、采矿权价款一律不再转增国家资本金或以折股形式缴纳。

三、对本通知发布之前探矿权、采矿权人无偿占有属于国家出资（包括中央财政出资、地方财政出资或中央财政和地方财政共同出资，下同）探明矿产地的探矿权和无偿取得的采矿权，由国土资源管理部门会同财政部门进行清理，并对清理后的探矿权、采矿权进行评估，其中：采矿权按照剩余资源储量进行评估。探矿权、采矿权人按照探矿权、采矿权审批登记管理机关确认、核准或备案的价款评估结果，首先应当以资金方式向国家缴纳探矿权、采矿权价款；对以资金方式向国家缴纳探矿权、采矿权价款确有困难的，可遵循探矿权、采矿权人自愿原则，按照本通知有关规定报经批准后，以折股方式缴纳。

四、对以资金方式一次性缴纳探矿权、采矿权价教确有困难的，经探矿权、采矿权审批登记管理机关批准，可在探矿权、采矿权有效期内分期缴纳。其中探矿权价款最多可分 2 年缴纳，第一年缴纳比例不应低于 60%；采矿权价款最多可分 10 年缴纳，第一年缴纳比例不应低于 20%。分期缴纳价款的探矿权、采矿权人应承担不低于同期银行贷款利率水平的资金占用费。

五、本通知发布之前探矿权、采矿权人无偿占有属于中央财政出资或中央财政和地方财政共同出资探明矿产地的探矿权和无偿取得的采矿权，对以资金方式缴纳探矿权、采矿权价款确有困难且符合下列条件之一的，按照探矿权、采矿权人自愿的原则，在报经财政部会同国土资源部批准后，可以将应缴纳的探矿权、采矿权价款部分或全部以折股方式向国家缴纳：

（一）《矿产资源勘查区块登记管理办法》（国务院令第 240 号）和《矿产资源开采登记管理办法》（国务院令第 241 号）出台前无偿取得的、现仍在有效期内的探矿权、采矿权；

（二）经国务院或省级人民政府批准改组改制，并以探矿权、采矿权评估价值作为资产进入改制企业；

（三）国务院文件有明确规定或报经国务院批准的。

探矿权、采矿权价款采用部分以折股方式向国家缴纳的，其余未折股部分价款应当以资金方式及时足额向国家缴纳。

六、探矿权、采矿权价款经批准以折股方式缴纳的，其股份按拟折股的价款额占企业净资产的比例进行计算。折股所形成的股权按照以下原则管理：

（一）由中央财政出资勘查形成的探矿权、采矿权，其价款以折股方式缴纳所形成的股权划归中央地质勘查基金持有；

（二）由中央财政和地方财政共同出资勘查形成的探矿权、采矿权，其价款以折股方式缴纳所形成的股权，由中央地质勘查基金和地方有关机构按照中央财政和地方财政各自的出资比例分别持有。

以折股方式缴纳探矿权、采矿权价款及所形成股权划归中央地质勘查基金管理的具体办法，由财政部会同国土资源部另行制定；

七、经财政部和国土资源部或省级财政部门和国土资源管理部门批准，已将探矿权、采矿权价款部分或全部转增国家资本金的，探矿权、采矿权人首先应当向国家以资金方式补缴探矿权、采矿权价款；以资金方式补缴探矿权、采矿权价款确有困难的，探矿权、采矿权人也可以自愿选择将已转增的国家资本金以折股方式缴纳。缴款事宜按照本通知上述有关规定办理。

八、本通知发布之前探矿权、采矿权人已无偿取得的属于地方财政出资勘查形成矿产地的探矿权、采矿权，其价款以折股方式缴纳可参照本通知第四条至第六条的规定执行。

九、国家地勘单位在转让本通知发布之前已经由其登记持有的由国家出资勘查形成矿产地的探矿权、采矿权，可继续执行将价款转增国家资本金的政策。国家另有规定的，从其规定。

十、对不能进入市场的国家专营矿种，如铀矿等，其探矿权、采矿权可暂不进行资本化处置。

十一、对未按上述规定足额缴纳探矿权、采矿权价款的探矿权、采矿权人，各级国土资源管理部门应当按照国务院令第240号和国务令第241号文件的有关规定进行相应处罚，对勘查、采矿许可证到期的，不得办理延续手续。

十二、本通知自发布之日起实行，此前与本通知不符的有关规定，一律以本通知为准。《财政部国土资源部关于印发〈探矿权采矿权价款转增国家资本管理办法〉的通知》（财建〔2004〕262号）同时废止。

国务院办公厅转发国土资源部等部门对矿产资源开发进行整合意见的通知

国办发〔2006〕108号

各省、自治区、直辖市人民政府，国务院各部委、各直属机构：

国土资源部、发展改革委、公安部、监察部、财政部、商务部、工商总局、环保总局、安全监管总局《对矿产资源开发进行整合的意见》已经国务院同意，现印发给你们，请认真贯彻执行。

国务院办公厅

2006年12月31日

对矿产资源开发进行整合的意见

国土资源部　国家发展改革委　公安部　监察部　财政部
商务部　工商总局　环保总局　安全监管总局

对矿产资源开发进行整合是集中解决矿山开发布局不合理，实现资源规模化、集约化开发的重要手段，是从源头有效治理矿业秩序混乱的基础性工作，是调整矿业结构、促进矿业经济增长方式转变的有效途径，对建设资源节约型环境友好型社会，走新型工业化道路具有重大意义。各地根据《国务院关于全面整顿和规范矿产资源开发秩序的通知》（国发〔2005〕28 号）的要求，在整顿和规范矿产资源开发秩序的同时，开展了以煤炭等重要矿种为重点的整合工作，取得了积极进展。但在具体实施中，存在一些亟须解决的问题：一些地方做法不规范，只注重运用行政手段，不按市场经济规律办事，损害了国家利益和矿业权人合法权益；有的地区对整合工作重要性的认识不到位，有畏难情绪，工作进展缓慢；有些违规矿山企业借整合之名拖延以至逃避关闭等。为进一步推进和规范整合工作，提出如下意见：

一、指导思想

以邓小平理论和“三个代表”重要思想为指导，全面落实科学发展观，综合运用经济、法律和必要的行政手段，结合产业政策和产业结构调整需要，按照矿业可持续发展的要求，通过收购、参股、兼并等方式，对矿山企业依法开采的矿产资源及矿山企业的生产要素进行重组，逐步形成以大型矿业集团为主体，大中小型矿山协调发展的矿产开发新格局，实现资源优化配置、矿山开发合理布局，增强矿产资源对经济社会可持续发展的保障能力。

二、目标任务

通过整合，使矿山企业“多、小、散”的局面得到明显改变，矿山开发布局趋于合理，矿山企业结构不断优化，矿产资源开发利用水平明显提高，矿山安全生产条件和矿区生态环境得到明显改善，矿产资源对经济社会可持续发展的保障能力明显增强。

（一）矿山开发布局明显合理

按照矿产资源自然赋存状况、地质条件和矿产资源规划，合理编制矿业权设置方案，重新划分矿区范围，确定开采规模，一个矿区只设置一个采矿权，彻底解决大矿小开、一矿多开等问题。通过整合，重点矿区和重要矿种的矿业权设置符合规划要求。

（二）矿山企业结构明显优化

以优并劣，扶优扶强，矿产资源向开采技术先进、开发利用水平高、安全生产装备条件好和矿区生态环境得到有效保护的优势企业集聚。通过整合，使矿山企业规模化、集约化水平明显提高，矿山企业数量明显减少。

（三）开发利用水平明显提高

采用科学的采矿方法和选矿工艺，使矿产资源开采回采率和选矿回收率达到设计要求，共生、伴生矿产得到综合利用，废石、尾矿等矿业固体废物得到安全存放和二次开发。通过整合，使整合区域内的矿产资源开发利用率明显提高。

（四）安全生产状况明显好转

认真执行安全生产法律法规，强化安全监管监察，落实矿山企业安全生产主体责任，提高矿山企业安全生产技术装备水平和从业人员安全素质，改善矿山安全生产条件，遏制重特大事故发生。通过整合，使因矿山开发布局不合理引起的安全隐患基本消除。

（五）矿山生态环境明显改善

按照财政部、国土资源部、环保总局《关于逐步建立矿山环境治理和生态恢复责任机制的指导意见》的要求，建立健全矿山环境治理恢复保证金制度，制订矿山生态环境保护与综合治理方案。通过整合，实施废弃物集中贮存、处置，污染物集中治理并达标排放，重点矿区主要污染物排放总量明显减少，环境污染事故和生态破坏事件得到预防与控制。

三、基本原则

（一）统一规划，分步实施

整合工作应按照矿产资源规划、国家对有关矿产资源总量控制以及产业结构调整和产业发展规划等规定，有计划地分步实施。

（二）以大并小，以优并劣

整合工作应根据资源自然赋存状况，遵循市场经济规律，结合企业重组、改制、改造，以规模大和技术、管理、装备水平高的矿山作为主体，整合其他矿山。

（三）突出重点，分类指导

重点整合影响大矿统一规划开采的小矿、小矿密集区、对国民经济发展有较大影响的重要矿种和优势矿产；根据不同地区、不同矿种和矿山企业的具体情况，因地制宜、因势利导地做好整合工作。

（四）政府引导，市场运作

以资源为基础、矿业权为纽带，坚持政府引导和市场运作相结合，综合运用经济、法律和必要的行政手段，依法推进整合工作。

（五）统筹兼顾，公开公正

兼顾各方利益，依法保护采矿权人的合法权益，积极稳妥推进，维护社会稳定；公开整合过程，广泛接受社会监督。

四、整合范围

（一）重要矿种

煤、铁、锰、铜、铝、铅、锌、钼、金、钨、锡、锑、稀土、磷、钾盐等矿种，以及其他对各地经济社会发展具有较大影响的矿种。

（二）重点矿区

影响大矿统一规划开采的小矿，一矿多开、大矿小开的矿区，小矿密集区，位于地质环境脆弱区范围内的矿区。

（三）其他矿山

开采方法和技术装备落后，资源利用水平低的矿山；生产规模长期达不到设计要求，管理水平低、存在安全隐患，社会效益、环境效益较差的矿山。

五、工作安排

整合工作以省级行政区域为单元进行。各省（区、市）要在2007年3月底前，完成整合总体方案的编制、备案工作；在2007年年底前，完成3个以上重要矿种和5个以上重点矿区的整合工作；在2008年年底前，基本完成整合工作。整合工作分为编制总体方案、制订实施方案、方案实施和检查验收四个阶段。

（一）编制总体方案

各省（区、市）人民政府要组织有关部门和市（地）、县级人民政府对矿产资源开发现状进行调查摸底，确定整合范围，明确工作任务，编制省级整合总体方案，并报国土资源部和发展改革委备案。省级整合总体方案应包括整合目标、进度安排、任务分工和责任落实等内容。整合区域跨省级行政区域的，由相关省份协商编制总体方案；协商不一致的，由国土资源部商发展改革委根据矿产资源自然赋存状况和地质条件协调确定。

（二）制订实施方案

各省（区、市）人民政府要依据省级整合总体方案组织国土资源部门和市（地）、县级人民政府编制矿区整合实施方案。整合实施方案经省级人民政府批准后实施。整合实施方案应包括整合矿区矿产资源概况、已有矿业权设置情况、整合后拟设置矿业权方案、整合工作进度及保障措施等内容。

（三）方案实施

按照批准的矿区整合实施方案，确定整合后的主体，明确拟设置采矿权的矿区范围，按照基本建设程序编制矿山整合技术改造设计方案，重新编制矿产资源开发利用方案等资料，换发采矿许可证等相关证照（煤矿企业还应重新取得煤炭生产许可证），实施矿山生产系统停产改造，经验收合格后，按整合后矿山生产技术方案组织生产。生产技术方案要充分采用能够节约资源和清洁生产的新技术、新工艺。

（四）检查验收

各省（区、市）人民政府组织有关部门对本行政区域内整合工作进行自查，并向整顿和规范矿产资源开发秩序部际联席会议提交自查报告。国土资源部、发展改革委会同有关部门适时对全国的整合工作进行检查验收，并向国务院做出报告。

六、保障措施

（一）加强领导，确保实施

整合工作是一项政策性强、涉及面广、工作难度大的系统工程，地方各级人民政府必须高度重视，切实加强组织领导。整合工作由省级人民政府负总责，省级整顿和规范矿产资源开发秩序工作领导小组具体负责，各成员单位按各自职能具体组织实施，同时加强通力协作，确保整合任务落到实处。有关部门要提高工作效率，加快审批整合后需重新办理的有关证照。国土资源部、发展改革委要会同有关部门加强指导和协调，及时研究解决整合工作中出现的重大问题。

（二）明确分工，落实责任

地方各级国土资源部门负责对整合区域内的资源和矿业权设置情况进行调查摸底，会同发展改革部门组织审查矿区整合实施方案，煤炭行业管理部门参与审查煤炭矿区整合实施方案。国土资源部门负责划定矿区范围，依法办理采矿许可证。工商部门负责对拟设矿山企业依法办理企业名称预核准和注册登记手续。环保部门负责对严重破坏生态、污染环境的矿山企业依法提请县级以上人民政府予以关闭，对整合后矿山的环境影响评价报告进行审批。安全监管部门、煤矿安全监察机构负责矿山安全生产监管监察工作，对不符合安全生产条件的矿山提请当地政府予以关闭，对整合后矿山的安全生产条件进行审核，依法办理安全生产许可证。煤炭行业管理部门负责对整合改造后的煤矿依法办理煤炭生产许可证。公安部门负责整合矿山爆炸物品管理工作，及时依法处置关闭矿山的爆炸物品，依法核定整合后矿山的爆炸物品用量。监察部门负责会同有关部门加强监督检查，对整合工作中存在的滥用职权、失职渎职、徇私舞弊、弄虚作假等违法违纪行为进行查处，追究有关人员的责任。

（三）规范操作，依法推进

地方各级人民政府要注重运用经济手段推进整合工作，切实保护参与整合的矿业权人的合法权益。对影响大矿统一规划开采的小矿，凡能够与大矿进行整合的，由大矿采取合理补偿、整体收购或联合经营等方式进行整合。国有矿山企业之间的整合可在国有资产管理部门的监管下，采用资产整体划拨的方式进行。整合矿山原则上不得扩大矿区范围，确需扩大的，必须列入省级整合总体方案，并报国土资源部备案。整合前矿业权未进行有偿处置的矿山，整合时要按规定进行处置。整合后矿山的设计生产能力不得低于规定的开采规模要求。整合期间，整合区域及其毗邻地区暂停新设置探矿权、采矿权。按整合实施方案设置的采矿权审批工作要严格按规定的权限进行。按照实施方案被列为整合对象但不愿参加整合的矿山，其有关证照到期后，相关部门不再为其办理证照延续、变更手续，由当地政府依法收回纳入整合范围。已列入关闭名单的矿山企业以及按照法律法规规定应予以关闭的矿山企业，不参与整合，其资源需要重新开发利用的，由省级国土资源部门根据矿产资源规划组织编制矿业权设置方案，并报省级人民政府批准和国土资源部备案后，按规定的权限审批探矿权和采矿权。

（四）健全制度，加强督导

地方各级人民政府要组织有关部门建立监督管理和责任追究

制度，加强督促检查，及时发现和解决有关问题，推动整合工作扎实开展，严防整合矿山弄虚作假、超能力生产。凡不能按期完成整合任务的地区，暂停探矿权、采矿权等相关证照的审批。各地要加强政策研究，总结和推广典型经验，按照国家有关规定，进一步健全和完善矿产资源规划、矿业权市场准入、矿业权市场配置、矿业权价款收益分配、矿产资源开发管理和矿山生态环境恢复补偿等配套制度，切实加强对整合后矿山企业的监管，巩固整合成果，提高矿产资源管理水平，促进矿业经济持续健康发展。

各省、自治区、直辖市人民政府要根据本意见要求，结合当地实际情况，制定具体实施意见。

财政部　国家税务总局关于加快煤层气抽采有关税收政策问题的通知

2007 年 2 月 7 日　财税〔2007〕16 号

各省、自治区、直辖市、计划单列市财政厅（局）、国家税务局、地方税务局，新疆生产建设兵团财务局，财政部驻各省、自治区、直辖市、计划单列市财政监察专员办事处：

为加快推进煤层气资源的抽采利用，鼓励清洁生产、节约生产和安全生产，经国务院批准，现就鼓励煤层气抽采有关税收政策问题通知如下：

一、对煤层气抽采企业的增值税一般纳税人抽采销售煤层气实行增值税先征后退政策。先征后退税款由企业专项用于煤层气技术的研究和扩大再生产，不征收企业所得税。

煤层气是指赋存于煤层及其围岩中与煤炭资源伴生的非常规天然气，也称煤矿瓦斯。

煤层气抽采企业应将享受增值税先征后退政策的业务和其他业务分别核算，不能分别准确核算的，不得享受增值税先征后退政策。

煤层气抽采企业增值税先征后退政策由财政部驻各地财政监察专员办事处根据财政部、国家税务总局、中国人民银行《关于税制改革后对某些企业实行“先征后退”有关预算管理问题的暂行规定的通知》（〔94〕财预字第55号）的规定办理。

二、对独立核算的煤层气抽采企业购进的煤层气抽采泵、钻机、煤层气监测装置、煤层气发电机组、钻井、录井、测井等专用设备，统一采取双倍余额递减法或年数总和法实行加速折旧，具体加速折旧方法可以由企业自行决定，但一经确定，以后年度不得随意调整。

三、对独立核算的煤层气抽采企业利用银行贷款或自筹资金从事技术改造项目国产设备投资，其项目所需国产设备投资的40%可从企业技术改造项目设备购置当年比前一年新增的企业所得税中抵免。具体管理办法按财政部、国家税务总局《关于印发〈技术改造国产设备投资抵免企业所得税暂行办法〉的通知》(财税字〔1999〕290号)、国家税务总局《关于印发〈技术改造国产设备投资抵免企业所得税审核管理办法〉的通知》（国税发〔2000〕13号)、财政部、国家税务总局《关于外商投资企业和外国企业购买国产设备投资抵免企业所得税有关问题的通知》（财税字〔2000〕49号）和国家税务总局《关于印发〈外商投资企业和外国企业购买国产设备投资抵免企业所得税管理办法〉的通知》（国税发〔2000〕90号）的规定执行。

四、对财务核算制度健全、实行查账征税的煤层气抽采企业研究开发新技术、新工艺发生的技术开发费，在按规定实行100%扣除基础上，允许再按当年实际发生额的50%在企业所得税税前加计扣除。具体管理办法按财政部、国家税务总局《关于企业技术创新有关企业所得税优惠政策的通知》（财税〔2006〕88号）第一条的有关规定执行。

五、对地面抽采煤层气暂不征收资源税。

六、本通知自 2007 年 1 月 1 日起执行。现行对中联公司中外合作开采陆上煤层气按实物征收 5% 的增值税以及中联公司自营开采陆上煤层气增值税超 5% 税负返还政策同时废止。

请遵照执行。

国家发展改革委关于印发煤层气（煤矿瓦斯）开发利用“十二五”规划的通知

发改能源〔2011〕3041号

有关省（区、市）及新疆生产建设兵团发展改革委、经贸（信）委、煤炭行业管理部门、煤矿瓦斯防治（集中整治）领导小组，有关中央企业：

为加快煤层气（煤矿瓦斯）开发利用，保障煤矿安全生产，增加清洁能源供应，促进节能减排，保护生态环境，国家发展和改革委员会、国家能源局组织编制了《煤层气（煤矿瓦斯）开发利用“十二五”规划》。现印发给你们，请认真贯彻执行。

附件：煤层气（煤矿瓦斯）开发利用“十二五”规划

国家发展和改革委员会

2011年11月26日

附件：

煤层气（煤矿瓦斯）开发利用“十二五”规划

国家发展和改革委员会　国家能源局

二〇一一年十二月

前　言

煤层气（煤矿瓦斯）是优质清洁能源。我国埋深2000米以浅煤层气地质资源量约36.81万亿立方米，居世界第三位。国家高度重视煤层气开发利用和煤矿瓦斯防治工作，“十一五”期间煤层气开发初步实现商业化、规模化，煤矿瓦斯防治工作取得显著成效。

根据《中华人民共和国国民经济和社会发展第十二个五年规划纲要》，国家发展和改革委员会、国家能源局组织有关单位在充分调研、广泛吸取各方面意见和建议的基础上，编制了《煤层气（煤矿瓦斯）开发利用“十二五”规划》（以下简称《规划》）。

《规划》分析了煤层气（煤矿瓦斯）开发利用现状和面临的形势，提出了未来五年我国煤层气（煤矿瓦斯）开发利用的指导思想、基本原则、发展目标、重点任务和保障措施。

《规划》提出，要以邓小平理论、“三个代表”重要思想为指导，深入贯彻落实科学发展观，坚持市场引导，强化政策扶持，加大科技攻关，统筹布局，合理开发，加快沁水盆地和鄂尔多斯盆地东缘煤层气产业化基地建设，推进重点矿区煤矿瓦斯规模化抽采利用，保障煤矿安全生产，增加清洁能源供应，保护生态环境。

《规划》是指导我国煤层气（煤矿瓦斯）开发利用、引导社会资源配置、决策重大项目、安排政府投资的重要依据。

第一章　发展现状

一、“十一五”期间的主要成就

“十一五”期间，国家制定了一系列政策措施，强力推进煤层气（煤矿瓦斯）开发利用，煤层气地面开发实现历史性突破，煤矿瓦斯抽采利用规模逐年快速增长，煤矿瓦斯防治能力明显提高，奠定了进一步加快发展的基础。

（一）煤层气实现规模化开发利用

国家启动沁水盆地和鄂尔多斯盆地东缘两个产业化基地建设，实施煤层气开发利用高技术产业化示范工程，建成端氏—博爱、端氏—沁水等煤层气长输管线，初步实现规模化、商业化开发，形成了煤层气勘探、开发、生产、输送、销售、利用等一体化产业格局。重点煤层气企业加快发展，对外合作取得新进展，潘庄、枣园项目进入开发阶段，柳林、寿阳等项目获得探明储量。“十一五”期间，煤层气开发从零起步，施工煤层气井 5400 余口，形成产能 31 亿立方米。2010 年，煤层气产量 15 亿立方米，商品量 12 亿立方米。新增煤层气探明地质储量 1980 亿立方米，是“十五”时期的 2.6 倍。

（二）煤矿瓦斯抽采利用取得重大进展

国家强力推进煤矿瓦斯“先抽后采、抽采达标”，加强瓦斯综合利用，安排中央预算内资金支持煤矿瓦斯治理示范矿井和抽采利用规模化矿区建设，煤矿瓦斯抽采利用量逐年大幅度上升。2010 年，煤矿瓦斯抽采量 75 亿立方米、利用量 23 亿立方米，分别比 2005 年增长 226%、283%。山西、贵州、安徽等省瓦斯抽采量超过 5 亿立方米，晋城、阳泉、淮南等 10 个煤矿企业瓦斯抽采量超过 1 亿立方米。

（三）煤矿瓦斯防治形势稳步好转

国家加快调整煤炭工业结构，淘汰煤矿落后产能，将煤层气（煤矿瓦斯）抽采利用作为防治煤矿瓦斯事故的治本之策。加大安全投入，安排中央预算内投资 150 亿元，带动地方和企业投资 1000 亿元以上。加强基础管理工作，组织专家“会诊”，编制瓦斯地质图。落实企业主体责任，开展瓦斯专项整治，强化监管监察。煤矿瓦斯防治形势持续稳步好转，瓦斯事故和死亡人数逐年大幅度下降。2010 年与 2005 年相比，煤矿瓦斯事故起数、死亡人数分别下降 65%、71.3%，10 人以上瓦斯事故、死亡人数分别下降 73.1%、83.5%。

（四）煤层气开发利用技术水平进一步提高

实施大型油气田及煤层气开发国家科技重大专项，攻克了多分支水平井钻完井等 6 项重大核心技术和井下水平定向钻孔钻进等 47 项专有技术。组建了煤矿瓦斯治理国家工程研究中心和煤层气开发利用国家工程研究中心。完成国家科技支撑计划“煤矿瓦斯、火灾与顶板重大灾害防治关键技术研究”，“973”计划

“预防煤矿瓦斯动力灾害防治关键技术研究”等项目，实施10项瓦斯治理技术示范工程和8项技术与装备研发，获得了煤与瓦斯突出机理的新认识，取得了低透气性煤层群无煤柱煤与瓦斯共采关键技术等一批重大成果。

（五）煤层气开发利用政策框架初步形成

国务院办公厅印发了《关于加快煤层气（煤矿瓦斯）抽采利用的若干意见》（国办发〔2006〕47号），有关部门出台了煤炭生产安全费用提取、煤层气抽采利用企业税费减免、财政补贴、瓦斯发电上网及加价、人才培养等扶持政策，初步形成了煤层气（煤矿瓦斯）开发利用政策框架。国有重点煤矿企业累计提取煤炭生产安全费用1500亿元。企业开发利用煤层气（煤矿瓦斯），中央财政每立方米补贴0.2元，2007年以来累计补贴7.2亿元。新增3家企业煤层气对外合作专营权。初步建立了煤层气（煤矿瓦斯）勘探、开发、安全等标准体系，发布了低浓度瓦斯输送和利用等行业标准。

（六）煤层气开发利用节能减排效益开始显现

煤层气（煤矿瓦斯）利用范围不断拓展，广泛应用于城市民用、汽车燃料、工业燃料、瓦斯发电等领域，煤矿瓦斯用户超过189万户，煤层气燃料汽车6000余辆，瓦斯发电装机容量超过75万千瓦，实施煤矿瓦斯回收利用CDM项目60余项。低浓度瓦斯发电开始推广，风排瓦斯利用示范项目已经启动。“十一五”期间，累计利用煤层气（煤矿瓦斯）95亿立方米，相当于节约标准煤1150万吨，减排二氧化碳14250万吨。

（七）煤矿瓦斯防治组织领导体系逐步完善

成立了12个部门和单位组成的煤矿瓦斯防治部际协调领导小组，26个产煤省（区、市）相应成立领导小组，形成了部门协调、上下联动、齐抓共管、综合防治的工作体系，研究解决了一批煤矿瓦斯防治和煤层气开发利用方面的重大问题。实行目标管理，对各产煤省（区、市）及重点煤层气企业下达年度瓦斯抽采利用和煤层气地面开发利用目标，实施季度考核通报。每年召开全国煤矿瓦斯防治现场会或电视电话会议，推广先进经验，提升防治理念，安排部署工作。举办了10期培训班，45户安全重点监控煤矿企业、78个重点产煤市以及部门负责人近1000人参加培训，近6000人到矿区学习交流。积极协调解决矿业权重叠问题，核减5～10年内影响煤炭开采的煤层气矿业权面积1.1万平方公里，协调煤炭企业与煤层气企业合作开发矿业权面积0.8万平方公里。

二、存在的主要问题

（一）勘探投入不足

煤层气勘探风险大、投入高、回收期长。国家用于煤层气基础勘探资金少，规定的最低勘探投入标准低，探矿权人投资积极性不高，社会资金参与煤层气勘探存在障碍，融资渠道不畅，勘查程度低。目前，煤层气探明地质储量2734亿立方米，仅为预测资源总量的0.74%，难以满足大规模产能建设需要。

（二）抽采条件复杂

我国煤层气赋存条件区域性差异大，多数地区呈低压力、低渗透、低饱和特点，除沁水盆地和鄂尔多斯盆地东缘外，其他地区目前实现规模化、产业化开发难度大。高瓦斯和煤与瓦斯突出矿井多，随着开采深度加大，地应力和瓦斯压力进一步增加，井下抽采难度增大。

（三）利用率低

部分煤层气项目管道建设等配套工程滞后，下游市场不完善，地面抽采的煤层气不能全部利用。煤矿瓦斯抽采项目规模小、浓度变化大、利用设施不健全，大量煤矿瓦斯未有效利用，2010 年利用率仅为 30.7%。

（四）关键技术有待突破

煤层气（煤矿瓦斯）开发利用基础研究薄弱。现有煤层气勘探开发技术不能适应复杂地质条件，钻井、压裂等技术装备水平较低，低阶煤和高应力区煤层气开发等关键技术有待研发。煤与瓦斯突出机理仍未完全掌握，深部低透气性煤层瓦斯抽采关键技术装备水平亟待提升。

（五）扶持政策需要进一步落实和完善

瓦斯发电机组规模小、布局分散，致使部分地区瓦斯发电上网难，加价扶持政策落实不到位。煤层气法律法规和标准规范尚不健全。煤层气（煤矿瓦斯）开发利用经济效益差，现有补贴标准偏低。高瓦斯和煤与瓦斯突出矿井开采成本高、安全投入大，需要国家在税费等方面出台扶持政策。

（六）协调开发机制尚不健全

煤层气和煤炭是同一储层的共生矿产资源。长期以来，两种资源矿业权分别设置，一些地区存在矿业权交叉重叠问题，有关部门采取了清理措施，推动合作开发，但煤层气和煤炭协调开发机制尚未全面形成，既不利于煤层气规模化开发，也给煤矿安全生产带来隐患。

第二章　发展环境

一、能源需求持续增长

“十二五”时期，我国经济继续保持平稳较快发展，工业化和城镇化进程继续加快，能源需求将持续增长。受资源赋存条件制约，石油天然气供需矛盾突出，对外依存度逐年攀升。煤层气（煤矿瓦斯）开发利用可有效增加国内能源供应，具有广阔的发展前景。

二、能源结构调整加快

“十二五”时期，国家加快转变经济发展方式，推动能源生产和利用方式变革，着力构建安全、稳定、经济、清洁的现代能源产业体系，需要进一步加大能源结构调整力度。大力推进煤层气（煤矿瓦斯）开发利用，有利于优化能源结构，提高能源利用效率。

三、安全要求越来越高

以人为本、关爱生命、构建和谐社会，要求加快安全高效煤矿建设，不断提高煤矿安全生产水平，煤矿瓦斯防治任务更加艰巨。加快煤层气（煤矿瓦斯）开发利用，强力推进煤矿瓦斯先抽后采、抽采达标，有利于从根本上预防和避免煤矿瓦斯事故。

四、资源节约力度加大

“十二五”时期，国家确定单位国内生产总值能源消耗降低16%，对节能提出了更高要求。煤层气（煤矿瓦斯）是优质化石能源，有利于分布式能源系统推广应用，提高能源利用效率。随着技术不断进步，抽采利用率提高，可大量节约资源，提高综合利用水平。

五、环境保护约束增强

“十二五”时期，国家确定单位国内生产总值二氧化碳排放降低17%，对控制温室气体排放提出了更高要求。煤层气（煤矿瓦斯）的温室效应是二氧化碳的21倍，每利用1亿立方米相当于减排二氧化碳150万吨。加快煤层气（煤矿瓦斯）开发，不断提高利用率，可大幅度降低温室气体排放，保护生态环境。

第三章　指导思想、基本原则和发展目标

一、指导思想

以邓小平理论和“三个代表”重要思想为指导，深入贯彻落实科学发展观，加快转变煤层气产业发展方式，坚持市场引导，强化政策扶持，加大科技攻关，统筹规划，合理开发，加快煤层气产业发展，加大煤矿瓦斯抽采利用力度，推进采煤采气一体化，保障煤矿安全生产，增加清洁能源供应，促进节能减排，保护生态环境。

二、基本原则

坚持地面开发与井下抽采相结合，构建高效协调开发格局；坚持自营开发与对外合作相结合，实现规模化产业化开发；坚持就近利用与余气外输相结合，形成以用促抽良性循环；坚持基础研究与技术创新相结合，突破开发利用技术瓶颈；坚持市场引导与政策扶持相结合，促进产业又好又快发展；坚持安全环保与资

源利用相结合，加快推进和谐社会建设。

三、发展目标

2015 年，煤矿瓦斯事故起数和死亡人数比 2010 年下降 40% 以上；煤层气（煤矿瓦斯）产量达到 300 亿立方米，其中地面开发 160 亿立方米，基本全部利用，煤矿瓦斯抽采 140 亿立方米，利用率 60% 以上；瓦斯发电装机容量超过 285 万千瓦，民用超过 320 万户。“十二五”期间，新增煤层气探明地质储量 1 万亿立方米，建成沁水盆地、鄂尔多斯盆地东缘两大煤层气产业化基地。

第四章　规划布局和主要任务

一、煤层气勘探

以沁水盆地和鄂尔多斯盆地东缘为重点，加快实施山西柿庄南、柳林、陕西韩城等勘探项目，为产业化基地建设提供资源保障。推进安徽、河南、四川、贵州、甘肃、新疆等省区勘探，实施宿州、焦作、织金、准噶尔等勘探项目，力争在新疆等西北地区低阶煤煤层气勘探取得突破，探索滇东黔西高应力区煤层气资源勘探有效途径。到 2015 年，新增煤层气探明地质储量 1 万亿立方米。

二、煤层气（煤矿瓦斯）开发

（一）地面开发

“十二五”期间，重点开发沁水盆地和鄂尔多斯盆地东缘，建成煤层气产业化基地，已有产区稳产增产，新建产区增加储量、扩大产能，配套完善基础设施，实现产量快速增长。继续做好煤矿区煤层气地面开发。开展安徽、河南、四川、贵州、甘肃、新疆等省区煤层气开发试验，力争取得突破。到2015年，煤层气产量达到160亿立方米。

1. 沁水盆地煤层气产业化基地建设

沁水盆地位于山西省东南部，含煤面积2.4万平方千米，埋深2000米以浅煤层气资源量3.7万亿立方米，探明地质储量1834亿立方米，已建成产能25亿立方米，初步形成勘探、开发、生产、输送、销售和利用等一体化产业基地。“十二五”期间，建成寺河、潘河、成庄、潘庄、赵庄项目，加快建设大宁、郑庄、柿庄南等项目，新建马必、寿阳、和顺等项目。项目总投资378亿元，到2015年形成产能130亿立方米，产量104亿立方米。

2. 鄂尔多斯盆地东缘煤层气产业化基地建设

鄂尔多斯盆地东缘地跨山西、陕西、内蒙古三省区，含煤面积2.5万平方千米，埋深1500米以浅煤层气资源量4.7万亿立方米，探明地质储量818亿立方米，已建成产能6亿立方米。“十二五”期间，建成柳林、韩城－合阳项目，加快建设三交、大宁－吉县、韩城－宜川、保德－河曲等项目，新建临兴、延川南等项目。项目总投资203亿元，到2015年，形成产能57亿立方米，产量50亿立方米。

3. 其他地区煤层气开发

加快辽宁阜新、铁法矿区煤层气开发，推进河南焦作、平顶山、贵州织金－安顺等项目开发试验。项目总投资23亿元，到2015年，形成产能9亿立方米，产量6亿立方米。

（二）井下抽采

“十二五”期间，全面推进煤矿瓦斯先抽后采、抽采达标，重点实施煤矿瓦斯抽采利用规模化矿区和瓦斯治理示范矿井建设，保障煤矿安全生产。2015 年，煤矿瓦斯抽采量达到 140 亿立方米。

1. 重点矿区规模化抽采

在山西、辽宁、安徽、河南、重庆、四川、贵州等省市 33 个煤矿企业、8 个产煤市（区），开展煤矿瓦斯规模化抽采利用重点矿区建设。重点落实区域综合防突措施，新建、改扩建抽采系统，增加抽采管道、专用抽采巷道和钻孔工程量，配套建设瓦斯利用工程。到 2015 年，建成 36 个年抽采量超过 1 亿立方米的煤矿瓦斯抽采利用规模化矿区，工程总投资 562 亿元。

2. 煤矿瓦斯治理示范矿井建设

建成黑龙江峻德矿、安徽潘一矿等瓦斯治理示范矿井。分区域选择瓦斯灾害严重、有一定发展潜力的煤矿，再建设一批瓦斯治理示范矿井，推进瓦斯防治理念、技术、管理、装备集成创新，探索形成不同地质条件下瓦斯防治模式，发挥区域示范引导作用。

三、煤层气（煤矿瓦斯）输送与利用

（一）煤层气输送与利用

煤层气以管道输送为主，就近利用，余气外输。依据资源分布和市场需求，统筹建设以区域性中压管道为主体的煤层气输送管网，适度发展煤层气压缩和液化。开展煤层气分布式能源示范项目建设。优先用于居民用气、公共服务设施、汽车燃料等，鼓励用于建材、冶金等工业燃料。在沁水盆地、鄂尔多斯盆地东缘及豫北地区建设13条输气管道，总长度2054千米，设计年输气能力120亿立方米。

（二）煤矿瓦斯输送与利用

煤矿瓦斯以就地发电和民用为主，高浓度瓦斯力争全部利用，推广低浓度瓦斯发电，加快实施风排瓦斯利用示范项目和瓦斯分布式能源示范项目，适度发展瓦斯浓缩、液化。鼓励大型矿区瓦斯输配系统区域联网，集中规模化利用；鼓励中小煤矿建设分散式小型发电站或联合建设集配管网、集中发电，提高利用率。到2015年，瓦斯利用量84亿立方米，利用率60%以上；民用超过320万户，发电装机容量超过285万千瓦。

四、煤层气（煤矿瓦斯）科技攻关

（一）加强重大基础理论研究

重点开展煤层气成藏规律、高渗富集规律研究及有利区块预测评价，低阶煤煤层气资源赋存规律研究，煤与瓦斯突出机理研究等。

（二）加强关键技术装备研发

开展构造煤煤层气勘探、低阶煤测试、空气雾化钻进、煤层气模块化专用钻机、多分支水平井钻完井、水平井随钻测量与地质导向、连续油管成套装备、清洁压裂液、氮气泡沫压裂、水平井压裂、高效低耗排采、低压集输等地面开发技术与重大装备研发。

研究地面钻井煤层预抽、采动卸压抽采、采空区抽采一井多用技术，研发煤与瓦斯突出预警和监控、瓦斯参数快速测定、深部煤层和低透气性煤层瓦斯安全高效抽采、低浓度瓦斯和风排瓦斯安全高效利用等关键技术及装备，示范区域性井上下联合抽采技术，推广低浓度瓦斯安全输送技术及装备。

第五章　环境影响评价

一、环境影响分析

（一）地面开发

煤层气井、集输站场等施工期间，对环境的影响主要来自噪声、污水和固体废弃物。施工车辆、机械和人员活动产生的噪声对周围的影响是暂时的，施工结束后就会消失。工程废水对周围环境的影响较小。固体废弃物产生数量不大，经过妥善处理，不会对环境产生大的影响。场地平整、管沟开挖、施工机械车辆、人员活动等会造成一定的土壤扰动和植被破坏，通过采取生态恢复措施，不会影响生态系统的稳定性和完整性。

煤层气开采期间，对大气的影响主要来自于站场、清管作业及放空燃烧排放的少量烟气；水污染物来自站场排放的少量废水。根据现有煤层气生产井废水化验资料，各项指标浓度均低于《污水综合排放标准》（GB 8978—1996）。

（二）井下抽采

煤矿井下瓦斯抽采装置、地面瓦斯处理场站及储气等配套设施的建设期间，施工时对环境的影响主要是少量的扬尘、污水、噪声和固体废弃物，影响较小。

（三）管道输气

煤层气（煤矿瓦斯）输气管道施工期间对环境的影响主要

包括噪声、污水、固体废弃物等对沿线土壤、植被造成的扰乱。管道建成后，管道、沿途输气站会对沿线地区的敏感目标存在一定的环境风险。

二、环境保护措施

（一）环境保护

煤层气（煤矿瓦斯）排放严格执行《煤层气（煤矿瓦斯）排放标准（暂行）》（GB 21522—2008）。煤层气（煤矿瓦斯）开采企业建立环保管理制度，负责监督环境保护措施的落实，协调解决有关问题。对规划建设的项目依法开展环境影响评价，严格执行环保设施与主体工程同时设计、同时施工、同时投入使用的“三同时”制度。

建设煤层气管道时应提高焊接质量，避免泄漏事故。对清管作业及站场异常排放的煤层气，应进行火炬燃烧处理。选用低噪声设备，必要时进行降噪隔声处理。站场周围进行绿化，以控制噪声、吸收大气中的有害气体、阻滞大气中颗粒物质扩散。

实行最严格的节约用地制度，项目建设要节约集约利用土地，不占或少占耕地，对依法占用土地造成损毁的，施工结束后应及时组织复垦，减少土地损毁面积，降低土地损毁程度。

在选场、选站、选线过程中必须避开生活饮用水水源地、自然保护区、名胜古迹，尽量避绕经济作物种植区、林地、水域、沼泽地。经济作物种植区施工时，避免占用基本农田保护区，尽量降低对农业生态环境的干扰和破坏。林地施工时，禁止乱砍滥伐野外植被，做好野生动物保护工作。施工结束后，应尽快进行生态补偿，恢复地貌和土壤生产力。

在国家重点生态功能区或生态脆弱区等生态保护重点地区开采煤层气，应实施更加严格的环境影响评价制度和环境监管制度，采取先进的咨询管理、工程技术等措施，合理规划、合理利用、合理施工，尽量减少对当地生态环境的影响。

（二） 环境监测

项目建设前，必须系统监测项目所在区域环境质量状况，以便对比分析。应选择一定数量的煤层气井，监测其在钻井、压裂、排采等作业过程对井场及周边生态环境、声学环境、地表水及地下水的影响。应对管道沟两侧1米内，以及集输站周围的生态环境进行监测；对加压站、发电站厂界外1公里范围内的声学环境影响进行监测；对管道两侧各40米范围内和加压站场四周50米范围内环境风险评价；对煤层气开采井网分布范围内的地下水影响进行评价。

三、环境保护效果

实现煤层气（煤矿瓦斯）开发利用“十二五”规划目标，将累计利用煤层气（煤矿瓦斯）658亿立方米，相当于节约标准煤7962万吨，减排二氧化碳约9.9亿吨。煤层气（煤矿瓦斯）替代煤炭燃烧利用，可有效降低二氧化硫、烟尘等大气污染物排放总量，减少粉煤灰占地产生的环境问题，避免煤炭加工、运输时产生的扬尘等大气污染，有利于改善大气环境。

第六章　保 障 措 施

一、加强行业发展指导和管理

煤矿瓦斯防治部际协调领导小组发挥组织协调、综合管理职能作用，统筹煤层气产业发展规划，规范市场秩序，完善技术标准，推进重点项目建设，协调解决重大问题。健全法律法规体系，加强体制机制创新，制定煤层气产业政策、开发利用管理办法等制度，规范指导煤层气产业发展。贯彻落实《国务院办公厅转发发展改革委安全监管总局关于进一步加强煤矿瓦斯防治工作若干意见的通知》（国办发〔2011〕26号），实施煤层气（煤矿瓦斯）开发利用目标管理，季度通报，年度考核。建立煤矿企业瓦斯防治能力评估制度，落实煤矿瓦斯先抽后采、抽采达标规定，将瓦斯抽采能力、瓦斯抽采达标煤量等指标纳入煤矿生产能力核定标准。强化监管监察，严格瓦斯超限管理。加强煤层气行业监测、统计等基础管理工作。推进支撑体系建设，为行业提供研究咨询服务。培育大型煤层气骨干企业，鼓励成立专业化瓦斯抽采利用公司，推动产业化开发、规模化利用。

二、加大勘探开发投入

加大煤层气勘查资金投入。继续安排中央预算内投资支持煤矿安全改造及瓦斯治理示范矿井建设。提高勘探投入最低标准，促进煤层气企业加大勘探投入。引导大型煤层气企业增加风险勘探专项资金，加快重点区块勘探开发。加强对外合作管理，吸引有实力的境外投资者参与煤层气风险勘探和试验开发。鼓励民间资本参与煤层气勘探开发、煤层气储配及长输管道等基础设施建设。拓宽企业融资渠道，支持符合条件的煤层气企业发行债券、上市融资，增强发展能力。

三、落实完善扶持政策

严格落实煤层气（煤矿瓦斯）抽采企业税费优惠、瓦斯发电上网及加价等政策。研究提高煤层气（煤矿瓦斯）抽采利用补贴标准。研究高瓦斯和煤与瓦斯突出矿井加大安全投入的税收支持政策。研究完善煤炭生产安全费用使用范围，支持涉及安全生产的煤矿瓦斯利用项目。执行国家关于高浓度瓦斯禁止排放的规定，研究制定低浓度瓦斯和风排瓦斯利用鼓励政策，提高利用率。优先安排煤层气（煤矿瓦斯）开发利用项目及建设用地。推动煤层气（煤矿瓦斯）管网基础设施建设，国家统筹规划煤层气公共主干管网建设，支持地方和企业建设煤层气专用管网，鼓励煤层气接入天然气长输管网和城市公共供气管网。

四、加强科技创新和人才培养

继续实施国家科技重大专项、科技支撑计划、“973”计划、“863”计划，加强基础理论研究，加快关键技术装备研发，着重解决煤层气产业发展中重大科学技术问题。加强国际合作和交流，积极引进煤层气勘探开发利用先进技术。建立和完善以企业为主体、市场为导向、产学研用相结合的煤层气（煤矿瓦斯）技术创新体系。发挥技术咨询服务机构作用，统筹考虑现有科研布局，整合现有科研资源，加强煤矿瓦斯治理国家工程研究中心和煤层气开发利用国家工程研究中心等专业机构建设，提高自主创新能力，推进技术装备国产化。建立健全煤层气标准体系，加快出台勘查、钻井、压裂、集输等方面标准。鼓励高校与用人企业合作，采用订单式等培养模式联合培养煤层气相关专业人才。

五、创新协调开发机制

建立完善煤层气和煤炭共同勘探、合作开发、合理避让、资料共享等制度。新设探矿权必须对煤层气、煤炭资源综合勘查、评价和储量认定。煤层气产业发展应以规模化开发为基础，应当规模化开发的煤层气资源，不具备地面开发能力的煤炭矿业权人，须采取合作方式进行开发。煤炭远景开发区实行“先采气后采煤”，新设煤层气矿业权优先配置给有实力的企业。煤矿生产区（煤炭采矿权范围内）实行“先抽后采”“采煤采气一体化”。已设置煤层气矿业权但未设置煤炭矿业权，根据煤炭建设规划五年内需要建设的，按照煤层气开发服务于煤炭开发的原则，调整煤层气矿业权范围，保证煤炭开采需要。煤炭企业和煤层气企业要加强协作，建立开发方案互审、项目进展通报、地质资料共享的协调开发机制。

国务院批转发展改革委关于2013年深化经济体制改革重点工作意见的通知

国发〔2013〕20号

各省、自治区、直辖市人民政府，国务院各部委、各直属机构：

国务院同意发展改革委《关于2013年深化经济体制改革重点工作的意见》，现转发给你们，请认真贯彻执行。

国务院

2013年5月18日

关于 2013 年深化经济体制改革重点工作的意见

发展改革委

党的十八大提出要加快完善社会主义市场经济体制，全社会热切期待改革取得新突破。顺应人民愿望，把握时代要求，不失时机深化重要领域改革，意义十分重大。现就 2013 年深化经济体制改革重点工作提出以下意见。

一、指导思想和总体要求

2013 年深化经济体制改革工作的指导思想是，以邓小平理论、“三个代表”重要思想、科学发展观为指导，全面贯彻党的十八大精神，坚定不移走中国特色社会主义道路，坚持社会主义市场经济改革方向，以更大的勇气、智慧和韧性，大力推动促进经济转型、民生改善和社会公正的改革，坚决破除妨碍科学发展的体制机制弊端，促进经济持续健康发展与社会和谐稳定，使改革红利更多更公平惠及全体人民，为全面建成小康社会、实现中华民族伟大复兴的中国梦做出积极贡献。

总体要求是，正确处理好政府与市场、政府与社会的关系，处理好加强顶层设计与尊重群众首创精神的关系，处理好增量改革与存量优化的关系，处理好改革创新与依法行政的关系，处理好改革、发展、稳定的关系，确保改革顺利有效推进。

二、大力推进年度重点改革

2013年改革重点工作是，深入推进行政体制改革，加快推进财税、金融、投资、价格等领域改革，积极推动民生保障、城镇化和统筹城乡相关改革。

（一）行政体制改革

1. 深化政府机构改革。完成新组建部门“三定”规定制定和相关部门“三定”规定修订工作。组织推进地方行政体制改革，研究制定关于地方政府机构改革和职能转变的意见。（中央编办牵头）

2. 简政放权，下决心减少审批事项。抓紧清理、分批取消和下放投资项目审批、生产经营活动和资质资格许可等事项，对确需审批、核准、备案的项目，要简化程序、限时办结相关手续。严格控制新增审批项目。（中央编办、发展改革委、人力资源社会保障部、法制办等负责）

3. 创新政府公共服务提供方式。加快出台政府向社会组织购买服务的指导意见，推动公共服务提供主体和提供方式多元化。出台行业协会商会与行政机关脱钩方案。改革工商登记和社会组织登记制度。深化公务用车制度改革。（财政部、中央编办、发展改革委、民政部、人力资源社会保障部、国资委、工商总局、国管局等负责）

（二）财税体制改革

4. 完善财政预算制度，推动建立公开、透明、规范、完整的预算体制。完善财政转移支付制度，减少、合并一批专项转移支付项目，增加一般性转移支付规模和比例。（财政部牵头）

5. 扩大营业税改征增值税试点范围，在全国开展交通运输业和部分现代服务业营改增试点，择机将铁路运输和邮电通信等行业纳入试点范围。合理调整消费税征收范围和税率，将部分严重污染环境、过度消耗资源的产品等纳入征税范围。扩大个人住房房产税改革试点范围。（财政部、税务总局会同住房城乡建设部等负责）

6. 将资源税从价计征范围扩大到煤炭等应税品目，清理煤炭开采和销售中的相关收费基金。开展深化矿产资源有偿使用制度改革试点。（财政部、发展改革委、税务总局、国土资源部等负责）

7. 建立健全覆盖全部国有企业的国有资本经营预算和收益分享制度。落实和完善对成长型、科技型、外向型小微企业的财税支持政策。（财政部、国资委、科技部、工业和信息化部、税务总局等负责）

（三）金融体制改革

8. 稳步推进利率汇率市场化改革。逐步扩大存贷款利率浮动幅度，建立健全市场基准利率体系。完善人民币汇率形成机制，充分发挥市场供求在汇率形成中的基础性作用。稳步推进人民币资本项目可兑换，建立合格境内个人投资者境外投资制度，研究推动符合条件的境外机构在境内发行人民币债券。（人民银行会同发展改革委、财政部、银监会、证监会、外汇局等负责）

9. 完善场外股权交易市场业务规则体系，扩大中小企业股份转让系统试点范围。健全投资者尤其是中小投资者权益保护政策体系。推进煤炭、铁矿石、原油等大宗商品期货和国债期货市

场建设。（证监会、发展改革委、财政部、人民银行、能源局等负责）

10. 推进制定存款保险制度实施方案，建立健全金融机构经营失败风险补偿和分担机制，形成有效的风险处置和市场退出机制。加快和规范发展民营金融机构和面向小微企业、“三农”的中小金融机构。（人民银行、银监会、财政部等负责）

（四）投融资体制改革

11. 抓紧清理有碍公平竞争的政策法规，推动民间资本有效进入金融、能源、铁路、电信等领域。按照转变政府职能、简政放权的原则，制定政府投资条例、企业投资项目核准和备案管理条例。（法制办、发展改革委、财政部、工业和信息化部、交通运输部、人民银行、国资委、银监会、能源局等负责）

12. 改革铁路投融资体制。建立公益性运输补偿制度、经营性铁路合理定价机制，为社会资本进入铁路领域创造条件。支线铁路、城际铁路、资源开发性铁路所有权、经营权率先向社会资本开放，通过股权置换等形式引导社会资本投资既有干线铁路。（发展改革委、财政部、交通运输部、铁路局等负责）

（五）资源性产品价格改革

13. 推进电价改革，简化销售电价分类，扩大工商业用电同价实施范围，完善煤电价格联动机制和水电、核电上网价格形成机制。推进全国煤炭交易市场体系建设。推进天然气价格改革，逐步理顺天然气与可替代能源的比价关系。推进大用户直购电和售电侧电力体制改革试点。（发展改革委牵头）

14. 在保障人民群众基本生活需求的前提下，综合考虑资源

节约利用和环境保护等因素，建立健全居民生活用电、用水、用气等阶梯价格制度。（发展改革委牵头）

（六）基本民生保障制度改革

15. 整体推进城乡居民大病保险，整合城乡基本医疗保险管理职能，逐步统一城乡居民基本医疗保险制度，健全全民医保体系。研究制定基础养老金全国统筹方案。健全保障性住房分配制度，有序推进公租房、廉租房并轨。（人力资源社会保障部、卫生计生委、中央编办、财政部、住房城乡建设部等负责）

16. 建立健全最低生活保障、就业困难群体就业援助、重特大疾病保障和救助等制度，健全并落实社会救助标准与物价涨幅挂钩的机制。整合社会救助资源，逐步形成保障特困群体基本生存权利和人格尊严的长效保底机制。（民政部、财政部、人力资源社会保障部、发展改革委、卫生计生委等负责）

17. 建立最严格的覆盖生产、流通、消费各环节的食品药品安全监管制度。建立健全部门间、区域间食品药品安全监管联动机制。完善食品药品质量标准和安全准入制度。加强基层监管能力建设。充分发挥群众监督、舆论监督作用，全面落实食品安全投诉举报机制。建立实施黑名单制度，形成有效的行业自律机制。（食品药品监管总局牵头）

18. 建立健全最严格的环境保护监管制度和规范科学的生态补偿制度。建立区域间环境治理联动和合作机制。完善生态环境保护责任追究制度和环境损害赔偿制度。制定加强大气、水、农村（土壤）污染防治的综合性政策措施。深入推进排污权、碳排放权交易试点，研究建立全国排污权、碳排放交易市场，开展环境污染强制责任保险试点。制定突发环境事件调查处理办法。研究制定生态补偿条例。（环境保护部、发展改革委、财政部、林业局等负责）

（七）城镇化和统筹城乡相关改革

19. 研究制定城镇化发展规划。以增强产业发展、公共服务、吸纳就业、人口集聚功能为重点，开展中小城市综合改革试点。优化行政层级和行政区划。实施好经济发达镇行政管理体制改革试点。有序推进城乡规划、基础设施和公共服务一体化，创新城乡社会管理体制。（发展改革委、中央编办、住房城乡建设部、民政部、农业部等负责）

20. 根据城市综合承载能力和转移人口情况，分类推进户籍制度改革，统筹推进相关公共服务、社会保障制度改革，有序推进农业转移人口市民化，将基本公共服务逐步覆盖到符合条件的常住人口。（公安部、发展改革委、财政部、人力资源社会保障部、卫生计生委、教育部、民政部、农业部、法制办等负责）

21. 积极稳妥推进土地管理制度、投融资体制等促进城镇化健康发展的改革，调研并制定相关配套政策。完善地方债务风险控制措施，规范发展债券、股权、信托等投融资方式，健全鼓励社会资本投资城乡基础设施、公共服务项目的政策和相关机制。（发展改革委、国土资源部、财政部、人民银行、银监会、证监会、保监会等负责）

22. 建立健全农村产权确权、登记、颁证制度。依法保障农民土地承包经营权、宅基地使用权、集体收益分配权。开展国有林场改革试点。研究提出国有林区改革指导意见。探索建立农村

产权交易市场。推进小型水利工程管理体制改革。（国土资源部、发展改革委、农业部、财政部、水利部、林业局等负责）

三、继续深化已出台的各项改革

对已经部署并正在推进的各项改革，有关部门按职能分工，切实抓好落实，力求年内取得新的进展。

（一）继续推进国有企业改革。推动大型国有企业公司制股份制改革，大力发展混合所有制经济。推进国有经济战略性调整和国有企业并购重组，着力培育一批具有国际竞争力的大企业。完善各类国有资产监督管理制度。加快解决国有企业办社会负担和历史遗留问题。

（二）继续深化开放型经济体制改革。进一步扩大金融、物流、教育、科技、医疗、体育等服务业对外开放。完善口岸管理体制，推进通关便利化改革。加快海关特殊监管区域整合优化，完善政策和功能，开展保税工厂改革试点。加快制定并出台中国（上海）自由贸易试验区建设方案，推进港澳和内地服务贸易自由化，探索建立与国际接轨的外商投资管理体制。积极实施自由贸易区战略，建立健全双边、多边和区域投资贸易合作新机制。健全境外投资规划、协调、服务和管理机制，完善风险防控体系。继续深化流通体制改革。

（三）加快教育、文化、医药卫生等社会事业各项改革。围绕促进教育公平、提高教育质量，深化教育体制改革。加快推进文化领域政事、政企、政资分开，完善公共文化服务体系，优化促进文化产业创新发展的制度环境。深化医药卫生体制改革，加快公立医院改革，完善社会办医政策，逐步形成多元化办医格局。稳步推进事业单位分类改革，推进事业单位人事、收入分配和社会保险制度等改革，加快管办分离和建立法人治理结构。

（四）加快完善科技创新体制机制。构建以企业为主体、市场为导向、产学研相结合的技术创新体系，扩大国家自主创新示范区先行先试政策试点范围，整合资源实施科技重大专项，完善科技成果转移转化的激励政策，加强科技资源开放共享，发挥科技在经济发展中的支撑作用。

（五）深化收入分配制度改革。贯彻落实深化收入分配制度改革的若干意见，制定出台合理提高劳动报酬、加强国有企业收入分配调控、整顿和规范收入分配秩序等重点配套方案和实施细则。

四、完善改革协调推进机制

各地区、各部门要将改革工作放到更加突出的位置，切实完成各项改革任务，确保取得明显成效。

认真做好改革方案研究制定工作。深入调查研究，充分听取各方面意见，科学制定方案，统筹好改革力度与社会可承受程度，使改革更好地集中民智、体现民意、惠及民生。

扎实抓好改革方案实施和社会引导工作。牵头部门要明确提出工作方案、时间进度和阶段性目标。参与部门要各司其职，积极主动配合。要注重政策宣传和舆情引导，及时回应社会关切，为改革创造良好的舆论氛围和社会环境。

积极推进各项改革试点工作。继续推进综合配套改革试点，优先在试验区部署重大改革任务，发挥其探索创新、示范带动作用。及时总结和推广试点经验。围绕迫切需要推进的重大改革，组织实施一批攻关性试点。鼓励各地因地制宜进行改革试点。

进一步加强组织领导和统筹协调工作。各地区、各部门要把推进改革作为领导干部业绩考核的重要内容。发展改革委要采取建立联席会议、专题会议制度等多种形式，加强统筹安排，健全工作机制，协调解决重大问题，做好督促检查工作，及时将改革进展情况和重要问题报告国务院。

国务院办公厅关于进一步加快煤层气（煤矿瓦斯）抽采利用的意见

国办发〔2013〕93号

各省、自治区、直辖市人民政府，国务院各部委、各直属机构：

为适应煤矿瓦斯防治和煤层气产业化发展的新形势，进一步加大政策扶持力度，加快煤层气（煤矿瓦斯）抽采利用，促进煤矿安全生产形势持续稳定好转，经国务院同意，现提出以下意见：

一、加大财政资金支持力度

（一）提高财政补贴标准。综合考虑抽采利用成本和市场销售价格等因素，提高煤层气（煤矿瓦斯）开发利用中央财政补贴标准，进一步调动企业积极性。具体标准由财政部会同发展改革委、能源局等部门研究制定。

（二）强化中央财政奖励资金引导扶持。落实煤炭行业淘汰落后产能及小煤矿整顿关闭扶持政策，安排中央财政奖励资金重点支持关闭高瓦斯和煤与瓦斯突出小煤矿，加快推进煤炭产业结构调整和煤矿企业兼并重组。

（三）加大中央财政建设投资支持力度。统筹安排中央财政建设投资支持煤矿瓦斯治理利用，将保护层开采配套工程、井下瓦斯抽采工程纳入煤矿安全改造投资支持范围，输配管网及利用设施、煤层气开发利用示范项目纳入煤炭产业升级改造投资支持范围，治理利用技术装备研发纳入能源自主创新和能源装备投资支持范围。

（四）落实煤炭生产安全费用提取政策。煤矿企业应严格按照国家有关规定，根据煤矿瓦斯等灾害治理的实际需要，科学合理确定煤炭生产安全费用提取标准，并确保提取到位、专款专用，年度结余资金可结转下年度使用。

二、强化税费政策扶持

（五）完善增值税优惠政策。加快营业税改征增值税改革试点，扩大煤矿企业增值税进项税抵扣范围。结合资源综合利用增值税政策的调整完善，研究制定煤层气（煤矿瓦斯）发电的增值税优惠政策。

（六）加大所得税优惠力度。煤层气（煤矿瓦斯）开发利用财政补贴，符合有关专项用途财政性资金企业所得税处理规定的，作为企业所得税不征税收入处理。财政部、税务总局、安全监管总局等部门，抓紧修改完善安全生产专用设备企业所得税优惠目录。

三、完善煤层气价格和发电上网政策

（七）落实煤层气市场定价机制。各地要严格落实放开煤层气（煤矿瓦斯）出厂价格政策，已纳入地方政府管理的要尽快放开价格，未进入城市公共管网的销售价格由供需双方协商定价，进入城市公共管网的煤层气（煤矿瓦斯）销售价格按不低于同等热值天然气价格确定。

（八）支持煤层气发电上网。煤矿企业利用煤层气（煤矿瓦斯）发电优先自发自用，富余电量需要上网的，由电网企业全部收购。相关部门和单位应进一步简化煤层气（煤矿瓦斯）发电并网项目核准、环评、用地、电网接入和发电许可等手续，加快审核办理。

（九）完善煤层气发电价格政策。根据煤层气（煤矿瓦斯）发电造价及运营成本变化情况，按照合理成本加合理利润的原则，适时提高煤层气（煤矿瓦斯）发电上网标杆电价，未提高前仍执行现行政策。电网企业因此增加的购电成本，通过调整销售电价统筹解决。

四、加强煤层气开发利用管理

（十）加强煤层气矿业权管理。建立煤层气、煤炭协调开发机制，统筹煤层气、煤炭资源勘查开采布局和时序，合理确定煤层气勘查开采区块。对煤炭规划5年内开始建井开采的区域，按照煤层气开发服务于煤炭开发的原则，采取合作或调整煤层气矿业权范围等方式，优先保证煤炭资源开发需要，并有效开发利用煤层气资源；对煤炭规划5年后开始建井开采的区域，应坚持“先采气、后采煤”，做好采气采煤施工衔接。增设一批煤层气矿业权，通过招投标等竞争方式，优先配置给有开发实力的煤层气和煤炭企业。

（十一）建立勘查开发约束机制。新设煤层气或煤炭探矿权，必须符合矿产资源、煤层气开发利用等规划，并对煤层气、煤炭资源进行综合勘查、评价和储量评审备案。研究提高煤层气最低勘查投入标准，限期提交资源储量报告。对长期勘查投入不足、勘查结束不及时开发的企业，核减其矿业权面积；对具备开发条件的区块，限期完成产能建设；对不按合同实施勘查开发的对外合作项目，依法终止合同。

（十二）鼓励规模化开发利用。统筹规划建设煤层气规模化开发区块输气管网等基础设施，支持大型煤矿区瓦斯输配系统区域联网，推进中小煤矿联合建设瓦斯集输管网。鼓励民间资本参与煤层气勘探开发、储配及输气管道建设。鼓励金融机构积极做好煤层气（煤矿瓦斯）开发利用项目的金融支持服务工作。

（十三）规范煤层气投资项目管理。煤层气开发、输送、利用等建设项目根据投资主体、投资来源和建设规模实行审批、核准或备案制，并在政府核准的投资项目目录等文件中予以明确。研究完善煤层气勘探开发利用管理制度，推动煤层气产业规范有序发展。

五、推进科技创新

（十四）加快科技研发应用。继续实施国家科技重大专项及有关科技计划，进一步加大对煤层气（煤矿瓦斯）基础理论研究和关键技术及装备研发的支持力度。地方政府及有关部门要制定政策，引导科研机构和企业加大科技投入，持续开展煤矿瓦斯防治和煤层气勘探开发技术攻关，推进科技成果尽快转化应用。

（十五）加强创新平台建设。加强煤层气开发利用、煤矿瓦斯治理国家工程（技术）研究中心和产业技术创新战略联盟等创新平台建设，支持煤炭、煤层气企业建立瓦斯防治和煤层气勘探开发研究机构，增强自主研发和集成创新能力。鼓励具有技术、管理优势的企业和科研院校开展相关技术咨询和工程服务。鼓励高等院校和培训机构加强煤层气专业技术人才培养。

六、加强组织领导

（十六）强化协调指导。煤矿瓦斯防治部际协调领导小组要加强组织领导和综合协调，各成员单位要切实履职尽责、密切配合，及时研究解决重大问题。各产煤省（区、市）要健全煤矿瓦斯防治（集中整治）领导小组，明确办公室依托单位，落实专职人员和专门经费，不断完善工作机制和管理制度。

（十七）严格目标考核。各重点产煤省级人民政府要通过签订目标责任书等有效方式，把年度瓦斯事故及死亡人数控制目标、煤层气（煤矿瓦斯）开发利用目标落实到相关市、县人民政府和煤炭、煤层气企业，并严格绩效考核。有关部门要研究将煤层气开发利用量不计入能源消费总量控制指标，提高煤层气（煤矿瓦斯）利用率，促进节能减排。

（十八）加强督促落实。各有关部门要围绕煤矿瓦斯防治和煤层气开发利用重点任务，明确工作责任，抓紧研究出台配套政策措施。各地区要结合实际，制定本地区鼓励和支持政策，指导帮助企业把政策措施落实到位。各级煤矿瓦斯防治协调领导机构要加强督促检查，定期通报有关情况，对在煤矿瓦斯防治和煤层气开发利用工作中做出突出贡献的单位及个人按照国家有关规定给予表彰奖励。

国务院办公厅

2013 年 9 月 14 日

五、早期部分安全生产经济政策的制定与实施

安全生产经济政策即狭义上的安全生产政策，是指政府为调节安全生产领域各方面经济关系，确保安全生产目标实现，而采取的具有引导扶持、激励约束等作用的经济策略、经济手段和经济措施，包括了国家和地方政府为鼓励企业加强安全生产而采取的资金扶持、税收优惠政策；为解决安全投入不足而采取的维持简单再生产费用、更新改造资金、安全费用政策，而设立的安全生产专项资金和基金政策；为促使企业履行抢险救灾和事故善后责任而采取的安全风险抵押政策；为保障从业人员权益、分散企业事故风险而采取的伤亡赔偿抚恤，劳动保险、工伤社会保险和商业保险政策；以及为加强和改善宏观调控、推动安全生产综合治理而采取的矿产资源有偿使用、支持鼓励煤层气（煤矿瓦斯）开发利用政策等。

广义的安全生产政策既包含了经济政策，也包含了与安全生产相关的各项政策、策略和措施，涵盖了党和国家安全生产的大政方针、指导原则和基本要求，以及党中央、国务院和地方各级党委政府关于加强安全生产的重大决策部署等。广义上讲，“安全第一、预防为主、综合治理”的方针和安全发展战略，以及实行安全生产“党政同责、一岗双责、失职追责”，整顿关闭不符合安全生产条件的小矿小厂、严厉打击安全生产领域非法违法行为等，也都属于政策的范畴。广义的安全生产政策具有很强的方向性、原则性和指导性。狭义的安全生产政策由于涉及各方面经济关系和经济利益问题，因而更加注重现实针对性、客观公平性和具体操作性。在开展工作时一定要注意二者的区分。尤其在研究制定安全生产经济政策时，一定要求真务实、细致入微，便于操作和实行，防止笼统要求、大而化之。

第一节　早期涉及安全生产的一些经济政策和措施

工伤补偿和抚恤政策。新中国成立之前人命不值钱，对事故伤亡的补偿和抚恤水准极其低下。据 1934 年 2 月 6 日杭州《民国日报》披露，浙江长兴矿区的矿工“万一在矿内给煤气井水等灾患害死了，工人的家属就可向矿方领取 180 元的恤金（约为该矿工半年的薪水），这就是一条命的价值”；如果不是死在矿井之内，则分文不给，“谁也不会有一点怜恤”。其他地区则更低一些。河南焦作煤矿当时流传的歌谣：“成神不成神，一天两登云；死了一百块，活着千三文。”也即工人下井后如果因事故而死亡，可以得到 100 元的抚恤金；假如不死，升井后可以得到当日 1300 文（大约一元）的工资①。河北井陉煤矿 1922 年 9 月发生一起死亡 300 多人的瓦斯爆炸事故，“矿方对死难的工人每名付 100 元了事”②。开滦 1922 年前后，“工人因公致死者恤金 20 元（大洋），但死马一匹须损失 60 元，所以该矿有‘人命一条不如一马’之诮”③。一些土豪、恶霸等开办的厂矿，对事故死亡的家属毫不怜恤，对受伤者一脚踢开的情况，也比比皆是。

---

① 中国人民解放军政治学院党史教研室编：《死亡线上的中国煤矿工人》，《中共党史参考资料》第二册，1979 年 4 月出版，第 301 页。

② 王文广：《记井陉煤矿》，《文史资料存稿选编》第 21 卷，中国文史出版社 2002 年 8 月出版，第 914 页。

③ 《1912—1921 年中国工人阶级的状况》，《中共党史参考资料》第一册，1979 年 4 月出版，第 113 页。

新中国成立之后党和政府对因公伤亡人员及其家属，采取了在当时条件下相对优渥的资金补偿和抚恤政策。1950 年 11 月中央人民政府内务部颁布了《民兵民工伤亡抚恤暂行条例》，规定凡配合部队作战，在前线抬担架、搞运输等而负伤者，应由县市政府送公立医院治疗或就地请医治疗，致残者视其情况每年发放 400～1000 斤的粮食；牺牲者授予烈士称号，一次性发给其家属抚恤粮 500 斤并享受烈士家属待遇。1951 年 2 月政务院发布《中华人民共和国劳动保险条例》，2 月 26 日，政务院发布《中华人民共和国劳动保险条例》，标志着新中国劳动保险制度的初步建立。该条例实施范围为职工人数在 100 人以上的国营、公私合营、私营及合作社经营单位等，规定工人与职员“因工死亡”（由于发生事故而死亡），按照本单位平均月工资两倍的标准，发给其家属丧葬费；并按照死者月工资 25% 至 50% 的标准，按月向其供养的直系亲属发放抚恤金。1956 年 6 月内务部、劳动部发布《关于经济建设工程民工伤亡抚恤问题的暂行规定》，规定民工因工死亡，应由工程单位发给 50 万至 80 万元（旧币，下同）棺葬费，并给予其家属一次性抚恤金 120 万元。其家庭生活困难又缺乏劳动力者，可按其需要供养之直系亲属人数给予一次性补助。民工因工负伤，应在工程单位所属医疗机构或特约医院治疗，其诊疗费、医药费、住院费、就医路费均由工程单位负责。医疗期间工资照发。负伤致残者视其情况给予一次性抚恤金 50 万至 700 万元。1996 年 8 月劳动部下发的《企业职工工伤保险试行办法》，将一次性工亡补助标准确定为死亡者所在省（区市）上年度职工 48 个月至 60 个月的平均工资。随着经济发展和社会生活水平提高，之后相关标准虽然不断提高，但各地在实际执行中仍普遍感到不足，许多地方在执行国家政策标准的同时，还采取了额外发给一次性补偿、补助金的地方性政策。

企业维简费和“更改”资金政策。新中国成立初期，国营企业生产经营的利润和提取的折旧费全部上交国家，企业所需的设备更新、技术改造等大宗费用也由国家拨款解决。由于绝大部分国营企业为新中国成立后新建或改扩建而成，而设备更新周期一般在10年以上，因此企业安全技术改造等方面的资金需求问题并不突出。到二十世纪六十年代，一些企业特别是采掘企业由于设备磨损严重，且要进行开拓延伸以保持采掘正常接替，靠国家财政拨款难以满足需要。因此采取国家支持一部分，企业在生产成本中列支、提取一部分的做法。从1965年开始，国家规定采掘企业停止按固定资产原值计算、提取和上交基本折旧基金（折旧费），改为按企业产量提取“维持简单再生产费用”（简称“维简费”），并列入生产成本，专门用于设备更新、安全技术改造等。1967年1月国家计划委员会、财政部将“维简费”与企业技术组织措施费、零星固定资产购置费和劳动保护费等费用合并，统称固定资产更新和技术改造资金（简称“更改资金”），规定煤炭、林业、冶金等采掘采伐企业的更改资金、开拓延伸费用按产量提取并摊入成本。1973年10月国家计划经济委员会下发文件，要求企业每年在“更改资金”中安排10%～20%的资金，专项用于劳动保护措施，不得挪用；文件规定矿山、化工、金属冶炼企业提取比例应大于20%。1977年8月国家计委、财政部、国家物资总局、国家劳动总局发出《关于加强有计划改善劳动条件工作的联合通知》,要求凡是劳动条件差、安全健康问题严重企业,在安排使用"更改资金"时,应优先保证安全生产、劳动保护措施的需要。

1980 年煤炭系统率先恢复"维简费"的提法。当年 10 月煤炭部、财政部联合发文,将矿井开拓延伸、技术改造、安全措施和环节改造工程所需资金,统称为煤矿"维持简单再生产资金",要求从 1981 年起各矿务局在"专用基金"科目下设"维持简单再生产资金"明细科目。文件称"经煤炭部与财政部协商,并经国务院领导批准",统配煤矿"维简费"提取标准由以往的吨煤 2.5 元调整为吨煤 4 元,原来实行的"煤矿企业从成本中提 2 元,财政部拨给煤炭部的 5 角照拨",增加的 1.5 元由煤矿和中央财政分摊,"财政部拨给煤炭部 7 角 5 分,企业从成本中增提 7 角 5 分"①。1983 年煤炭部又实行了按吨煤 2 元标准向用户加收煤矿"维简费"的政策。1985 年国家对统配煤矿实行"投入产出"总承包,取消了吨煤 1.25 元的"维简费"财政补贴,恢复计提固定资产基本折旧基金和井巷工程基金,将维简资金的标准提高到吨煤 7 元(其中折旧基金 3.5 元,井巷工程基金 1.5 元,收取用户 2 元)。1989 年 7 月财政部发文将井巷工程基金调整为吨煤 2.5 元,维简费提高到吨煤 8 元。从 1994 年开始,煤炭部设立了"部长备用基金",按照吨煤 1 元的标准从煤矿"维简费"中提取,集中用于全国煤矿事故抢险救灾和支持科

① 安全生产经济政策(煤矿安全费用)研究课题组编:《煤炭生产安全费用—煤矿维简费实务指南》,煤炭工业出版社 2004 年 12 月出版,第 136 页。

研、教育等煤炭公益事业的发展。1998 年煤炭部撤销、统配煤矿下放地方管理后，停止提取和上交部长基金，煤矿提取的“维简费”全部留在企业，自行支配和使用。

安全生产奖励政策。1952 年燃料工业部首次提出煤矿要建立“无事故奖励制度”，规定奖励基金在企业成本内列支。江西萍乡煤矿 1950 年 10 月制定了《生产小组无伤亡事故奖励办法》，按工种和具体职责来确定奖金系数和奖金额，一月一评比；1952 年 10 月制定出台了《萍乡矿务局保安奖惩办法》，对安全生产取得成绩的单位和个人予以加薪晋级、发给奖金等多种形式的激励，对事故责任者则视情节轻重予以处罚。二十世纪五六十年代，许多地方和企业通过行政拨款、成本列支、罚没提成等途径，建立了安全生产奖励基金，用以奖励对安全生产有贡献的单位和个人。改革开放之后，企业普遍以管理层为重点，建立和实行了安全生产抵押金制度，在规定期限内不发生事故或达到安全生产考核指标的，可以加倍或数倍返还抵押金；否则部分或全部没收抵押金。这种由企业自行制定的安全奖惩“土政策”，一方面在强化安全生产责任、调动企业管理人员安全生产积极性上起到了切实作用；另一方面也由于缺乏统一和规范，在透明度、公正性上存在着一些不够完善、让人诟病的问题。

对安全生产的资金扶持政策。新中国成立初期，在国民经济极其困难的情况下，各工业部门、各地区千方百计筹措资金，支持和引导企业改善安全生产条件。在燃料工业部的政策指导和资金扶持下，华东和华北地区 70%、东北地区 84.4% 的国营煤矿采用了机械通风设备。铁道部 1951 年用于劳动保护特别是安全技术方面的经费达900多亿元（旧币，下同），关内6个铁路管理局从新中国成立到1951年底共购置和安装安全设备7000余处，约为新中国成立前铁路安全设备总量的4倍。东北人民政府1951年拨专款300亿元，在国营企业中增建和扩充业余疗养所79所，床位3800张。华东工业部1952年批准所属46个工厂改进设备的费用就达320亿元。国务院副总理李富春1955年7月5日在第一届全国人民代表大会第2次会议上所作的《关于发展国民经济的第一个五年计划的报告》中说："'一五'计划期间，国营企业和国家机关所支付的劳动保险基金、医药费、福利费和文化教育费将共达50亿元以上。"

第二节　劳动、工伤社会保险政策

我国东北地区最早建立和实行了劳动保险制度。1948年12月东北行政委员会发布命令，颁布实施了《东北公营企业战时劳动保险条例》，要求东北地区所有国营（公营）的铁路、矿山、军工、军需、邮电、电气、纺织等企业，于1949年1月起，按本企业工资总额的3%提留劳动保险金。其中70%留本企业，主要用于职工因公死亡抚恤金、因公负伤医疗费、养老补助金等支出；30%存储于指定银行—东北银行"劳动保险总基金"账户内，由东北职工总会集中掌握，主要用于"职工疗养所、职工残废院、丧失父母之职工儿女保育员及学校、老年工人休养所"等方面的支出①。东北银行需将基金收入支出情况按月造表，呈报东北行政委员会劳动局及

① 中央政策研究室编：《政策汇编》，中共中央山东分局印，1949年8月出版，第245页。

东北职工总会。《东北日报》为此发表了题为“东北工人阶级获得的伟大果实”的社论，欢呼劳动保险制度的建立。

中央人民政府成立后，按照《共同纲领》“逐步实行劳动保险制度”的要求，煤矿（燃料）、铁路、兵工、钢铁（重工业）、邮电等产业部门积极推广劳动保险。到1950年底全国参加劳动保险的人数达140万人。1951年2月政务院公布了《中华人民共和国劳动保险条例》，决定先在百人以上的各类企业和铁路、航运、邮电单位进行劳动保险试点，等到试点工作有了一定的进展，取得经验后再行推广。到1952年3月，全国百人以上的各类企业中，参加劳动保险的达到260多万人，连同职工的家属计算在内，约有1000万人。在百人以下的多数企业中也签订了含有劳动保险内容的劳动合同，仅华东区订立此项合同的职工就有50000多人。据国家有关部门1951年第三季度的统计，全国共支出劳动保险费用1648亿元（旧币，下同），约130万名职工及其家属从中受益。其中支付伤残费59亿元，占3.6%；死亡费39亿元，占2.4%；疾病保险费用609亿元，占36.9%；生育费109亿元，占6.6%；养老费19亿元，占1.2%。用于兴办集体劳动保险事业（营养食堂、残废院、疗养所、休养所、养老院等）支付804亿元，占49%。职工生、老、病、死、伤、残等方面的特殊困难，在实行劳动保险制度后初步得到解决。湖南锡矿山工人刘自烽说：“过去做工做到老，还有三年米冒（没）讨；只有危险，那里谈得上保险。”武汉震寰纱厂老工人陈德胜说：“劳动保险比儿子还可靠。”①

① 《两年来劳动保险工作的成绩》，《人民日报》1952年5月1日。

1953 年 1 月政务院发布《关于中华人民共和国劳动保险条例若干修正的决定》。修正后的劳动保险条例扩大了实施范围，由百人以上企业扩大到工厂、矿场及交通事业的基本建设单位、国营建筑公司。提高了劳动保险待遇，废止停工医疗以六个月为限的规定，适当提高职工疾病医疗期间待遇标准，规定贵重药费的酌情补助，丧葬费、丧葬补助费、非因工死亡家属救济费亦酌量增加。1954 年国务院的政府工作报告指出：新中国成立以来“职工劳动条件和福利设施有了重大的改善”，35 个工业部门为职工直接支付的劳动保险费、医药费、文教费和福利费平均相当于工资总额的 17%；1953 年享受劳动保险待遇的职工已有 480 余万人，享受公费医疗待遇的国家机关工作人员和教育工作人员已有 529 万余人，其他中小企业中的职工也多半同企业订有劳动保险合同。由于国家用了很大的资金改进工矿企业的安全卫生设备，职工因工伤亡率正在逐年减少。

为适应改革开放后多种所有制、多种用工形式并存的情况，1980 年 7 月国务院颁布了《中华人民共和国中外合资经营企业劳动管理规定》，1986 年 11 月劳动部发布《关于外商投资企业用人自主权利和职工工资、保险福利费用的规定》，1989 年 9 月劳动部发布《私营企业劳动管理暂行规定》，要求各种所有制类型的企业都要为从业人员办理劳动保险。但实际执行中遇到阻力，多数外商投资企业、私营企业以及部分集体企业员工没能及时办理劳动保险。

为扩大社会保险覆盖面，使全体劳动者共享改革成果，1991 年 3 月七届全国人大四次会议批准的《国民经济和社会发展十年规划和第八个五年计划纲要》，把改革劳动保险，建立工伤社会保险制度，摆上了“八五”经济社会发展日程。1994 年 7 月颁布的《中华人民共和国劳动法》，把工伤保险作为我国社会保险五项基本制度（养老、医疗、工伤、失业、生育）之一，做出了明确的规定。1996 年 8 月劳动部在总结试点地区经验的基础上，发布了《企业职工工伤保险试行办法》，我国工伤社会保险制度从此建立。与新中国成立后长期实行的劳动保险制度相比，工伤保险扩大了覆盖面，适用于我国境内所有企业及其所有从业人员；提高了工伤保险待遇，如护理费标准由之前的每月 50 多元提高到当地社会平均工资的 50%、40% 和 30%（依据不同护理等级），丧葬费标准由过去的企业 3 个月平均工资提高为本省区 6 个月的社会平均工资，同时增设了对工亡人员家属的一次性补助金（为本省区 48 个月至 60 个月的社会平均工资）。工伤保险制度受到企业和职工的欢迎，很快在全国推开。到 1997 年底有 27 个省区、1400 多个市县实行统筹，参保职工达到 3507 万人。2003 年 4 月国务院正式颁布了《工伤保险条例》，自 2004 年 1 月 1 日起施行，标志着工伤社会保险制度的成熟完善。

第三节　《国务院关于进一步加强安全生产工作的决定》推出的安全生产三项经济政策

建立煤矿等高危行业安全生产费用制度的政策。《决定》要求借鉴煤矿提取安全费用的经验，建立企业提取安全费用制度；要求各地区、各行业“根据地区和行业的特点，分别确定提取标准，由企业自行提取、专户储存，专项用于安全生产”。

企业提取安全费用的做法源于煤炭行业。20 世纪九十年代后期，一些国有煤炭企业按照吨煤若干元的标准，提取一定的安全生产费用以弥补维简费的不足。云南、重庆、山西、陕西、湖南等省市的一些产煤市县，分别对小煤矿征收一定数额的安全基金，集中用于煤矿安全生产基础设施、瓦斯监测系统建设和抢险救灾、新技术推广等。

国家煤矿安监局 2002 年对山西、河南等 13 个省区煤矿安全投入情况进行的抽样调查标明：全国煤矿安全欠账 500 亿元以上，相当于规模以上煤炭企业当年销售收入的 1/4。2003 年 3 月中国老年科学技术工作者协会主办的《科技工作者建议》，登载了一些老同志提出的“关于煤炭安全生产的建议”，指出煤矿维简费和安全投入不足的问题很严重，要求国家建立煤矿安全基金，以解决安全欠账问题，提高煤矿安全保障能力。国务院领导做出批示，要求予以研究。国家煤矿安监局为此对全国煤矿维简费的提取和使用情况，进行了全面的摸底调查。国有煤矿 1995 年度、1998 年度、2001 年度吨煤提取维简费分别为 6. 74 元、6. 45 元和 5. 62 元，均低于煤炭部 1989 年规定的 8 元标准。维简费只有一部分用于安全生产。如黑龙江双鸭山矿务局 2002 年提取维简费 22125 万元，其中安全生产支出 2611 万元，占 11. 8% 。乡镇集体和个体煤矿则普遍不提取维简费。导致煤矿技术装备落后，安全生产基础薄弱，事故多发。

2003 年 8 月 20 日国务院常务会议专题研究了煤矿安全生产问题。会议纪要指出：“为建立各类煤矿安全生产设施的长效投入机制，可以考虑提高煤矿维简费的标准，或提取煤矿安全费用等办法，建立起稳定的安全保障供给能力资金渠道，专项用于煤矿安全生产。”[①] 随后财政部会同国家发展改革委、国家煤矿安监局和中国煤炭工业协会，对全国18个主要产煤省的870户煤炭企业的情况进行了调查汇总和测算分析，并联合向国务院做出请示，要求国家建立煤矿安全费用提取制度，所有煤炭企业都必须在规范“维简费”管理的基础上，另行提取安全生产费用，计入当期成本。2004年5月经国务院批准，财政部、国家发展改革委、国家煤矿安监局联合发出《关于印发〈煤炭生产安全费用提取和使用管理办法〉和〈关于规范煤矿维简费管理问题的若干规定〉的通知》。依据瓦斯等灾害程度，分别确定了大中型煤矿、小型煤矿各类矿井安全生产费用提取的下限和上限，要求企业在规定的浮动范围内自行确定提取标准，报当地税务机关、煤炭管理部门和煤矿安全监察机构备案，年度结余资金允许结转下年度使用；企业提取的安全费用计入当期成本，在缴纳所得税前列支。同时进一步规范了煤矿维简费制度，对不同地区煤矿维简费提取标准进行了调整和明确，要求坚持先提后用、量入为出的原则，专款专用，专项核算，主要用于生产正常接续的开拓延伸、技术改造等，以确保矿井持续稳定和安全生产。2005年4月财政部、国家发展改革委、国家安监总局和国家煤矿安监局又联合发文，对煤矿安全费用提取标准进行调整，取消上限，提高下限。调整后大中型煤矿高瓦斯矿井等吨煤不低于8元

① 财政部经济建设司、国家安监总局办公厅（财务司）编：《安全生产经济政策汇编》第51页，中国财经出版社2007年3月出版。

（灾害严重的45户重点监控企业吨煤不低于15元），低瓦斯矿井吨煤不低于5元，露天矿吨煤不低于3元；小型煤矿高瓦斯矿井等吨煤不低于10元，低瓦斯矿井吨煤不低于6元。

2006年3月财政部和国家安监总局联合下发《烟花爆竹生产企业安全费用提取与使用管理办法》，确定建立烟花爆竹安全生产费用制度，要求烟花爆竹生产企业按照年度销售收入提取，列入成本，主要用于完善和改造安全设施、购置防爆机械电器设备配备和检验检测仪器等方面的资金支出，形成企业安全生产设施的长效投入机制。

2006年12月财政部和国家安监总局联合下发的《高危行业企业安全生产费用财务管理暂行办法》，将安全生产费用提取使用制度推广到矿山开采（石油和天然气、金属矿、非金属矿及其他矿产资源的勘探、生产、闭坑及有关活动）、建筑施工（土木工程、建筑工程、井巷工程、线路管道和设备安装及装修工程的新建、扩建、改建以及矿山建设）、危险品生产（列入危险货物品名表和剧毒化学品目录的物品，以及军工生产危险品和民用爆炸物品等）以及道路交通运输企业（以机动车为交通工具的旅客和货物运输）。明确规定安全生产费用“是指企业按照规定标准提取，在成本中列支，专门用于完善和改进企业安全生产条件的资金”；规定了各类企业安全费用的计提方法、标准，矿山企业安全费用依据开采的原矿产量按月提取，建筑施工企业以建筑安装工程造价为计提依据，危险品生产企业以本年度实际销售收入为计提依据，道路交通运输企业以营业收入为计提依据，安全费用主要用于完善、改造和维护安全防护设备设施，配备应急救援器材、设备和现场作业人员安全防护物品，安全检查与评价，重大危险源、重大事故隐患的评估、整改和监控等方面的支出。企业应当建立健全安全费用管理制度，明确安全费用使用、管理的程序、职责及权限，接受安全生产监督管理部门和财政部门的监督。安全费用形成的资产纳入相关资产进行管理。企业安全费用提取和使用政策的实施，建立了安全投入的固定渠道和长效机制，逐步扭转了煤矿等高危行业长期以来安全投入不足、基础薄弱的状况。

加大生产经营单位对事故伤亡经济赔偿的政策。《决定》要求依法加大生产经营单位对伤亡事故的经济赔偿。生产经营单位必须认真执行工伤保险制度，依法参加工伤保险，及时为从业人员缴纳保险费。同时，依据《安全生产法》等有关法律法规，向受到生产安全事故伤害的员工或家属支付赔偿金。进一步提高企业生产安全事故伤亡赔偿标准，建立企业负责人自觉保障安全投入，努力减少事故的机制。

随着社会进步和人民生活水平的提高，以往规定的事故伤亡抚恤和补助标准显得过低。2004 年之前山西省煤矿事故死亡，工伤社会保险和矿方给予的补偿累计约 3 万至 5 万元，最高者约 8 万元；全国的补偿水准约在 2 万至 4 万元之间。既未能彰显生命价值的珍贵，也不足以使企业深刻汲取事故教训、下决心加大投入消除事故。又由于工伤社会保险制度主要作用在于分散、化解用人单位事故风险，其缴费标准统一，发生事故后的赔偿金由政府统一设立的“工伤保险基金”公共账户支出。事实上是由同一行业、同类企业均摊事故成本，分散用人单位的事故风险。

单纯依靠工伤社会保险，难以调动企业增加安全投入和防范事故的积极性。个别思想觉悟不高的业主，还可能由于事故风险被分散和转嫁，而忽视安全生产。为加大企业事故成本，建立一种促使“企业负责人自觉保障安全投入、努力减少事故的机制”，国务院规定企业在认真执行工伤保险制度、依法为从业人员缴纳保险费的同时，还要向受到事故伤害的员工或家属支付赔偿金。也即受伤者本人或者工亡职工遗属除了依法获得从社会工伤保险账户支付的工伤保险赔偿金之外，还有权依法向企业提出赔偿要求，再拿到一笔数额较大的补偿费用。

国务院这一政策出台后，四川、河南、山西等省相继推出地方性政策，加大企业事故伤亡赔偿额度。《四川省煤矿企业生产安全事故人身死亡补偿办法（试行）》规定因工死亡人员补偿金额不得低于20万元，参加了工伤社会保险的由统筹地区的工伤保险基金支付，未参加的由事故发生单位支付；工伤保险基金支付不足20万元的，其不足部分由事故发生单位支付。山西省也把煤矿事故死亡补偿标准提高到“不得低于20万元人民币”。2004年10月河南省政府在对郑州煤炭工业集团大平矿“10·20”特别重大瓦斯爆炸事故进行善后处置时，首次将死亡赔偿标准提高到30万元。

由于工伤保险制度改革相对滞后，国务院《决定》出台后的一段时间里，多数地方和单位在办理工伤补助和抚恤时，仍然执行国家原定标准。陕西省铜川矿务局陈家山煤矿2004年“11·28”特别重大瓦斯爆炸事故的善后处置，其丧葬补助金按上年度全省职工月平均工资的6倍即5730.6元，一次性工亡补助金按上年度全省职工月平均工资的48倍即45844.8元，以上两项合计为51575.4元。此外按照工亡者原工资的40%、30%，向其配偶、其他亲属按月发放抚恤金。其补偿水准显然较低，为此劳动部门积极着手对工伤保险制度进行了改革。2010年12月国务院颁布新的《工伤保险条例》，将一次性工亡补助金标准提升为上一年度全国城镇居民人均可支配收入的20倍，约为原标准5倍。按2009年度全国城镇居民人均可支配收入17175元计算，2010年一次性工亡补助金为34.35万元。一些地方在执行新的工伤补助标准的同时，把企业补偿部分进一步加码，最高的达到或超过100万元，使发生事故的企业痛感"死不起人"，从而舍得在预防事故上花大钱、下大功夫。

建立企业安全生产风险抵押制度的政策。国务院《决定》要求"对矿山、道路交通运输、建筑施工、危险化学品、烟花爆竹等领域从事生产经营活动的企业，依法收取一定数额的安全生产风险抵押金，企业生产经营期间发生生产安全事故的，转作事故抢险救灾和善后处理所需资金"。

随着事故责任追究和处罚力度的不断加大，一些地方出现了事故发生后企业负责人"跑路"现象。一些小矿小厂的业主由于经济能力有限或者有意逃避责任，常常在发生较大以上事故后试图"一跑了之"；即使不跑，也由于账上没钱，而把抢险救灾和事故善后全部推给地方政府。2002年6月22日山西省繁峙县义兴寨金矿一处矿井井下发生特别重大火药爆炸事故，矿主将遇难矿工尸体焚烧藏匿、把矿上财产转移后逃亡。2003年7月13日，河南省登封市东风煤矿发生特别重大透水事故，该矿法人代表、矿长、分管安全的副矿长、总技术员不顾井下 20 余名矿工的生死，全部外逃。2003 年 12 月 26 日发生重大爆炸事故的武安市上团城乡北岭煤矿的业主之一杨某，直到 2007 年 8 月才被逮捕归案。为扭转这种“业主发财、政府发丧”现象，促使生产经营单位履行事故救援、善后等责任，国务院要求对矿山等高危企业，依法收取安全生产风险抵押金。

按照财政部、国家安监总局联合发文要求，煤炭行业于 2006 年 1 月 1 日起率先执行这一制度。《煤矿企业安全生产风险抵押金管理暂行办法》对抵押金的存储标准做了规定：年产规模 15 万吨以下矿井为 60 万至 300 万元；15 万吨以上矿井以 300 万元为基数，每增加 10 万吨多存储 50 万元，最高为 600 万元。风险抵押金实行专户管理。由煤矿到指定银行开设账户，一次性存入，由安全监管部门、煤矿企业和代理银行三方共同监管，其所有权和使用权归煤矿企业，主要用于“煤矿企业为处理本企业生产安全事故而直接发生的抢险、救灾费用支出；煤矿企业为处理本企业生产安全事故善后事宜而直接发生的费用支出。”煤矿当年没有发生事故、没有动用风险抵押金的，可以自然结转，下年不再存储。当年发生事故、动用了抵押金的，要重新核定其存储数额，及时补齐。2006 年 7 月 26 日财政部、国家安监总局、中国人民银行联合下发《企业安全生产风险抵押金管理暂行办法》，规定从当年 8 月 1 日起，非煤矿山、交通运输、建筑施工、危险化学品、烟花爆竹等行业开始实行安全生产风险抵押金制度。其存储金额小型企业不低于 30 万元，中型企业不低于 100 万元，大型企业不低于 150 万元，特大型企业不低于 200 万元。各类企业存储上限原则上不超过500万元。并规定在企业负责人事故发生后逃逸，或没有主动支付相关费用的情况下，安全生产监督管理部门及同级财政部门可以根据需要，将风险抵押金部分或者全部转作事故抢险、救灾和善后处理所需资金。

2010年12月之后，根据《国务院关于保险业改革发展的若干意见》“完善高危行业安全生产风险抵押金制度，探索通过专业保险公司进行规范管理和运作”的要求，一些地方将已缴纳的风险抵押金转换成安全生产责任保险。截至2014年底，全国安全生产风险抵押金现存余额约92亿元，已用于事故抢险救援、善后处理的费用约0.78亿元。这项制度的建立和实行，对解决一些企业主要是小企业事故发生后抢险救援和事故善后处置资金缺乏问题，起到了较好的作用。

第四节　商业保险进入安全生产领域和安全生产责任保险

保险业与安全生产工作相结合，商业保险机构主动介入安全生产和事故预防，是国外的一条成功经验。商业保险的差别费率机制，以及商业保险机构从自身利益出发而开展的防灾防损工作，都有助于促进企业的安全生产；尤其“商业保险机构在伤亡事故发生后开展的理赔勘查，是对企业安全生产工作的一种特殊形式的监督”[①]。基于上述认识，有关方面在推动商业保险进入安全生产领域、运用商业保险机制促进安全生产工作方面，进

① 《王显政：商业保险对安全生产工作有三大促进作用》，新华网——政府在线——政要言论。http：//news. xinhuanet. com/zhengfu/2004 -06/07/。

行了积极探索。

1996年颁布实施的《煤炭法》第四十四条规定，“煤矿企业必须为井下作业职工办理意外伤害保险，支付保险费”。煤炭部为此进行了调研并着手制定试行办法，由于煤炭工业管理体制变化而搁置。在缺乏全国统一实施方案和政策性规定的情况下，中国人寿保险股份有限责任公司、新华人寿保险股份有限责任公司、中国平安养老保险股份有限责任公司等10余家国内保险企业，以《煤炭法》相关规定为依据，采用“团体人身意外伤害保险”、“附加意外伤害医疗费用保险”等险种，主动拓展煤矿意外伤害保险业务。据测算，其保险收费标准平均为724元/人，赔偿金额平均为6.67万元。此举尤其受到那些安全基础较差、事故较多的小煤矿的欢迎，其投保愿望强烈。一些地方政府对此也予以支持和推动。这使煤矿意外伤害保险成为率先进入安全生产领域的商业险种。根据2006年的一次抽样调查，参加意外伤害保险的煤矿约占全国煤矿总数的58%；在统计调查的145.7万井下工人中，有43.5万人参加了意外伤害保险，约占30%。

2004年7月温家宝总理会见美国利宝互助集团总裁时，表示希望利宝互助集团协助中国推动和加强安全生产工作。随后该企业会同国家安监局国际交流合作中心组成专家组，开展了“发展保险制度，改善中国安全生产”的课题研究。当年7月22日国家安监局与中国保险监督管理委员会联合举办“中国责任保险发展论坛”，以“责任保险与安全生产”为主题进行了深入讨论。全国人大常委会副委员长顾秀莲出席会议并发表讲话，强调要发挥责任保险的社会管理和经济补偿功能，为各行各业安全生产提供风险管理，促进安全生产。随后，中国保监会将山西省确定为煤矿雇主责任险的试点省份，将重庆市作为火灾公众责任保险试点地区。广东、江苏和山东省政府相关部门下发文件、出台政策，倡导高危行业企业积极投保雇主责任险、火灾公众责任险、人身意外伤害险等险种。江苏省安监局还对企业参加保险的范围、保额、投保方式等作出规定，成为全国最早将商业保险引入安全生产领域的省份之一。

2006 年初温家宝总理在全国安全生产工作会议的讲话中，要求“推进工伤保险和意外伤害保险改革”。2006 年 6 月国务院下发《关于保险业改革发展的若干意见》，要求采取市场运作、政策引导、政府推动、立法强制等方式，发展安全生产责任保险，“利用保险事前防范与事后补偿相统一的机制，充分发挥保险费率杠杆的激励约束作用，强化事前风险防范，减少灾害事故发生，促进安全生产和突发事件应急管理”；要求“在煤炭开采等行业推行强制责任保险试点，取得经验后逐步在高危行业、公众聚集场所、境内外旅游等方面推广”。当年 9 月，国家安监总局和中国保监会联合下发《关于大力推进安全生产领域责任保险，健全安全生产保障体系的意见》，提出首先在采掘、建筑等高危行业推行雇主责任险、商业补充工伤责任人保险的试点。这一阶段安全生产领域的商业保险，主要是指雇主责任险、公众责任险及相关附带险，尚未生成“安全生产责任保险”险种及其“安责险”概念。

2006 年 9 月山西省在实行煤矿意外伤害保险的基础上，在大同市率先进行了煤矿安全生产责任险的试点。2008 年，湖南省在非煤矿山、烟花爆竹、危险化学品3大高危行业全面推行安全生产责任险，并实行“安责险”与足额缴纳安全生产风险抵押金“双轨运行”，由企业任选其一。湖北省在高危行业同时推行雇主责任险、公众责任险和安全生产责任保险多个险种。上海市在化工行业推行安全生产责任险。在国家政策引导和各方推动下，“安责险”开始成为独立险种，并逐步规范完善。

为解决“安责险”与安全生产风险抵押制度的冲突问题，2009年1月国家安监总局批准湖北、湖南、河南等地进行试点，探索“安责险”与安全生产风险抵押金配套改革办法。当年6月国家安监总局在郑州召开座谈会，交流试点单位的做法和经验，探讨推进“安责险”的思路和措施。2009年7月国家安监总局发文，要求各地安监部门从建立安全生产长效机制出发，采取政府推动和市场化运作相结合的方式，在煤矿、非煤矿山、危险化学品、烟花爆竹、公共聚集场所等高危行业积极推行安全生产责任保险。由企业负责为员工办理缴费，赔付资金主要用于事故发生后的人身伤害赔偿、医疗费用赔偿等。运用行业差别费率、企业浮动费率，以及从征集的责任保险资金中支付预防事故费用、救援费用等，实现安全与保险的良性互动。随后各地都下发文件积极推行。2013年5月国家安监总局启动全国烟花爆竹行业“安责险”统一保险示范项目。2014年8月新修改的《安全生产法》规定“国家鼓励生产经营单位投保安全生产责任保险”，为“安责险”的全面推行提供了法律依据。

到2014年底，全国共有30个省份（不含仍实行风险抵押金政策的广西、贵州）的22.88万个企业参加了安全生产责任保险，保费支出22.99亿元，保险额度约10462亿元，当年赔付额度7.46亿元。以山东省东营市某小型化工企业为例，该企业投保“安责险”后每年只需交1.4万元的保费，即可获得近千万元保险额度的保障。湖南省2013年在全省建筑行业强制推行“安责险”，全省10473个建设项目全部投保。其中的张家界永安大桥建设项目交保费6548元，8月29日该项目发生事故造成一死一伤，得到保险公司赔付94万元。保利集团山东济南民爆科技公司投保了中国人保财险山东分公司的“安责险”。2013年5月20日该企业发生特别重大爆炸事故，造成33人死亡，19人受伤。承保公司在事发后立即派员到现场，当日预付赔款600万元，累计赔付1375.18万元，为企业抢险救援、善后处置和恢复生产，提供了资金支持。

第五节　贯彻国务院116次常务会议精神、实施安全生产“十二项治本之策”所涉及的经济政策

2005年12月7日河北省唐山市刘官屯煤矿特别重大瓦斯爆炸事故发生后，正在国外出访的温家宝发回电报，要求有关部门认真总结事故教训，拿出遏制重特大事故的断然措施，提出治理安全生产深层次问题的对策。2005年12月21日，温家宝总理主持召开国务院第116次常务会议专题研究安全生产工作。会议听取了国家安监总局负责人的汇报，决定多措并举，推动安全生产标本兼治和长效机制建设。加快制定安全发展规划，建立和完善安全生产指标及控制体系；加强行业管理，修订行业安全标准和规程；增加安全投入，扶持重点煤矿治理瓦斯等重大隐患；推

动安全科技进步，落实项目、资金；研究出台经济政策，加强和改善宏观调控；加强教育培训，规范煤矿招工和劳动管理；加快安全立法；建立安全生产激励约束机制；强化企业主体责任，严格企业安全生产绩效考核；严肃事故查处和责任追究，惩治失职渎职、官商勾结等腐败现象；倡导安全文化，加强社会监督；完善监管体制，加快应急救援体系建设。上述措施也被称为安全生产“十二项治本之策”，构成了社会主义市场经济条件下安全生产综合治理、重在治本的政策策略和措施体系。2006 年 4 月 13 日国务委员兼国务院秘书长华建敏主持召开会议，强调要紧紧围绕着十二项治本之策，抓紧研究制定具体的政策措施。

为贯彻落实国务院第 116 次常务会议精神，国家安监总局和相关部门围绕着加强和改善宏观调控，研究制定了多项与安全生产相关的经济政策。

*煤炭等矿产资源有偿使用政策。*长期以来我国对矿产资源实行无偿划拨，投产之后按实际产量征收一定数额的矿产资源税、矿产资源补偿费和教育费附加等税费。这种方式既易于导致在办矿审批、资源划拨环节出现腐败问题，也容易造成乱采滥挖、超层越界开采，引发事故灾难。从 2003 年开始，山西、内蒙古等资源大省进行了矿产资源使用制度改革的试点，在煤矿资源实行有偿使用，提取煤矿可持续发展基金、环保基金和转产基金等方面，进行了探索。国务院 116 次常务会议后，国家安监总局会同国家发展改革委、财政部、国土资源部、劳动和社会保障部、环保总局联合组成“煤炭资源管理”调研组，到山西指导试点，探索以招标竞标、挂牌拍卖等市场运作方式，出让新设立的煤炭

资源采矿权。2006 年 9 月国务院批复同意了财政部、国土资源部、国家发展改革委联合制定的《关于深化煤炭资源有偿使用制度改革试点的实施方案》，决定选择山西、内蒙古、黑龙江、安徽、山东、河南、贵州、陕西进行这项改革的试点。针对试点中出现的问题，财政部、国土资源部先后下发了《关于深化探矿权采矿权有偿取得制度改革有关问题的通知》（2006 年 10 月）、《以折股形式缴纳探矿权采矿权价款管理办法（试行）》（2006 年 10 月）、《关于探矿权采矿权有偿取得制度改革有关问题的补充通知》（2008 年 2 月）等文件。试点各省普遍对煤炭采矿权进行了清理，通过资源整合，以现金或折股形式征缴探矿权、采矿权价款，基本建立了煤炭资源有偿使用制度。2013 年 5 月国家发展改革委《关于 2013 年深化经济体制改革重点工作的意见》，表明要继续"深化矿产资源有偿使用制度改革试点"，尽快形成以资源税费和矿产资源有偿使用制度为基本内容的改革方案。2014 年我国约 15 万个矿山企业中，有 2 万个企业通过市场机制、以有偿使用的方式取得了采矿权或探矿权。2015 年底财政部、国家税务总局在总结试点经验的基础上，起草了关于全面推进资源税改革的方案并上报国务院（2016 年 5 月财政部、国家税务总局下发通知，决定自当年 7 月 1 日起全面推进资源税改革）。

矿产资源开发整合政策。我国矿产资源开发领域存在的严重无序现象，是造成矿山事故多发的主要根源。对矿产资源开发进行整合，整顿关闭不具备安全生产条件、破坏资源、污染环境的小矿山，扭转矿山企业"多、小、散"局面，是实现矿产资源

优化配置、保证矿产品有效供应的需要，也是加强矿山安全生产的要求。2006 年 12 月国务院办公厅转发了国土资源部、国家发展改革委、国家安监总局等部门联合提出的《对矿产资源开发进行整合的意见》，要求各地在贯彻落实《国务院关于全面整顿和规范矿产资源开发秩序的通知》、对矿产资源开发秩序进行的整顿和规范的基础上，以“影响大矿统一规划开采的小矿，一矿多开、大矿小开的矿区，小矿密集区，位于地质环境脆弱区范围内的矿区”为重点，通过收购、参股、兼并等方式，对矿山企业依法开采的矿产资源及生产要素进行重组，实现资源优化配置和矿山开发合理布局。要求注重运用经济手段推进整合工作，保护矿业权人的合法权益。对影响大矿统一规划开采的小矿，凡能够与大矿进行整合的，由大矿采取合理补偿、整体收购或联合经营等方式进行整合。坚持政府引导和市场运作相结合，综合运用经济、法律和必要的行政手段，依法推进整合工作。2009 年 9 月国土资源部下发《关于进一步推进矿产资源开发整合工作的通知》，针对一些地方存在的运作不规范、整合不彻底等问题，进一步明确了整合的目标任务和必须坚持的原则，要求各地科学编制方案，合理确定整合主体，鼓励优势企业参与整合，规范证照办理程序，实施适度优惠政策，调动参与整合的积极性。到 2010 年底全国共完成 6574 个矿区的资源开发整合工作任务，涵盖煤、铁、锰、铜、铝、铅、锌、钼、金、钨、锡、锑、稀土、磷、钾盐等重要矿种，涉及矿业权 58809 个（占全国矿业权总数的 40%）。整合矿区矿业权减少了 44%。全国矿山数量从 2005 年的 12.7 万座减少到 2010 年的 11.3 万座，净减少 11.2%。大型矿山从3331座增加到4684座，净增长40.6%。2010年在矿山企业总数大幅度减少的同时，全国固体矿山产量达到90亿吨，比2005年增加38亿吨。其中全国煤炭矿山从2005年的1.8万座减少到2010年的1.3万座，原煤产量从22.4亿吨增加到32.4亿吨。“十一五”期间，全国煤炭百万吨死亡率由2005年的2.81下降到2010年的0.75，非煤矿山死亡人数下降了45.6%。

煤层气开采利用（煤矿瓦斯治理）优惠扶持政策。瓦斯既是煤矿安全生产的重大隐患，也是“宝贵的能源资源”。为变害为宝，根治煤矿瓦斯灾害，2006年6月国务院办公厅下发《关于加快煤层气（煤矿瓦斯）抽采利用的若干意见》，明确了一系列鼓励和扶持政策：下放煤层气项目的审批权限；扩大鼓励和扶持政策覆盖范围，包括井下抽采系统、地面钻探泵站、输配气管网、煤层气压缩提纯和储存销售、煤层气发电和民用燃烧、煤层气化工产品等在内的抽采利用项目都可以享受相关的优惠扶持政策；煤层气抽采利用项目建设用地按国家有关规定予以优先安排；煤炭企业开发的煤层气优先并入天然气管网及城市公共供气管网；煤矿企业利用煤层气发电，自用之外的电量优先安排上网销售；对抽采利用实行税收优惠政策；煤层气抽采利用设备在基准年限基础上实行加速折旧；减免煤层气勘探利用企业的探矿权使用费和采矿权使用费；要求地方政府积极筹措资金，为煤层气抽采利用项目提供资金补助或贷款贴息。2006年10月财政部、海关总署和国家税务总局联合下发《关于煤层气勘探开发项目进口物资免征进口税收的规定》，载明中联煤层气有限责任公司及其国内外合作者在我国境内进行煤层气勘探开发项目，进口国内不能生产或国内产品性能不能满足要求，并直接用于勘探开发作业的设备、仪器、零附件、专用工具，免征进口关税和进口环节增值税。2007 年 1 月国家安监总局对山西晋城无烟煤集团公司、内蒙古阿拉善盟、重庆松藻煤电公司和中梁山煤电气公司的煤层气抽采利用（瓦斯治理）情况进行了调研，向国务院领导提出了尽快出台煤层气抽采利用补贴政策等建议。2007 年 2 月财政部、国家税务总局发出通知，对煤层气抽采企业的增值税实行先征后退政策，不征收企业所得税；煤层气抽采企业的专用设施实行加速折旧；对煤层气抽采企业技改项目中的国产设备投资实行部分抵免；煤层气抽采企业新技术新工艺开发费税前扣除；地面抽采煤层气不征收资源费。4 月 2 日国家发展改革委发文，规定煤层气发电需要上网的富余电量，电网企业应当予以收购，瓦斯发电上网电价比照生物质发电上网电价执行，即当地 2005 年确定的脱硫燃煤机组标杆上网电价，再加上每千瓦时 0.25 元的补贴。4 月 20 日财政部发文，规定煤炭企业每开采利用 1 立方米煤层气，中央财政给予 0.2 元的补贴，地方财政可根据实际情况给予适当补贴。2007 年 10 月商务部、国家发展改革委、国土资源部联合印发《关于进一步扩大煤层气开采对外合作有关事项的通知》，决定在中联煤层气有限责任公司之外再选择若干家企业，与外国企业合作开展煤层气开发。2007 年 11 月国务院办公厅下发了《关于开展煤矿瓦斯（煤层气）治理和利用政策措施落实情况专项督查的通知》，组织了 3 个督查组分别到山西、河南、重庆、湖南、黑龙江进行督查。在国家政策的扶持和引导下，“十一五”期间煤层气开发开始起步，全国建设煤层气井 5400 余口，形成产能 31 亿立方米。2010 年全国煤矿瓦斯抽采量 75 亿立方米，利用量 23 亿立方米，分别比 2005 年增长 230%、300%。山西、贵州、安徽等省瓦斯抽采量超过 5 亿立方米，晋城、阳泉、淮南等 10 个煤矿企业瓦斯抽采量超过 1 亿立方米。2010 年瓦斯事故起数和死亡人数分别比 2005 年下降 65%、71%。

2011 年 12 月国家发展改革委出台《煤层气（煤矿瓦斯）开发利用“十二五”规划》，系统地提出了“十二五”时期煤层气产业发展思路和政策措施。2013 年 3 月国家能源局发布《煤层气产业政策》，明确了当前和今后一个时期煤层气产业发展的政策导向。2013 年 9 月国务院办公厅下发《关于进一步加快煤层气（煤矿瓦斯）抽采利用的意见》，决定提高中央财政对煤层气（煤矿瓦斯）开发利用的补贴标准；强化中央财政奖励资金引导，扶持安排中央财政奖励资金重点支持关闭高瓦斯和煤与瓦斯突出小煤矿；加大中央财政建设投资支持力度；完善增值税优惠政策，扩大煤矿企业增值税进项税抵扣范围；加大所得税优惠力度；落实煤层气市场定价机制，落实放开煤层气出厂价格政策，进入城市公共管网的煤层气销售价格不低于同等热值天然气价格；支持煤层气发电上网，简化煤层气发电并网项目核准等手续。随后相关部门围绕着贯彻落实国务院办公厅文件精神，又制定了一些具体办法。2015 年全国煤层气（煤矿瓦斯）抽采量 180 亿立方米，利用量 86 亿立方米。其中地面煤层气产量 44 亿立方米，比 2005 年增长 6.6%；井下瓦斯抽采量 136 亿立方米、利用量 48 亿立方米，比 2005 年分别增长 81% 和 109%。

补还煤矿生产安全欠账和支持煤矿安全技术改造的政策。1998 年煤炭部管理（也即直接隶属于中央财政）的 94 户国有重点煤炭企业下放地方管理时，20 个主要产煤省（区市）提出了累计 1308.6 亿元的资金补助请求。其中安全、生产、经营等欠账 459.7 亿元，核减企业债务等 791.5 亿元，调整养老保险统筹缴拨基数和补贴下岗职工等 57.4 亿元。1999—2000 年，国家采取保留亏损补贴、增加财政拨款和转移支付额度、基建拨款转资本金、金融性贷款停息挂账并通过资产公司进行债务重组等措施，基本满足了地方政府和煤炭企业的要求。为进一步改善煤矿安全生产条件，从 2001—2005 年，国家累计安排国债资金 84 亿元，带动地方政府、企业、银行投入配套资金，支持国有煤矿进行安全技术改造。

但由于“九五”期间以及“十五”初期小煤矿数量较多、产量较高，煤炭市场严重供大于求，国有煤矿普遍效益滑坡、经营困难，不得不大幅度缩减生产、安全等方面的支出以勉强维持运营，以至于出现了国家年年帮助煤矿补还欠账、煤矿欠账却年年增加的情况。2005 年初相关机构的调查统计表明，国有煤矿的安全欠账达 500 多亿元。年中，国家安监总局组织 100 名专家，对 54 户灾害严重的重点煤矿企业所属 462 处矿井进行了安全生产技术“会诊”，证实仅治理其重大隐患资金就需要 689 亿元。国务院第 116 次常务会议决定从 2006 年起，每年中央财政支持 30 亿元，带动地方和企业 150 亿元，补还煤矿安全欠账。按照规定，中央财政与地方财政资金的比例东部地区为 1：0.8，中部地区为 1：0.4，西部地区和东北老工业基地为 1：0.2。为督促地方资金及时到位，防止出现中央财政资金被挤占和挪用现象，国家安监总局在对国有煤矿实施安全检查时，把地方和企业配套资金投入情况作为检查的一项内容。从 2006 年到 2008 年，中央财政累计拨付 90 亿元，带动企业、地方投资 641 亿元，基本补还了重点煤矿的安全欠账。之后，中央财政继续保持了每年 30 亿元左右的资金额度，扶持各地煤矿进行安全技术改造。

国家安监总局负责人在向国务院第 116 次常务会议的专题汇报中，还提出了实行煤矿完全成本，适度提高煤炭产品中所蕴含的资源、环保、安全、科技和劳动等成本含量，防止小煤矿暴利；实行与市场经济相适应的煤、电价格；分离国有企业办社会职能，减轻企业负担；全面推行高危行业安全费用提取使用制度；把安全生产责任险等商业保险引入安全生产，在小矿小厂强制推行工伤社会保险等政策措施建议。这些都列入了国务院和有关部门的议事日程，并体现在随后发布执行的法律法规、规范性文件当中。

第六节　安全生产专项资金（经费）、基金政策

安全生产专项资金是指中央和地方财政划拨的专门用于安全生产某项工作的资金。有的专项资金为一次性支付，但多数的专项资金为跨年度或者分年度逐次拨付、分批使用。

新中国成立以来国家层面上的安全生产专项资金主要有：

防尘防毒专项经费。1963 年 2 月国务院批转了四部门和全国总工会《关于防止矽尘危害工作会议的报告》，并决定拨款 1300 万元作为防尘专项费用，以解决全国矽尘危害最严重的 232

个企业的问题。1978 年国家决定每年从集中使用的挖潜改造资金中，安排一部分经费，由国家劳动总局掌握，补助各地区、各部门解决那些尘毒危害严重的重点企业的问题。

劳动保护专项措施经费。1991 年劳动部商财政部，建立了劳动保护专项措施经费。当年 8 月 7 日财政部、劳动部联合发布《劳动保护专项措施经费管理办法》，规定该项经费是“中央财政为提高劳动保护工作水平，促进国营企业改善职工劳动条件，加强劳动保护部门监察手段的专项拨款”，必须专款专用，严禁挪作他用。主要用于防止伤亡事故，预防职业病和职业中毒，改善劳动保护条件的试点等。经费由地方劳动部门按项目申报，劳动部审核批准。项目审批下达后，劳动部和省级劳动部门分别向财政部、省级财政部门申请经费。1992 年 6 月劳动部下发《劳动保护专项措施项目计划管理办法》，对劳动保护专项措施的范围、立项程序、计划管理、组织实施、经费管理等做出了规定。1998 年随着体制改革和职能调整，这一专项经费政策和制度也被取消。

尾矿库隐患治理专项资金。山西省襄汾县新塔矿业有限公司 2008 年“9·8”特别重大尾矿库溃坝事故后，国家安监总局对全国尾矿库安全状况进行排查摸底，筛选和确定了 356 个重大隐患治理项目。2009 年中央财政设立了 40 亿元的专项资金，主要用于原属于中央企业的尾矿库隐患治理和安全监管能力建设。地方企业的尾矿库隐患原则上由地方政府负责治理；中西部地区以及地方财力确有困难的，中央财政给予适当的支持。2009 年 7 月财政部、国家安监总局下发《中央下放地方政策性关闭破产

有色金属矿山企业尾矿库闭库治理安全工程项目和补助资金管理暂行办法》。从2009—2011年，财政部下拨专项资金21.77亿元，对16座属于关闭破产企业的尾矿库隐患治理予以补助。国家发展改革委下达中央预算内投资3.637亿元，治理无主管病、险、危尾矿库73座。带动地方政府和企业投入隐患治理资金85.6亿元。使全国尾矿库安全状况得到改善。

小煤矿整顿关闭补助专项资金和淘汰落后奖励资金。2009年8月中央财政设立了煤矿关闭整顿“以奖代补”专项资金。财政部、国家安监总局、国家煤矿安监局联合发布了《中央财政整顿关闭小煤矿专项资金管理办法》。该项资金的分配遵循“突出重点、公开透明、严格管理、确保实效”的原则，以各地实际关闭小煤矿数量为主要依据，兼顾生产能力、职工人数、地区差异状况等因素。发放方式为“以奖代补”，由中央财政以专款形式拨付给省级财政部门，由各省级财政部门会同同级煤矿整顿关闭工作牵头部门、煤矿安全监察机构组织实施，主要用于关闭小煤矿的人员安置、矿井关闭后的重大隐患治理、补助地方关闭小煤矿财政支出等。2010年1月，中央财政首批整顿关闭小煤矿补助（奖励）资金10.95亿元到位。2010年、2011年两年中央财政共补助约20亿元。

2011年4月财政部、工信部、国家能源局发出关于印发《淘汰落后产能中央财政奖励资金管理办法》的通知，明确了电力、炼铁、炼钢、电解铝、铁合金、电石、焦炭、水泥、玻璃、造纸、酒精、味精、柠檬酸等行业淘汰落后产能的奖励范围、标准安排原则和使用范围。同年10月财政部、国家能源局、国家煤矿安监局下发《关于支持煤炭行业淘汰落后产能的通知》，决定对小煤矿关闭退出、升级改造和兼并重组等，由中央予以奖励。奖励资金由地方统筹安排使用，专项用于淘汰落后产能企业安置职工、化解债务、设备设施更新等。在国家政策支持和地方政府努力下，“十二五”期间煤炭行业淘汰落后产能约5.6亿吨。

中央企业安全生产保障能力建设专项资金。该项资金主要用于支持中央企业安全生产应急救援队伍、培训基地等重点项目建设。2011年8月财政部、国家安监总局关于印发《中央国有资本经营预算安全生产保障能力建设专项资金管理暂行办法》的通知。当年拨付10.2亿元首批资金，支持14家中央企业所属的18支应急救援队伍、11个培训演练基地建设。“十二五”期间共投入40亿元，主要解决中央企业应急救援队伍所需的运输吊装、侦检搜寻、救援救生、应急通信、个体防护、后勤保障、实训演练等装备。

国家安全生产监管体制改革以来，中央财政、国家综合经济管理部门和相关部门还就安全生产应急救援基地和队伍建设、市县安全监管能力建设、安全科研和信息系统建设等，设立了一些年度之内或者跨年度、分年度拨付和使用的专项资金。2003年以来国家发展改革委连续下拨安全生产监管能力建设专项资金，支持西部地区市、县安监机构配置监管执法工具，改善工作条件；“十二五”期间国家发展改革委拨出5.5689亿元专项资金，支持国家安全生产实验与研发基地建设。2015年底财政部门提出要在年度财政预算中设立安全生产专项，加大对事故预防和应急救援方面的资金支出。

安全生产基金是指政府或者企业、社会团体等设立的，具有相对稳定的渠道和来源，可以不断筹集、持续用于安全生产的资金。大致上可以分为以下两类：

——企业安全生产基金。国家计委1973年《关于加强防止矽尘和有毒物质危害工作的通知》，要求每年在固定资产更新和技术改造资金中提取10%～20%（矿山、化工、金属冶炼企业应大于20%），用于改善劳动条件。1996年4月劳动部《关于"九五"期间安全生产规划的建议》提出："危险大、危害重的行业，建立安全生产保障基金，逐步增加企业重点安全生产技术改造项目和重大事故隐患治理的资金投入。"1997年7月经国务院批准，中国石油化工总公司建立了安全生产保证基金，要求其所属单位按照企业期末固定资产原值和存货账面平均余额的4‰提取并缴纳安保基金，其80%由总公司统筹使用于自然灾害及事故损失赔偿、隐患治理、安全技术装备和安全技术产品开发；20%返回企业用于隐患治理和安全技术措施、安全教育培训、对安全生产先进单位和个人进行奖励等。

我们也把高危行业安全生产费用制度建立后企业提取和转存下来的资金，称为企业安全生产基金。

——政府安全生产基金。在2003年12月召开的国务院安委会全体会议上，国家安监局提出要"探索建立地方政府安全生产基金。主要用于安全基础设施建设、安全示范工程等公共安全项目"。随后一些地方在这方面做出了积极探索。2009年黑龙江鹤岗市政府建立了安全生产奖励基金，市财政在年度预算中安排

100 万元，用以奖励对安全生产做出突出贡献、成绩显著的单位和个人。2011 年河南省政府决定按本省年度国内生产总值万分之八的标准，逐年提取，专款专用于安全生产。2013 年山西省大同市政府决定拿出 500 万元设立安全生产举报奖励基金，对举报安全生产重大隐患、非法违法行为和瞒报谎报事故的举报人，给予 2000～30000 元奖金。

小结：安全生产经济政策是调节安全生产领域各类经济关系，引导企业加强安全生产，促使各方面切实履行安全生产职责，确保安全生产目标实现的重要手段。计划经济时期我国安全生产工作主要依靠行政命令和行政手段。当初实行的事故伤亡补偿抚恤政策、企业“维简费”和“更改资金”政策等，只是安全生产的辅助性措施，且作用极其有限。严格意义上的安全生产经济政策，直到改革开放和进入社会主义市场经济体制之后才出现。2004 年国务院《关于进一步加强安全生产工作的决定》推出的高危行业安全费用提取使用、加大生产经营单位事故伤亡赔偿、建立企业安全生产风险抵押制度三项经济政策，具有重要的扶持引导、激励约束等作用，改变了长期以来安全生产领域经济政策缺乏、政策导向作用发挥不够的情况。各地政府在贯彻国务院《决定》的过程中，结合各自实际，在提高事故赔偿、引导企业加大安全投入、建立激励机制等方面，出台了大量的地方性政策，有力地促进了安全生产工作。2005 年国务院 116 次常务会议提出了包括“研究出台经济政策”在内的十二项治本之策，概括了安全生产标本兼治、源头治本的各个方面。之后国家相关部门围绕着加强和改善宏观调控，研究出台的煤炭等矿产资源有偿使用政策、矿产资源开发整合政策、煤层气开采利用（煤矿瓦斯治理）优惠扶持政策、补还煤矿安全欠账和支持煤矿安全技术改造的政策等，对于解决煤矿等重点行业领域安全基础薄弱、事故多发问题，有着釜底抽薪、祛病除根的作用。2009 年之后国家设立的尾矿库隐患治理专项资金、小煤矿整顿关闭补助专项资金和淘汰落后奖励资金、中央企业安全生产保障能力建设专项资金等，通过中央财政投资带动地方和企业加大安全投入，切实有效地推动了重大隐患治理、整顿关闭、应急救援队伍和基地建设等安全生产重点工作。

保险具有事前防范与事后补偿相统一的特点，是市场经济条件下安全生产风险管理的一项基本手段。在各类企业特别是小企业全面实行工伤社会保险制度，大力发展包括责任保险、意外伤害保险等在内的商业保险，是安全生产重要的经济政策之一。在西方工业化国家从事故高发到基本稳定、最终实现根本好转的安全生产发展过程中，保险业发挥了重要的作用。2004 年以来我国在保险业与安全生产工作相结合上进行了积极探索，劳动保障部门、商业保险机构在及时办理赔偿的同时，主动介入安全生产宣传教育、事故预防等工作；初步形成了保险业与安全监管部门的良性互动。

我国安全生产经济政策体系的建立和发育较晚，在安全生产宏观调控、源头治本、引导企业履行主体责任、鼓励社会公众参与和监督安全生产等方面，还有大量的政策课题需要深入研究；政策体系的科学性、系统性和连续性有待提高，相关政策之间衔接不紧密不连贯，甚至“顶牛”“打架”，让基层难以适从的问题亟待解决。这就需要我们在党和国家安全生产大政方针指导下，进一步解放思想、改革创新，从实际出发，研究和制定更多、更加切实管用的经济政策，尽快健全完善具有中国特色社会主义特点的安全生产政策体系。

（选自《中国安全生产史》，朱义长主编）

国外职业安全与健康经济政策研究

一、美国职业安全与健康经济政策

（一）美国职业安全与健康概况

1. 职业安全与健康状况

自1994年起，美国工作场所事故死亡人数呈现稳步下降趋势，10万就业人员事故死亡率为4.3。根据美国安全委员会的统计数据，2003年，美国工作场所相关事故导致4500人死亡，10万就业人员事故死亡率由2002年的3.4下降到2003年的3.2。运输业和公用事业事故死亡率降幅最大，同2002年相比，事故死亡人数下降9%，事故死亡率下降5%。

2003年，美国工作场所、家庭、公共场所、机动车辆事故共造成103700人死亡（其中工作场所死亡4500人，家庭和社区死亡54400人，机动车辆事故死亡44800人），同2002年相比下降2%。这一数字比死亡人数最少的1992年高出17%，比死亡人数最多的1969年下降13%。1912—2003年，美国人口数量增长了两倍，但10万人事故死亡率下降55%，共挽救了约480万人的生命。

据估计，2003年事故伤亡给美国造成约6.08亿美元的经济损失，其中机动车辆事故损失约2.4亿美元，工作场所相关事故损失约1.56亿美元，家庭事故损失约1.35亿美元。如果折合到每个家庭和个人身上，平均每个家庭要承担损失5700美元，人均承担损失2100美元。

美国矿山安全健康管理局的初步统计表明，2004年美国采矿业的工伤死亡人数总计为53人，再创采矿业有史以来的新低（井工矿死亡16人，露天矿死亡37人）。2003年、2002年和2001年的采矿业工伤死亡人数分别为56人、67人和72人。其中，煤矿工伤死亡人数由2003年的30人降至27人，与2002年相同；非煤矿山工伤死亡26人，与2003年相同，比2002年减少16人。

在2004年工伤死亡的53人中，运输事故导致17人死亡，成为该年度矿山死亡事故的首要肇因；有10人死于机械事故；3人死于井下冒顶事故（2003年此类事故导致2人死亡）。

美国职业安全健康局自1971年创立以来，帮助降低工作场所事故死亡率超过60%，职业伤害和疾病率降低40%。同时，美国工人已从原来的5800万人增加到11500万人以上，工作场所从350万个增加到720万个。

2003年，职业伤害和疾病率降低到每百人5件。私营业发生440万起伤害和疾病事件，大约有32%的与工作相关的伤害发生在制造业，68%发生在服务业。

图1－1所示为1992—2005年美国10万人工伤死亡率统计，图1－2所示为不同死亡原因的比例。

2. 职业安全与健康政府管理机构

1）职业安全与健康监察局

1971年4月，美国职业安全与健康监察局（OSHA）刚刚成立时，还是一个人数较少的联邦小机构，主要职能是监察美国350万个工作场所5600万工人的职业安全与健康。经过30多年努力，职业安全与健康监察局在控制和减少工矿企业伤亡

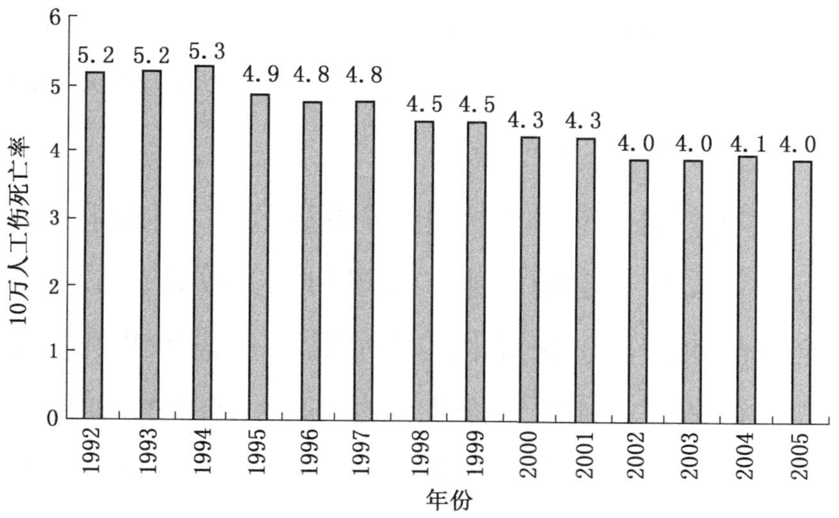

（注：2001 年数据除去了因“9·11”事件袭击死亡人数

资料来源：美国劳工部劳工统计局，《2005 年致命职业伤害普查》）

图 1－1　1992—2005 年 10 万人工伤死亡率

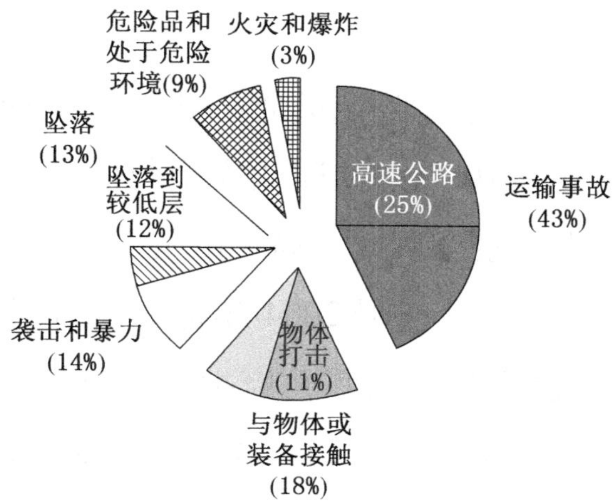

（资料来源：美国劳工部劳工统计局，《2005 年致命职业伤害普查》）

图 1－2　各种致死原因所占比例

事故和职业病方面积累了丰富的经验，并在美国具有重要影响。职业安全与健康监察局隶属于劳工部，为联邦政府监察管理机构，主要职能是保障美国所有从业人员的人身安全与健康。

（1）主要任务。美国国会授予该局的基本权利：①制定和强制执行职业安全与健康法律、法规和相关政策；②监督、检查职业安全与健康法律、法规的实施情况；③监督州职业安全与健康项目的执行情况；④要求雇主保存与工作有关的事故、伤病记录；⑤就雇员对工作场所、工作环境等方面存在的投诉问题进行调查；⑥对发生在工作场所的事故进行调查处理；⑦监督检查工作场所、工作环境方面存在的危及人身安全与健康方面的问题；⑧编制联邦职业安全与健康活动年度报告；⑨起草与颁布职业安全与健康监察标准；⑩组织与实施职业安全与健康技术培训、教育、宣传、推广活动等。此举旨在最大限度地保障所有从业人员的安全与健康。

（2）组织机构。美国职业安全与健康监察局总部设在华盛顿特区，其下设置有10个地区职业安全与健康监察办事处和85个小区安全与健康监察办事处。局长由负责职业安全与健康业务的劳工部助理部长兼任，全局2004年拥有2220名全职编制，其中1123名为专职监察员，联邦政府批准的预算经费为4.475亿美元，负责监察的工作场所达710多万个，就业人员1.15亿人。其中，26个州或地区建立了自行实施职业安全与健康法的机构与计划，覆盖的工作场所为240万个，雇员3700万人。职业安全与健康监察局组织机构如图1－3所示。

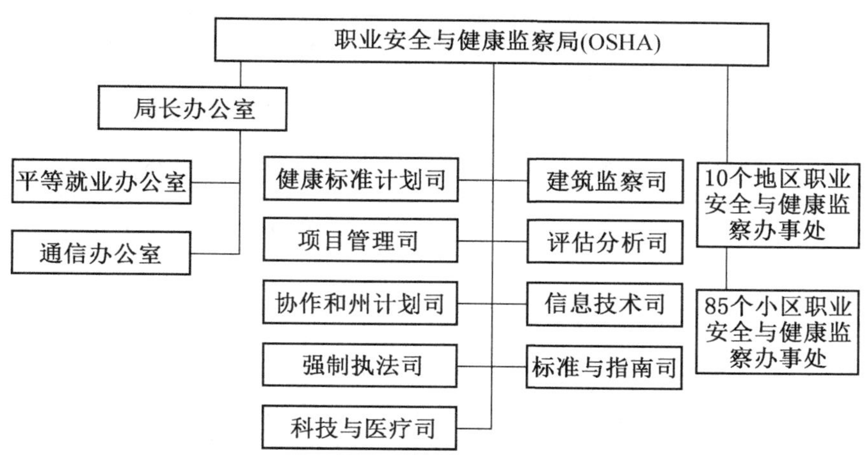

图 1－3　职业安全与健康监察局组织机构设置示意图

（3）人员编制与经费。2004 年职业安全与健康监察局法定的全职人员编制为 2236 人，联邦政府划拨的经费为 4.50 亿美元。2000—2004 年职业安全与健康监察局资金预算情况见表 1－1。

表 1－1　2000—2004 年职业安全与健康监察局资金预算

百万美元

项 目 名 称	2000 年	2001 年	2002 年	2003 年	2004 年
安全与健康标准	12.7	15.1	15.5	14.3	14.5
执法	141.0	153.1	161.8	161.1	165.3
州安全与健康项目	82.0	88.5	89.8	89.7	91.7
技术支持	18.0	20.1	19.6	20.2	21.7
吻合法规标准支持	54.2	67.1	58.8	60.3	67.5
州咨询资助	42.8	47.9	51.0	52.5	52.5

表 1-1（续）　　百万美元

项 目 名 称	2000 年	2001 年	2002 年	2003 年	2004 年
培训项目费用资助	*	*	11.2	4.0	4.0
安全与健康状况统计	22.7	25.6	26.2	25.7	22.4
执法管理	8.2	8.6	9.0	9.2	10.4
养老金与健康经费	*	*	13.7	*	*
反恐经费	*	*	1.0	*	*
合计	381.6	426.0	457.6	437.0	450.0
全职人员编制/人	2262	2384	2316	2233	2236

注：1. 资料来源为劳工部各年度财政预算报告。
2. * 表示不详或没有的项目。

2）矿山安全与健康监察局

矿山安全与健康监察局是隶属于劳工部的联邦政府职能部门之一，是依据《矿山安全与健康法（1977 年）》于 1978 年组建的，总部设在美国弗吉尼亚州的阿灵顿，由劳工部负责矿山安全与健康的副部长兼任局长。

（1）职能。依据《矿山安全与健康法（1977 年）》的规定，矿山安全与健康监察局负责对全美的矿山进行职业安全与健康监察，以保护全国 14000 多个采矿企业约 350000 名雇员的安全和健康，即赋予矿山安全与健康监察局对全国矿山进行安全与健康监察的权力，不论矿井规模大小和人员的多少，既对煤矿进行监察，也对金属和非金属矿进行监察。该局通过强制性执行采矿业安全与健康作业标准来实现消除采矿业死亡事故、减少严重性非死亡事故发生频率，并使对矿工健康的危害降到最低程度，最终达到有效改善矿山安全与健康作业条件和环境的目标。通过培训、教育和对采矿业所用设备进行测试及批准的技术援助项目，使美国所有矿山的安全与健康环境得到改善。

（2）机构设置与经费。矿山安全与健康监察局有2个核心业务部门（即煤矿安全与健康监察司和金属与非金属矿安全与健康监察司）和8个综合司室，2个公共事务办公室。同时，依据对全国矿山实施垂直的安全与健康监察职能，该局在煤矿安全与健康监察司、金属与非金属矿安全与健康监察司之下设11个煤矿地区矿山安全与监察处和65个现场办公室，负责监察分布在27个州的3500个煤矿。6个地区金属与非金属矿山监察处和47个现场办公室，负责监察12450座矿山，约225000名雇员。2004年矿山安全与健康监察局法定的全职人员编制为2334人，联邦政府划拨的经费为2.67亿美元。具体的机构设置如图1－4所示，经费预算情况见表1－2。

表1－2　矿山安全与健康监察局人员与经费预算情况

百万美元

项　　目	2001年	2002年	2003年	2004年
煤矿职业安全与健康执法	117.2	112.5	112.3	113.4
金属与非金属矿安全与健康执法	61.1	63.9	63.9	66.4
矿山安全与健康执法标准开发	2.4	2.3	2.3	2.3
评估	4.8	4.8	4.8	4.1

表 1－2（续）　　百万美元

项　目	2001 年	2002 年	2003 年	2004 年
教育政策开发	27.9	27.9	28.0	30.5
技术支持保障	28.1	28.7	28.7	24.7
项目评估与信息资源				14.2
项目管理与监察	12.6	14.2	14.3	11.2
养老金与健康费用	13.8	10.0		
合计	267.9	264.3	254.3	266.8
全职人员编制/人	2310	2264	2264	2334

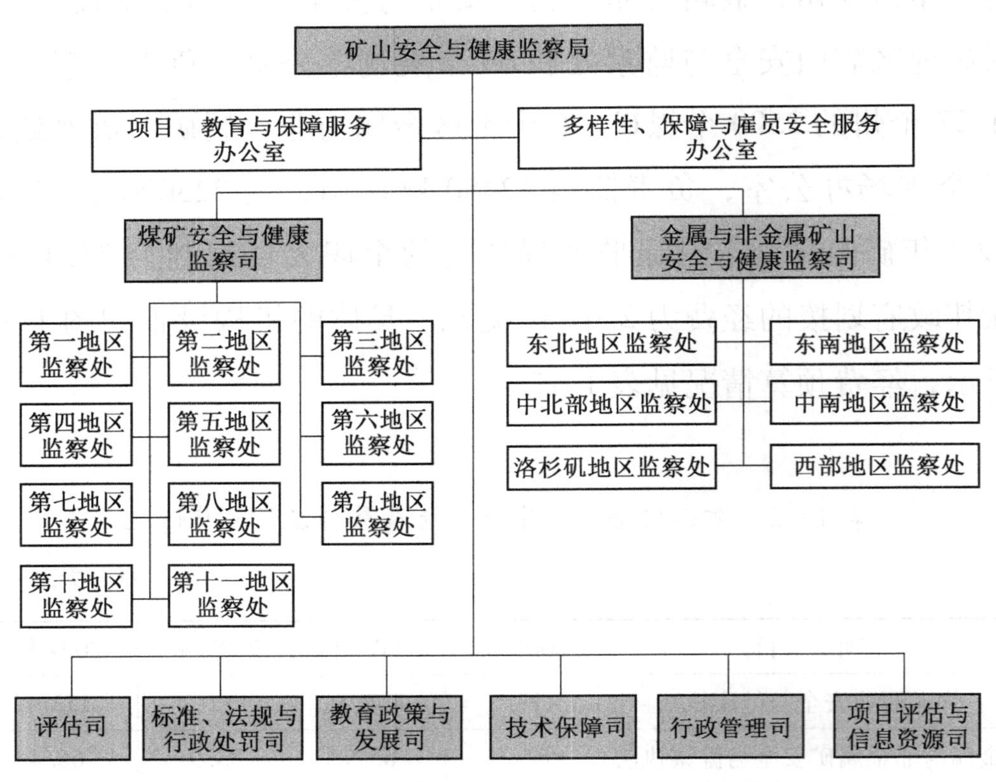

图 1－4　矿山安全与健康监察局机构设置示意图

3. 职业安全与健康法律法规

美国现行最重要的职业安全与健康法主要有两个：一个是经尼克松总统签署发布的《职业安全与健康法（1970 年）》；另外一个是 1977 年制定、经卡特总统签署发布的《矿山安全与健康法（1977 年）》。下面简要介绍这些法规及与其相关的、在其前后制定的其他法规。

1）《煤矿安全与健康法（1969 年）》

《煤矿安全与健康法》于 1969 年经美国国会辩论通过，由尼克松总统签署，自 1970 年 3 月 1 日起实施，一般称之为《煤矿法》。它比以前任何一部联邦采矿法规更全面、更严格，适用于包括露天煤矿和井工煤矿在内的所有煤矿。《煤矿法》规定：每年要对每座露天矿进行 2 次监察，对地下煤矿监察 4 次。该项规定极大地扩大了联邦在煤矿的执法权威。《煤矿法》还要求对所有违规行为处以罚款，并建立了对故意违法行为的刑事处罚条例。为使煤矿安全标准更严格，《煤矿法》建立了健康标准，规定进一步开发必须遵循的健康和安全标准的特别程序，要求给予因吸入煤尘而引起尘肺病，导致完全或永久性残废矿工补偿。

2）《职业安全与健康法（1970 年）》

《职业安全与健康法》于 1970 年制定，1971 年 4 月 28 日生效。这是美国职业安全与健康领域第一个在联邦全面施行的法律，共有 34 节。该法的立法目标：①通过授权贯彻执行在该法规基础上发展起来的各项标准；②帮助和鼓励各州做出努力，保证安全与健康的劳动条件，为职业安全与健康领域提供科学研究、信息资料和教育训练，保障所有劳动者的安全和健康，保护人力资源。该法明确授予劳工部长权力、决定建立若干机构及授予其具体职能、明确地规定雇主的责任、严格地规定雇员的权利与义务。

3）《矿山安全与健康法（1977 年）》

《矿山安全与健康法》于 1977 年 10 月由美国国会通过，同年 11 月 9 日经卡特总统签署，于 1978 年 3 月 9 日开始生效，一般简称《矿山法》。该法是对原《金属和非金属法安全法（1966 年）》和《煤矿安全与健康法（1969 年）》做出重大修改后合并而成的。

为保证《矿山法》的准确、严格实施，该法授权美国国会批准成立了一个新的矿山安全与健康法强制执行机构——矿山安全与健康监察局（MSHA）。该局隶属于劳工部。为解决《矿山法》执行过程中可能发生的一些争议，同时建立了一个独立的执法机构——矿山安全与健康复审委员会，对矿山安全与健康局的主要强制执法行动进行司法复审。

《矿山法》是美国现行最重要的矿山安全与健康法规，主要内容包括：总则；法定健康标准；地下煤矿法定安全暂行标准及适用范围；尘肺抚恤金；行政管理研究。

4）职业安全与健康法规标准

依据《职业安全与健康法（1970 年）》，职业安全与健康监察局制定颁布了一系列的职业安全与健康法规标准，并被收集到《联邦法典》（第 29 卷）——职业安全与健康法规标准中。该法规标准明确了各行业、部门的职业安全与健康监管标准与操作规定，是联邦职业安全与健康监察局监察员依法进行监察的工作指南。

5）矿山安全与健康法规标准

为保证在《矿山法》的强制实施过程中具有可操作性和科学性，《矿山法》颁布后，矿山安全与健康监察局制定并颁布了一整套详细、具体的职业安全与健康法规标准，收编在《联邦法典》第30卷（共50卷）中的“矿产资源卷”。“矿产资源卷”每年由矿山安全与健康监察局修订出版1次，它是联邦矿山安全与健康监察局在对矿山进行职业与健康执法工作中具有指南性作用的重要法规标准，“矿产资源卷”的主要内容有：官方标志；采矿用品的测试、评价与审批；档案及其他管理要求；教育与培训；矿山事故、伤害、职业病、雇工数目与产量；金属和非金属矿安全标准；煤矿安全与健康标准；违反《矿山法》的民事处罚标准；典型违规情况等。

6）职业安全与健康工作手册

《职业安全与健康工作手册》是1983年修订和颁布的，是美国劳工部为加强职业安全与健康法的国家监察工作而制定的。该手册共分16章78条，对从各级安全与健康监察官员的“一般职责”到各种“监察程序”，以及“违章类型及鉴别标准、限期整改和措施、优先监察顺序、紧急状态的处置、处罚形式、起诉和抗诉的程序，以及监察员的权利与义务”等均有详细规定。

（二）美国工伤赔偿保险政策

在美国，20世纪初兴起的工会运动主要是为了保护工人权益以及因工作而受伤或染病的赔偿问题。随着公众逐渐意识到人们为了谋生而不得不在恶劣环境下工作，以及因工受伤或生病对工人及其家庭在经济方面所造成的恶劣后果，工伤保险应运而生。工伤保险是最早出现的社会保险计划，它事实上比社会保险和失业赔偿的历史还长。

美国加利福尼亚州在20世纪初的时候就开始采用《工人赔偿法》，随后其他州也先后效仿起来。工人赔偿建立在一种“无过错”原则的基础之上，即受伤的员工无须证明因人为过错而致伤或致病就可以获得工伤赔偿费。

美国各州有自己的劳工赔偿保险法，有针对某行业的全国性赔偿法案，如针对联邦政府雇员的《联邦雇员赔偿法》，针对码头、港口工人的《码头、港口工人赔偿法》，还有针对能源业雇员的《2000年能源业雇员职业病赔偿项目法》。其中《联邦雇员赔偿法》《码头、港口工人赔偿法》是美国比较重要的赔偿法。

下面我们主要介绍这两个法并重点介绍加利福尼亚州工人赔偿保险的内容。

1.《联邦雇员赔偿法》

1）赔偿对象

《联邦雇员赔偿法》的赔偿对象为联邦政府及其分支机构的雇员。若其本人已经死亡但仍未享受到赔偿，但有配偶、子女、父母或其亲属在世的，也能够获得赔偿，其数额和享受时间长度不变。

2）赔偿资金来源及其管理

美国财政部设有雇员赔偿基金，由国会不定期拨款，以及根据本法和其他法规定拨予的款项。

除行政管理支出外，基金对由本法或其他法规定的赔偿金、福利或其他费用的支出没有时限。劳工部长每年应向行政管理和预算办公室提交拨款数额，以保证基金的正常运转。

3）基金预算

就上年 7 月 1 日至本年 6 月 30 日时间内，联邦政府及其地方分支机构由于其雇员致残或死亡而应从雇员赔偿基金支出的福利和报酬总数额，劳工部长应于 8 月 15 日前提交一份书面报告。联邦政府各部门及分支机构在为下一财政年度进行预算时，应包含与上一年度同等数量的赔偿基金的申请。

各部门根据申请所拨款项的数额，在其到位 30 天后，存至财政部雇员赔偿基金内。

4）伤残赔偿

如果雇员遭受永久性残疾，包括肢体损伤、功能丧失及外貌损伤，该雇员可享有残疾基本赔偿。赔偿金额为其月薪的 66% 或 2/3。

分伤残赔偿标准如下：

（1）丧失单条手臂获得 312 周薪金赔偿。

（2）丧失单条腿获得 288 周薪金赔偿。

（3）丧失单手获得 244 周薪金赔偿。

（4）丧失单脚获得 205 周薪金赔偿。

（5）丧失单眼获得 160 周薪金赔偿。

（6）丧失单个拇指获得 75 周薪金赔偿。

（7）丧失单个食指获得 46 周薪金赔偿。

（8）丧失单个拇趾获得 38 周薪金赔偿。

（9）丧失单个中指获得30周薪金赔偿。

（10）丧失单个无名指获得25周薪金赔偿。

（11）丧失拇趾以外其他任一单个脚趾获得16周薪金赔偿。

（12）丧失单个小指获得15周薪金赔偿。

（13）丧失听力获得：①单耳听力全部丧失获得52周薪金赔偿；②双耳听力全部丧失获得200周薪金赔偿。

（14）双目视觉丧失或单眼视觉丧失80%或以上所获赔偿与单眼丧失所获赔偿相同。

（15）某根手指（脚趾）丧失一块或以上指（趾）骨所获赔偿与丧失该手指（脚趾）所获赔偿相同。某根手指（脚趾）丧失第一指（趾）骨所获赔偿为丧失该手指（脚趾）所获赔偿的50%。

（16）单条手臂或单腿手腕或脚踝以上部分被切断所获赔偿分别与丧失单条手臂或单腿所获赔偿相同。

（17）单手（脚）两根或以上手指（脚趾）功能丧失，或这些手指（脚趾）每根均丧失一块或以上指（趾）骨，所获赔偿按照该手（脚）功能丧失所获赔偿成比例予以支付。

（18）某部分永久性全部功能丧失所获赔偿与丧失该部分所获赔偿相同。

（19）某部分永久性部分功能丧失所获赔偿按照丧失该部分功能所获赔偿成比例予以支付。本赔偿中对于视觉或听力丧失程度不考虑恢复因素。

（20）若功能丧失多于本赔偿列举的一个部分或某部分的多个部分丧失功能，所获赔偿按照单个部分功能丧失所获赔偿连续支付。若伤势仅对同一只手（脚）两根或以上手指（脚趾）造成影响，则按照本分款第（17）条规定进行赔偿。若双耳听力部分丧失，则赔偿按照双耳所受影响进行计算。

（21）脸部、头部或颈部严重损伤妨碍获得或继续工作，根据本法，除其他赔偿外，还可获得3500美元以下的赔偿。

（22）身体其他重要的外部或内部器官永久性丧失或功能丧失，经劳工部长同意后，除其他赔偿外，还可获得最长时间为312周薪金的适当赔偿。

5）伤残额外赔偿

（1）如果其配偶、未成年或残障子女、父母如果与致残雇员居住在同一家庭中，或定期从致残雇员处获得生活支持，或法律裁定雇员定期予之生活支持的则可以获得额外的补偿。

（2）雇员双眼失明、双手或双脚完全丧失功能、瘫痪、语言能力丧失，或残疾无法独立生活，而依靠他人照顾的，则在享受基本赔偿之外，每月最多可获得1500美元的额外补偿。

对正在进行职业康复的致残雇员，劳工部长还可批准给予每月最多200美元的额外补偿。

6）死亡赔偿

若雇员在执行公务时因伤死亡，美国政府将依照死亡雇员月薪的一定比例按月发放赔偿金。赔偿金比例依照以下标准测评：

（1）若无子女，则配偶获得的赔偿金为月薪的50%。

（2）有配偶及一名子女，配偶获得的赔偿金为月薪的45%，子女数目每增加一个，所获赔偿金增加月薪的15%，但配偶及子女所获赔偿金总额不超过月薪的75%。

（3）有一名子女无配偶，该子女获得赔偿金为月薪的 40% ，子女数目每增加一个，所获赔偿金增加月薪的 15% ，但子女所获赔偿金总额不超过月薪的 75% ，赔偿金在子女中间进行分配或平均分配。

（4）无配偶无子女，死者父母获得的赔偿金为：

① 死者死亡时，父母一方完全依靠死者供养，另一方完全独立，则可获得月薪 25% 的赔偿金；

② 父母双方均完全依靠死者供养，每人可获得月薪 20% 的赔偿金；或

③ 若父母一方或双方部分依靠死者供养，则赔偿金数额由劳工部长进行裁定。若有配偶及子女，仍然按照以上标准进行赔偿，但全部赔偿金总额不超过月薪的 75% 。

（5）无配偶、子女或需要供养的父母，死者的兄弟、姐妹、（外）祖父母及（外）孙子女获得的赔偿金为：

① 死者死亡时，若仅有一名完全依靠其供养者，该受供养者可获得月薪 20% 的赔偿金；

② 若有一名以上完全依靠其供养者，可获月薪 30% 的赔偿金，赔偿金在受供养者之间进行分配或平均分配；或

③ 若无完全依靠其供养者，但有一名或以上部分依靠其供养者，可获月薪 10% 的赔偿金，赔偿金在受供养者之间进行分配或平均分配。

若有配偶、子女或依靠死者供养的父母一方，仍然按照以上标准进行赔偿，但全部赔偿金总额不超过月薪的 75% 。

（6）赔偿金由死者死亡之日起开始支付，直至：

① 配偶死亡或 55 岁之前再婚；

② 子女、兄弟、姐妹或（外）孙子女死亡、结婚或年满 18 岁，或年满 18 岁但无独立生活能力者可独立生活；或

③ 父母死亡、结婚或不再依靠赔偿金供养生活。

根据款中第②条规定，给予子女、兄弟、姐妹或（外）孙子女的赔偿金将在其年满 18 岁时结束，但若其子女、兄弟、姐妹或（外）孙子女年满 18 岁时仍为学生，赔偿金将持续至其学业结束或其结婚时止。若死者配偶结婚两次或以上，且按照本款下规定，与其结合者中两名或以上均因工伤死亡，则该配偶只能享受其中一人的死亡赔偿金。

（7）给个人的赔偿金支付停止或因个人原因停止时，在赔偿金支付期间支付给其他有权享有赔偿金者，即死者死亡时，若其他有权享有赔偿金者为唯一享有者，由其获得赔偿金。

（8）若存在符合本款规定的两种或以上有权享有赔偿金者，且赔偿金分配有可能造成不公平现象，则劳工部长将依据具体情况对分配进行调整。

7）赔偿申请

只有当事人或其代表对赔偿进行正式申请，才能获得赔偿。申请：

（1）在规定的时间内以书面形式提出。

（2）递交至美国劳工部长办公室或劳工部长正式任命的代表，或邮寄至劳工部长本人或其代表。

（3）按照劳工部长批准的格式书写。

（4）包含劳工部长要求的所有信息。

（5）由当事人或其代表对该声明负责。

（6）除非当事人已死亡，须附以当事人医生的证明，说明当事人的伤势情况以及有可能造成的残疾情况和程度。

2. 加利福尼亚州工人赔偿保险

1）工人赔偿可获得的补贴待遇

根据伤病情况的不同，工人可以按照工伤保险中的规定享受特殊的补贴待遇。主要有以下6种：医疗保健、暂时性伤残补贴、永久性伤残补贴、职业康复服务、补充性的岗位调整补贴和死亡补贴。工伤人员可以享受以上的一种或几种待遇。

（1）医疗保健。工伤人员有权享受所有可治愈或减轻病痛的医疗待遇，包括医师、住院治疗、康复、理疗、脊椎指压治疗、牙齿保健、处方、X射线或者其他的一些可采用的必要治疗手段。

雇主在得到受伤和职业病报告之日起30天，负责安排医疗救治。之后，员工就可以自由选择医师和医疗设备。如果在员工受伤前，雇主就已经知晓员工有自己的私人医生，那么就可以从受伤之日起由该医师负责治疗该员工的伤病。但是，如果雇主和员工选择了卫生保健组织（HCO）来负责医疗，那么对医师的选择就完全不同了。

医疗急救作为医疗保健的一部分，是所有雇主必须提供给工伤员工的待遇。加利福尼亚州保险部（CDI）协同劳资关系部工人赔偿司，提醒所有雇主、医师、保险人以及自保人员要遵守加州《劳工法》第6409（a）款的规定。

第6409（a）款要求医师在治疗伤员的时候要写“病况初诊

报告”（DFR），对所有伤病情况，哪怕是不误工时的急救案例也要记录在案。虽然《劳工法》规定“雇主报告”和“员工申诉表”中不包括医疗急救的内容，但在“病况初诊报告”中并不排除该部分内容。保险人（或自我保险的雇主）必须向劳资关系部递交“病况初诊报告”。内容必须涵盖“医疗急救”的有关内容。

加州保险部和劳资关系部认为医师与雇主之间的有些协议并不合理，使得医师的诊断结果受控于雇主。一些案例中，鉴于雇主的要求，医师只把“病况初诊报告”提供给雇主，即使伤情已经不属于简单急救的范畴，也还是不让保险人本人知晓实际情况。那么，雇主就可以通过这种与医师之间的协议来保持甚至降低保险费。这种市场运作方式是不可行的，很可能会导致保险费做假行为以及违背《工人赔偿法》的规定。

（2）暂时性伤残补贴。当工人由于工伤3天之内不能工作时，就可以享受暂时性伤残待遇来补偿工资损失。但在获得补贴前，必须有医师出具的证明。目前为止，法律规定该补贴的最高额度定为工资损失的2/3。该补偿金每两周发放一次，直到员工返回岗位或是医师诊断其病情变为永久性伤残为止。当前法律规定，可以享受这种待遇的最长年限是2年，只有个别工伤的延续时间增加到了4年。

（3）永久性伤残补贴。如果一次工伤导致了员工身体的永久性残疾，那么他就有资格获得永久性伤残赔偿待遇。赔偿的数额取决于身体伤残程度和对员工今后生计的影响程度。其他考虑因素还有：受伤日期、受伤年龄和所从事的职业。当前，《工人赔偿法》主要规定了赔偿的数额，最高可付额以及在达到最高额或一次性清算前每两周所需赔偿的费用［《工人赔偿法》最近的内容更新显示，工人赔偿部（DWC）可能会制定额外的法律规章来协助计算永久性伤残的数额］。永久性残疾定级表和员工永久伤残程度评估决定了永久性伤残赔偿的百分比。劳资关系部的网站上（www. dir. ca. gov. ）可以获得永久性残疾定级表的详细信息。

员工永久伤残程度评估由治疗医师——合格的医疗评估师（QME）进行。若员工有代理律师，则由议定的医疗检查员（AME）来评估。工人赔偿部的医疗处负责任命合格的医疗评估师。如果员工对医师的意见持否定态度，而同时又没有律师代理人，那么他可以从来自医疗处的 3 名评估员中选出 1 名来进行单独的评估。如果受伤员工有代理人，那么双方必须共同选出 1 名议定的医疗检查员来评估。假如双方不能就此达成一致，那么医疗处就会任命一个由 3 名合格医学评估师组成的评估小组，然后由双方从中选择 1 位。允许双方各排除 1 名评估员，从而最终选出 1 人。一旦再次评估的结果与原来不同，那么就只能通过协商或必要的法律手段来决定永久性伤残的赔偿金数额了。

（4）职业康复服务（适用于 2004 年 1 月 1 日前的工伤事故）。职业康复是为那些不能返回原岗位的工伤人员提供的服务，包括开发合适的计划、培训的费用以及在参与康复活动的时段里所需要的生活补贴。

一旦受伤的员工不能再返回原工作岗位，那么雇主和雇员就共同选一位康复顾问来决定实施职业康复是否可行。如果可行，那么就制定一个合适的康复计划。该计划的目的是为了使受伤的员工能够找到合适的职位，尽可能快地重新自立、工作。

和暂时性伤残赔偿待遇一样，用在工人接受康复培训时的补贴费用为原工资收入的2/3。最高数额少于暂时性伤残待遇的最高值。工人可以提前从永久性伤残待遇中获得补贴，其额度可与暂时性伤残的周补贴费相同。2004 年 1 月 1 日或之后受伤的工人，其职业康复费用总额设了最高限制。

凡 2003 年 1 月 1 日起发生的工伤，员工可以在合法条件下一次性获得职业康复的所有费用。职业康复待遇不再适用于 2004 年 1 月 1 日以后的工伤事故。

（5）补充性的岗位调整补贴（适用于 2004 年 1 月 1 日后的工伤事故）。补充性岗位调整补贴是一种不可转让的待遇。凡在 2004 年 1 月 1 日之后受伤的工人都可以凭此去国家认可的学校进行再教育或进修学习。有资格获得该补贴的员工必须满足以下三条：①永久性伤残；②在暂时性伤残阶段结束后 60 天内未返回工作岗位；③雇主不提供岗位调整。此补贴的最高待遇在法律上有相关的规定，而且根据永久性伤残的程度不同而有所不同。

（6）死亡补贴。如果工人在工作中受了致命伤，法律上规定他将得到一笔合理的安葬费。此外，被抚养人在一段时间内会得到与暂时性伤残的周补贴相等的补贴。总的死亡补贴额取决于被抚养的人数以及他们是部分依赖还是完全依赖工伤致死的工人。

2）工人赔偿政策覆盖范围

“工伤保险政策”的第一部分里有关于赔偿覆盖范围的规定提到，保险公司同意赔偿属于工人的所有补贴费用。工人赔偿法或赔偿政策声明里列出的国家或州法律明确规定这些费用由雇主来承担。对工伤人员来说，工人赔偿保险是专门用于他们的赔偿。也就是说，雇主要对所有工伤的发生负绝对责任，而工人赔偿费是工人专门的资助来源，获得工人赔偿保险赔偿的工伤人员不能因伤起诉雇主。

尽管工人赔偿保险是专门用于工伤致残人员的补贴，雇主责任保险也是除工人赔偿保险之外的重要保险。

3）工人赔偿保险投保对象

加利福尼亚州《劳工法》第 3700 节规定，所有加州的雇主必须为员工购买工伤保险。只要雇佣一名以上的员工，就需要按法规办事。

个体经营者要为自己购买工伤保险。因为工伤保险是一种责任保险，要求雇主对所有雇员的工伤事故负责。这对个体经营者并不是最佳选择，个体经营者可能购买健康、人身或残疾收入保险会更合适一些。

如果一家公司不完全为董事或执行官所有，则他们也必须算在工伤赔偿的范围之内。如果为他们完全所有，那么可以选择不为自己购买工伤保险。

加利福尼亚州《劳工法》第 3351 节对工人赔偿覆盖范围有明确规定，无论是个体经营者、合作经营者或是公司，他一般会与某个保险经纪代理人建立良好的合作关系，因为他们了解保险的适用范围，可以选出最适合雇主目前经营模式的保险。

4）工人赔偿保险承保商

雇主须向获得许可的保险公司或者通过州工伤保险基金（SCIF）购买工伤保险。雇主也可以就工伤保险选择自保。

商业经纪代理人可协助企业从获得许可的保险公司购买工伤保险，也可协助提供关于州工伤保险基金（SCIF）和自保的信息。同时，已获得许可经营工伤保险业务的保险公司的信息以及前50家工伤保险公司费率的在线比较情况都可以在加州保险部网站（www. insurance. ca. gov）上查找。

州工伤保险基金（SCIF）是一家办理工伤保险业务的非营利性质的州营实体。该基金与私营工伤保险公司开展商业竞争，并且在私营公司不愿提供工伤保险的情况下充当最后保险人。

企业选择自保须取得加州劳资关系部自保计划办公室颁发的证明。私营雇主取得自保许可证明的条件之一是随时提供安全信息。自保仅是稳定的大公司的一种可行选择。

5）强制购买工人赔偿保险

雇主如果没有购买工人赔偿保险就违反了加利福尼亚州《劳工法》。工业关系部部长有权对被发现的没有依法购买工伤保险的任何公司发出停业令。停业令勒令公司停止经营直到其购买工人赔偿保险为止。除了签发停业令外，部长还可以通过正常调查或调档查看未保险雇主基金支出的索赔额以检查雇主是否未依法购买保险，以此来评估罚款额度。如果雇主不遵守停业令，会被给予10000美元的罚款；若雇主未给部分雇员购买工人赔偿保险，会被给予每人1000美元的罚款；如果雇主故意未依法保障工人赔偿保险则会受到保险欺诈起诉；如果雇主没有购买工人赔偿保险，会受到受工伤工人依雇主责任法提起的诉讼；如果雇主的工人赔偿保险在员工受伤时并不生效，那么工人赔偿保险这种专门的工伤补救性保护措施不再适用。

6）未保险雇主基金和后继工伤基金

当雇员发生了工伤或疾病，而且雇主没有按法律规定购买工人赔偿保险，员工可以申请未保险雇主基金。当雇主未购买保险或未支付工伤疾病或赔偿，未保险雇主基金就会被用来处理工人赔偿索赔。可以用未保险雇主基金支付应由未保险雇主支付的金额。

若员工以前遭受了永久残疾或伤害，其后又遭受伤害或疾病，则有资格从后继工伤基金获得额外赔偿。雇员至少要有70%符合永久残疾标准，还需满足其他资格要求。雇主对员工数次受伤致残造成的综合后果没有工人赔偿责任，只对工人最近伤害（不是以前的）那部分负责赔偿。

7）工人赔偿保险费的计算

工人赔偿保险费率基于工人工种归类方法和各工种的费率。绝大部分情况下，由工人赔偿保险费率局（WCIRB）制定工种类别并确定费率。工人赔偿保险公司和保险费率局一道运用由保险费率局提供的工种类别代码为工人赔偿保险单确定费率。保险公司可以制定和提交他们自己的分类体系，由保险部审批，但这并不常见，因为想要建立单独的工人赔偿分类体系需要达到相当严格的标准。保险费率局提供投保人调查官员，为雇主解答工种分类、经验修改系数和费率等方面的问题。

（1）公开费率。工人赔偿保险费率局为每类工种代码分配一个具体的费率。这些费率由保险部记录在案。目前，加州工人赔偿保险商遵循公开费率体系进行。公开费率体系意味着各公司根据他们自身足以支付每类工种（职业商业类别）的赔偿和费用的能力来确定费率。公开费率要求所有工人赔偿保险商要将他们的费率和所有有用的费率补充信息在保险部备案。费率审批要考虑很多因素，其中最重要的是费率要适当。费率应该足够维持保险公司的赔偿能力。适当的费率也确保保险公司有充足的金额应对可能发生和继续支付的索赔义务。如果费率不足以支付保险商的赔偿和支出，或显失偏差，或会造成市场垄断，保险委员会委员不会予以批准。如果费率仅仅被认为是过高，则委员会委员没有法定权力否定该费率。

（2）保险费修正。每类工种代码及其相应的费率是费率计算公式的首要部分。费率是以美元和美分来表示的，每类工种的费率乘以每百美元薪酬。估算出每类工种的薪水（按每百美元薪酬计算）后乘以费率，得出的数额就被称为“基本”保险费。然后使用费率评估方案（通常为表定加减计算法或判断法）和经验修改系数对基本保险费进行修改（增加或减少）。

（3）经验修改系数。经验修改系数通过保险公司每年向保险费率局提交的赔偿信息计算得出。保险费率局使用保险部批准的数学公式为每个雇主计算经验修改系数。计算公式会考虑上报的损失赔偿、赔偿储备金和经验期（通常为之前 3 年的工人赔偿保险）的薪水金额。经验修改系数表明类似行业的平均雇主经验损失，并可作为雇主之间的对比方式。用经验修改系数和其他修正（表定加减计算法或判断费率法）计算该类工种的费率时，得出的最终费率乘以100美元薪水，就能确定出保险费。

（4）预期性费率法。工人赔偿费率法基本公式被称为预期费率法。工人赔偿保险金可以通过不同的费率方案计算（如股息方案或回顾费率法），预期性费率法是目前计算工人赔偿保险金时使用的最为常见的一种方法。

（5）保险金审计。直到保险期结束，并且对雇主的工资发放登记簿审计后，才能计算工人赔偿保险的最终金额。对工资发放登记簿的最终审计决定最初的工资估算是高还是低了。如果工资比估算高，那么雇主就还需另外缴纳保险金。如果工资低于估算，那么保险公司就会返还给雇主一部分保险金。如果一个雇主没有资格做到月例汇报（通常是因为工资发放数量），那么雇主可以和他们的代理人或公司保险商共同提供其在保险期间的工资浮动。在保险期内，工资估算的更正会使大额保险费的审计费用或大额返还保险费发生的可能性最小化，这对企业的现金流有很大影响。

工人赔偿保险公司有权在任何时候审计雇主的工资记录。保险公司通常会保留这个权利进行最终审计。但是，保险公司也可以进行期中审计。未能遵守保险公司审计的企业可能会被保险公司撤销保险或不再续保。同样，保险公司也可以选择各种合法手段来征收未收取的保险金。蓄意少报发放的薪酬被认为是保险欺诈，会受到法律起诉。保险费率局也有权对薪酬发放登记簿进行审计，从而收集有关经验修改系数和雇主工种归类等的信息。

8）工人赔偿索赔案件争端裁决

多数受伤工人和工人赔偿保险人之间的争端不属于保险部的权限范围之内。加州工业关系部工伤赔偿处帮助雇主或雇员处理工人赔偿索赔。如果雇主或雇员对工人赔偿有疑问，可以与工人赔偿处信息援助科取得联系。

如果有工人赔偿争端，信息援助科接到后，会着手加以解决。如果他们不能解决，可以向工人赔偿申诉委员会提出正式仲裁（解决争端）申请。如果没有雇佣律师的话，信息援助科可以帮助向申诉委员会递交申请。只有工人赔偿申诉委员会拥有裁决工人赔偿争端的权限。

在特殊情况下，保险部可以对提交欺诈性赔偿申请及拒付工人赔偿的行为进行调查。

9）保险部处理工人赔偿

保险部主要处理涉及工人赔偿保险费率法和保险事宜。工人可就工人赔偿保险费率问题和保险问题与保险部联系。以下是在保险部权限内工人所共同关心的工人赔偿保险问题：

（1）保险商遵守归档费率。

（2）费率有错误。

（3）工种分类和经验修改系数存在争端。

（4）未能提供历史赔偿报告。

（5）取消和不再续保通知。

（6）审计争议。

（7）股息计划。

（8）代理人处理。

（9）保险欺诈。

10）赔偿准备金

保险公司利用赔偿准备金来评估每次索赔的金额。赔偿准备金是保险公司在估算索赔金额后，为支付该金额而预留的。通常由理赔人确定赔偿准备金金额，他们根据以前类似案例的经验得出该判断。足够的赔偿准备金有助于保险公司决定准备多少钱来应付当前和未来的索赔。保险公司必须向工人赔偿保险费率局报告其赔款准备金金额和其他索赔报告信息。工人赔偿保险费率局根据保险公司上报的上述信息计算经验调整系数。赔偿准备金不足而索赔报告也不准确可能会使保险公司陷入财政危机。因为保险保持赔付能力极其重要，因此，赔偿准备金尽可能准确，并根据最新的索赔报告信息定期调整。准备金不足影响赔付能力，但赔款准备金过多也会产生问题。赔款准备金过多会导致经验调整系数膨胀，投保人保险金额提高。

11）雇主有权要求工人索赔提供索赔历史报告

投保人或投保人经纪人必须以书面形式对工人索赔金额和索赔历史报告（通常被称为损失经营）提出要求。保险公司在以下情况下有 10 个工作日按照要求准备：①取消或不再续办保险；②投保人要在重新办理当前保险前 60 天内提出上述信息的要求；③投保人当前所投保的保险公司的保险等级由全国公认的保险费率服务部门降低至保障、良好之下或费率降至保险客户对保险公司业务经营的接触能力产生消极影响；④保险公司由有关部门托管，或被责令停止保险业务。

12）最低保险金

保险公司为弥补保单发行和服务而发生的费用通常会制定最

低保险费标准。如果某公司薪酬总额较小，计算出的保险费可能会很低。如果保险费很低，保险公司可能不能补偿基本的费用，还没有发生索赔，保险公司就已发生损失，这样对担保这样风险的保险公司的财务非常不利。通过制定最低保险费标准，保险公司愿意为承担风险征收可承受的最低保险费。每个保险公司都必须向保险部提出最低保险费要求作为其费率方案的一部分。

13）保险期间雇主取消保险

如果雇主在保险合同期的中期，向另一家保险公司投了保或终止保险业务，因此向原投保的保险公司取消工人赔偿保险，则保险公司应根据短期保险费率算出金额并扣除后将余额返还给雇主。短期保险费率是对投保人未能履行完保险合同期限而对投保人设定的一种行政性罚款比例。如果短期保险费率算出的数额少于最低保险费，保险公司会取消部分最低保险费。

14）保险公司破产对投保人的债权产生的影响

在美国，如果工人赔偿保险公司破产，雇主和雇员的利益都能受到保护。州保险委员根据法院赋予的财产处置权对保险公司财产进行托管和清算。保险部设有保管和清算办公室（CLO），负责处理保管和清算的详细事宜。由于对工人索赔的支付极其重要，CLO 与加州保险担保协会（CIGA）密切合作以及时支付工人的索赔。如果保险公司破产，这会有助于减轻雇主和雇员的负担。CIGA 担任着安全网络和担保人的角色，无论破产保险公司清算的资产能否偿清索赔，工人都会继续得到赔偿。

15）分红计划

分红计划是一种费率方案，它以股息形式让雇主从他们投保的工人赔偿保险商处获得利润。因为雇主参与保险商的利润分红，股息分红方案通常指保险参与政策。对不同的条款和规定有不同类型的股息分红方案。所有的股息分红方案必须与其他费率制定方案一并提交至保险部待批。

16）保险经纪人或保险公司不能保证工人赔偿未来分红的数额

加州工人赔偿法规明确规定，保险经纪人或保险公司不能保证或以任何方式许诺工人赔偿未来分红的数额。保险经纪人或其他公司代表可以提供过去分红的数额，但投保人股息分红声明不能直接或间接说明未来分红的数额。如果雇主认为经纪人或保险公司代表没有如实地解释其股息分红方案，特别是直接或间接许诺未来股息分红结果，那么他们应直接与保险部取得联系，了解相关信息。

3.《码头、港口工人赔偿法》

1）覆盖范围

《码头、港口工人赔偿法》仅限于在美国可航行水域中受伤导致伤残或死亡的赔偿，其覆盖范围主要指在装货，卸货，修理、拆除或修造船只时所使用的毗邻桥墩、码头、干船坞、终端、构筑道、船排，或其他毗邻区域。

2）赔偿时间及金额

（1）赔偿时间。《码头、港口工人赔偿法》规定，受伤后的前三天不予补偿。但是，该法第 7 条款又规定："如果因伤导致雇员无法工作超过 14 天，赔偿时间则应从无法工作当天算起。"

（2）赔偿金的最大比例。①对丧失工作能力或死亡的赔偿

（该法规定给予一次性赔偿的死亡除外）不能超过全国平均周工资的200%；②完全丧失劳动能力雇员的赔偿金不能低于平均周工资的50%，但是如果该雇员的平均周工资低于全国平均周工资，他将得到实际平均周工资作为赔偿金。

3）医疗服务

（1）一般规定。雇主应提供雇员受伤期间或恢复期间需要的医疗，包括手术和其他服务或治疗、护理和住院服务、用药、拐杖，以及其他可能用到的设备。

（2）医师选择、监督管理、换医师与转院。雇员有权利选择经过授权的主治医师为其提供医疗服务。如果由于受伤，雇员不能选择其主治医师，而且要求紧急医疗救治，则由雇主选择医师。由劳工部长监视受伤雇员所受到的医疗服务，并要求递交治疗的定期报告，并有权决定所提供的医疗帮助是否必须、恰当和充分。而且，当本人主动提出或雇主认为有必要，或者是费用超过了以往类似服务费或超过了付费方的常规费用时，伤者可以更换主治医师或转院。

（3）在各赔偿区域张贴公布未经授权从事医疗服务的医师和保健机构的名单，并给出未授权的理由，以让雇主和雇员知晓。

（4）体检、治疗提问、报告身体伤害、复查及检查费。如果在任何情况下对治疗有疑问，劳工部长有权指定医师为雇员检查，了解其身体伤害情况。如果任何一方对检查结果不满意，可以申请要求一名或多名合格的医师对雇员进行复查。复查从劳工部长命令检查之日起应该在两周内完成，除非劳工部长发现因某些特殊情况而延期。检查或复查的费用由雇主承担，如果雇主是自保者则由保险公司承担，在某些特定情况下由专门基金承担。

4）死亡赔偿支付的金额

（1）3000美元以下的丧葬费用。

（2）如果死者有遗孀（鳏夫），但无子女，则在遗孀（鳏夫）未再婚期间每月支付给他（她）们死者工资的50%，在遗孀（鳏夫）重新结婚后，一次性支付给他（她）们死者两年工资总和的50%；如果死者有未成年子女，则另外每月支付死者工资的16.67%给其子女；在遗孀（鳏夫）去世或重新结婚后，每月支付给未成年子女的金额将增加到死者工资的50%，如果不止一个未成年子女，则将死者工资总额的66.67%平摊给每个未成年子女；总之，总支出不能超过死者工资总额的66.67%。工伤赔偿委员会有权要求对未成年人指定监护人，为其领取赔偿金；如果没有要求，则不必指定监护人。

（3）如果死者只有一个未成年子女，没有遗孀（鳏夫），则将死者工资的50%支付给未成年子女；如果死者有一个以上的未成年子女，没有遗孀（鳏夫），则将总工资的66.67%平摊给每个未成年子女。总之，总支出不超过死者工资的66.67%。

（4）如果死者没有遗孀（鳏夫），也无未成年子女，或者如果支付给死者遗孀（鳏夫）和未成年子女没有超过其工资的66.67%，并且死者的孙子或兄弟姐妹在死者受伤时就依靠其补偿金生活，则在其无生活来源期间，给予每人死者工资20%的资助，对于死者的父母或祖父祖母，则给予25%的资助。但是，支付给他们的总额不能超过死者工资的66.67%与支付给遗孀（鳏夫）和未成年子女之间的差额。

5）债权人转让和免除索赔

禁止转让、免除或代偿应当支付的赔偿金和福利金。赔偿金和福利金可以免除所有债权人的索赔，也免除强行征收、法令执行、财产扣押或其他为偿还或征收债务而采取的补救措施，通常这些情况并不放弃免除权。

6）留置赔偿金

根据雇主和雇员双方签订的有效劳资协议而建立的符合《1947 年劳工管理关系法》规定的信托基金给雇员支付伤残救济金。根据该法规定，雇员因为被赋予了获得赔偿金的权利，因此要偿还这部分伤残救济金。劳工部长应授权从赔偿金中扣留这部分金额存入信托基金。

7）专项基金

如果雇主破产，或其他情况妨碍赔偿金的支付，则劳工部长可以从专项基金中支付赔偿金。在雇员伤残期间，由于雇主破产，导致无法提供救治的，也将由专项基金为其提供救治资金。

8）索赔程序

（1）索赔诉讼。索赔可以在雇员受伤致残后的前 7 天，或死亡后的任何时间向州赔偿委员提出。州赔偿委员应全权听取并确定有关索赔的所有提问。

（2）索赔通知。在原告提出索赔 10 日内，州赔偿委员要通知雇主和相关方（原告除外），告之有雇员向他们申请索赔。通知可以直接送到雇主或相关方手中，也可以通过挂号信件邮寄送达。

（3）调查、责令举行听证、通知、拒判赔偿和判予赔偿。州赔偿委员认为有必要时会对索赔进行调查，并且一旦收到相关方的申请，就会责令举行听证会。如果举行听证会，赔偿委员有10日以上的通知期通知原告和相关方，通知可以是直接送到雇主或相关方手中，也可以通过挂号信件邮寄。在听证举行后20日内，州赔偿委员对拒绝赔偿还是给予赔偿做出判决。如果在上述索赔通知发出后20日内没有举行听证会，州赔偿委员也要对拒绝赔偿还是给予赔偿做出判决。

（4）听证会由一名符合资格要求的行政法官主持。

（5）拒判赔偿和判予赔偿命令的归档和邮寄。拒判赔偿和判予赔偿命令应该存档在州赔偿委员会办公室，并向原告和雇主按最后详细地址通过挂号邮件或一般邮件寄送副本。

（6）雇员死后判予赔偿。对伤残赔偿的判决也可能是在受伤雇员死后做出的。

（7）诉讼移交。在索赔诉讼提出后的任何时间，州赔偿委员在得到州赔偿委员会同意的情况下，可以将其手中的索赔诉讼移交至其他州赔偿委员，按规定程序进行调查、取证、体检或采取其他行动。

（8）伤残雇员的体检。伤残雇员应当接受体检，体检医师为联邦医疗官员或州赔偿委员会指定或批准的合格医师，按州赔偿委员的要求选择医师。如果雇员、雇主或保险公司要求，由他们挑选并付费的医生也可以参与体检。在雇员拒绝体检期间，将停止诉讼程序，并且不支付给雇员赔偿金。

9）赔偿令复审

（1）命令的有效性和定性。赔偿命令在赔偿委员会办公室归档后立即生效，除非提起终止或驳回赔偿令的诉讼，将在30日期满后成为最终判决。

（2）福利复审委员会的组成及工作程序。

① 福利复审委员会由部长从有资格成为委员会成员的人中指定5个成员组成。部长应选派委员会的一名成员作主席。被部长选派的主席应有权力行使委员会所有必要的行政功能。

② 为依法履行职能，委员会必须有3名成员才可构成法定人数，只有当至少3名成员投肯定票时才能采取正式行动。

③ 委员会有权审理和判决由任何有相关利益方提出关于法律实质性问题或事实的诉讼。委员会根据听证会记录做出命令。如果得到记录中实际证据的支撑，经委员会复审的调查结果应该是最终性的。除非接到委员会的命令，判决书所要求支付的罚款数额在这些程序中不能悬而未决。除非雇主或保险商发生无法挽回的伤害，否则不应出现耽搁。

④ 在自身主动或者部长要求下，委员会可以要求行政法官重审以进一步采取适当的措施。委员会重申不需要以利害各方的同意作为前提。

⑤ 委员会根据委员会主席的申请，部长可以委派4位劳工部行政法官暂时为委员会服务，时间不超过1年。委员会有权委任陪审团中的3名成员行使陪审团的一种或全部权力。每个陪审团不超过一位临时成员。至少应该有两名成员组成陪审团的法定人数。正式行动必须获得陪审团至少两名成员的赞成票。因委员会陪审团判决而受到伤害的一方可以在判决生效之日起30日内，

请求常务委员会全体成员复审陪审团的判决。如果大多数委员会常任委员都投赞成票，那么请求得到准许。委员会应修改执行规定以保持和本段一致。临时委员在作为委员会成员时，应该和正式委员得到同样的报酬。

⑥ 任何受到委员会最终判决的不利影响或侵害的人可以向美国法院对伤害发生的司法管辖区提出上诉，上诉要在委员会发布决定后60日内，以书面的诉状请求修改或驳回判决。

10）提交给赔偿委员会或复审委员会前的程序

（1）在调查、审查或审理时，赔偿会员会或复审委员会不应受普通法或有关证据的法律条令的束缚，也不必严格根据法律意义或正式法令的程序，除了这一法案中规定的以外；但是可以以彻底查清各方的权力的方式进行调查、审查或审理。已亡雇员关于伤害的声明，可以作为调查、审查或审理的依据。如果有其他证据可以确认，那么就足以证明伤害。

（2）在案件提交给赔偿委员会或复审委员会前的听证会应向群众公开，应立即加以报道，赔偿委员会或复审委员会按照劳工部部长的批准，有权就该听证会的报道权签订合同。秘书按规定在赔偿委员会和复审委员会前做好听证会记录准备和其他程序准备。

11）赔偿保障

根据本法案规定，每位雇主都要保障赔偿金的支付。

（1）通过向任何股份公司或互助公司或者协会，或与其他人或基金一起投保，来确保赔偿金的支付，而此人或基金应得到以下授权：根据联邦法律或各州的法律，保障劳工的赔偿，并且由部长授权，根据本法案确保赔偿金的支付。

（2）通过向部长提供令人满意的证据，证明有支付赔偿的经济能力，并通过部长授权来直接支付赔偿。作为得到部长授权的条件，部长可以要求雇主将赔偿债券或证券（由雇主选择）存入其指定的地方，而数额由部长根据雇主的财政状况、早先的支付记录，以及其他相关要素决定。部长规定的条件还包括，在拖欠的情况下，部长有权兑现足够的证券来支付赔偿，或根据本法案抛售债券，及时支付赔偿。任何按此规定保障赔偿的雇主被称为自我承保人。

（3）在依法对赔偿金支付给予保障的承保人进行授权时，会考虑对公司和工人赔偿有监督权利的州政府机构的建议，并且部长可依法在限定区域内对保障赔偿支付的承保人进行授权。海洋保护和赔偿互助保险公司或协会得到授权后，按互助评估方案依法对人身伤害和死亡和与拥有、经营或包租船只相关的或意外发生的其他损失进行责任承保，则认定为保障赔偿的合格承保人。承保人有权在听证会上亲自申辩或由律师申辩，并出示证据，如果听证会结束后，部长有充分的理由，则部长有权终止或收回上述授权。授权终止或收回不会影响承保人已经承保的责任。

12）赔偿通知

依本法规定已给予赔偿保障的雇主须按照部长指定的格式在显眼位置或营业场所内及周边张贴打印字或印刷字声明，以此表明该雇主已按本法规定保障赔偿金支付。声明内容包括雇主投保的已给予赔偿保障的承保人的名称和地址，以及保单的有效日期。

13）保险单

（1）根据本法案签订的保险单或合同必须包含在保险单或合同有效期内即使雇主破产和（或）雇员解雇亦不能解除承保人公司对伤残或死亡雇员赔偿的条款。

（2）承保人依本法签发的保单或合同不能在其指定有效期前取消，除非根据本法相关规定将取消通知送至赔偿委员会和雇主后至少30日后，方能取消。

14）本法守法证书

装卸公司须向船主出示由该区赔偿委员签发的证书，以此证明其已依法给予赔偿保障，才可被赔偿区船主雇用。任何违犯本节条款的个人将被处以1000美元以下罚款或1年以下监禁，或两项并罚。

15）无法保障支付赔偿金的处罚

（1）无法保障赔偿支付。根据本法规定，所有雇主必须保障赔偿金的支付，无法实现保障的雇主将被判有罪，一经证实，将被处以10000美元以下罚款，或1年以下监禁，或两项并罚；在任何情况下，如雇主是企业，总裁、秘书或财务经理将会因无法保障赔偿金的支付而受到罚款或监禁；当公司无法按照本法保障支付赔偿金时，该公司的总裁、秘书或财务经理将会因无法保障对雇员可能发生的伤害的赔偿而与公司一起承担责任。

（2）逃避支付赔偿。雇主在其雇员在本法案所列范围内受伤后，有意转移、出售、妨碍、分配，或以任何方式处理、隐瞒、藏匿或毁坏属于他的财产，并且有意逃避赔偿雇员或向其受抚养者支付，经证实将被判以轻罪，处以10000美元以下罚款，或1年以下监禁，或两项并罚；并且在任何情况下，如雇主是企业，总裁、秘书或财务经理将会被判处和公司一同承担罚款和监禁。

16）安全规章和规定

任何故意违规或无法遵守或拒绝遵守联邦法律或各州的法律规定的，或其他法律规章、规定，或本节规定执行的命令的雇主，以及通过拒绝部长或其授权的代表到任何地方，对任何雇佣或就业场所进行调查或检查等方式故意干预、妨碍，或拖延部长或其授权代表履行责任的雇主或他人，或故意妨碍或拖延部长或其授权的代表履行执法职责的雇主或他人，将被判有罪，触犯任何一项将被判处100美元以上3000美元以下的罚款；并且在任何情况下，政府监管人员若纵容违规，一经证实，将被同样处以100美元以上3000美元以下的罚款。

17）专项基金

（1）由美国财政部设立专项基金，该基金由财政部部长管理。美国财务官为该基金的掌管人，由财务官监管该基金中的所有金钱和证券，基金里所有金钱和证券都以信托形式由财务官保存，但它并不属于联邦政府所有。

（2）财务官经部长授权才能从基金中支出款项。在其忠实履行监管人职责的前提下，财务官经财政部长和总审计长批准才能进行一定数额的有价证券形式支出。

（3）基金投入。按以下方式投入基金：

① 当部长确定一些雇员死亡无人依照本法有义务给予赔偿时，而另一方面又应予赔偿时，由适当的雇主支付5000美元作为雇员死亡的补偿。

② 在年初部长要对这一年的基金花费和需要支付的金额数量做出预算（和日程表），以此来确保有充分的基金储备。公司和自我承保人将按照部长确定的比例支付基金，部长分配的比例由以下几点决定：（a）计算公司或自我承保人在上年依法支付的工人赔偿金，与所有公司和自我承保人在上年依法应支付的赔偿金总量之间的比率（按百分比计）；（b）计算公司或自我承保人按照本法支付的金额，与所有公司和自我承保人依法在上年支付的总赔偿金总量之间的比率（按百分比计）；（c）将上面计算出的百分比相加除以2；并且（d）用本年大约支出的金额乘以（c）计算出的百分比。

（4）征收和罚款所得的所有金额都将存入基金。

（5）调查；记录；可获得；记录保存。

① 为制定规章、规定、判决，部长可以从各公司和自我承保人那里收集适当的数据。并为此目的，部长可以进入并检查场地，调阅记录，向雇主提问，并在他认为必须或适当时，可以对事实真相、工作条件、操作或其他事项进行调查。

② 每个公司和自我承保人都要制作，保留和保存记录，并在部长认为有履行责任的必要或适当时，按照法规或部长命令规定来汇报记录并提供额外信息。

（6）财务官将全部金额存入部长指定的银行，或当部长认为当前没有需要时，将部分或全部基金投资到政府公债或联邦地产银行的票据上。

（7）责任范围。当支出超过基金拥有的钱币和财产资产时，联邦政府和部长皆不负责任。

（8）联邦总检察长负责审计基金账户，但部长从基金中的支出是最终的，且不接受审查。并且对于部长授权从基金里支出款项，总检察长经授权和获得指示准许其从部长的支付官方账户中支出。

（9）民事罚款的民事诉讼。本法中所有民事罚款和尚未付款的支出由部长提起民事诉讼获得。

（10）审计包含在报告中。基金要年年审计，而且审计结果应以法写入年终报告。

（三）美国职业安全与健康罚款处罚

1. 职业安全与健康现场经济处罚

1）处罚总原则

处罚雇主本身不是目的，主要是为让雇主主动改正违法违规行为，尤其是让其他可能存有同样违法违规的雇主主动改正。

（1）罚款的主要目的不是惩罚违规，罚款金额应足以对违规行为起到威慑作用。

（2）大额罚款是基于公众考虑；指导助理部长批准罚款规定的标准也是基于公众考虑。

（3）本法规定的罚款构成是作为一般性指导。地方负责人如果得到授权，为使罚款达到威慑效果，可以与该指导性罚款有所出入。

2）民事罚款

（1）最高处罚金额。对一次违规行为可给予最高 7000 美元的民事罚款。

（2）最低处罚金额。

① 对故意违规，罚款不低于 5000 美元。5000 美元处罚额度是最低标准，并不需要通过行政手续。

② 对于非严重性违规，建议将罚款调整至低于 100 美元的，则不予罚款。

③ 而对违反张贴海报规定，要向违法者下达传票，最低罚款规定不适用该条款，因为根据《职业安全与健康法（1970年）》这类违规行为为强制性罚款。

④ 对于严重违规行为，建议将罚款调整至低于 100 美元的，则按 100 美元给予处罚。

（3）罚款因子。违规严重程度；经营规模；雇主整改诚意，以及雇主历史违规记录。

（4）违规严重程度。违规严重程度是决定罚款金额的主要因素。它既是严重违规也是其他违规基本罚款数额的计算基础。下面两项评估可以决定违规的严重程度：一是由于违规造成人员伤害或职业病的严重程度；二是由于违规而发生人员伤害或职业病的可能性。

① 严重性评估。严重和非严重违规行为是由伤害和职业病

的严重程度决定的。主要看雇员暴露的工作环境导致伤害或疾病的风险。

（a）高度严重性。由伤害或疾病导致死亡，永久伤残性伤害，慢性、无法恢复性疾病。

（b）中等程度严重性。伤害或暂时性、可恢复性疾病，由此导致住院的不稳定但有限期的伤残。

（c）低等程度严重性。伤害或暂时性、可恢复性疾病，由此导致住院但仅需要轻微的辅助性治疗。

（d）最低等程度严重性。非严重性违规行为。这类违规行为表现为工作条件对雇员安全与健康有直接的关系，但不会导致死亡和严重身体伤害。

② 可能性评估。风险产生伤害或疾病的可能性并不决定违规类别，但影响罚款的数额。可能性分为较高可能性和较低可能性。

③ 违规行为。以下情况会被列入违规行为：

（a）处于危害中的工人数目。

（b）雇员过度接触污染源的频率和持续时间。

（c）雇员与危险条件的接近程度。

（d）使用合适的个人保护装备。

（e）医疗监视计划。

（f）雇佣青年人和无经验工人，尤其是 18 岁以下的人。

（g）其他相关工作条件。

④ 最终可能性评估。考虑以上所有因素之后，应做出最终处罚可能性评估。但往往并不严格按照上面的评估做出最终评

估，而是从专业角度适当调整得出可能性评估，并将这种决定归入档案。

⑤ 严重性罚款（GBP）。

（a）通过严重度评估和最终可能性评估做出合适的结论。

（b）严重性违规行为罚款见表 1－3。

表 1－3　严重性罚款标准

严重度	可能性	罚款	严重性
高	较高	5000 美元	高（5000 美元以上）
中	较高	3500 美元	
低	较高	2500 美元	中
高	较低	2500 美元	
中	较低	2000 美元	低
低	较低	1500 美元	

注：违规的严重性由 GBP 决定。

（c）最高严重性类别（高度严重和较高可能性）。这类严重性会导致死亡或极大伤害或疾病。如果地区负责人为达到必要的威慑作用，可以建议给予 7000 美元罚款。记录做出决定的原因并归案。

（d）对非严重性违规行为，不进行严重性评估。

（e）地区负责人可以对非严重性违规行为处以 1000～7000 美元处罚，以达到必要的威慑作用。记录做出决定的原因并归案。表 1－4 为非严重性违规罚款数额。

表1－4 非严重性违规罚款标准

可能性	罚　款
较高	1000～7000美元
较低	0元

（5）罚款调整因子。根据“雇主诚意”“经营规模”“违规历史记录”等因素，GBP最大降幅达到95%。经营规模因子最多可降低60%，诚意因子最多降低25%，历史记录最多降低10%。

①由于调整因子以雇主经营性质及职业安全与健康业绩为基础，所以通常对每个雇主仅计算一次。

②对于高度严重和较高可能性的违规行为，仅将经营规模和历史记录两项作为罚款调整因子。

③对于屡次违规行为，只将经营规模作为调整因子。

④对故意违规行为，将规模作为调整因子。对于故意严重违规行为，将规模和历史记录作为调整因子。

⑤对减少罚款的幅度会综合考虑经营规模、雇主诚意、历史违规记录等，标准如下：

（a）规模。对于小企业，最高减少60%。企业经营规模按雇主在过去12个月所有工地一次性雇用的最高人数计算，减幅标准见表1－5。

表1－5 罚款减幅标准

员　工	减幅/%	员　工	减幅/%
1～25	60	101～250	20
26～100	40	251以上	无

如果小企业（1～25 名员工）犯下一次或多次程度高的严重违规或许多次程度中等的严重违规，说明它缺乏对雇员安全与健康的关心，CSHO 建议对经营规模因子准许给予部分减幅。

（b）诚意。通过专业判断，准许对雇主的诚意做出 25% 减幅罚款决定。

• 对雇主诚意做出 25% 的减幅罚款决定，通常需要有书面的安全与健康方案。但也有一些例外，对那些有效执行安全与健康方案但风险还没有减少到书面要求程度的小型企业（1～25 名雇员），执法官员也可以给予 25% 减幅的建议。

• 如果雇主制定了书面且有效的安全与健康方案，但有多处非主要的不足，一般会给以 15% 的减幅。

• 对没有制定安全与健康方案，且发现有故意违规行为，则不予减免。

• 对雇主的诚意，可以给予 15% 或 25% 的减幅，没有中间幅度的减免。

• 如果雇佣青年员工（18 岁以下），评估必须考虑是否有专门解决这些雇员诸如工种和风险接触程度等的安全与健康方案。

（c）违规历史记录。如果雇主在过去 3 年里没有接到过职业安全健康局的重大、故意或屡次违规的传票记录，可以减少 10% 。

（d）一般情况下，将所有调整因素的减少额度加起来就可得出总的减幅。

（6）整改。

① 立即整改或采取整改措施对罚款的影响。即使雇主在接

到通知后立即改正或采取措施消除风险，仍然会对其给予必要的罚款。

② 未能整改。如果未能按要求改正的违规行为，会发出未能整改通知书。

（a）未能整改。当违反委员会下达的最终命令时，雇主还没有改正，就会受到处罚。对于传票中的条款，当规定时间截止时，如果雇主没有在到期之前提出申辩，该条款就成了评审委员会的最终命令。

（b）额外罚款的计算。对未整改 GBP 的计算是基于对违规行为再次检查时风险仍未减少的情况。

③ 部分整改。

（a）对部分整改，地区负责人可以给予 25% ~75% 的减幅。

（b）对于很多整改项目，有部分得到改正，那么进行额外的处罚会考虑违反情况被改正的程度。

④ 表现出整改的诚意。雇主有诚意改正，并有理由相信违反情况被完全整改，地区负责人可以降低整改罚金。

（7）屡次违规。雇主如果屡次违法，则每次会被处以 70000 美元以下的民事处罚。

① GBP 因子。所有处罚都会被分为严重或非严重两类。对屡次违规因子，是基于当前检查来计算。对规模因子，是基于复检来计算的。

② 罚款增加因子。对于屡次违规因子的评估由雇主的经营规模决定。

（a）小企业。250 名员工以下的企业，第一次重犯，GBP 会翻倍，第二次会变成4倍。如果地区负责人为了达到必要的威慑效果，可以将GBP变成10倍。

（b）大企业。对于拥有250名员工以上的企业，第一次重犯GBP会变成5倍，第二次会变成10倍。

③ 非严重性，初次违法没有罚款。对于非严重性屡次违规，且初次违法没有给予罚款的，第一次重犯会被处以200美元罚款，第二次会被处以500美元罚款，第三次会被处以1000美元罚款。

（8）故意违规。对故意违规每次被处以70000美元以下，5000美元以上的民事处罚。表1－6为规模因子在故意违规情况下的调节作用。表1－7为对故意违规的处罚额度，对非严重性故意违规最低处罚为5000美元。表1－8为各种减幅情况下的减幅—罚款转换表。

表1－6　规模因子的减幅标准

员　工	减幅/%	员　工	减幅/%
10名以下	80	41～50	30
11～20	60	51～100	20
21～30	50	101～250	10
31～40	40	251以上	0

3）刑事处罚

（1）本法和美国法典里对以下情况进行刑事处罚：

表1－7　故意违规的处罚金额　　美元

对规模和/或历史记录因子总减幅	0%	10%	20%	30%	40%	50%	60%	70%	80%	90%
高严重性	70000	63000	56000	49000	42000	35000	28000	21000	14000	7000
中严重性	55000	49000	44000	38000	33000	27500	22000	16500	11000	5500
低严重性	40000	36000	32000	28000	24000	20000	16000	12000	8000	5000

注：任何情况下，处罚都不能低于5000美元。

表1－8　减幅—罚款对照表　　美元

减幅/%	罚款金额							
0	1000	1500	2000	2500	3000	3500	5000	7000
10	900	1350	1800	2250	2700	3150	4500	6300
15	850	1275	1700	2125	2550	2975	4250*	5950*
20	800	1200	1600	2000	2400	2800	4000	5600
25	750	1125	1500	1875	2250	2625	3750*	5250*
30	700	1050	1400	1750	2100	2450	3500	4900
35	650	975	1300	1625	1950	2275	3250*	4550*
40	600	900	1200	1500	1800	2100	3000	4200
45	550	825	1100	1375	1650	1925	2750*	3850*
50	500	750	1000	1250	1500	1750	2500	3500
55	450	675	900	1125	1350	1575	2250*	3150*
60	400	600	800	1000	1200	1400	2000	2800
65	350	525	700	875	1050	1225	1750*	2450*
70	300	450	600	750	900	1050	1500	2100
75	250	375	500	625	750	875	1250*	1750*
85	150	225	300	375	450	525	750*	1050*
95	100**	100**	100	125	150	175	250*	350*

注：＊代表高度严重的严重违规的罚款，过时诚意调整因子不再适用。

＊＊职业安全与健康局的对严重违反的行政处罚不会低于100美元。

① 故意违反职业安全与健康局标准、规定或法令而导致雇员死亡；

② 未经授权提前泄漏通知；

③ 提供虚假信息；

④ 扼杀、攻击或阻碍 OSHA 的工作。

（2）刑事处罚由法院审判后判决，而不是由职业安全与健康局或职业安全评估委员会决定。

2. 矿山安全民事罚款

1）总原则

违反了安全与健康标准或任何本法案其他规定的煤矿或其他矿山的矿主，每次违法行为，将会被劳工部部长处以 60000 美元以下的民事处罚。每次违法行为的发生可能都会被分开处理。民事处罚的金额考虑以下因素：

（1）其经营规模适度性的处罚。

（2）矿长以前违法的历史记录。

（3）矿长是否粗心。

（4）违法的严重性。

（5）以及被告人在接收到违反通知后显示的快速改正的诚意。

（6）处罚对经理人继续经营能力的影响。

通常情况下，处罚金额会根据上述标准细则得出违规罚分数来决定。然后将所有标准的分数合计之后，根据表 1－8 找到该分数对应金额即为处罚额度。

2）罚款及相关因子

（1）经营规模适度性罚款。矿长生产经营规模处罚的适度性是通过将矿井的规模和矿井所属经济实体的规模都结合在内计算出来的。此标准对生产经营人最高可处以 15 个罚分。对于独立承包商，则考虑他从事所有采矿活动的工时，最高可处以 10 个罚分。规模评分标准参见表 1－9～表 1－13。在以下表格中，“年吨位”和“年工时”分别指年度生产吨位和上一年度工作时间。如果一个矿井开工或占有不到 1 年，则按年度基础比例计算。

表 1－9　煤矿规模评分标准

矿井年产量吨位/t	罚分	矿井年产量吨位/t	罚分
0～15000	0	300000 以上～500000	6
15000 以上～30000	1	500000 以上～800000	7
30000 以上～50000	2	800000 以上～1100000	8
50000 以上～100000	3	1100000 以上～2000000	9
100000 以上～200000	4	2000000 以上	10
200000 以上～300000	5		

表 1－10　煤矿所属经济实体规模评分标准

年产量吨位/t	罚分	年产量吨位/t	罚分
0～100000	0	1500000 以上～5000000	3
100000 以上～700000	1	5000000 以上～10000000	4
700000 以上～1500000	2	10000000 以上	5

表 1－11　金属与非金属矿山规模评分标准

年工时/h	罚分	年工时/h	罚分
0～10000	0	200000 以上～300000	6
10000 以上～20000	1	300000 以上～500000	7
20000 以上～30000	2	500000 以上～700000	8
30000 以上～60000	3	700000 以上～1000000	9
60000 以上～100000	4	1000000 以上	10
100000 以上～200000	5		

表 1－12　金属与非金属矿所属的实体规模评分标准

年工时/h	罚分	年工时/h	罚分
0～60000	0	900000 以上～3000000	3
60000 以上～400000	1	3000000 以上～6000000	4
400000 以上～900000	2	6000000 以上	5

表 1－13　独立承包商规模评分标准

在所有矿井的年工时/h	罚分	在所有矿井的年工时/h	罚分
0～10000	0	200000 以上～300000	6
10000 以上～20000	1	300000 以上～500000	7
20000 以上～30000	2	500000 以上～700000	8
30000 以上～60000	3	700000 以上～1000000	9
60000 以上～100000	4	1000000 以上	10
100000 以上～200000	5		

（2）违规历史记录。前24个月违规的次数只有已经支付罚款或最终裁定的违规行为才能被包含在可被使用的历史记录里。过去违规最高可给予20个罚分。对于矿主，罚分数通过检查日平均违反次数来计算（表1－14）。对于独立承包商，罚分数通过其在所有矿井年平均违反次数来计算（表1－15）。

表1－14　对矿主的评分标准

日违规次数	罚分	日违规次数	罚分
0～0.3	0	1.3以上～1.5	12
0.3以上～0.5	2	1.5以上～1.7	14
0.5以上～0.7	4	1.7以上～1.9	16
0.7以上～0.9	6	1.9以上～2.1	18
0.9以上～1.1	8	2.1以上	20
1.1以上～1.3	10		

表1－15　对独立承包商的评分标准

违反次数	罚分	违反次数	罚分
1～5	0	31～35	12
6～10	2	36～40	14
11～15	4	41～45	16
16～20	6	46～50	18
21～25	8	50以上	20
26～30	10		

（3）疏忽。疏忽是指有意或无意的操作。矿工安全与健康标准要求矿主必须高度重视关心矿工安全与健康，矿主必须随时对影响矿工安全与健康的环境和危害保持警觉，并采取必要措施改正或预防这些情况。如果矿主没能这么做，按本法被视为矿主的疏忽。当采用此标准时，职业安全与健康局会考虑到矿主所采取的改正或预防措施或者导致或允许违规存在的操作。此标准根据表1－16最高可达到25个罚分。

表1－16　对疏忽程度的评分标准

类　　别	罚分
无疏忽 （矿主尽心尽职，不可能知道违反情况或操作）	0
低疏忽 （矿主知道或应该知道违规情况或操作，但是有许多减轻罚款的地方）	10
中度疏忽 （矿主知道或应该知道违规情况或操作，但是有减轻罚款的地方）	15
高度疏忽 （矿主知道或应该知道违规情况或操作，并且没有可以减轻罚款的原因）	20
不计后果的忽视 （矿主所作所为一点都不关心安全与健康）	25

（4）严重性。此标准最高可达到30分处罚，分3栏，每栏可达到10分（表1－17～表1－19）。

表 1－17　可　能　性

发生的可能性	罚分	发生的可能性	罚分
没有可能性	0	非常可能	7
不太可能	2	已发生	10
有可能	5		

表 1－18　严　重　度

已发生事故或即将患的疾病的严重度	罚分
没有损失工作日	0
损失工作日或岗位限制 （工伤或疾病导致一整天或更多时间损失工时，或导致一天或更多天不能从事原岗位工作）	3
永久残疾 （工伤或疾病可能导致身体局部机能完全或部分丧失）	7
致命 （工伤或疾病导致死亡，或有导致死亡的潜在可能）	10

表 1－19　受潜在影响的人员

受潜在影响人数	罚分	受潜在影响人数	罚分
0	0	4～5	6
1	1	6～9	8
2	2	9 人以上	10
3	4		

（5）矿主表现出消除违规行为的诚意。如果矿主在规定

期限内消除了违规行为，则给予常规评估下的罚款额度30%的减幅。矿主没有在规定期限内消除违规行为，则给予10个罚分。

（6）罚款转换表。表1－20是将累计罚分转换成建议给予的罚金。

表1－20　罚款转换表

罚　分	美　元	罚　分	美　元
20	72	39	310
21	80	40	327
22	87	41	354
23	94	42	383
24	101	43	409
25	109	44	437
26	120	45	463
27	131	46	500
28	142	47	536
29	153	48	629
30	164	49	749
31	178	50	878
32	193	51	1033
33	207	52	1198
34	221	53	1376
35	237	54	1566
36	254	55	1769
37	273	56	2003
38	291	57	2252

表 1－20（续）

罚　分	美　元	罚　分	美　元
58	2515	80	10321
59	2793	81	11535
60	3086	82	12749
61	3419	83	13963
62	3770	84	15177
63	4137	85	16392
64	4521	86	18213
65	4856	87	20642
66	5099	88	23070
67	5342	89	25498
68	5585	90	27927
69	5828	91	30355
70	6071	92	33391
71	6374	93	36427
72	6678	94	39462
73	6981	95	42498
74	7285	96	45533
75	7588	97	48569
76	7892	98	51605
77	8499	99	54640
78	9106	100	60000
79	9713		

（7）罚款对矿长继续经营能力的影响。首先假设民事罚款不会影响矿主继续经营的能力。矿主可以向地区负责人提交该矿

经营的财务状况信息，证明罚款处罚会影响到其继续经营的能力。如果矿主提供的信息表明罚款对其继续经营的能力产生不利影响，罚款可能会被调整。

3）处罚决定及单项处罚评估

（1）如果违规造成重伤或疾病的可能性不大，并且在检察员规定期限内得以消除，则会被处以 60 美元的民事罚款。

① 如果违规没能在检察员规定期限内消除，则不适用仅单项 60 美元的罚款规定，而会通过常规评估规定或专项评估规定给予处罚；

② 如果违规达到过多违规历史记录的标准，则不适用单次 60 美元的处罚规定，而被按照正常评估规定继续进行评估。

（2）过多历史违规的罚分为 20 分。在过去的 24 个月时间里有 10 次或 10 次以下被评估为有违规行为的情况应排除在历史过多违规之外。违规罚款已经支付或违规行为已经裁定应被算作历史过多违规；在 1991 年或之后发的传票和命令也应被算作历史过多违规。

4）处罚决定及专项评估

（1）如果矿山安全与健康局认为违规条件满足专项评估的条件，可以选择放弃正常评估或单次评估规定。尽管使用正常评估和单项评估通常可以给予有效的罚款，但是某些类型的违规行为其性质和严重程度仍依据这些条款就不可能得出适当的罚款。会对下面各条逐项评估决定是否适用专项评估的标准：

① 发生了死亡和重伤的违规行为；

② 无正当理由未能履行强制性职业安全与健康标准；

③ 下达关闭令后仍然经营矿山；

④ 不允许由部长授权的代表执行检查或调查；

⑤ 涉及紧急危险的违规行为；

⑥ 本法中涉及的歧视性违法行为；

⑦ 涉及极严重疏忽、极度严重或其他唯一可加重罪行的情况。

（2）矿山安全与健康局认为有进行专项评估的必要。

（3）任何矿主没能在规定期限内整改而继续违规的，则每违规一天给予6500美元以下的罚款。

（4）任何矿工故意违反关于吸烟或携带烟品、火柴或打火机的强制性安全与健康标准，每次处以250美元（现为275美元）以下的民事处罚。

5）传票和命令核查程序、评估民事处罚和协商会程序

（1）应给予相关各方核查矿山安全与健康局在检查时发的传票和命令的机会。

（2）在接到矿山安全与健康局通知后，相关各方应在10天以内提交补充信息或向地区负责人或指派代表发出召开安全与健康协商会的请求。协商会请求包括其他方被通知并参加由某方发起的协商会。

（3）矿山安全与健康局有权决定准予请求并决定会议的性质。

（4）当准备举行会议时，各方可以在会议中或会议前提交违规行为的补充信息。为加速会议进程，负责此事的官员可以在

会议之前联络各方讨论相关事宜。

（5）矿山安全与健康局会仔细考虑及时提交的违规信息。若事实证明没有发生违规行为，则传票和命令会被撤销。

（6）所有命令和废止的传票都会立即被地区主管提交至评审办公室。

（7）评审办公室将传票、命令和检查员的评估作为决定罚款数额的基础。

6）罚款通知和申辩通知

（1）在一方受到指控后，将会签发罚款建议通知并通过挂号邮件寄至被告。并在协商会请求得到许可或结束后，或在矿山安全与健康局对补充信息及时审查后，通过普通邮件送至该矿的矿工代表手中。

（2）在收到处罚通知后，被告有30日时间：支付罚款（矿山安全与健康局接受被告支付罚款后，则案告结束）；或者书面告之矿山安全与健康局对罚款的申辩意图。评审办公室在邮寄的罚款建议通知上附回执卡，供被控方要求向联邦矿山安全复审委员会举行听证会之用。矿山安全与健康局接收到申辩通知后，会立即告之委员会，并将此案移交律师办公室。未经委员会批准，不允许对罚款进行折中、减少或转让处理。

（3）在接收到罚款建议通知后30日内未能支付罚款或对罚款进行申辩，则被视为委员会的最终决议，将不能再提交给任何法院或机构。

3.《2006年煤矿改善与新应急响应法》

美国总统布什于2006年6月15日签署了《2006年煤矿改

善与新应急响应法》（以下简称《矿工法》）。这部法规要求井工煤矿企业改进应对事故的准备工作，制定针对本矿实际的应急响应预案，并要求每座煤矿至少有两支矿山救护队，其驻地应在距该矿 1 小时的车程之内；减少矿山救护队员及其所属煤矿企业的法律责任，同时对违反联邦采矿安全标准的行为加大民事和刑事处罚力度；授予矿山安全与健康局权利，对未缴纳罚款的矿井进行暂时关闭。此外，新法规还要求进行一系列加强煤矿安全的科研项目，在国家职业安全健康研究院内设立专门的矿山安全研究部门，并设立专项奖学金和拨款用于培训矿山安全人才。

《矿工法》的主要条款：

（1）要求每一座矿井制定书面的应急响应预案并不断进行更新。

（2）推广应用市场现有的设备和技术。

（3）要求矿山安全健康监察局每半年对各矿的应急响应预案进行一次审查、更新和重新认证。

（4）要求在 3 年内普及双向无线通信设备和电子跟踪系统，以便在地面确定井下被困矿工的位置。

（5）要求各矿拥有两支富有经验的矿山救护队，能够在事故发生后的 1 小时内到达救援现场。

（6）要求煤矿企业主在 15 分钟内就可能危及生命安全的事故/未遂事故发出通报；未能做到的企业主将被处以 5000 ~ 60000 美元民事罚款。

（7）设立一项具有竞争力的矿山安全新技术研究拨款计划，

由国家职业安全健康研究院进行管理。

（8）建立一个跨部门工作组，为分享可用于矿山安全的非保密技术提供正规渠道。

（9）将初次违章的刑事罚款上限提高至25万美元，再次违章罚款上限提高至50万美元，并对明目张胆的违章案件处以最多22万美元的民事罚款。

（10）授予矿山安全与健康局在煤矿企业拒绝缴纳该局最终认定的罚款额的情况下，要求关闭其矿井的权力。

（11）创立一项奖学金计划，面向矿工及有志于成为矿工和矿山安全与健康局执法人员的人士，以解决训练有素的熟练矿工和执法人员可能短缺的问题。

（12）设立布鲁克伍德——萨戈矿山安全培训拨款计划，着重对小煤矿企业主和矿工进行教育培训。

4. 罚款案例

案　例　一

美国职业安全与健康局于2001年1月19日宣布，对德克萨斯州管道制造商——美国Saw管理有限公司因为在过去3年里没有合理记录其员工伤害和疾病而受到536000美元的提议处罚。

美国Saw管道有限公司收到的职业安全与健康局的传票中指出其在德克萨斯州Baytown镇设施有67次所谓的故意违反保存记录规定。这次传票提议的处罚创下了最近10年的最大违法案件的纪录。

美国职业安全与健康局是从2000年7月开始检查该公司的

设施。最初的质询结果暴露出该公司伤害和疾病日志存在很多问题。美国职业安全与健康局进而对该公司记录保存程序进行了细致的调查，包括他们在1998—2000年间美国职业安全健康局的记录。拥有10名员工以上的雇主必须保存工地伤害和疾病记录，以帮助追踪和提高安全健康危害风险管理。

在检查的基础上，美国职业安全与健康局公布了其未能记录工伤和疾病的所有66项故意违规事件，提议对其处罚528000美元。另外，故意违反情况中有16项雇主未能正确记录工伤和疾病的提议处罚为8000美元。

案　例　二

劳工部矿山安全与健康局对马丁郡煤矿公司处以110000美元的民事处罚，达到了联邦矿山安全健康法法定的最高罚款，起因是因为该公司于2000年10月在肯塔基州东南部尾矿坝排放的3亿加仑煤泥。

矿山安全与健康局发布了2001年10月事故的调查报告。报告中指出该公司在建设尾矿坝时，没有在外围铺上一层细煤泥以防止水渗透，尾矿坝里的水渗透逐渐形成流量越来越大的渠道，最终导致尾矿坝崩塌。

矿山安全健康局给该公司发出传票，通知其两次违规事件导致了溢出事故。一是没有按批准计划铺设细煤泥层，二是没有对尾矿坝水流量增加迹象做出反应。

两次违反事件都被处以最高处罚额55000美元的民事处罚。

案　例　三

2006年10月30日美国劳工部职业安全与健康局（OSHA）对托马斯工业涂料公司发出传票，列出其33项“一件接一件”的故意违反和8次严重违反职业安全与健康标准。给予处罚金额为2362500美元。

职业安全健康局的传票涉及油漆承包商在两个月内发生的两起工地事故。两起事故都发生在堪萨斯市同一大桥油漆工地的同一悬挂的支架处。一名员工在喷绘时从平台的一个洞里摔下死亡。另外一个员工在拆解支架时摔下死亡。

“不仅在堪萨斯市两名工人在工作时摔落死亡，而且该年早些时候该公司的另外一名工人在圣路易斯地区在一起类似事故中摔落死亡”，主管职业安全健康的劳工部副部长透露。

职业安全健康局认为，连续的故意违法说明了公司缺少对员工坠落保护的培训，尤其是坠落保护的使用培训和安全拆除支架培训。不仅如此，公司生产用支架并非由合格人员设计，也没有相关人员来检查该项工作。传票指出，雇主没有检查支架及其部件，也没有正确悬挂缆绳。传票还列出其他不安全措施，如雇主允许在平台大洞前可能绊倒员工的碎片存在；人员电梯超载等。

（四）美国职业安全与健康援助与奖励

1. 矿山援助计划

《煤矿安全与健康法（1969 年）》第 503 条规定：

（1）议长在卫生教育福利部部长和劳工部部长的协助下，有权力根据此款批准向各采煤所在州提供援助：

① 支持这些州制定并执行有效的煤矿安全与健康法律法规；

② 改进州煤矿相关的工人赔偿和职业病法律和项目；

③ 促进联邦与州之间的协调合作以改善煤矿的安全与健康状况。

（2）议长负责审批各州根据此款提交的申请或修改，并通过其煤矿检查或安全机构履行以下职责：

① 制定项目、政策和方法；

② 提供执行改进州煤矿相关的工人赔偿和职业病法律和项目研究和规划；

③ 指定州煤矿检查或安全机构为该州唯一合法的管理援助金的机构；

④ 保证该机构能够雇佣足够的有能力的培训过的检查员，并获得该州法律所赋予的煤矿检查的资格；

⑤ 提供合适的财政控制和基金管理程序，保证所拨付的州援助金合理支出和出纳；

⑥ 保证援助金用于补充而不是代替现有州煤矿安全与健康

项目。

（3）一个财政年度给予采煤州的金额不超过该州当年申请数额的80%。

（4）授权在1970财政年度提供300万美元，以后每年提供500万美元。

2. 联邦政府对小企业的援助

美国职业安全与健康局设立小企业援助办公室来帮助小企业雇主理解他们的安全与健康义务，获取计划实施信息，提供标准指导并帮助他们经济有效地实施工作场所职业安全与健康计划。

1）现场咨询

雇主可以使用联邦职业安全与健康局大力赞助的现场免费和保密咨询服务来检查他们工作场所存在的潜在风险，改善他们的职业安全与健康管理体系，甚至可以免除1年的职业安全与健康局例行检查。

由州政府接受过良好培训的专业人员提供服务。尽管也提供有限的非现场服务，大部分还是进行现场咨询。

该安全健康项目主要针对小企业，与联邦职业安全与健康局的执法工作是完全分开的。咨询项目的检查不会给予传票或罚款的提议。

本项服务是自愿行为，由小企业自行申请。检查时，职业安全与健康局建议企业员工尽量都能参与，帮助更好地识别纠正潜在伤害和疾病危害。整个咨询包括：①评估所有机械的和环境的危害以及体力劳动操作；②评估或帮助建立职业安全与健康计划；③与管理层召开结论会议；④形成建议和双方协议的书面报告；⑤为实施建议提供培训和援助。

在许多州，雇主都可以参加职业安全与健康局的“职业安全与健康成就认同项目”（SHARP）。此项目旨在通过激励措施和援助来帮助高风险小企业雇主研发、执行并不断改进他们工作场所的安全与健康计划。

2）自愿保护计划（VPP）

自愿保护计划的目的为有效推进工作场所的安全与健康。在自愿保护计划中，管理层、劳工和职业安全与健康局共同为实施职业安全与健康综合管理体系通力合作。批准进入自愿保护计划是职业安全与健康局对雇主和雇员付出巨大努力取得模范性职业安全与健康成果的官方认可。

2001 年 9 月，劳工副部长亨肖（Henshaw）打算在未来 3 年里，将参与 VPP 计划和加入自愿保护计划协会（VPPPA）的小企业数量翻一番。VPP－PA 成立了指导委员会，增加对小企业的援助。VPPPA 年会有专门针对小企业的研讨会。2002 年加入 VPP 计划的小企业数增加了 14%。

VPP 计划是对那些通过系统实施职业安全与健康管理体系、为雇员提供或承诺提供安全保护的工作场所予以认可。其中，“明星工程”是授给那些有效实施职业安全与健康项目至少 1 年的工作场所；“优秀工程”是授给正致力于实施有效职业安全与健康计划的工作场所；“示范工程”授给那些拥有明星级工程但某些方面仍需由职业安全与健康局进一步考察的工作场所。所有参与者与职业安全与健康局通力合作，为职业安全与健康局和他们所在的行业提供示范。

3）职业安全与健康局战略合作计划

项目主旨是使雇主、雇员和职工代表和职业安全与健康局合作建立一种长期的、自愿的和合作的关系以鼓励、帮助消除重大灾害，达到高职业安全健康水平。

4）获联邦批准的州职业安全与健康计划

《职业安全与健康法（1970年)》鼓励各州发展和开展它们自己的安全与健康项目。职业安全与健康局批准和检查州计划项目，并为批准的项目提供高达50%的计划实施费用。目前，有24个州、波多黎各自治联邦岛和维京群岛正在实施自己的州计划。

5）职业安全与健康联盟

“职业安全与健康联盟”是职业安全与健康局和一些组织机构之间面向目标的书面协议，共同合作致力于预防工地伤害和疾病。这些组织机构包括雇主、工会、贸易或专业团体、教育机构和政府部门。联盟致力于一个或多个目标：培训和教育，拓展和沟通，以及推动职业安全与健康全国性交流。

3. 职业安全与健康局1996财政年度针对性培训援助项目

（1）针对性援助项目。美国职业安全与健康局针对易发生重大伤害事故的行业、公司雇主和雇员进行针对性的培训。

（2）培训对象。培训对象参加由美国职业安全与健康局资助的针对性培训援助项目的培训课程。

（3）项目费用（培训）。美国职业安全与健康局援助此针对性培训援助项目。被援助人需要自付至少25%的费用。

（4）被援助机构。安全健康组织、雇主协会、劳工组织和教育机构。

（5）实施效果。许多被援助机构通过培训获得了很多宝贵经验。这些经验可以帮助被援助人降低培训成本。

1996 财政年度，美国职业安全与健康局此针对性培训援助项目人均费用为 96.35 美元。此费用比 1995 财政年度减少了 19%，比 1994 年增加了 37%。1994 财政年度以来费用的巨大增幅反映了前 18 个月援助期开支的计时方法。表 1－21 列出了 1994—1996 财政年度美国职业安全与健康人均培训费用。表 1－22 为 1996 财政年度不同领域人均培训费用。

表 1－21　1994—1996 财政年度美国职业安全与健康人均培训费用

	1994 年	1995 年	1996 年
人均培训费用/美元	60.97	118.41	96.35
培训人数/人	9897	18602	23507
职业安全与健康局支出费用/美元	602872	2202667	2264949

表 1－22　1996 财政年度不同领域人均培训费用　　美元

援助领域	人均培训成本	援助领域	人均培训成本
建筑	84.98	锁定/标定	314.28
人类环境工程学	65.64	伐木搬运业	79.05
坠落保护	137.97	加工安全管理	182.08
医院抬放	76.20	小企业	152.31

美国职业安全与健康局培训研究院和教育中心对提供的课程评估打分。

培训课程评估分数分为 6 档，从 0 到 5，最高 5 分。5 分为优秀，4 分为非常好，3 分为好，2 分为适当，1 分为不足，0 分为无效。

4. 阿拉巴马工地安全奖

阿拉巴马工地安全奖由阿拉巴马州工业关系部工人赔偿处提供设立。设立该奖项的目的是奖励那些在工作的每一天都表现出很高的安全意识的雇主。该奖项是根据显示的安全记录评出的。

（1）参加评奖资格。阿拉巴马州任何国有或私人雇主若连续 12 个月或 24 个月没有发生损工事件,就可以申请工地安全奖。

（2）奖项类别：

① 连续 12 个月以上没有发生损工事件的雇主会被授予“优秀奖”。

② 连续 24 个月以上没有发生损工事件的雇主将会被授予“超级成就奖”。

（3）获奖要求：

① 需要由工人赔偿保险承保商、自保人或自保基金提供连续 12 个月或 24 个月没有发生员工损时伤害证明并与申请函一同提交；

② 申请函上还必须注明企业拥有书面职业安全与健康计划并已被建立和执行。

5. 苏珊·哈伍德培训援助项目

1997 年,职业安全与健康局将针对性培训计划更名为苏珊·哈伍德培训援助项目。它以已故的前职业安全与健康局健康标准处风险评估办公室主任的名字苏珊·哈伍德命名。苏珊·哈伍德于1996年过世，在其17年任期内，帮助制订了旨在保护受血原病毒、棉尘、苯、甲醛、石棉和铅伤害的建筑工人职业安全与健康标准。职业安全健康局通过苏珊·哈伍德培训援助项目在非营利机构间通过竞争提供援助。该项援助用于雇主和工人对工地安全与健康危害识别、避免和预防的培训和教育项目。职业安全健康局选择安全与健康专题，通过在全国范围内竞争选择援助对象。

2006年9月29日，美国职业安全与健康局向57家非营利机构的职业安全与健康培训和教育项目提供了1000万美元的苏珊·哈伍德培训援助金。其中，部分援助用于支持开发培训材料和实施安全的项目以更好地教育美籍西班牙裔和其他英语不熟练的员工、难以联系的员工、小企业雇主以及高危行业和高死亡率行业的雇员。

职业安全与健康局拿出690万美元用于针对性培训援助，以支持以下领域的培训：建筑危害、普通行业危害、其他安全与健康专门领域，如灾难响应和恢复，六价铬和工作场所应急规划。大约330万美元用于继续援助上年度受援助机构的能力建设，以帮助非营利机构持续扩大他们的安全与健康培训与教育来帮助员工。

1）申请资格

非营利机构，包括非国有（或非当地政府所有）的社区和宗教机构，都可以申请。州和当地政府扶持的机构或高级教育机构也可以提出申请。

2）援助申请

职业安全与健康局每年都举办竞争选拔援助对象活动。援助申请和申请表格在联邦公报上公布。申请人填完表格并与相关资料一起提交。

3）援助要求

对有关受援助单位的规定和要求由联邦管理与预算办公室、劳工部和职业安全健康局公布。

4）联邦管理与预算办公室通告内容

（1）教育机构在订立合同、协议以及基金使用方面的成本控制原则。

（2）营利机构使用基金的成本控制原则。

（3）地方政府和非营利机构的审计，确立联邦机构对非联邦机构使用联邦拨款进行审计的一致性和统一性。

5）劳工部对项目的规定

（1）有关平等待遇的新法规。

（2）劳工部联邦援助项目抵制歧视政策。

（3）接受联邦财政援助项目和活动抵制障碍歧视。

（4）对游说活动的新限制。

（5）高等教育机构、医院和其他非营利机构的援助和协议。

（6）对援助、合同和其他协议的审计要求。

（7）职业安全与健康局的管理规定。

（8）政府禁止和取消规定和对无毒品工作场所规定。

（9）职业安全与健康局援助项目管理。

（10）受援助机构的季度进展报告。

6）受援助机构开发的培训教材

使用援助资金开发的培洲教材可以从受援助机构网页查阅，受援助机构网页能从职业安全与健康局网页链接到。受援助机构会在指定期限内将他们的培训教材公布在网页上，公众可以免费查看这些信息。

有时，受援助机构开发出能广泛应用于工作场所的培训材料。这些材料也可以从职业安全与健康局获得。

（五）美国职业安全与健康部分税收优惠政策

1. 矿山安全装备税收优惠

2006 年，美国联邦参议院修订案中提出纳税人可以选择在先进矿山安全装备投入使用的税收年度减免该装备 50% 的成本费用。先进矿山安全装备包括以下几种：

（1）供矿工与井外人员时刻保持联系的应急通信技术或设备。

（2）供井外人员追踪井上或井下工人活动和位置的电子识别和定位装备。

（3）至少能够提供 90 分钟氧气的应急生氧、自救设备。

（4）提前储放好的至少能供应在班矿工存活 48 小时的氧气供应设备。

（5）监控矿井所有区域里一氧化碳、瓦斯和氧气综合气体监测系统及矿井火灾烟雾探测器。

符合规定的先进矿山安全装备，最初必须是由该纳税人开始使用，并且纳税人在该法律制定之后才安装使用该设备。

规定要求纳税人按财政部长要求汇报关于其矿井经营情况，以便获得该税收年度的优惠。

2. 上下班税收福利

2002 年，美国环保署和交通部公布了“上下班最佳工作场所”名单，上榜名单列示了那些为工人上下班提供显著福利的雇主，他们都被授予该荣誉称号。该称号标志着该机构是环境和职工友好型机构。实施该计划是为了激励更多雇主的努力，帮助雇员安全、准时地，在免于上下班压力下工作。

美国《联邦税收法典》允许每位员工享有 105 美元/月的交通或班车费用及 205 美元/月的停车费用的免税交通福利。

雇主承担所有交通福利的费用。雇主允许员工用储蓄税前收入来承担交通福利的费用。

为员工提供上下班免税福利能够为雇主节约工资税。付给员工的这部分福利被认为是免税交通福利，而不是工资或薪水补偿，因此不需要付工资税。因此付给员工 105 美元的交通/班车福利比给员工提高 105 美元工资要便宜。员工享受税前储蓄收入也能帮助雇主节省工资税。

员工接受免税交通福利也比提高工资更实惠，因为他们不用支付该福利价值的联邦税或工资税。接受交通福利的员工储蓄税前收入也节省了，因为他们不用为所储蓄收入支付联邦税或工资税。一些州还为提供上下班福利项目的雇主提供税收优惠政策。

二、英国职业安全与健康经济政策

（一）英国职业安全与健康概况

1. 职业安全与健康状况

2005—2006 年度，英国的工伤死亡人数为 212 人，比 2004—2005 年度下降 5%。这是英国历年来最低的工伤死亡记录，每千人死亡率从 0.75 下降到 0.71，下降了 5%，这也是历年来最低的纪录。英国多年来一直从各个方面推动职业安全与健康业绩的提升。

英国与工伤相关的主要职业病是工作压力、皮肤病、肌骨劳损、哮喘和耳聋等。

（1）工作压力。调查显示，每年因工作压力造成的社会成本达到 37 亿英镑。英国大约有 50 万人认为，工作压力是导致发生职业病的主要原因；500 万人认为工作压力过大。

（2）皮肤病。皮肤病是最常见的职业病，各个行业都有。2001—2002 年度，英国估计有 39000 人因职业原因患皮肤病，其中 80% 为皮炎。每年新增病例 3900 人左右。在 1996—2000 年间，新增病例在 4000 ~ 5000 人之间波动。2001—2003 年有所下降，2001 年、2002 年和 2003 年分别为 3700 人、3700 人和 3300 人。

（3）肌骨劳损。1995 年英国报告的 200 万件职业病中，有 120 万人遭受肌骨劳损性职业病伤害，占职工总数的 60%。2001—2002 年为 112.6 万人。为此，“重振安全与健康计划”的

10 年发展战略中计划，到 2010 年，肌骨劳损职业病发病率要减少 20%，由该职业病造成的工作日损失减少 30%。

（4）哮喘。每年新增病例 1500 ~ 3000 例，导致社会的成本为 1.1 亿英镑。

（5）耳聋。是工作环境中噪音太大造成的，主要发生在采矿业、能源业、供水业、制造业和建筑业中。1997—1998 年的调查确认，英国有 509000 人患有听力困难性职业病，2001—2002 年为 87000 人。2002 年和 2003 年分别新增新病例为 264 例和 335 例。

2. 职业安全与健康法规

英国自工业革命以来制定了大量的法律法规，并成立了相应的管理机构。到 20 世纪 70 年代，针对职业健康和安全生产的法律以及管理部门出现重复和过多过滥的情况，英国政府于 1970 年成立了罗本斯委员会，由该委员会对以往的安全健康法规进行了一次系统全面的清理，并颁布了《1974 年职业安全与健康法》。根据该法，英国成立了安全与健康委员会和安全与健康执行局。这两个机构的根本任务是“确保由于生产活动给公众带来的健康与安全方面的危险因素得到合理恰当的控制”。

1）1974 年职业安全与健康法

英国《1974 年职业安全与健康法》包括 4 个部分、10 个问题和 85 条法规。每条法规又由若干款构成。第一部分重点就劳动有关的安全、健康和福利、危险物质及排入大气层的控制方面的问题进行了明确的规定。在总目的与总要求中强调：保证人们在劳动中的安全、健康和福利；避免从业人员遭受安全与健康方面的风险；控制持有或使用爆炸品、高度易燃物品及其他危险物质，并防止非法获取、占有和使用这类物品；控制放射性元素和有毒、难闻的物质从任何种类的房屋及附属设施排入大气层。并对雇主、雇员的基本职责进行了明确的规范。第二部分为雇用医疗服务，第三部分是建筑条例，第四部分为其他杂项和综合类。

2）英国《1974 年职业安全与健康法》的特点

（1）国会授予国务大臣、渔业和食品大臣有制定条例的权力，不是任何法规都要经过政府或议会讨论批准。

（2）《1974 年职业安全与健康法》是一项基本法，法中有法。

（3）法令不是一成不变的，将随着技术进步、经济的发展而不断更新、修改和完善。

（4）立法程序是多层次的。

（5）法律赋予监察部门相当大的权力。

（6）实施范围不同。根据英国各个地区的不同特点，法令中明文规定某一条不适用于某一地区，不搞千篇一律。

3）一些相关法规

除《1974 年职业安全与健康法》外，下述法规适用于各种工作场所。

（1）《1999 年职业安全与健康管理法》，要求雇主进行风险评估，采取必要措施，指定合格人员，安排适当信息和培训。

（2）《1992 年工作场所（安全、健康和福利）法》，规范包括通风、供暖、照明、工作站和福利设施的广泛基本安全、健康和福利问题。

(3)《1992 年安全与健康（显示屏设备）法》，确定对使用显示装置的要求。

(4)《1992 年工作人员保护设备法》，要求雇主为雇员提供适当防护设备。

(5)《1998 年工作设备供应使用法》，要求使用的设备、机器是安全的。

(6)《1992 年人工搬运操作法》，是关于用手或体力移动物件的法规。

(7)《1981 年安全与健康（急救）法》，是关于对急救的要求。

(8)《1989 年雇员安全与健康信息法》，要求雇主用张贴方法告诉雇员需要知道的安全与健康事项。

(9)《1969 年雇主责任（强制保险）法》，要求雇主为雇员提供工伤保险。

(10)《1995 年受伤、生病和危险事件报告法》，要求雇主报告职业受伤、生病和危险事件。

(11)《1989 年工作噪声法》，要求雇主采取行动，保护雇员的听力免受损害。

(12)《1989 年工作中用电法》，要求控制电气系统，确保在安全条件下进行使用和维护。

(13)《2002 年危害健康物质控制法》，要求雇主评估危险物质的风险，并采取适当的预防措施。

(14)《2002 年化学品（危害信息和供应包装）法》，要求供应商对危险化学品分级、做标记和包装，并提供安全资料。

（15）《1994 年建筑（设计与管理）法》，是关于建筑工地工作的安全系统的法规。

（16）《1994 年瓦斯安全（安装与使用）法》，包括民用和商业设施中瓦斯系统和装置的安全安装、维护和使用。

（17）《1999 年主要事故危险控制法》，要求生产、储存或运输危险化学品或炸药的人员告知有关机构。

（18）《2002 年危险物质和炸药环境法》，要求雇主和自雇人员对包括危险物质在内的工作活动进行风险评估。

3. 职业安全与健康监管机构

英国采取垂直式的监察模式，下面具体介绍其监管机构设置、职能等情况。

国务大臣按法定条款组建安全与健康委员会并委任委员会主席及成员，有权决定和更改安全与健康委员会和安全与健康执行局的职责和决议，有权制定各种条例。总之，国务大臣在职业安全与健康方面负总的责任、具有最高权力。

其他一些大臣就安全与健康委员会和安全与健康执行局在各方面的活动向国会负责。环境、运输及地区事务部就安全与健康委员会的职员配备和来源、就影响工人安全以及就委员会和执行局的全部活动向国会作证。

大臣拥有在具体问题上指导安全与健康委员会的权力，各部可提出安全健康法，条件是需要咨询安全与健康委员会。在履行协商和执行欧洲安全与健康法的职责时，各部常常寻求安全与健康委员会的帮助和指导。

2002 年，安全与健康委员会和安全与健康执行局的管辖权转移到职业与养老金部，这一转移提高了安全与健康委员会对广泛的雇佣事项，特别是有关促进生产力和在使工人返回工作岗位、加强安全与健康作用中做贡献的能力。

1）英国职业安全与健康监察体制的特点

（1）英国从中央到地方形成了一套完整的监察体系，这个体系可概括为三个系统，一个是安全与健康执行局直接领导的监察组织系统，一个是中央政府有关各部，如运输部和能源部领导的监察组织；另一个是地方当局领导的监察组织系统。

（2）密切联系，共同配合。中央和地方监察组织是协调一致的，步调和措施是统一的。联系的方法有：执行局定期出版有指导性的备忘录，发给地方监察员；召开执行局与地方监察组织的联席会议；地方当局的监察员与被任命为联络官的高级监察员之间取得直接联系。

（3）突出重点。英国设立了10个监察组织，既照顾一般，又突出重点。如对铁路、交通运输、民航和海运这样的部门专设监察组织，是考虑到这些部门的安全状况如何，不仅关系到职工本人的安全，更重要的是涉及众多旅客的安全。

（4）照顾特殊。工厂监察员是执行局领导下的一个庞大监察组织，对各类工厂有权进行监察，但鉴于像核设施、矿山、爆炸物和管道这类与工厂不同的又易出事故的部门，专设监察组织以对待这类特殊问题，体现了英国对职业安全与健康考虑的全面性和对安全的重视程度。

（5）各个监察组织并不单单依靠法令对违法者进行指控、罚款或刑事判罪，他们非常重视而且特别强调用向企业单位提供技术咨询的方法，去改进工作场所的安全与健康。

2）职业安全与健康监管机构

英国的主要职业安全与健康监察机构如图 2－1 所示。

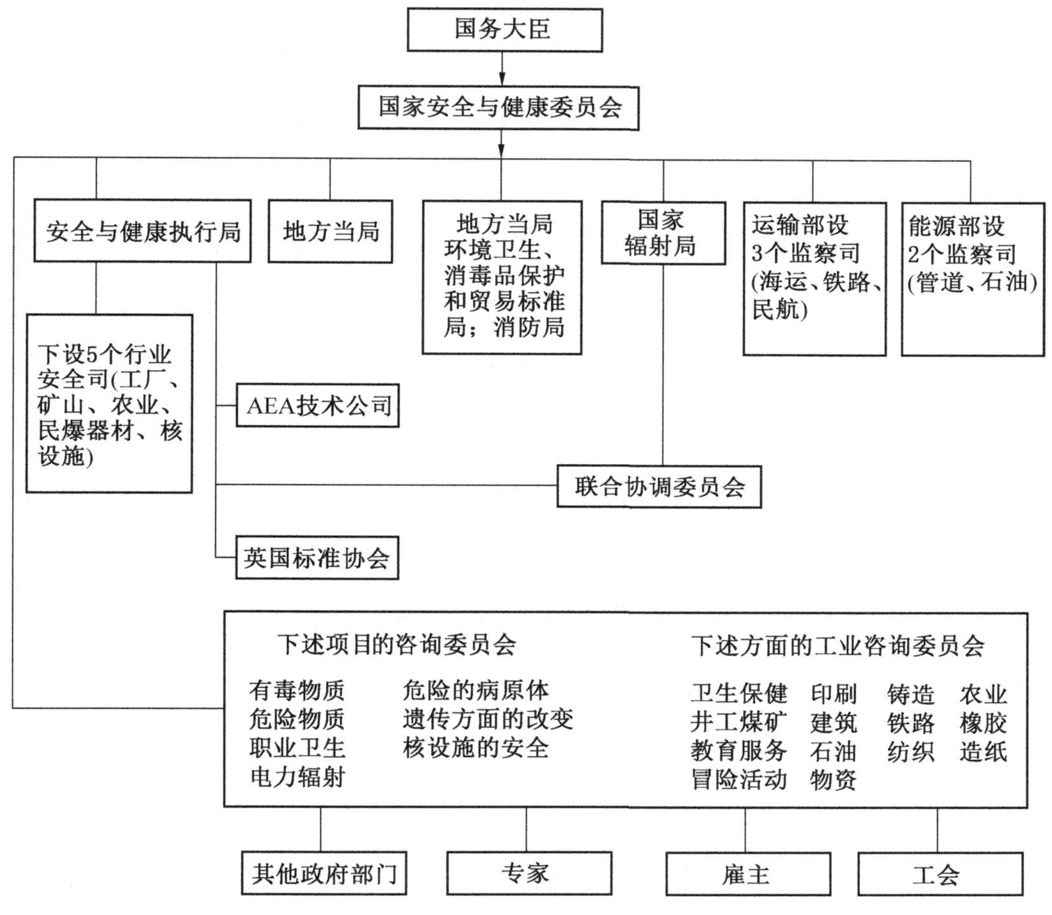

图 2－1　英国职业安全监察机构

（1）安全与健康委员会。安全与健康委员会由 10 人组成，在与代表雇主、雇员、地方当局和其他适合人员的组织咨询后，由环境、运输和地区事务部任命。该委员会的一名成员被指定代表公共利益。

安全与健康委员在管理安全与健康法方面向环境、运输及地区事务大臣及其他大臣负责。其职能是：①确保工人的安全、健康及福利；②帮助人们避免因工作受到健康和安全危害，对炸药、易燃物和其他危险物品等的保存与利用进行控制；③组织和研究；促进培训工作，提供信息和咨询服务；④评价安全与健康法规的适当性，向政府提供新的或修改的法规及批准的执法规则等建议。

安全与健康执行局向安全与健康委员会提供其职能需要的政策、技术和专业指导，其他专家指导来自安全与健康委员会的28个咨询委员会的网络。有些处理特别的危险领域，有些处理特别工业（例如建筑业、铁路、核能设施和有毒物质）。每个咨询委员会包括由雇主和雇员组织提出的平衡人员。每个咨询委员会由安全与健康执行局提供服务。这些咨询委员会的主要职能是提供标准和指导。在有些情况下，对安全与健康委员会的政策提出评论，或对新问题提出解决方法。

（2）安全与健康执行局。安全与健康执行局（图2－2）由3名官员组成领导班子，其中1名由大臣批准，由委员会任命，并担任主席，其他2名由安全与健康委员会和安全与健康执行局主席协商后，经大臣批准，由委员会任命。

安全与健康执行局有职工4000多人，包括政府部门拥有制定政策经验的管理人员和律师、监察员以及科学家、技术人员和医学专家。

局内并无科研机构，但它掌握着一批科研经费，分配给全国40多个从事职业安全与健康科研的单位与大专院校。

安全与健康执行局的职能是提出执行意见并协助委员会。该局拥有一些具体的法定责任，主要是实施安全与健康法。地方当局同时拥有实施安全与健康法的法定责任，主要在分配、零售、办公、休闲饮食方面。安全与健康执行局与地方当局实施联络委员会一同工作，向地方当局提供全国性指导、信息和指南。地方当局协会是地方政府的代表机构，包括代表英格兰和威尔士的地方当局协会。安全与健康执行局机构设置如图 2－2 所示。

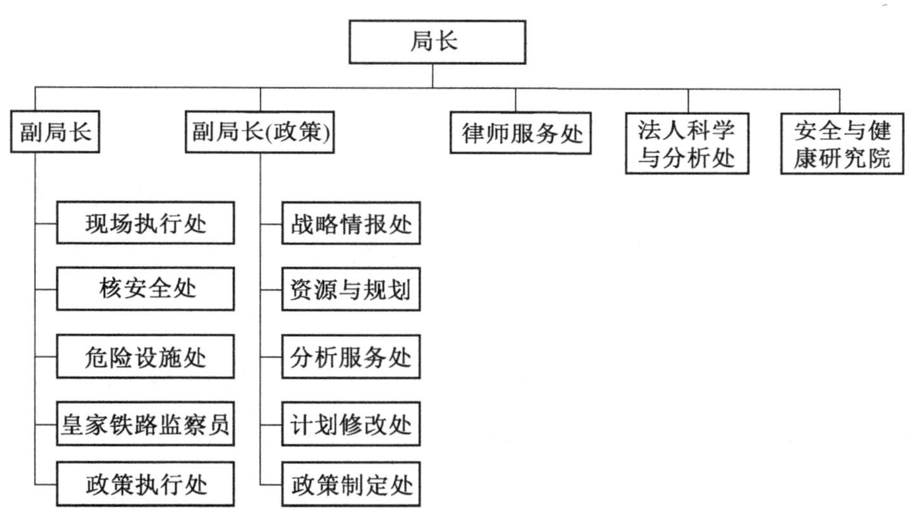

图 2－2　安全与健康执行局组织机构

（二）英国工伤保险政策

1. 雇主责任保险

英国实行的是雇主责任保险。关于雇主责任保险目前有两个相关法律：一个是《1969 年雇主责任（强制）保险法》，另一个是《1998 年雇主责任（强制）保险规章》。

《1969 年雇主责任（强制）保险法》要求雇主为雇员投保人身伤害责任险，保证雇主能就最低保险费赔偿索赔。《1998 年雇主责任（强制）保险规章》规定雇主对雇员的保险额度最少为 500 万英镑。

《1969 年雇主责任（强制）保险法》中要求雇主对任何疏忽责任进行投保，以使他们能够为其员工无论是否在工作场所造成的伤害或者疾病支付赔偿。雇主责任保险使雇主有能力支付员工在工作场所或其他场所受伤或导致疾病所要求的索赔。

英国雇主责任保险由职业安全健康执行局负责执行，由工作与养老金部负责法规、政策指导方针并对工伤保险市场进行评估。

（1）雇主责任险。《1969 年雇主责任（强制保险）法》规定雇主要为员工的安全与健康负责。雇主的员工在工作时受伤，或无论当时是否为雇主的员工，由于雇主雇佣他们期间的工作而产生了疾病，无论疾病是在当时或以后被发现，只要是由雇主责任引起的，雇主都应当对此负责，雇员可以向雇主索求赔偿。该法规定了雇主为支付索赔至少要投一最低数额的保险。如果员工手头上没有合法的雇主责任保险单，雇主可能会被罚款。

但是，涉及因交通事故或产生疾病的，由汽车保险支付，不由雇主责任保险支付赔偿。

（2）员工在国外工作或公司在国外的雇主责任险。英国法律规定，如果雇主的员工是在英格兰、苏格兰或威尔士（包括海上装置及附属构筑物）工作，就必须办理雇主责任险。雇主无须为国外工作的员工办理该险种。但是，雇主应当查实该国法律是否要求雇主办理保险或采取其他措施保护员工。

如果有员工在国外工作但在英国停留连续超过 14 天，或在英国海域近岸设施上停留超过 7 天，则必须办理雇主责任险。

（3）可以提供雇主责任险的保险公司。英国法律规定，可以提供雇主责任险的保险公司必须是由政府授权，非政府授权为非法。在雇主办理该种保险之前，应当确认该公司是否得到政府的授权。

得到授权的保险公司或个人必须依照《2000 年金融服务与市场法》进行经营。金融服务局保存有保险公司登记册。

（4）保险单内容。英国法律规定，如果雇主办理了雇主责任险，雇主与保险公司应签订一份协议规定何种条件下保险公司支付赔偿。例如，保险单包括雇主公司业务的具体活动。

可能有一些特定条款限制保险公司不得不支付的数额，对这些条款雇主不能同意，保险公司也不能强加。雇主应当确认与保险公司的合同不包括任何这方面的条款。

雇主所投保的保险公司不能纯粹以下列原因拒绝支付保险：

① 雇主没有为员工提供合理的保护。

② 雇主没能向保险公司提供一定的信息。

③ 雇主做了保险公司不让做的事（例如，他们指责这是雇

主的错）。

④ 雇主没有做保险公司要求做的事（例如，上报事故）。

⑤ 雇主没有满足有关保护员工的法律要求。

但是，这不能说雇主就可以不顾保护员工安全与健康的法律责任。例如，雇主必须进行风险评估，采取措施保护员工，并上报事故。如果保险公司认为雇主没有履行法律责任保护员工的安全与健康，导致了保险赔偿，保险单能使保险公司对雇主进行起诉，索回赔偿。

（5）赔偿支付单位。英国法律规定，雇主所投保的公司应全额赔付由法庭判决给员工的赔偿数额。保险公司不能强加条款，规定雇主或其员工或前员工承担部分索赔。但是，雇主可与保险公司达成一致，支付由保险公司赔付给员工的部分赔偿金。

（6）最低投保额度。英国法律规定，雇主最低投保额为500万英镑。但雇主应当仔细看清风险和责任，考虑是否交更多的保险金。实际上，大多数雇主至少投保1000万英镑。

如果公司属于某个集团，雇主责任险保单为集团整体投保。在这种情况下，集团作为整体包括子公司必须保500万英镑以上的保险金。

雇主可以持有一个以上的雇主责任保险单，但是，保单上的保险金总额在500万英镑以上。雇主要注意的是500万英镑的最低保额保险金包括购买费，因此雇主要交纳超过该金额的保险金。

（7）雇员的知情权。雇主办理或续办雇主责任险时，所投保的公司应发给雇主一个雇主责任保险证书。证书上明确载明保单所投的最低等级的保险和投保的公司。英国法律规定，雇主必须将证书复件张贴在员工容易阅读的地方。工作在海上装置或附属构筑物内，雇主不必在每个装置上贴一份证书复件，但是如果员工要求看时，必须尽快提供，最多在员工提出要求后的 10 个工作日内。雇主可以提供传真件。

（8）无须上雇主责任保险的机构。英国法律规定，除下列情况外，所有雇主都必须上雇主责任保险：

① 绝大部分的公共机构：政府部门和机构、地方政府、警务机构，以及国有化工业企业。

② 健康服务机构，包括国家健康服务信托机构，健康主管机构，主要健康信托机构以及苏格兰健康委员会。

③ 一些受公共资金资助的机构，如客运执行机构、地方法庭委员会。

④ 自营公司2005 年2 月28 日开始可以不购买雇主责任强制保险。

如果在公职部门工作，工作受伤时或产生疾病时仍然能够申请赔偿，雇主承担过失。赔偿金直接由公共资金支付。

家庭式企业也可以免上雇主险。如果雇主是雇员的丈夫、妻子、父亲、母亲、祖父、祖母、继父、继母、儿子、女儿、孙子、孙女、继子、继母、兄弟、姐妹、异母或异父兄弟、异母或异父姐妹，可以免上保险。但是，不适用于有限公司制家族企业。

（9）触犯《1969 年雇主责任（强制保险）法》的行为由英

国职业安全健康执行局负责执法。如果雇主：①没有上雇主责任保险；②没有出示保险证明；③保险单上的保额达不到500万英镑，或者由未经获得授权的保险机构签发，则可认定雇主违反了雇主责任保险法。

如果雇主违反上面任何一条，雇员可以要求雇主解释其保险计划。如果雇员对雇主的解释不满意，可以和地方职业安全健康执行局联系。对不上雇主责任险的雇主每天罚2500英镑。如果雇主不出示保险证明，或职业安全与健康检查官要求其出示而不能出示时，则被罚1000英镑。

英国的保险费率和待遇国家有原则规定，但是具体的标准往往取决于公司和客户之间的谈判结果。在该种谈判过程中律师的作用甚大。

（10）英国雇主责任保险存在的主要问题。英国工作与养老金部对雇主责任保险进行了全面评估，发现近年来英国的雇主责任保险出现了一些问题，主要保险费用日益增长。2002年保险费增长了40%以上，小企业和一些从事危险作业的企业保险费增长得更多，比如搭建脚手架，甚至在2002—2003年一年内保险费用增长了5倍，这导致部分高风险行业难以找到面向他们职业安全健康风险的相应的保险公司，越来越多的雇主没有为员工上工伤保险，特别是小企业雇主。Axa公司是英国五大雇主责任保险公司之一。2002年9月的一项调查显示，“超过16000家小企业（占13%）的小企业没有上雇主责任保险”。

产生雇主保险费用上升主要有以下三个方面的原因：

① 受到越来越多职业疾病赔偿要求的影响。这些疾病有很长的潜伏期（20 年或者更久），所以保险公司很难预测未来赔偿要求的数量、投资比率等不确定的因素。

② 诉讼费用和医疗费用增长速度比通货膨胀快得多。1997—2000 年间，诉讼费用和医疗费用增长了 50%。诉讼费用上升主要是因为保险公司没有遵守协议在规定时间内进行赔偿，雇主也不及时承担责任，原告律师不得不着手去获得医疗或其他报告，甚至花费几个月时间为诉讼做准备。

③ 受 1999 年英国股票交易市场的崩溃和美国“9・11”事件的影响，保险公司对雇主责任险业务的支持下降。

英国的责任保险对雇主的经济激励作用越来越受到怀疑，主要原因是：行业内的保险费率差别不明显，雇主安全业绩的好与坏对保险费率的影响不大。保险费率的高与低都由保险公司来决定。

针对上述情况，英国政府正在采取以下措施：一是强化执法，保护雇员利益；二是制定措施将保险金与职业风险挂钩；三是考虑将长期的职业性疾病与职业事故分开；四是更加注重受伤雇员康复赔偿。

2. 汽车责任保险

汽车责任保险是指对由汽车司机导致的交通事故进行责任补偿的一种保险。它还为汽车司机的汽车提供保险。

任何司机在公共场地行驶汽车至少要上第三方汽车保险，为发生事故导致他人受伤或财产损失时，保证受害方得到经济补偿。

英国《1988 年道路交通法》规定：

（1）汽车保险必须是在英国公路上由于使用车辆所导致或产生的人身伤害或财产损失。

（2）汽车保险在英国和直布罗陀以外的英联邦国家，根据该国车辆使用强制民事责任保险法，用于补偿汽车及拖车事故而承担的民事责任。

（3）汽车保险用于紧急医疗治疗的责任补偿。

1）英国汽车保险的类型

（1）仅第三方保险是法律要求的保险。该险种保证由于责任人导致事故给他人造成的伤害或财产损失可以得到补偿。但是它不对在事故中责任人造成的损失保险。

大多数保险公司还提供额外保险，但非法律要求。各保险公司提供该险种的确切性质不同。

（2）第三方失火和失窃保险。该保险和第三方保险提供同样的保险，同时还为汽车失火遭毁或被盗保险。

（3）综合保险：包括第三方失火和失窃保险。它同时也为在事故中遭到损坏的车辆保险。还包括其他保险，包括车辆修理期间的替代车保险，补偿意外损失（如超出部分）的法律费用保险，路边修复计划，以及车辆故障修理等等。

2）汽车保险的购买

购买汽车保险产品的途径很多。英国有超过 60 家公司提供汽车保险。除此之外，如果一些人通过保险经纪人提供保险产品，那么他们也可以直接与客户进行交易。在英国，可以通过电话、上门服务或网络从保险公司那儿直接购买该保险。

保险是根据驾驶员申请赔偿的可能性来定价，主要信息包括：①车辆的详细情况；②车辆用途；③车辆保存地；④驾驶员的年龄与职业；⑤驾驶证处罚记录或违规驾驶处罚情况；⑥无赔偿奖励以及驾驶员驾龄；⑦近期的保险赔偿情况。保险公司根据以上情况定价，然后签发保险文件。

3）保险证件

在申请汽车保险单时，有三个主要文件即保险证明、保险单和保险清单：

（1）保险证明包含了保险车辆、驾驶员姓名、被保险车辆用途以及保险单的有效日期等信息。它是保险的法律证据，在事故发生时，车辆需要征税或警察要求出示时，都需要提供。

（2）保险单列出了保险的所有条款。

（3）保险清单列出了针对个人保险的详细信息，如超出额度，无赔偿享受的折扣，以及个人申请了哪些保险（例如保险是否为综合保险）等。

4）保险金额

英国《1988 年道路交通法》规定：在英国公路上汽车行驶责任保险的担保金额不超过：①公共服务性车辆保险，根据《1981 年公共客用车辆法》规定，为 25000 英镑；②其他情况，为 5000 英镑。

5）保险机构资质

英国《1988 年道路交通法》规定：必须是得到授权的保险

公司或在英国从事同类担保业务的团体，并且向最高法院会计主管交付保证金额为 15000 英镑。

6）英国的绿卡计划与海外驾驶

如果在欧盟以外的国家驾驶汽车，拥有绿卡则证明英国国内的汽车保险单同时符合被访问国家的最低法律要求。

（三）英国的工伤补偿及赔偿制度

目前，英国对职业安全与健康保险实行双轨运作：一方面是采用无过错原则，工伤致残人员可以申请获得工伤致残救济金，即国家赔偿；另一方面通过起诉能获得雇主责任保险赔偿。1998—1999 年工伤致残救济支出是 7. 28 亿英镑，接近 2000 年雇主责任保险 8. 72 亿英镑的支出。

1. 国家补偿

1）工伤致残救济金（IIDB）

工伤致残救济金设立应遵循以下原则：①非雇主与雇员共同出资；②无过错原则；③无须调查经济状况；④免税；⑤无论一个人是正在工作还是已经退休，只要认定是应该支付的，此救济金可在其他大多数社会保障救济之外另行支付。

（1）工伤致残救济金发放对象及管理机构。工伤致残救济金的发放对象为在 1948 年 7 月 5 日之后（或当日）因为以下原因丧失身体功能的雇员：①工作中的事故；②在认定的工业疾病列表中的一项被认为有职业风险的。

英国工作与养老金部求职及福利津贴中心负责工伤致残救济金的申请、管理和发放。

（2）覆盖范围。工伤致残救济金涵盖所有受雇的员工，但是以下人员将不能享受此救济金的支付：①自营业主；②英国皇家军队的成员（因其可能正接受战争养老金计划的援助）；③由前就业服务署（ESA）组织的培训课程的培训生（因其可能正接受类似计划的援助）。

（3）工伤事故的认定。工伤事故是指造成人身伤害的不可预见的事件或者一系列可确认的事件。比如由坠落导致的腿骨骨折可被认定为“事故”。但是工作多年造成的“背部损伤”不会被认定为“事故”。

（4）认定的疾病。认定的疾病是指已经被规定认可，包括在工伤救济金计划之中的工业疾病。独立的工伤顾问委员会将就疾病认定问题向部长提交建议。目前大约有70种认定的疾病。

（5）赔偿申请。工伤致残救济金的原告填写相关的赔偿表格并寄送到求职及福利津贴中心。对于事故和大多数的认定疾病，雇员可以在任何时间提起赔偿要求，但是对于一些特定的疾病，提起赔偿是有时限的（比如职业性耳聋或者职业性哮喘）。

（6）赔偿裁定。在求职及福利津贴中心的非医疗工作人员（被称为决策者）将收集相关证据就赔偿要求做出仲裁。首先，决策者收集相关证据来确认此事件能够被认定为事故，或者确认原告是否在认定的职业范围内工作。一旦这些被确认之后，决策者将就诊断、任何的功能丧失以及伤残等级等方面听取医疗服务机构的意见。

只有由工业事故或者认定的疾病造成的伤残才能获得工伤致残救济金。一般来说，一个人的伤残程度需要达到 14% 才能获得救济金，一些呼吸疾病（1% 的认定）和职业性耳聋（20% 的认定）除外。14% 以下的也可以接受救济，但需和其他方面的评定一起合计达到 14% 。

（7）医生在工伤致残救济金的作用。在任何病人可能遭遇工业事故的情况下，或者其感染了认定的疾病，医生应该敦促病人尽快提出赔偿要求。伤残救济金一般只在事故或病发后 90 天才开始赔付。但是，救济的回溯是有时限的，因此病人不应该在提出赔偿上有所迟疑。

决策者可能会要求出具一份关于事故或认定疾病的事实报告。医生可以根据医疗记录或者对病人情况的了解来写报告，并不必对病人进行检验。

（8）申请资格。申请工伤致残救济金应具备以下条件：

① 由于工作事故造成伤残的人才符合要求申请该救济金。

② 如果发生事故造成伤残的是自营职业者则不能申请。

③ 得到救济金的数额根据致残程度确定。

④ 如果是由于曾经从事过的工作产生疾病致残或耳聋，也可以获得工伤致残救济金。

（9）申请的条件。造成雇员伤残的事故必须是因工作造成的，并且是在英国发生的。要申请工伤致残救济金，需要经过医疗检查，由医生出具下列证明：①致残程度；②伤残持续时间。

如果获得工伤致残救济金，而又需要日常护理和照料，并且致残评估为 100% ，那么可以获得长期护理补贴（CAA）。长期护理补贴可以分为4个不同的等级。

如果获得重大或中级工伤长期护理补贴（CAA），而又需要长期护理和照料，就可以申请特别严重致残补贴。

（10）救济金数额。英国社会保险委员会负责拟定救济金补贴指导数值。表2－1为救济金周补贴指导数值。但是，救济数量发放多少的原则是根据每个人的不同情况确定发放救济金的数量，因此，并不能完全根据该指导数值决定应获得的救济金。

表2－1　救济金周补贴指导数值　英镑

伤残程度	18岁以上	18岁以下，无家属
100%	127.10	77.90
90%	114.39	70.11
80%	101.68	62.32
70%	88.97	54.53
60%	76.26	46.74
50%	63.55	38.95
40%	50.84	31.16
30%	38.13	23.37
20%	25.42	15.58
肺尘症、棉纤维吸入性肺炎和间皮瘤养老金补贴指导数值		
1%～10%	12.71	
11%～19%	25.42	
工业死亡救济金补贴指导数值		
高级	84.25	
低级	25.28	

表 2-1（续）　　英镑

伤残程度	18 岁以上	18 岁以下，无家属
长期护理补贴指导数值		
重大工伤	101.80	
中等工伤	76.35	
普通工伤	50.90	
业余	25.45	
特别严重伤残补贴	50.90	
丧失工作能力补贴指导数值		
最低补贴	78.50	
早期残疾补贴指导数值		
高级	16.50	
中级	10.60	
低级	5.30	
收入减少补贴指导数值		
最高	50.84	
退休补贴指导数值		
最高	12.71	

（11）申请时限。工伤致残人员在事故造成伤残两个月后即能申请工伤致残救济金。

2）吸尘性疾病补偿金

英国为吸尘性疾病补偿金专门立法，即《1979 年尘肺病等（工人赔偿）法》，该法为受害者（或家属，如果受害人已经去世）对某些吸尘性疾病，提供一定数量一次性付清的补偿金，并且不需要过错证明。对那些雇主已经停业，受害者已不可能向导致他产生疾病的雇主要求索赔，该法为他们提供了一条补偿途径。

（1）申请资格。受害者因为工作患了以下吸尘性疾病，他本人或家属（受害人已经去世）可以申请吸尘性疾病补偿金：

① 弥漫性间皮瘤；

② 肺尘症（包括硅肺病、石棉沉滞症及白陶土肺）；

③ 广泛性肋膜增厚；

④ 原发性肺癌（只伴有石棉沉滞症或弥漫性间皮瘤）；

⑤ 棉纤维吸入性肺炎。

（2）享受条件。享受吸尘性补偿金的条件：

① 受害人应该是上述疾病的工业致残救济金受助人；

② 家属可以在受害人死后申请补偿，但是有时效限制；

③ 对导致受害人疾病的雇主通常已经停业。

受害人或家属无须上法庭起诉，也无须获得雇主赔偿。

（3）申请人。①受害人：如果受害人认为已经患上上述疾病，应立刻申请，不必等到在福利津贴中心申请工伤致残救济金结果出来以后再申请该补偿金；②家属：如果认为丈夫或妻子患上述疾病，可立刻申请，不必等到在福利津贴中心申请工伤致残救济金结果出来以后再申请该补偿。如果申请工伤致残救济金时限已过，仍然应该申请该补偿金。

2. 雇主赔偿

1）民事责任赔偿

在英国，如果是雇主违反《1999 年职业安全与健康管理规章》或《1997 年火灾防范措施（场地）规章》，工人可以通过民事法律程序向雇主索赔。雇主也可以对违反《1999年职业安全与健康管理规章》的雇员进行法律诉讼。

英国《民法》针对工作受伤（或致病）索要赔偿制定了两个基本原则，即原告必须证明受伤（或致病）要么是由于过错所致，要么是违法所致（或两者都是）。

（1）赔偿程序。

① 申请赔偿时限。必须是在事故发生后3年内，在首次认识到是由于所从事的工作使原告患上职业病，或使原告病情更加严重了。

② 准备证据。收集以下证据并做相应准备：

（a）如何发生事故或接触危险物质等的记录。

（b）概图、照片及制造和生产相关设备的详细内容。

（c）证人的姓名、地址，以及电话号码。

（d）病症及医疗记录。

（e）各种花费的收据。

（f）确定是在工作时记录下发生的事故，并且如果有关联的话，已通知就职及福利津贴中心。

（g）及时进行医治。每次都参加医生约诊，不参加可以解释为病情不是很严重。不要与治疗医生讨论有关索赔的事，因所有医疗记录须对雇主保密。

（h）让律师了解进展，包括返回工作岗位后雇主的纪律处罚措施，以及薪金和待遇上的变化。

③ 选择法庭：

（a）5万英镑以下一般由地方法庭判决，5万英镑以上一般由高等法庭判决。

（b）有些案件，劳工法庭也有权力对工伤给出赔偿判决。例如，根据《种族关系法》由诸如种族歧视导致的忧郁症等的精神伤害。

④ 挑选律师。无论是否在庭外和解，英国有专门的赔偿法律咨询机构，有下列几个途径可挑选好的律师：

（a）如果雇员是某一工会组织成员，工会是雇员的首选。大多数工会对解决人身伤害赔偿都非常专业，他们使用的律师都是该领域的专家，在和雇主（或他们的保险公司）协商在庭外达成赔偿时会让雇员处于非常有利的地位。

（b）如果不是工会组织成员，但正在想成为其中的一员，那么受工伤的雇员可以向想要加入的工会寻求帮助。不同的工会态度不同，有的工会只为其成员服务。

（c）如果本人不是工会成员，但亲属是工会成员，也可以向他们所在的工会寻求帮助，有些工会也会提供帮助。

（d）在英国，实行“不赢官司，不收费”的规则。如果赢了官司，律师会抽取一定比例的赔偿费，但如果不赢官司，则不收取费用。在英国，雇员可以登录人身伤害律师协会网站找到一位好律师，也可以通过市民咨询局得到帮助。

（e）近年来，英国成立了大量的帮助索要赔偿的公司，它们都是按照“不赢官司，不收费”模式经营，雇员也通过他们索要赔偿。

⑤ 求助工会。每个工会都有自己的办事程序，因此雇员需要咨询。通常雇员是通过工作场所的工会分会、最近的工会办公

室或总部法律服务办公室获得法律服务。

（2）赔偿金构成。赔偿金或补偿金主要由一般赔偿金和特别赔偿金两部分构成。

① 一般赔偿金。由法官根据同类案例计算得出，主要为补偿受害人的痛苦、损失及生活质量的下降（长期或短期）。

② 特别赔偿金。是指受伤人员的经济损失和花费，包括可能会在将来支出的部分。内容很多，包括收入和日后护理。

（3）诉讼成功与失败。如果诉讼成功，被告要支付给原告以下费用：①一般赔偿金；②特别赔偿金；③赔偿金的利息；④诉讼费用。

诉讼失败有两层含义：一是证据不能证明案件。得不到赔偿金或补偿金，并且还要支付被告诉讼费，这个费用由购买的诉讼保险费支付。二是没有赢得由雇主支付给法庭的费用。除支付自己的全部费用外，还要支付从开始向法庭支付费用之日至案件结束的所有由雇主向法庭支付的费用。法庭审理费用约占整个案件费用的1/3。因此在大金额案件中，临近审理日期还没有赢得支付给法庭的费用，支付该费用可能相当于补偿金额。

（4）法庭审理时间表。审理前的“协议”，要求原告法律代表人向雇主写一份非常详细的索赔函，使雇主对索赔进行调查。雇主（即被告）必须承认该函，并在三个月内决定是否对伤害承担责任。在这期间，法律代表人要获取原告病历和医疗报告。

如果诉诸法庭，法庭会召开案件管理会议，确定案件准备的时间进程及审理日期。

有些案件几个月就可以结案；有些案件因为原告的病情不稳

定，要花上 2 ~3 年时间才能得出结论。

（5）部分行业赔偿统计。2003 年英国职业安全健康执行局委托 System Concepts 公司作了《健康安全问题赔偿分析报告》。其主要数据来源包括：

① 5 个工会（ASLEF、FDA、ISTC、MU，以及 NGSU）的 488 个赔偿一手资料；

② TGWU 的 75000 个赔偿资料概要；

③ UNISON 的 11200 个赔偿资料概要；

④ USDAW 的 34917 个赔偿资料概要。

ASLEF 是最主要的火车司机工会。全国所有铁路运营公司的载人以及运货部门都有其成员任职，现有 17000 名工会成员。

FDA 是英国高层公务员的工会。它的成员包括政府政策顾问、高级主管、税务审计员、经济学家、统计学家、政府律师、公诉人、督学、会计师，以及职业安全健康执行局的主管。

ISTC 是钢铁金属行业工人的工会，成员 5 万人。

MU 是音乐家和音乐行业工作者的工会，拥有 3 万成员。

NGSU 是全国建筑行业工会，有着超过 11500 人的成员。

TGWU 在英国不同的地方有着超过 90 万的成员，涵盖四个部门：食品和农业、制造业、服务业和交通。

UNISON 有着超过 130 万的成员工作在公共服务领域，是英国最大的工会。它的成员多为一线职员和初级主管，服务于地方政府、国民健康保险局、警察局、大学和学校、电力、天然气和水利、交通和志愿者服务等行业。

USDAW 是英国最大的工会之一，在全国有着 31 万成员。其成员在各行各业工作，包括商店售货员、热线电话接线员、工厂工人或仓库保管员、书记员等。

表2－2和表2－3为USDAW和TGWU的赔偿统计资料。

表2－2　USDAW赔偿统计资料（1995—2001年）

伤害类型	案例数量/件	成功案例数量/件	成功案例百分比/%	伤害赔偿/英镑	最少支付赔偿/英镑	最多支付赔偿英镑
拉伤或扭伤	9489	5277	56	4095	32	450000
割伤	4640	2924	63	1629	30	150000
擦伤	3099	2066	67	1540	50	67500
骨折	2908	1637	56	4592	100	206000
不明	2787	200	7	4918	50	599451
两种以上伤害	2590	1691	65	5335	29	1200000
挫伤和压碎伤	2058	1268	62	2756	50	250000
工作中上肢肌肉劳损	1530	261	17	4138	200	50000
烧伤	1001	705	70	1728	50	165427
表皮损伤	748	423	57	419	30	8000
颈椎病	674	440	65	3135	27	38500
错位	477	218	46	5757	150	180000
心理疾病/压力	470	135	29	5169	350	120000
不明的疾病或伤害	441	90	20	1047	35	15000
已知但未编号的疾病	377	133	35	2572	20	80000
耳聋	348	110	32	2944	348	55000
脑震荡	332	202	61	2484	100	51577
疝气	233	108	46	2893	150	6500
窒息、食物中毒和气体中毒	156	67	43	4935	250	205000

表 2-2（续）

伤害类型	案例数量/件	成功案例数量/件	成功案例百分比/%	伤害赔偿/英镑	最少支付赔偿/英镑	最多支付赔偿英镑
化学品接触引起的伤害	151	87	58	2328	100	50000
呼吸道疾病	128	22	17	10850	350	60500
皮炎	88	30	34	2852	250	20000
触电引起的伤害	85	67	79	1984	150	16000
截肢	77	56	73	16900	1000	203726
动物寄生虫病	20	4	20	1093	30	2500
死亡	6	3	50	62519	10000	107556
失明	4	0	0	0	0	0

表 2-3　TGWU 职业病赔偿统计

伤害类型	案例数量/件	成功案例数量/件	成功案例百分比/%	从受理到赔偿的平均时间	最低赔偿/英镑	最高赔偿/英镑	平均赔偿/英镑
砷中毒	2	1	50	94 个月	N/A	2000	2000
石棉中毒	653	405	62	40 个月	1000	173000	35627.33
石棉性肋膜斑	189	117	62	45 个月	3000	175000	51558.93
哮喘	861	434	50	34 个月	850.00	73480.47	13039.38
手部击打	2	0	0	N/A	N/A	N/A	N/A
苯中毒	17	3	18	65 个月	2500.00	7500.00	5000.00
铍中毒	1	0	0	N/A	N/A	N/A	N/A
膀胱癌	103	20	19	80.5 个月	16000	140000.00	63340.92
骨骼疾病/肺气肿	9	1	11	111 个月	N/A	15000.00	15000.00
支气管炎	42	17	40	15.5 个月	3593.70	5738.54	4444.08

表2-3（续）

伤害类型	案例数量/件	成功案例数量/件	成功案例百分比/%	从受理到赔偿的平均时间	最低赔偿/英镑	最高赔偿/英镑	平均赔偿/英镑
普鲁氏菌病	1	0	0	N/A	N/A	N/A	N/A
黏液囊炎（肘部）	14	6	43	29个月	664.69	4500.00	2502.10
黏液囊炎（膝部）	13	5	38	27个月	600.00	4500.00	1680.00
棉屑沉着病	3	0	0	N/A	N/A	N/A	N/A
镉中毒	9	5	56	39个月	2500.00	36000.00	15000.00
弯曲菌感染	1	0	0	N/A	N/A	N/A	N/A
慢性疲劳综合征	2	0	0	N/A	N/A	N/A	N/A
耳聋	14492	10352	71	25个月	400.00	17500.00	3438.62
皮炎	1236	808	65	24个月	1000.00	175000.00	14053.70
肺气肿	45	16	36	27.5个月	1001.98	31190.30	8951.63
外源性过敏性肺泡炎	5	4	80	41.5个月	750.00	8500.00	5178.50
地下水	1	0	0	N/A	N/A	N/A	N/A
铅中毒	12	5	42	45.5个月	5000.00	725000.00	186000.00
军团病	2	1	50	13个月	N/A	9500.00	9500.00
钩端螺旋体病	2	2	100	35.5个月	3000.00	65320.14	34160.07
肝肿瘤	3	1	33	12个月	N/A	85000.00	85000.00
肺癌	71	17	24	35.5个月	1500.00	59865.64	20050.47
汞中毒	1	0	0	N/A	N/A	N/A	N/A
间皮瘤	126	73	58	37.5个月	3000.00	50604.00	29199.59
溴甲烷中毒	1	1	100	67个月	N/A	15000.00	15000.00
黏膜类疾病	435	25	6	14.5个月	350.00	79875.62	17695.12
骨髓纤维变性	1	0	N/A	N/A	N/A	N/A	

表2-3（续）

伤害类型	案例数量/件	成功案例数量/件	成功案例百分比/%	从受理到赔偿的平均时间	最低赔偿/英镑	最高赔偿/英镑	平均赔偿/英镑
鼻癌	22	4	18	22个月	500.00	12236.00	3684.00
氮氧化物中毒	20	17	85	71.5个月	250.00	48500.00	13700.00
周围神经病变	3	0	0	N/A	N/A	N/A	N/A
尘肺病	94	57	61	31个月	1500.00	77620.00	20150.34
放射中毒	26	4	15	28.5个月	2000.00	35000.00	14250.00
重复性劳损	4834	2159	45	34个月	750.00	35000.00	5627.70
皮肤癌	8	0	0	N/A	N/A	N/A	N/A
脊椎炎	2	0	0	N/A	N/A	N/A	N/A
胃癌	2	0	0	N/A	N/A	N/A	N/A
猪链球菌病	1	1	100	74个月	N/A	15000.00	15000.00
精神压力性疾病	186	9	5	21个月	2000.00	100025.28	27086.14
喉癌和口腔癌	4	0	0	N/A	N/A	N/A	N/A
白指病	1284	729	57	22.5个月	550.00	40000.00	6825.26
病毒性肝炎	9	7	78	25个月	500.00	22500.00	5392.86
白癜风	22	2	100	39.5个月	2500.00	3500.00	3000.00
总计	24843	15308					

ASLEF、FDA、MU和NGSU的资料表明，支付的最少赔偿金额为75英镑，最多的为23万英镑。

对于几类主要赔偿的平均赔偿金额为：①因滑倒、跌倒和坠落造成的伤害赔偿为4222英镑；②因体力劳动造成的伤害赔偿为4325英镑；③因噪声造成的伤害赔偿为1782英镑。

TGWU的数据表明，对于工伤，赔偿金额通常在1～1133462

英镑之间；而对于工业病，赔偿金额则通常在 1 英镑 ~50 万英镑之间。这个标准与上述的几个工会相比有高有低。

2）刑事赔偿

对受到职业安全健康执行局检举的单位，法庭认定其违反安全与健康相关法律法规，并造成雇员伤亡和财产损失的，可以下达赔偿令，作为受害人的刑事赔偿。

英国的地方和刑事法庭都有裁量权责令，被判有罪的被告为其违法行为所导致的人身伤害和财产损失支付赔偿。如果法庭被授权可以行使赔偿令而没有行使，则必须给出理由。

地方法庭可做出每次最高 5000 英镑赔偿的判决，而刑事法庭数额不限定。在丧葬费用支出上可以做出有利于死者亲属和家属的判决。

对赔偿令，法庭有权与单个判决一起做出，或者作为处罚做出。当同时适于做出罚款和赔偿而违法者无法支付两者时，赔偿优先。

赔偿数额由法庭适当考虑确定。在发出赔偿令时，法庭要考虑被告人的财产。被告人和公诉人可以向法庭对受害人所受的损失做出陈述。支付给受害人的赔偿金要从民事赔偿金中扣除。因此，同时进行的民事索赔不会妨碍赔偿金的赔偿。

如果取消被告董事资格会阻止其从事支付赔偿所必需的商业活动，则赔偿令通常不应与资格取消令同时发出。

在按命令完全支付赔偿金前，违法者可以在任何时候申请审查赔偿令。必须是原法庭做出判决的案情已经有了变化才有可能申请成功。

在可以发出赔偿令，但法庭并没有签发的情况下，公诉人拥有向法庭对赔偿令是否适当做出陈述的权利。通常，由证人陈述和（或）其他书面证据向法庭证明所受损失。

赔偿令在以下情况下尤其适用：①损失较小且容易计量；②遭受损失急需经济援助，例如由于该违法导致死亡产生的丧葬和其他费用。

在上述情况下，受害者更愿意先获得刑事赔偿而不是诉之于民事诉讼。但如果损失数额少于地方法庭小额索赔上限（目前受伤是1000英镑，其他类型损失是5000英镑），受害人将不得不按小额索赔程序进行民事诉讼补偿损失。

如果所受伤害或损失不易量化，或者被告持有异议（例如受伤程度），法庭有理由要求补充证据（如出示独立的医疗报告）。在这些情况下，法庭可以推迟听证，直到受害方可以提供进一步的证据为止，或者法庭不发出赔偿令，将赔偿置于民事程序。

因此，如果公诉人（职业安全检查官）想让法庭行使赔偿令，最好提前告知受害者或其家人，请他们准备好证据（例如，医生信函、医疗报告或丧葬费用明细）。作为公诉人，其角色是协助法庭，而不是代表受害人。公诉人也可以通过提供有关受伤、损失或损害的书面证据（如事故报告）。法庭对不同类型的受伤有相关赔偿参考，尽管工业伤害也许并不包括在内。

（四）英国职业安全与健康罚款处罚

1. 处罚对象

被告一般不是个人。可以被起诉的法律实体包括：合伙、有限责任合伙、公司、个人、信托机构、社会团体、慈善机构和学校管理机构等。

在一般情况下，被告是作为一个法人被起诉，例如对一家公司起诉。但在某些情况下，必须对个人进行起诉。此外，职业安全健康执行局也可以起诉雇员和董事。在一些情况下，除起诉雇主外还要起诉雇员，或只起诉雇员而不起诉雇主。

在英国，如果理由成立，职业安全健康执行局可以认定或建议起诉个人。理由是否成立，主要考虑企业的管理链以及董事和管理者个人在管理链中所起的作用。如果检查或调查表明企业的违法行为是由他们同意、纵容或疏忽造成的，则可以对他们个人进行起诉。

根据《1986 年公司董事资格取消法》，职业安全健康执行局有权请求取消董事资格。

2. 处罚的基本原则

（1）法庭对违反《1974 年职业安全与健康法》及相关法律进行处罚旨在做出适当和相应的补偿和处罚。

（2）对违法做出一定的处罚可以视为对该责任人再次犯法的阻止。

（3）对违法做出一定的处罚可以视为对其他责任人希望避免此类处罚的阻止。

（4）处罚意在使被告人丧失进一步犯罪的能力（见取消董事资格）。

（5）处罚意在对受害者给予补偿（补偿命令）。

（6）处罚可以视为对康复的激励，受到处罚的责任人会加强自身安全与健康管理，避免再次被罚。

3. 处罚考虑因素

1）加重处罚考虑因素

（1）因违规导致死亡。

（2）被告没有注意警告。

（3）为获取利润故意违规，或为省钱冒险运行。

2）减轻处罚考虑因素

（1）及时供认罪行并进行申辩。

（2）在注意到缺陷后，采取补救措施。

（3）良好的安全与健康记录。

4. 准备审理

（1）法庭判决依据。如果由地方法庭提交至刑事法庭审理，在刑事法庭审理时，公诉人不能对案情主要内容作不同的描述，而应熟悉所检举案件的主要内容。

如果被告对所犯之法服罪，但对检举指称的部分案情持有异议，法庭可以要求举行“牛顿审理”，以获得被告的案情陈述。

（2）公司账户。在法庭确定罚款时了解被告的财产非常关键，它有助于做出有实际意义的罚款，在审理前公诉人要获得被告账户，如果被告不提供账户，法庭有权假定被告有足够财产支付法庭做出的任何罚款。

《2003 年法庭法》要求每个被告都要填写一份“财产声明”表，并且还将国有财产表（法庭提供）签发给被告。职业安全与健康案件的绝大部分被告是公司。但有少数情况是个人，如果是个人，则将个人的财产情况提供给法庭。因此，控告时，应向法庭要一份财产声明表格，随法庭传票一起送至被告。

（3）判决证据集。要保证法庭有确凿的文书。公诉人应考虑哪些证据（证人陈述、照片及其他物品）提交给法庭。

（4）收集案例。公诉人有义务吸引法庭对相关案例的注意，为法官量刑提供协助和指导。可以通过收集判例，帮助法庭了解对安全与健康判决原则。

5. 审理

1）法庭程序

（1）法庭职员或司法职员就指控、有罪申辩或裁定通知法庭。

（2）检举代表（或律师）首先发言，概述案情，强调加重处罚证据，驳斥减轻处罚证据，并论述其他相关因素和判例，使本案给以重判。

（3）辩护代表就减轻处罚陈述，使本案给以轻判。

（4）一般公诉人不会再次陈述。如果辩方偏离了检举内容，而提出了有助于检举的新的具体内容，公诉人才会再次发言。

（5）法庭通过判决。

（6）讨论费用。

2）引用以前的判例

（1）辩护有时会从职业安全健康执行局检举数据里引用此前从轻判决的案例，以作为本案判决的参考。

（2）如果辩护从职业安全健康执行局检举数据里引用案例引导法庭从轻判处，公诉人应提醒法庭：①检举数据中从轻判处的案例考虑了很多具体、独特的因素，而这些因素不在本案考虑之列；②职业安全与健康判例没有标准的价目表。要求法庭具体考虑每个案件。

3）公诉人对判决的意见

（1）公诉人在建议法庭参考其判决权力和相关判决指导时，不应试图影响法庭的判决。

（2）如果法庭征求公诉人对判决是否有合适的意见，公诉人要提醒法庭这是超出公诉人职责的。

4）“牛顿审理”

（1）当被告对违法行为服罪，但对检举的案情有不同意见，就会举行“牛顿审理”。

（2）如果检举和被告不能就违法案情达成一致，法庭会举行“牛顿审理”解决分歧，确定正确的判决依据。如果分歧并不影响判决，不会举行“牛顿审理”。

（3）在“牛顿审理”时，听取对证据产生分歧的案情。

5）地方法庭有权将判决提交刑事法庭

如果违法人员在地方法庭服罪，但地方法庭认为对其处罚不够，考虑到违法情节的严重性或合并处罚，地方法庭可以将判决提交给刑事法庭。该权力既适用于公司也适用于个人。

6. 判决

1）服罪

（1）违法者服罪通常会从轻处罚，法庭须考虑：在起诉的哪个阶段违法者表示出服罪的意向，并且在什么情况下表示出这种意向。

（2）如果处罚结果并不严重，法官和地方法庭可以公开审判。

2）评估罚款数额

（1）地方和刑事法庭综合考虑罚款数额。

（2）如果被告是个人而不是公司，法庭在确定罚款数额前，有义务查清其财产情况。法庭有权向被告发出“财产状况调查令”，要求被告如实填写。

（3）如果被告是公司，不能够支付一定数额的罚款，则应提供账户。如果不提供账户，则法庭有权假定公司可以支付其所做的任何罚款。

（4）关于公司罚款数额大小，法庭在判决 Howe 一案时，提到：“对工作场所安全与健康违法的检举目的是使那里的工人或受到影响的公众拥有一个安全的环境。要把对公司罚款数额足够大这个信息带给公司管理人员及其利益相关者。”

法庭规定罚款数量通常不应威胁到被告继续从事商业活动，

但也许会存在个别案件使被告罚款至无法从事商业活动。法庭必须要注意被告要支付的总数（罚款和检举成本），并考虑该数目产生的影响。

（5）应注意，公司作为被告支付罚款的时间通常比个人要长，数额要多。

3）监禁刑

法庭不会判监禁刑，除非认为违法，或违法与其他相关行为结合，情节非常严重，只能判以监禁。监禁一般只在少数检举中发生，通常是案情十分严重。

4）改变判决

（1）在地方和刑事法庭做出判决的28天内可以改变和取消判决。法庭的组成必须与原审理法庭一样。

（2）当被告对地方法庭的判决上诉时，刑事法庭可以认可、撤销或改变原判。

7. 罚款额

（1）《1969年雇主责任（强制）保险法》。违反《1969年雇主责任（强制）保险法》第4条的最高罚款是1000英镑（标准3级），违反第5条是2500英镑（标准4级）。这些违法只在地方法庭就可以判决。

（2）如果被告被判一种以上的罪，地方法庭认为已做出足够罚款，则有权对一种违法进行罚款，对其余违法做出非“分离罚款”的决定。

（3）违反《职业安全健康法》第33条的最高罚款见表2-4。

表2－4　《职业安全与健康法1974》（修订版）第33条的最高罚款概要

条款及相关违法	地方法庭	刑事法庭
第33条第1款A项：第2条和第6条	20000英镑	罚款数量未限
第33条第1款A项：第7条	5000英镑	罚款数量未限
B项：第7条和第9条	5000英镑	罚款数量未限
C项：任何安全与健康法规	5000英镑	罚款数量未限
D项：有关第14条的要求	5000英镑	—
E项：检查员根据20条和25条做出的要求	5000英镑（只违反第20条）	罚款数量未限（NB仅违反25条，可经公诉程序审判）
F项：试图阻止与检查员交谈	5000英镑	—
G项：违反敦促改善通知书或禁止通知书	20000英镑或6个月关押	2年关押和/或罚款数量未限
H项：妨碍执法	5000英镑	—
I项：与27条相关的条款	5000英镑	罚款数量未限
J项：违反28条和27条第4项发布信息	5000英镑	2年关押和/或罚款数量未限
K项：虚假陈述	5000英镑	罚款数量未限
L项：虚假记录	5000英镑	罚款数量未限
M项：使用公文用于行骗	5000英镑	罚款数量未限

表2-4（续）

条款及相关违法	地方法庭	刑事法庭
N项：冒充检查员	5000英镑	罚款数量未限
O项：与47条相关的命令	20000英镑或6个月关押	2年关押并/或罚款数量未限
第33条第4款A项：没有具备必需的许可证	5000英镑	2年关押并/或罚款数量未限
B项：违反了许可证要求	5000英镑	2年关押并/或罚款数量未限
C项：与易爆物品相关	5000英镑	2年关押并/或罚款数量未限

说明：在对其他类型的刑事犯罪进行判决时，法庭将上面价目表作为参考，该价目表规定了在通常情况下的处罚水平。应当记住这是法庭可以做出的最高罚款，并不表示在任何情况下都受到的罚款数额，也不存在安全与健康罚款价目表。处罚结果是依据每个案例的具体情况而定，但服从法定规定的最高数额。实际上，近期法庭的判决案例表明处罚有比以往上升的趋势。

8. 取消董事资格

（1）对被指控违法并被判罪的公司董事，法庭有取消其在推广、组建、管理、清算和解散公司或管理公司财产的权力。

（2）未经法庭许可，在规定期限内，被取消资格的董事不得担任公司董事、清算人或管理者，或者管理公司财产，或以任何方式直接或间接涉及或参与推广、组建或管理公司。地方法庭取消资格的最高期限是5年，国家法庭是15年。

（3）如果董事个人犯有所指控的罪，对合理的防范措施一贯置之不理，并导致发生或可能发生重伤，在这种情况下，公诉人应当考虑做出取消其董事资格的检举。

（4）如果公诉人认为董事所犯之罪可以考虑取消资格，则应将事宜通过公诉人所在部门的管理层提至法律联络处，他们会进一步向法律顾问办公室征求意见。

9. 检举费

法庭可令被判有罪的被告支付公诉人“公正合理”的费用，费用由法庭判定。通常判定的费用少于公诉人申请的总费用。因为考虑减轻处罚因素，如对有罪从轻，法庭要在费用指令上明确判决金额。英国近年来违法及罚款统计见表2－5～表2－13。

表2－5　2002—2005年违法人数和罚款数额（受检举人数，判罚数量和平均罚款额）

英　国　全　国				
年　度	被检举责任人数量	被判罪责任人数量	罚款总额/英镑	被判罪责任人的平均罚款/英镑
2002/2003	908	847	7957872	9395
2003/2004	963	887	12686787	14303
2004/2005*	712	673	12628940	18765
英　格　兰				
2002/2003	721	689	6137072	8907
2003/2004	793	746	10548895	14141
2004/2005*	573	551	11376240	20647
苏　格　兰				
2002/2003	115	90	642850	7143
2003/2004	128	101	1347800	13345
2004/2005*	87	71	835050	11761

表 2－5（续）

英　国　全　国				
年　度	被检举责任人数量	被判罪责任人数量	罚款总额/英镑	被判罪责任人的平均罚款/英镑
威　尔　士				
2002/2003	72	68	1177950	17323
2003/2004	42	40	790092	19752
2004/2005*	52	51	417650	8189

注：＊指暂时数据。

在英格兰和威尔士，由职业安全健康部门检举，而在苏格兰，地方检察官根据职业安全健康执行局部门的报告做出决定，可能并不起诉所有的检举，因而影响苏格兰地区的判罪数量。

表 2－6　1997—2005 年的违法及罚款数量

年　度	受检举的责任人数量	被判罪责任人数量	罚款总额/英镑	被判罪责任人的平均罚款/英镑
1997/1998	876	800	4904350	6130
1998/1999	981	901	6126102	6799
1999/2000	1042	908	7529402	8292
2000/2001	968	883	7697682	8718
2001/2002	986	899	10015346	11141
2002/2003	860	801	7085922	8846
2003/2004	896	829	11193737	13503
2004/2005*	661	623	8442340	13551

注：＊指暂时数据。

英格兰数据不包括化工、矿山、铁路和海洋作业，因此和表2－5中的数据不吻合。

表2－7　2002—2005年的违法数量及罚款额度（违法中受到检举的数量，检举案件中被判罚的数量和平均罚款数）

年　度	违法中受到检举的数量	检举案件中被判罚的数量	平均罚款数/英镑
2002/2003	1659	1273	6251
2003/2004	1720	1317	9633
2004/2005*	1267	999	12642

注：*指暂时数据。

表2－8　1997—2005年的违法及罚款数量（职业安全健康执行局下达的通知书数量）

年　度	改善通知书	延期禁止通知书	立即禁止通知	通知书总数
1997/1998	4411	181	4319	8911
1998/1999	6353	199	4348	10900
1999/2000	6972	196	4172	11340
2000/2001	6671	147	4238	11056
2001/2002	6712	116	4254	11082
2002/2003	8140	113	5071	13324
2003/2004	6798	81	4456	11335
2004/2005*	5167	49	3229	8445

表2－9　1998—2005年的违法及罚款数量（职业安全健康执行局对政府机构的执法，政府通知书及谴责）

年　度	改善通知书	禁止通知书	通知书总数	谴责
1998/1999	13	1	14	4
1999/2000	21	5	26	3
2000/2001	11	0	11	2
2001/2002	5	0	5	2
2002/2003	14	2	16	2
2003/2004	14	2	16	1
2004/2005 *	6	0	6	5

注：＊指暂时数据。

政府机关受安全与健康法律要求的限制，但不接受法律执法通知或检举（政府豁免），对政府机构适于采用非法定程序发出改善通知书、禁止通知书及谴责受检举的政府机构。

政府改善通知书和政府禁止通知书〔对政府雇员（具有重伤的风险）的停工通知书〕与对其他雇主一样，要求政府雇员采取同样的行动。

对政府的谴责是职业安全健康执行局做出决定的一份正式书面记录，除政府豁免外，该记录是政府机构未能遵守安全与健康法律的证据，足以预计对其在法庭上所判的罪。这样，检举才会符合公共利益。

表 2－10　2002—2005 年的违法数及罚款数量（按行业统计受检举的违法数量和判罪数量）

行业分类	年　份	农业、狩猎、林业和渔业	采掘业和公共供应工业	制造业	建筑业	服务业	全行业
检举违法数量	2002/2003	82	50	619	597	311	1659
	2003/2004	106	51	578	617	368	1720
	2004/2005 *	67	35	391	550	224	1267
判罪数量	2002/2003	68	28	522	434	221	1273
	2003/2004	81	34	502	418	282	1317
	2004/2005 *	59	28	328	396	188	999
平均罚款/英镑	2002/2003	2606	13721	5020	5745	10330	6251
	2003/2004	2889	33729	8642	9615	10458	9633
	2004/2005 *	3974	20496	8368	8421	30537	12642

注：＊指暂时数据。

表 2－11　2002—2005 年的违法及罚款数量（职业安全健康执行局对不同行业下达的通知书数量）

行业分类	年　份	农业、狩猎、林业和渔业	采掘业和公共供应工业	制造业	建筑业	服务业	全行业
改善通知书	2002/2003	1508	159	4104	778	1591	8140
	2003/2004	1475	135	3045	798	1345	6798
	2004/2005 *	924	92	2617	548	986	5167
延迟禁止通知书	2002/2003	23	1	35	32	22	113
	2003/2004	11	1	15	33	21	81
	2004/2005 *	4	0	12	20	13	49

表 2－11（续）

行业分类	年　份	农业、狩猎、林业和渔业	采掘业和公共供应工业	制造业	建筑业	服务业	全行业
立即禁止通知书	2002/2003	583	56	1211	2772	449	5071
	2003/2004	543	59	858	2656	340	4456
	2004/2005*	343	53	668	1913	252	3229
通知总数	2002/2003	2114	216	5350	3582	2062	13324
	2003/2004	2029	195	3918	3487	1706	11335
	2004/2005*	1271	145	3297	2481	1251	8445

注：＊指暂时数据。

表 2－12　1999—2005 年的违法及罚款数量（因工死亡人数及由此造成的检举数和判罪数）

年　份	死亡人数/人	受检举的责任人数量/人	被判罪的人数/人	由死亡导致检举占检举数的百分比/%	由死亡导致判罪占判罪数的百分比/%
1999/2000	280	103	91	37	88
2000/2001	350	149	125	43	84
2001/2002	278	85	76	31	89
2002/2003	256	68	55	27	81
2003/2004	255	22	18	＊	＊
2004/2005*	249	—	—	—	—

注：＊指暂时数据。

1. 表 2－12 不包括化工、采矿、铁路及海上作业的死亡人数。
2. 数据中的检举数仅指已经审理完毕的案件数，不包括正在审理的案件数。检举的年份也是指案件审理完毕的年份。

表 2－13　1999—2005 年的违法及罚款数量

（法庭对因工死亡判决的罚款数）

年　份*	罚款总数/英镑	每件案件的平均罚款数/英镑	每例判决的罚款数/英镑
1999/2000	1618250	24896	16683
2000/2001	1577250	21030	13597
2001/2002	4376300	37727	24586
2002/2003	2387137	31410	23176
2003/2004	3540300	43707	27876
2004/2005*	2867250	42795	29867

注：＊指暂时数据。

1. 数据从 1998/1999 年度以后计。
2. 一些案件中，被告被判一次以上犯罪。
3. 表 2－11 数据不包括化工、采矿、铁路及海上作业。

（五）英国铁路行业安全费用征收

英国也对一些行业提取安全费用，以便更好地进行安全管理。2002 年，英国职业安全健康执行局拟对煤气供应商征收安全费，但是后来并没有执行。

2006 年，英国交通部颁布了《2006 年铁路安全费用征收规程》，开始征收铁路安全费用，用于铁路安全开支。英国的铁路安全由交通部下设的铁路安全办公室管理。目前，英国铁路安全费用部分来自安全活动征得的费用，部分来自财政部拨款（由工作与养老金部管理）。一方面这些费用来源不稳定，另一方面进行安全管理的金额不够。因此，英国交通部制定了《2006年铁路安全费用征收规程》。

1）安全费用征收的主要用途

（1）铁路安全办公室更有效地制定中长期铁路安全与经济管理战略。

（2）使行业、旅客和货物运输客户以及纳税人在安全与经济综合管理上获得利益最大化。

（3）使未来管理铁路行业有更稳定的费用来源。

（4）使铁路管理机构和铁路业之间更有效地工作。

2）征收对象

铁路运营公司（TOCs）（包括特许经营和非特许经营）、货物运营公司（FOCs）、铁路基础建设公司、伦敦地铁有限公司（LUL）、国际铁路运营公司、轻轨与电轨公司。

费用征收多少，由前一年度的营业额决定，并规定最低营业额数量，低于该值的不征收。

3）何时征收

铁路安全办公室要计算各铁路服务商在该财政年度应支付的安全管理费用，并在这之前向各铁路服务商以书面形式寄出“信息征求函”，主要包括服务商的财务信息，如营业额等。铁路服务商则自征求之日起两个月内向铁路安全办公室以书面形式反馈信息，并由服务商授权人签字。铁路服务商按征求函中的公式计算出自己应支付的安全费用，支付给铁路管理办公室。

专栏 1

2006 年英国铁路安全费用征收规程（节选）

本规程规定铁路服务商有义务向铁路安全办公室支付安全费，用于铁路安全事务管理时发生的费用。

……

第三章　铁路管理办公室决定的事项

1. 铁路管理办公室各财政年度制定的规定：

（1）铁路安全费用征收的总额。

（2）征收安全费用的铁路服务商。

（3）制定向铁路服务商征收安全费用额度的评估标准（具体要考虑铁路服务商的收入多少，或规定在具体情况下减少或免除的数额）。

（4）何时征收。

2. 无论在财政年度之前、之中还是之后，铁路管理办公室都可以修订本章第 1 条中规定的任何事项。

3. 各财政年度铁路管理办公室应计算各铁路服务商应该支付的安全费用数额，并根据本章第 1 条（1）~（3）款规定进行计算。这些决定应不断修订。

4. 铁路管理办公室以其认为合适的方式尽快合理切实地公布：

（1）根据本章第 1 条制定的规定。

（2）根据本章第 1 条所作的修订。

第四章　信息征求函

1. 铁路管理办公室在终止或修订第三章第 1 条规定的事项，或根据第三章第 3 条计算各铁路服务商应当支付的安全费用时，铁路服务商要向铁路管理办公室提供合理要求的信息。

2. 在本章第 4 条规定下，如果本章第 1 条所要求的信息包含财务信息，并且铁路服务商在相应财政年度的相应营业额：

（1）少于 10000000 英镑，铁路服务商由自己决定遵守第五章第 1 条规定或遵守第 5 章第 2 条规定；

（2）10000000 英镑以上，铁路服务商必须遵守第五章第 1 条规定。

3. 相应财政年度指的是按照本章第 1 条征求信息时所指财政年度的前一财政年度。

4. 如果铁路服务商根据本章第 2 条第 1 款规定选择遵守第五章第 1 条的规定，则须向铁路安全办公室提供所要求的审计账户。

5. 对本章第 1 到 4 条所指的信息要求：

（1）书面形式；

（2）规定信息报送的截止日期，该日期是自信息征求之日起不少于 2 个月。

第五章　财务信息证明

1. 在按第四章第 1 条制定出征求函并且适用于本条规定的情况下，任何按照该征求函报送的财务信息须同时提供一份由该铁路服务商签字或代表该铁路服务商的授权人签字的书面声明。

2. 在按照第四章第 1 条制定出征求函且适用于本段规定的情况下，按照该征求函提供的财务信息须同时提供一份由审计员签字的书面声明。

3. 本章第1、2条提交的书面声明，铁路服务商：

（1）是公司，应当声明财务信息是按照用于准备年度账目的会计标准或国际会计标准精确计算出来的，用哪个要按具体情况而定；

（2）不是公司，应当声明财务信息是按照会计标准或国际会计标准精确计算出来的。

第六章　假设

1. 铁路服务商：

（1）收到按照第四章第1条或第4条信息征求函；

（2）在指定的日期内无法提供所要求的信息。

则铁路安全办公室可以对信息作出各种情况的合理假设。

2. 铁路安全办公室在合理可行的情况下尽快以书面形式通知铁路服务商：

（1）按照本章第1条作出假设；

（2）假设的详细内容；

（3）该假设的理由。

3. 按照本章第2条发出通知之日起21天内，铁路服务商要向铁路管理办公室对假设作出书面陈述。

4. 如果按照本章第2条发出通知之日起已过去21天，铁路管理办公室对铁路服务商按照本章第3条提供的书面陈述内容作出修改，作出假设，并决定：

（1）按照第三章第1条取消规定；

（2）按照第三章第2条修订规定；

（3）按照第三章第3条计算铁路服务商应征收的铁路安全费用的数额。

第七章　铁路安全费用的支付

1. 各铁路服务商在收到征求函后，将按照第三章第3条计算出的铁路安全费用支付给铁路安全办公室。

2. 按照第三章第1条4款或第三章第2条确定日期后，按照本章第1条规定发出征求函，函中规定应支付款额而没有支付的，铁路管理办公室可以将其作为债务要求铁路服务商偿还。

第八章　退款

1. 铁路管理办公室对由铁路服务商按照第七章规定所支付的款额可以全额或部分退还，本章第2、3条都适用本条规定。

2. 铁路管理办公室承认由于计算错误或情况变化，铁路服务商支付的安全费用远远超过了按照第三章第3条计算出的正确款额适用于本段规定。

3. 本条适用于：

（1）按照第三章第2条修订某条规定（本条称之为“原规定”）；

（2）铁路服务商已经按照第七章支付了铁路安全费；

（3）铁路服务商按修订后的规定应支付的铁路安全费小于原规定应支付的铁路安全费。

2006年3月30日

交通部

专栏 2

英国关于自 2006 年 4 月 1 日开始的财政年度征收铁路安全费用的决定

一、铁路安全费用征收总额［《规程》第三章 1（1）项］

自 2006 年 4 月 1 日开始的财政年度征收铁路服务商应支付的铁路安全费的总额为 1800 万英镑。

二、铁路服务商有支付铁路安全费用的义务（《规程》第三章第 1 条第 2 款）

根据《规程》第三章第 1 条第 2 款规定决定征收铁路安全费用。铁路服务商在 2005 年 4 月 1 日开始的财政年度的相应营业额：

（1）少于 100 万英镑，则不必支付任何铁路安全费；

（2）大于 100 万英镑，但少于 500 万英镑（A 类铁路服务商），则有义务支付铁路安全费，其支付额度按照 A 类铁路服务商标准确定；

（3）大于 500 万（B 类铁路服务商）则有义务支付铁路安全费，其支付额度按照 B 类铁路服务商标准确定。

三、评估铁路安全费计算标准（《规程》第 1 条 3 款）

铁路安全费用总额应由铁路服务商分摊，标准如下：

（1）2006 年 4 月 1 日开始的财政年度每个 A 类铁路服务商征收铁路安全费为 1000 英镑；

（2）2006 年 4 月 1 日开始的财政年度每个 B 类铁路服务商征收铁路安全费按下面公式计算：

$$W = (Y - V) \times X / Z$$

其中：

V 为 A 类铁路服务商按照（1）自 2006 年 4 月 1 日开始的财政年度应支付的铁路安全费的额度，为 11000 英镑；

W 为相应 B 类铁路服务商应支付的铁路安全费的额度；

X 为相应 B 类铁路服务商自 2005 年 4 月 1 日开始的相应营业额；

Y 为相应财政年度确定的铁路安全费总额；

Z 为 B 类铁路服务商自 2005 年 4 月 1 日开始的财政年度的总的相应营业额，为 13256985864.35 英镑。

四、支付日期（《规程》第三章第 1 条第 4 款）

A 类服务商和 B 类服务商须按照铁路服务商分摊标准确定的安全费用额度在发票日期 30 天以内支付给铁路管理办公室。

（六）英国职业安全与健康部分税收及投资优惠政策

1. 税收优惠

对雇主购买专门的装备或为员工提供职业安全与健康建议和保健，职业安全与健康执行局和财政部共同制定了专门的税收优惠政策。政策在以下两个方面给予优惠：①在雇主的利润中扣税；②雇员得到益处。

如果雇主购买资产的支出用于改进或改造设备，则属于资本支出，雇主不能在应税利润中扣除成本，或享受成本折扣。但是，某些资本支出可以获得专门的投资优惠：①雇主购买设备，且支出符合“机械设备”投资优惠规定；②雇主投资改变建筑物结构（例如，安装永久性斜坡通路或扩大门口以方便轮椅进入），一般并不符合投资优惠要求；但是如果建筑物是座合格的宾馆、工业或农业建筑，且符合《工业建筑补贴规定》或《农业建筑补贴规定》则符合补贴要求。

如果该支出完全并专门用于商用，雇主可以在应税利润中扣除每天的（“收入”）支出。但用于雇员而不是完全或专门用于商用的日常支出除外（因为雇员可能是雇主的亲属）。无论雇主是否因为法律规定发生支出，本规定都一同适用（例如，《伤残歧视法》中出现“理应调整”）。

雇主提供给雇员的免费或优惠的个人医疗津贴通常要向雇员征税。如果向雇员征税，则也会向雇主征收同样数额的国民保险税（IA 类）。但有些情况下并不征税，如：

（1）工作造成的疾病和事故。如果完全或直接是由于雇员在执行任务时产生伤害或疾病，例如消防员在灭火时烧伤或挤压而得到雇主资助疗伤，或完全、直接是由于雇员在执行任务时产生事故或疾病，治疗费用不课税。

（2）健康检查。体检支出为不课税服务。

（3）咨询服务。无论提供公司内部还是邀请外部咨询专家，凡是在 2000 年 8 月前提供免费咨询健康服务的，不向其雇主征税。免税范围很广，如精神压力、压抑、婚姻/家庭问题、饮酒过度、戒烟指导、背痛临床检查等，但不包括治疗费用。

（4）为致残职工提供设备和服务。2002 年 6 月制定了专门为致残职工工作特别是户外工作提供的免税项目（如助听器、轮椅）。

（5）娱乐和体育设施。职工专用的体育馆、体育场、健身房和其他娱乐设施都免税。

专栏 3

一家生产塑料制品模具的企业，职工由于头痛和呕吐导致缺勤率越来越高。通风工程师认为工厂的安全与健康体系符合法规要求，而员工坚持主张要更换通风系统。

雇主的免税优惠：向工程师咨询的费用为免税支出，设备修理花费也是免税支出。改进和替换设备支出不从经营利润中扣除，但很可能符合《投资优惠法》的规定，不计入经营利润。雇员受益：对改造建筑物的支出并不是在征税上给雇员收益。

2. 2001 年投资优惠法

《2001 年投资优惠法》对资本支出给予的补贴有明确的规定。只要资本的支出符合该法规定的活动，就可以受到税收优惠。享受投资优惠的企业可以获得税收折扣，并从应税的利润中扣除。

享受本法优惠的包括九个方面：①机械设备；②工业建筑；③农业建筑；④矿业开采；⑤研究开发；⑥技术；⑦专利；⑧河流疏浚；⑨房屋租赁。

个人用途的资产不能申请投资优惠，但如果部分用于商用，则对于商用部分可以申请减免税。

变卖受到投资优惠的资产时，若投资优惠数额大于资产支出与售出的差额，则作结余课税，所得为利润。如果投资优惠数额小于资本支出与售出收益差额，则利润补差部分免税。甚至分期付款购买的资产，也可以申请投资优惠，但利息作为商用花费应从利润中予以扣除。

《2001 年投资优惠法》中明确提及可享受安全支出优惠的主要有工业建筑物的绝热材料、消防安全、体育场安全及人身安全保障。其他用于安全的投资虽然没有明确涉及，但是只要其投资用于其规定的活动，就可以享受优惠。

1）绝热材料和消防安全

《2001 年投资优惠法》第 28 条规定以下支出可以享受资本补贴优惠：

（1）如果某人将其占有的商用建筑物用于合格的商业活动，为防止散热增加绝热层从而产生的支出。

（2）如果某人从事普通的 A 类商业活动，则在商业活动过程中为防止散热增加绝热层，从而产生的支出。

《2001 年投资优惠法》第 29 条规定，凡符合以下条件，可以享受资本补贴的优惠政策：

（1）如果某人从事合格的商业活动，并对该商业活动的周围场地采取消防措施而发生的资本支出。

（2）某人对周围场地采取了必要的消防措施，如果他收到《1971 年消防法》第 5 条第 4 款规定对周围场地采取措施的通知，并且采取了通知中规定的措施。

（3）某人也对周围场地采取了必要的消防措施，如果他没有收到消防局根据《1971年消防法》第5条第4款对周围场地采取措施而下达的通知，但他收到消防局下达的文件，文件中规定了对周围场地采取了必要的消防措施，并且采取了文件中规定的措施。

（4）某人也对周围场地采取了必要的消防措施，如果他收到《1971年消防法》第10条对周围场地某些引发该条第2款所提及的危险种类的情况的禁止通知书，并且他采取了禁止通知书中规定的措施。

2）体育场安全

《2001年投资优惠法》第30条规定，凡符合以下条件，可以享受资本补贴的优惠政策：

（1）如果某人从事合格的活动，本款适用于活动时对体育场采取必要安全措施，如果体育场按《1975年体育场安全法》第1条规定获得安全证书，并且被用于合格的活动。

（2）某人对体育场采取了必要的安全措施，如果体育场已获得《1975年体育场安全法》中规定的安全证，并且他采取必要的措施符合有关安全证的条款。

（3）某人对体育场也采取了必要的安全措施，如果他收到体育场所在地地方政府或其代表下达的文件，文件规定了措施，如果已经采取措施，文件中地方政府考虑了根据《1975年体育场安全法》安全证书所包括的条款，或者修改或代替《1975年体育场安全法》规定签发的安全证书，并且他采取了文件中规定的措施。

《2001 年投资优惠法》第 31 条规定：对体育场调节看台的安全管理符合以下条件，可以享受资本补贴的优惠政策：

（1）如果某人从事合格的活动，本款适用于该活动对体育场采取必要安全措施，如果体育场看台获得了《1987 年体育场地安全与消防安全》第三部分规定的安全证书，并且用于符合资格的活动。

（2）某人对体育场的看台采取了必要的安全措施，如果根据《1987 年体育场地安全与消防安全》签发了安全证书，并且他采取了必要的措施，符合安全证书中的条款。

3）公司研发税收优惠

医疗研究，特别是与商业活动中受雇工人的健康相关，如对职业病的研究可以享受资本税收优惠政策。符合税收优惠政策的研发支出包括：

（1）公司申请营业收入税收优惠。

（2）直接参与研发的雇员雇佣。

（3）由其他机构研发向公司提供直接参与研发的人员费用。

（4）研发过程直接使用的耗材和可变形材料（广义地说，就是研发中消耗的物理材料）。

（5）研发中直接使用的电、水、燃料，以及计算机软件。

对分包出去的研发有专门规定。某些情况下，一些享受补助和拨款的研发工程的支出可享受一定数额的税收减免优惠。

只有合格的研发活动才可以申请税收优惠。在会计年度必须有不少于 10000 英镑的支出用于研发才可以申请，上限没有限制。

公司计算利润时，扣税的额度允许按 150%（小公司）或 125%（大公司）的研发支出扣除。

如果小型企业在会计年度亏损，可以从英国税务及海关总署现金领取应付抵税额。应付的扣税额度每 100 英镑的研发支出获 24 英镑，而要获得现金支付，则必须放弃更多的优惠。

4）可享受投资优惠的部分机械设备

中小企业购买新的机械设备，从 2006 年 6 月开始，在扣除此前的减免额度后，第一年税收优惠为 50%，以后每年均为 25%。

下面列出部分可享受税收优惠折扣的机械设备：广告标识、空气压缩机、空调、电弧气焊装置、鼓风炉、锅炉、烧砖炉、防盗自动警铃、空中和地下电缆、停车场照明、地毯及其他地面面罩、压缩空气装置及管线、输送机装置、发电机、电动门及滚动百叶窗、应急灯、自动扶梯、灭火器、风扇、火灾报警器、灭火毯、防火系统和喷淋装置、消防产品、地面料、锻炉、熔炉、台架、发电装置、供热装置（包括零配件、管线和散热器）、水龙管、热水供应设施及相关水暖设备、液压机、焚化装置、浸入式快速热水器、内部通信联络系统、炊具、洗衣设备、起重机及升降机、石油气罐、机械制的门、烤炉、乘客电梯和门、便携式马桶、滑车、抽水机、食架、食橱和可移动食架、散热器、冷却装置及冷冻室、垃圾收集和处理系统、冷藏箱及夜间冷藏箱、健身设施、自动喷淋灭火系统、员工储物柜、储物架、罐和箱、加热炉、接线总机及接电装置、电话装置、绝热材料、手巾架及自动售巾机、变压器、健康设施。

下列投资用途还可以申请投资优惠：篷车、汽车、机器、脚手架、梯子、工具、装备、家具、计算机及其他商用。

（七）英国职业安全与健康指标建设

“将来在和上市公司董事讨论时，我们会考虑使用职业安全与健康指标来考察他们。作为投资方，我们要挑选公司董事来代表我们的利益。过去的经验表明，在这上面犯错误会导致业务的中断，影响经济效益。”

——Insight Investment 投资公司主管史蒂夫·威伍德

在英国，投资机构越来越重视考察企业的职业安全与健康指标，并认为通过它反映出企业在实现商业目标、社会目标以及遵纪守法上的管理能力，把它作为投资决策的重要参考。因此，企业越来越重视自身的社会责任建设，吸引投资。

近年来，英国的雇主责任保险费用也上升得非常快，成为一些高危行业企业的重大负担，而保险公司对企业的保险费率的确定也不尽合理。

基于上述原因，特别是前一个因素，英国职业安全与健康委员会联合了雇主、工会、政府部门及投资机构共同开发了企业职业安全与健康指标，希望职业安全与健康指标成为一个重要的经济杠杆，促使企业越来越重视自身安全与健康建设。

大型企业和小型企业的职业安全与健康指标不同，它们有各自的网址，对社会公开。在英国境内的任何组织机构都可以自愿登记，如实填写。按照各项指标填写完毕后，会得到一个综合得分，综合得分是由结果（如事故率）评估和管理过程结合权衡得出的，可以反映该组织安全与健康的整体水平。

任何人都可以通过网络查到已登记的组织机构的详细职业安全与健康指标。

下面详细介绍大型企业的安全健康指标。

1. 企业安全健康指标（CHaSPI）

CHaSPI（企业安全健康指标）是提供给英国所有拥有 250 名以上员工的大型机构（无论是公共还是私人的）的一项工具。它为工作场所的健康安全提供了报告和制定标准的框架，由英国职业安全健康执行局（HSE）授权 Greenstreet Berman 公司执行。网址为 http：//www. chaspi. info - ex - change. com。

目前，已有 309 家大型企业组织在该网上公开其职业安全与健康指标，部分企业指标见表 2 - 14。

2. 投资者如何使用 CHaSPI

一旦一个企业完成并提交了结果，公众将立刻可以查询到总体的评估分数。投资者可以查看到这个企业的结果，测算其 CHaSPI 的总体分数或者选择一个单项的分数来与其他机构、其他类型的公司进行比较，或与行业平均水平进行比较。这能够帮助投资者：

（1）评估某一具体机构的风险和责任管理。

表2-14　部分大型企业和组织的职业安全与健康指标

机构名称	主要行业类别	得分	伤害率	事故严重等级	职业病缺勤率	是否接受监视	数据报告	日期
ArvinMerit or HVBS	汽车及配件	8.9	√	√	√	否	仅在英国	2006年5月16日
AMEC NNC Limited	建筑及原材料	8.8	√	√	√	否	英国及海外	2006年1月19日
Scottish and Southern Energy PLC	煤气、水及公共服务	8.6	√	√	√	否	仅在英国	2006年4月16日
SMG	媒体	8.5	√	√	√	否	仅在英国	2006年1月13日
Dental Practice Board	保健	8.3	√	√	√	否	仅在英国	2006年1月36日
OXOID Limited	医药品 & 生物工艺	7.9	√	√	√	否	仅在英国	2006年1月12日
Hortech Limited	煤气、水及公共事业	7.8	√	√	√	否	仅在英国	2006年2月3日
IG Doors	建筑及原材料	7.8	√	√	√	否	仅在英国	2006年10月10日
Rolls-Royce PLC	航空 & 国防	7.6	√	√	√	否	英国及海外	2006年10月12日
SDC Builders Limited	建筑及原材料	7.5	√	√	√	否	仅在英国	2006年5月22日
3M United Kingdom PLC	普通工业	7.4	√	√	√	否	英国及海外	2006年5月22日
Northern Rock PLC	银行	7.3	√	√	√	否	英国及海外	2006年4月7日

注：√表示该环节已经完成；×表示该环节还没有完成。

（2）以一家企业为基准比较其他企业安全与健康业绩。

（3）运用 CHaSPI 结果选择董事。

（4）将 CHaSPI 作为社会责任投资的一部分。

3. CHaSPI 是完全自愿和自由的

没有任何签约费用或者任何隐形的成本，就可以从网站上下载赠阅本。整个过程完全在网上操作完成。

4. 如何计算 CHaSPI 结果

CHaSPI 结果是通过设计一系列问题向企业问卷得出的。这些问题从宏观上反映了企业的职业安全与健康业绩。

以下五个方面的问题综合起来将得出 CHaSPI 的总体分数：①安全健康管理等级；②职业健康等级；③伤害等级；④严重事故等级；⑤员工因病缺勤等级。每个部分满分为 10 分。投资者既可以使用总体指标，也可以使用子指标。

5. CHaSPI 为方便投资机构设计

（1）CHaSPI 十分方便，英国的任何机构都能完成它。

（2）使用了 FTSE（英国富时指数）分类法以及其他重要的市场指标（比如 FTSE 100、FTSE 全股）。

（3）在行业、子行业、市场及指标中制定基本标准。

（4）包括供给链中的风险，如承包商的伤害率。

（5）允许集团也允许子公司上报。

（6）允许英国以及海外公司上报。

（7）提供在线支持和服务。

6. 投资者如何获得 CHaSPI 结果

（1）如果你想查看一个机构的业绩，从主页上选择“指标结果”按钮即可。

（2）如果你想获得一套更为动态的结果，可以通过使用一系列搜索标准来实现，比如 FTSE 部门、子部门类别、机构规模或地址。

（3）无须注册。

（八）英国工作场所工伤及职业病损失估算

职业安全健康执行局每年都会根据最新数据从个人、雇主和社会三个方面估算“英国工作场所事故与职业病损失”。作此评估的目的，一方面是让从业人员及雇主对事故及职业病产生的经济代价有量化的认识，以此来激励雇主和工人；另一方面，评估也广泛用于 HSC/E 制定职业安全与健康战略、制定新的工作计划、政策建议，近来还用于职业安全健康执行局工作成效的评估，还成为财政部总结报告及其回答职业安全健康执行局工作人员、其他政府部门、新闻媒体、私营企业、企业主组织、工会、学术机构和公众提供信息依据。

为进行详细计算，职业安全健康执行局需要从不同渠道搜集大量的数据。但是要估算该年度数值，就必须对有些数据进行假设。为填补这一数据空缺，职业安全健康执行局将上一年度的职业安全与健康数据作为临时性更新数据。为填补空缺对一些数据作了假设，并对以前使用过的数据进行了修改以反映价格和收入的变化。

这些临时性的数据给结果带来了一些局限性。首先，估算仅仅是对成本的粗略说明；其次，以前采用的临时性数据导致许多估算结果也成比例地扩大了，这更说明了数据的不确定性。以下是对2004/2005年度的估算。

1. 损失类别

职业安全健康执行局一般给三类相关者估算损失：个人、雇主和社会。图2－3给出了个人、雇主和社会的损失类别，它们一起构成了总的损失。

下面的表对主要损失类别进行了估算。它们被分解成职业病、伤害及非伤害事故。有时，由于数据进行四舍五入使总数与小计数总和不等。

表2－15列出了安全与健康事故导致工人及其家属受到的收入损失。数据不包括国家救济和雇主责任保险赔偿。

表2－16列出了人的痛苦带来的损失。对这些损失的估算有些复杂，读者需要参考职业安全健康执行局出版的《1995/1996年度英国职业场所事故和职业病》。

表2－17列出职业病及伤害治疗的费用。

表2－18列出了非伤害事故中的材料、机器及财产损失的成本。尽管没有人员受伤，但职业安全健康执行局认为：①事故具有致人受伤的可能；②这些事故与造成人员受伤的事故的原因相同，同样是因为管理失效。

因此，结果中会有致人受伤的可能性存在。这种同等看待受

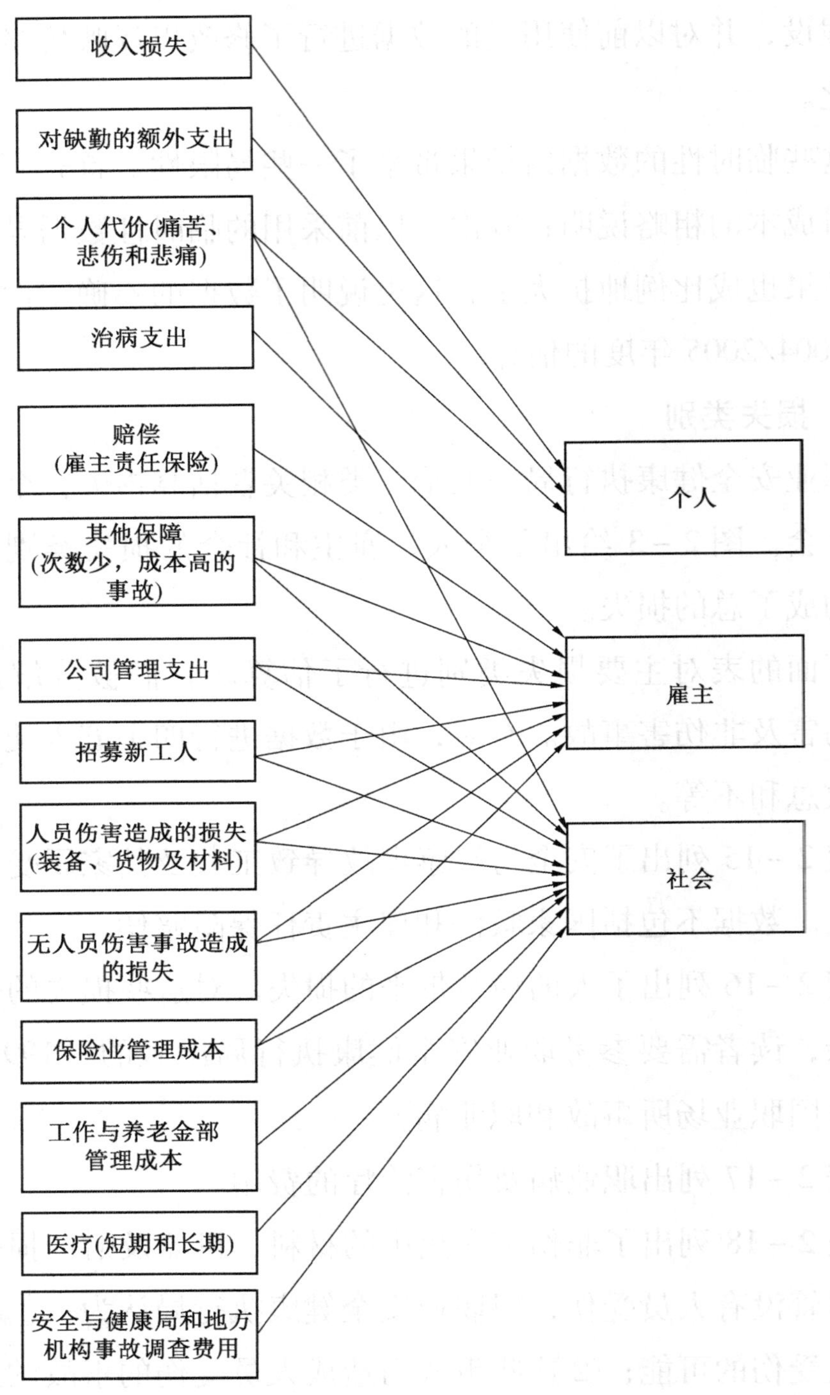

图 2－3　个人、雇主和社会的损失类别

伤与非受伤事故的方法通常称之为“总体损失法”。

表2－19列出了由于职业安全与健康原因导致的产量损失（以受其影响的人的工资来衡量）。此外，产量损失用来衡量社会损失。

表2－20列出了患职业伤害和职业病工人的治疗费用。这部分损失涉及私有和公共医疗机构的利益。

表2－15　工人及其家属收入损失统计　　百万英镑

收入损失	数　值
职业病	2560～4020
伤害	1180～2370

表2－16　痛苦带来的损失　　百万英镑

人的损失	数　值
职业病	3680～5700
伤害	2670～4480

表2－17　职业病及伤害治疗的费用　　百万英镑

治　疗	数　值
职业病	960
伤害	310

表2－18　非伤害事故材料、机器及财产损失　百万英镑

非受伤事故损失	数　值
非受伤事故损失	780～4310

表 2－19　产　量　损　失　　百万英镑

产量损失	数　值
职业病	7010～10240
受伤	2970～5580

表 2－20　患有职业伤害和职业病工人的治疗费用

百万英镑

医　疗	数　值
职业病	230～970
受伤	70～320

2. 总的损失

表 2－21～表 2－24 中估算出的“总计”所使用的数据比“职业病”和“伤害”项所使用的数据统计范围更窄，因此，表中分项结果加起来并不等于总计结果。这种方法缩小了估算结果上下限的差距，而且将小计结果的不确定性保持在一定的水平。

表 2－25 及表 2－26 列出不同行业和职业雇主在职业安全与健康方面付出的损失。

表 2－21　个　人　损　失　　10 亿英镑

个人损失	数　值
职业病	5.9～9.4
伤害	3.3～6.3

表 2－22　雇　主　损　失　　10 亿英镑

雇主损失	数　值
职业病	1.5
伤害	2.1～1.1
非伤害	1.4～5.3

表2-23 社 会 损 失 10亿英镑

社会损失	数 值
职业病	11.3~17.3
伤害	5.9~10.7
非伤害	1.4~5.3

表2-24 经 济 损 失 10亿英镑

经济损失	数 值
职业病	7.6~11.6
伤害	3.2~6.2
非伤害	1.4~5.3

表2-25 各行业雇主的损失 10亿英镑

行 业	SIC	职业病	伤害	非伤害	总计
农业	A，B	无	20~20	30~90	50~110
能源及水供应	C，E	20~60	10~10	10~50	40~120
制造	D	200~300	210~220	270~1000	680~1520
建筑	F	100~180	140~140	420~1570	660~1890
分销及维修	G	90~140	140~150	180~670	410~970
宾馆与饭店	H	20~60	50~50	70~250	140~360
交通与通信	I	90~160	100~110	100~390	300~650
金融与贸易	J，K	140~220	70~70	0~10	210~310
公共管理及国防	L	120~200	60~60	70~280	250~540
教育	M	110~170	50~50	70~260	220~480
健康与社会工作	N	180~260	100~110	110~410	390~790
消费者与休闲	O，P，Q	20~60	60~60	80~300	160~420

表 2－26　不同职业雇主的损失　　10 亿英镑

行　业	职业病	伤害	非伤害	总计
经理及行政管理人员	140～230	70～70	130～480	340～780
专职人员	140～230	40～50	80～300	270～580
专业助理与技术人员	190～290	70～80	110～420	380～790
文书及秘书	110～170	80～80	110～400	300～650
工艺与相关职业	150～230	230～250	310～1180	700～1660
个人防护服务	80～140	140～150	190～730	410～1010
销售人员	50～90	50～60	70～280	180～430
机械设备操作	130～220	170～180	220～830	530～1230
其他（主要为无技能人员）	120～200	140～150	180～670	440～1020

（九）英国职业安全与健康小型企业补贴计划

小型企业补贴计划（简称 SFAS 计划）由英国职业安全健康执行局于 2002 年 8 月建立，2003 年 8 月结束。

小型企业补贴计划的核心理念是帮助小企业建立有效、合适的职业安全与健康管理系统，以及提高企业应对健康安全风险的警觉性和觉悟。计划预期将一半费用用于健康安全顾问直接对小企业进行监控或者培训的花费。健康安全从业者将会帮助小企业制定健康安全策略，进行风险评估以及制定相关的行动计划。

职业安全健康执行局认识到自身资源的有限性，确定的推广途径是商业联络网（Business Link network）以及小企业服务部门（SBS），如图2－4所示。

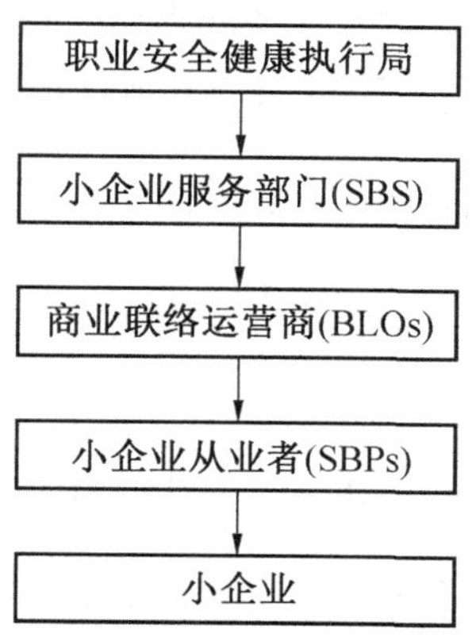

图2－4　SFAS推广途径

商业联络网向小企业提供商业支持，与小企业具有广泛的联系。商业联络网成为援助小企业的基本市场途径。

职业安全健康执行局与小企业服务部门之间签订谅解备忘录（MOU），明确职业安全健康执行局和小企业服务部门之间的责任划分，同时规范商业联络运营商和小企业从业者的行为。

1. 谅解备忘录和相关的规范的重要内容

（1）SFAS计划将被推广到三个商业联络区域：德文和康沃尔、艾塞克斯、西约克。

（2）SFAS计划将集中于商业联络运营商的三类目标客户：创业者、开业不满一年的新企业、员工数量在10人以下的小型企业。

（3）三类不同的客户将得到不同的支持。创业者能够参加提高健康安全意识的研讨会；创立第一年的新企业将得到指导

（在健康安全工作方面起步的建议和实用的帮助）；创立超过一年的小型企业可以选择培训或指导，或两者兼有。

（4）资助费用。受到资助的新企业和小型公司会得到1000英镑的援助，创业者得到250英镑的资助（每次研讨会包括10名创业者）。剩下的费用由自己支付。

（5）SFAS计划的预算为200万英镑，其中10070英镑用于管理和监控。

（6）严密监控和评估SFAS计划的实施。在确定商业联络运营商和小企业服务部门责任后，指定第三方来评估该计划。安全与健康委员会将评估的结果报告给部长，并确定是否应该继续这个计划。

2. 商业联络运营商和小企业从业者相关规范的内容

（1）帮助尽可能多的小企业建立起有效的安全健康管理系统，包括可行的行动计划。

（2）增强小企业处理健康安全风险的意识和觉悟。

（3）通过商业联络网，职业安全健康和其他商业发展相结合。

一年间，有1100家小企业参与了该计划，90%以上的小企业对计划效果非常满意。

3. 评估

在执行完SFAS计划后，职业安全健康执行局对计划进行了全面评估，得出如下结论：

（1）SFAS计划取得了如下成功：①SFAS计划获得了大量的有效信息，如何对小企业的职业安全健康资助进行管理，以及如何对其中的费用和收益进行管理，取得了很大的成功；②SFAS 计划通过商业联络运营商以及安全健康咨询的网络，成功地向小企业推广安全健康监控和培训；③有超过 1100 家小型企业接受了健康安全的监控和培训，参与公司的满意度相当高，超过 90% 给这个总体计划打了高分。

（2）SFAS 计划存在如下不足：①虽然 SFAS 计划加深了参与者对安全健康的理解，但资助能否让企业完全符合安全健康法规仍然不甚明了；②SFAS 计划还说明，如果计划在一个非目标基础上进行操作，吸引更多的是那些职业安全健康状况良好的企业。

SFAS 计划实施的关键是对职业安全健康从业者的选择以及质量控制机制，应该以此来保证提供的资助与计划的目标是一致的。

（十）英国安全顾问挑战基金

2000 年英国健康安全委员会决定通过一系列的措施来加强员工对职业安全与健康管理的参与，并建立了员工安全顾问试点项目。试点项目从 2002 年 2 月开始试点，2003 年 4 月评估结束。于 2003 年 9 月 15 日公布了报告，并在职业安全健康执行局网站上公布。报告显示该试点项目让越来越多的员工参与到企业的职业安全与健康管理工作中来，极大地促进了安全状况。

试点项目使那些善于促进和鼓励员工参与职业安全与健康管

理的人（主要是大企业的工会安全代表）自愿进入小企业，帮助它们创建互助和谐的工作场所。

试点项目派遣了9名员工安全顾问到英格兰的4个地区以及苏格兰和威尔士，在志愿者组织、酒店、工程和建筑行业任职9个月时间。有88家企业自愿参加了试点，绝大部分是小型企业，2/3的企业规模不超过25名员工。健康安全委员会认为这类机构能够从外部帮助中得到最大利益。其中有UNISON、T&G、Amicus和UCATT 4个工会参加项目试点，其他工会也有参与，特别是与零售有着紧密联系的USDAW工会。

员工安全顾问的参与，改善了无工会组织的小企业员工的安全健康状况，特别是明显改善了员工在职业安全与健康方面的内部沟通和咨询。

报告指出，员工安全顾问试点成功地达到了增加员工参与咨询的比率和提高职业安全与健康水平的目标。

（1）75%的企业在安全健康方面做出了改进。

（2）大约70%的员工参与到健康安全的讨论中。

（3）约43%的企业（10%确定）愿意花钱聘请一名员工安全顾问。

2003年10月，英国工作与养老金部正式宣布建立安全顾问挑战基金（WSA），共300万英镑，重点针对建筑、志愿服务以及零售业。英国企业向政府最高可以申请10万英镑的安全顾问挑战基金。基金管理委员会由健康安全委员会指派，负责对申请作出评估，并提交至职业安全委员会评定审批。第一批获奖者的名单已于2004年6月9日公布，自7月起发放拨款。

申请基金的合作组织机构可以包括员工、工会、企业、同业工会、地方政府、志愿者组织、商业部、职业团体以及其他愿意一起努力的机构。

例如，伦敦的一家建筑工程雇主联盟申请了该项目基金，该联盟包括西南部175家建筑小企业。项目通过为该联盟成员建立可持续的工人安全顾问计划，来增强雇主和工人对施工场所职业安全与健康政策和施工操作的理解，并加强雇主与工人之间的沟通。该项目获批资金为9万英镑。

三、加拿大职业安全与健康经济政策

（一）加拿大职业安全与健康概况

加拿大是联邦制国家，实行联邦、省（行政区）和市三级政府制度，全国共划分为10个省和3个行政区，各省（行政区）政府都具有相应的立法权和行政管辖权。加拿大三级政府在职业安全与健康方面的职责和作用各有侧重。联邦政府的职责是负责制定劳动保障、工作条件、职业健康和安全等方面的法规，约占加拿大全部劳动立法的10%；省（行政区）政府则负责制定最低工资、工伤补偿、休假、加班等劳工标准方面的法规，约占全部劳动立法的90%；市政府则侧重对弱势群体提供就业帮助和社会保护援助。

1. 职业安全与健康状况

加拿大的职业安全与健康状况经历了几次波动。从统计数据看，20世纪60—70年代，职业伤亡一直处于上升趋势，成为意外事故高发期，1970年伤亡总数近百万人，到20世纪80年代初期达最高峰，年伤亡总数超过121万人。1983年后出现下降趋势，1983年伤亡总数下降到百万人以下。虽然1984年后有些反弹，但1993年后一直稳定在80万人。伤害率成为近年来关注的焦点。2001年工伤死亡人数超过900人，意味着每个工作日有4人死亡，10万人死亡率6.1%。每年有近375000起工伤事故。其中，年轻人在工作中受伤害比例最高，损失工时的事故发生率最高。2001年，近28%的事故赔偿发生在15～29岁的年轻工人中，损失工时伤害男性是女性的两倍。如果将直接与间接损失加在一起，全年职业伤害赔偿经济损失达 98 亿美元，占 GDP 的 1.4%。1982—2005 年加拿大工伤事故起数见表 3－1，1993—2005 年度死亡人数见表 3－2。

表 3－1　1982—2005 年加拿大工伤事故起数

年份	1982	1983	1984	1985	1986	1987	1988	1989
起数	479558	471929	510317	555991	586718	602531	617997	620979
年份	1990	1991	1992	1993	1994	1995	1996	1997
起数	593952	520706	456326	424848	430756	410464	377885	379851
年份	1998	1999	2000	2001	2002	2003	2004	2005
起数	375360	379450	392502	373216	359174	348715	340502	337930

数据来源：加拿大工人赔偿委员会。

表 3－2　1993—2005 年度死亡人数

年份	1993	1994	1995	1996	1997	1998	1999
人数	758	725	748	703	833	798	835
年份	2000	2001	2002	2003	2004	2005	
人数	882	919	934	963	928	1097	

数据来源：加拿大工人赔偿委员会。

2. 职业安全与健康管理机构

加拿大联邦政府主要负责所管辖行业内的职业安全与健康，管理机构为人力资源开发部下的劳工局和卫生部，主要职责是制定职业安全与健康方面的法律法规。各省及行政区都设有地方劳工局，主要负责本省及行政区职业安全与健康、工伤赔偿、救护及医疗服务。

从加拿大各省及行政区的职业安全与健康状况来看，地区差异较明显，工业较集中省比其他农、牧、林和渔业较发达省的工伤事故发生率高，意外事故的不断发生已引起政府及企业对安全生产监督管理工作的重视。

各种行业安全与健康协会并存。其中工业事故预防协会（IAPA）是加拿大最大的安全与健康组织，成立于1917年，成员单位约47000家，工人已超过1500万，在预防工作场所伤害和疾病、改善安全与健康状况方面起着重要作用。

3. 职业安全与健康法律体系

加拿大职业安全与健康法律体系有其各自适用范围，联邦管辖内的行业适用于联邦职业安全与健康法规，各省及行政区都制定了各自的职业安全与健康法规，某些行业也制定具有本行业特点的职业安全与健康规程。

在企业内推行职业安全与健康责任管理体系，有效降低了意外事故的发生率，起到了预防的作用。

在全国实行工作场所监控预警（即建设危险物质信息系统），主要包括警戒标志、安全物质清单和工人培训项目。警戒标志、安全物质清单统一由加拿大卫生部管理。

加拿大在职业安全与健康方面有一部总体法即《加拿大劳动法》，该法的第二部分专门对职业安全与健康作了规定，构成了职业安全与健康法的框架，并规定了雇主和雇员职业安全与健康的责任和义务。配合该法制定的《加拿大职业安全与健康规程》主要对工作场地安全与健康作了一些详细具体的规定。例如：《加拿大劳动法》对雇主保持场地通风、照明、温度、湿度、噪声及振动做出了规定，但并没有做过多的指导，而《加拿大职业安全与健康规程》中照明部分对不同的工作场地的照明等级作了详细说明。

《加拿大劳动法》第二部分和第三部分中，明确规定了有关职业安全与健康的相关法律。法规制定由人力资源开发部报请国会批准。

对职业安全与健康相关法规的修改补充，通过国会批准，由加拿大劳动法规管理协会负责进行大规模调研，并于每年9月提交法规修改议题报告。

加拿大联邦政府和各省及行政区非常重视职业安全与健康立法工作。在《加拿大劳动法》第二部分、第三部分中，分别就职业安全与健康和工作场所劳动标准进行了规定。依据《加拿大劳动法》第二部分制定了《加拿大职业安全与健康规程》。各省及行政区在职业安全与健康法规中，根据其管辖范围和实际情况，在职业安全与健康方面形成了一套自己的立法，各省及行政区的法律均有不同之处，具有较大的独立性。

1）《加拿大劳动法》第二部分

《加拿大劳动法》规定了工人三项基本权利：工人对工作场所的安全与健康状况的危害性有被告知的权利；工人有以安全与健康委员会成员或代表身份参与预防职业事故伤害的权利；工人有权拒绝在危险环境下工作，以及在合法拒绝后不被解雇或处分的权利（即知情权、参与权和拒绝权）。另外，还规定了求偿权。求偿权的设置主要是为防止雇员滥用拒绝权以及防止雇主任意处罚雇员，但安全与健康官员认为危险已经消除后才能行使求偿权。

此外，《加拿大劳动法》还规定了内部争议解决程序。《加拿大劳动法》为解决工地安全问题建立了调查程序，程序可以及时高效地解决安全与健康问题，并强化机构内部责任机制。

《加拿大劳动法》于1985年制定，其第二部分第122条至160条对职业安全与健康进行了详细规定。主要内容包括法规内名词解释、目的、应用范围、雇主责任、雇员责任、雇佣安全、怀孕和养育期雇员保障、安全与健康委员会职能、工作场所安全委员会规程、安全和健康代表、煤矿安全委员会、安全与健康官员、安全常规、特殊安全措施、投诉、犯罪和惩罚、信息发布、加拿大工业关系局的权力及相应规章。

加拿大政府对职业安全与健康十分重视，规定根据需要，可由下议院推荐，通过国会审议，便可对《加拿大劳动法》第二部分有关职业安全与健康法规进行修订。1987年、1989年、1993年、1994年、1999年、2000年和2003年都对职业安全与健康法规进行了多次修改及补充。2000年的修改内容主要是加大职业安全与健康代表的执法力度；具有300名以上雇员的工作场所，必须制定职业安全与健康规程，定期开展职业安全与健康文化活动；雇主必须确保管理者和监察人员接受职业安全与健康培训；政府部门减少对企业的干预，加大政府部门的监督力度等。

《加拿大劳动法》规定各单位必须建立职业安全与健康组

织，20 人及以上雇员的工作场地必须建立场地安全与健康委员会，至少有一半委员会成员是不负有管理职能的雇员；拥有 300 人以上雇员的雇主，必须成立政策安全与健康委员会。委员会从全面处理问题着眼对安全与健康制定更为战略化的方案；工作场地雇员 20 人以下的，可以不建立委员会，但必须有安全与健康代表。雇员代表是不具有管理职能的工地雇员。如果雇员由工会挑选，一般是工会向非工会成员的工地雇员征求意见后任命。

职业安全与健康代表可以要求雇主提供有关场地现存的和潜在的安全与健康危害信息，并可以获得所有有关雇员职业安全与健康危害的政府和雇主报告、研究和检测。当然，没有得到个人允许，不得获得个人病历。

有关职业安全与健康的联邦法规还有：航空职业安全与健康法规、煤矿职业安全与健康法规、煤矿安全委员会规章、列车职业安全与健康法规、石油天然气职业安全与健康法规、铁路运输职业安全与健康法规、职业安全与健康委员会和代表规章等。

2）加拿大职业安全与健康规程

依据《加拿大劳动法》第二部分有关职业安全与健康法规规定，制定了《加拿大职业安全与健康规程》，该规程共分 19 章，分别就名词解释、固定建筑物、临时建筑物、提升设备、锅炉和压力容器、照明设备、噪声水平、电气安全、健康设施、危险物、狭窄空间、材料设备及安全服装、工具及机械、原料处理、危险情况调查记录和报告、急救、工作场所职业安全、水下作业及危害预防等作了详细规定。

3）省及行政区级法规

加拿大各省及行政区级职业安全健康法各有其独立性。

如安大略省《职业安全健康法》（1990 年修订）共 70 条，除第 1 条（释义）外分为 10 章，主要条款包括：适用范围，行政管理，雇主和其他人员的责任，对毒性物质的使用、存放规定；在可能危及健康或安全时拒绝或停止工作的权利，禁止雇主报复的规定，签发通知书，强制执行，违法与处罚，规章。

4）行业法规

在加拿大联邦宪法之下，加拿大各行业都设有行业协会，根据各自行业特点进行管理，各行业都拥有自己的职业安全与健康法规。

（1）加拿大煤矿安全法规。加拿大煤矿安全法规有《加拿大煤矿职业安全与健康法规》《加拿大煤矿安全委员会法规》。

（2）省级煤矿安全法规。加拿大煤矿安全法规由各省制定。如哥伦比亚省在煤炭方面的法律主要有：《1989 年矿山法》《矿产保有法》《矿业权法》《1990 年矿山健康、安全与复垦法》《1990 年矿山开发评估法》《环境评估法》《煤炭法》及其实施条例。

阿尔伯塔省的煤炭安全法规主要有：《矿山与矿产法》《勘探法》《煤炭保护法》及其实施条例、《能源资源保护法》及两个配套细则、《煤矿安全法》及其实施条例、《职业健康与安全法》及 10 个配套条例等。

（3）化学品安全管理规程。1988 年 10 月 31 日实施的《工作场所有害物质信息系统》法令，包括三个要素：危险化学品安全标签；危险物质安全信息单；劳工安全与健康教育和培训。

（二）加拿大工人赔偿保险

1. 工人赔偿保险

加拿大工人赔偿委员会是完全由雇主资助的机构，负责管理劳工赔偿、向雇主征收资金及向工伤人员偿付赔偿金。一些工人赔偿委员会也负责管理其他的法案，比如《职业健康安全法》和《犯罪赔偿法》。加拿大工人赔偿的收入来源于《工人赔偿法》强制保险所覆盖的行业或通过申请延伸覆盖的行业的雇主每年征收的保险。保险费率是按月、季、年或者是三者相结合的方式支付的。

在加拿大主要有两种工人赔偿保险覆盖评估方案，即独立责任险、集体或互助责任险。

独立责任险一般是指自我保险方案，该方案在加拿大境内普及范围很小。采用自我保险方案的雇主自己承担在经营过程中工人工伤所产生的实际费用，以及处理事故索赔的费用。因此，这类公司每年付给工人赔偿委员会的保险金就反映出该公司本年度工伤赔偿的数额及委员会处理这些事故索赔的费用。这种保险方案仅限于一些政府或公共机构、国有企业及大型省际公共交通运输组织（船运、航空和铁路）。

加拿大工人赔偿制度并没有采用纯粹的集体责任险模式。赔偿委员对广大雇主采用的集体责任险方案具有多样性。集体责任险在不给每个雇主带来不当负担的情况下，确保付给工伤人员足够的赔偿。按照行业危险程度大小对雇主进行分类，风险大的行业要比风险相对小的行业收取的费用要高些。影响各省保险费率设定的因素有：最近各类行业的工伤和损失状况，赔偿委员会目前的财务实力，以及其他因素（如当前的经济环境和法院的判决政策等）。鉴于各省的经济和劳动条件具有多样性，该委员会有自己独特的一套计算资金的方式，可以计算出向雇主收取适当数额保证方案实施的资金。总之，每年的估价必须能涵盖本年度所有目前和将来事故赔偿的费用，安全与预防方案全部或部分的费用，所有与处理事故有关的费用，以及上一年度空缺的费用等。

各工人赔偿委员会还为许多非独立责任险雇主制定了经验费率计划。为了使工人赔偿委员会设定合适的保险，经验费率把工人赔偿的很大一部分责任从行业整体转移到发生工伤费用的个别雇主。采用经验费率计划的地方，雇主的保险就不太一样，或高或低于标准估价。大多数经验费率方案通过比较单个雇主申报的实际赔偿费用与本行业平均保险，从而调整该雇主要交纳的保险数额。有一些工人赔偿委员会将单个雇主的费用与委员会为该公司制定的保险进行比较，从而对保险进行调整。

除了那些独立责任险的雇主外，其他的雇主主要分为两类：一种是受《劳工赔偿法》管辖的雇主，他们有责任向工人赔偿委员会交纳保险负担工伤事故的费用；另一种是不受该法管辖的雇主，没有义务交纳保险。前者往往是具有强制性的；后者则属于自愿的，或者是有选择性的交纳费用。2003 年列在赔偿范围内的工人所占各省工人总数的百分比，最低是马尼托巴省的

67.4%，最高为西北区和努勒维特区的99.4%。

1）独立责任险雇主

加拿大有一部分雇主采用独立责任险方式担负工伤赔偿费用。威廉·拉尔夫·梅雷迪思——“加拿大劳工赔偿之父”，在为安大略省写的《雇主权责相关立法的报告》中提出，独立责任险方式不如集体责任险实用。然而，还是有相当一部分大雇主继续采用独立责任险方式，而不选择与其他雇主一起分担风险。设定保险时，他们既不划分到某个行业中，也不按薪金比率计算，而是有一套独立的计算方法。独立责任险只是影响了保险的形式。无论采取哪种责任险，在补贴额的高低、裁决和申诉程序方面所有雇主都是一样的。但是，在某些省，比如安大略省，归在独立责任险体系范围内的雇员可以以第三方的名义投诉其他雇主或雇员，而在其他一些省（如马尼托巴省）却是不允许的。

独立责任险雇主负责负担工伤疾病的所有费用及产生的其他相关费用。这些雇主除了交纳保险外，还要偿还给赔偿委员会为处理工伤事故而花的费用，或者在委员会建立一个储蓄账户，由这个账户来支付这笔费用。概括地讲，只有政府部门或机构，省际公共运输（海、陆、空）及其他大型的市属公司才属于独立责任险的范畴。

联邦政府是最大的独立责任险雇主之一。《政府雇员赔偿法》适用于所有联邦雇员，而具体管理则由各省的赔偿委员会来运作。因此，联邦政府雇员的赔偿划入各省劳工赔偿计划的范围内。在三个行政区工作的联邦政府雇员由阿尔伯塔省工人赔偿委员会负责赔偿。所有的赔偿费用，包括处理事故的其他费用都由联邦政府统一按月偿还给各赔偿委员会。

各省的独立责任险雇主各有不同。阿尔伯塔省和萨斯喀彻温省只有单一的独立责任险雇主——加拿大政府，而安大略省却有700多家这样的雇主。

独立责任险雇主举例：

（1）阿尔伯塔省：加拿大政府。

（2）安大略省：加拿大政府、各市政府、航空公司、铁路和海运公司、电话公司等。

（3）魁北克省：加拿大政府、加拿大航空公司、省际和国际海陆运输公司。

2）行业分类与保险费率构成

（1）制定保险费率。各赔偿委员会的保险费率有时候不具有可比性，即使是同一行业间的保险费率各委员会也不太一样。这种差别是由于每种分组中所含行业不同而造成的。员工人数、雇主人数、公司在册人员的多少，以及所付的费用标准、机械化程度、安全设施等都有很大不同。另外，在如何把花费分配和债务赔偿计入费率计算的问题上也有差别。此外，处理事故的费用也是造成保险费率不同的一个因素。

在制定保险费率的时候，把雇主进行分类，这样就能使得工伤费用公平地均摊到那些情况类似的公司身上。如果不采用这种分类体系的话，那么就要采用单一的费率方式，这样就成了百分百的集体责任险模式。这样做的不足：一般来说，低危行业的赔偿费用低，高危行业的赔偿费用高，那么单一费率就会导致低危行业公司补贴高危行业公司；与此同时，降低了高危行业公司改善职业安全与健康状况的积极性。另一方面，如果分类体系过于偏重个别雇主的话，就会使小型公司雇主担负高额保险费率的压力，从而给赔偿委员会的管理工作带来意想不到的困难。另外，每个雇主所通报的费用太少，从统计的可信度角度讲，不能据此来制定费率。因此，现代加拿大工人赔偿的分类和保险费率设定方法的主要特点是，一方面考虑公平与同一性两者间的平衡，另一方面考虑可信度与管理工作的可行性问题。

根据发生事故和危害风险的程度及行业区别（非职业区别），将雇主划分到不同的费率小组中，目的是为了反映出该行业整体的情况。对每一类别或组别来说，保险费率以每 100 美元的薪金为基准来征收，从而使经费能足够担负他们本年度当前和将来会产生的赔偿及一定比率的其他相关费用。保险费率通常根据事故发生频次对每组分类区别对待，相对低风险和少事故的行业，其费率就低些。为了将雇主归类，各组别的范围必须足够大，这样才能在保险费率方面提供足够的风险范围与某种稳定性。

（2）可估计的收益。在决定雇主的投保金额时，有一些可供参考的衡量指标：未来收益预支、奖励、食宿、奖金（包括固定的和不定的）、佣金、董事长的收入等。

3）部分辖区保险费率程序和基本行业分类分析

下面介绍阿尔伯塔省和马尼托巴省的保险费率情况。

（1）阿尔伯塔省。阿尔伯塔省有一个按字母顺序排列的，同时也是按领域划分的费率列表（表 3 -3）。该省的 403 个行业总共分为 9 个领域 112 个费率组和 139 种不同的费率。仅联邦政府采用了自我保险的形式为工人进行赔偿。

表 3－3 阿尔伯塔省领域费率分类

领　域	费率组数	费率种类
农林业	3	3
采矿和石油开拓	8	14
制造、加工和包装业	29	33
建筑与建筑贸易服务业	17	25
运输、交通与公用设施	12	16
批发与零售业	17	17
市政府、教育与健康服务业	10	14
省政府	3	3
商业、个人与职业服务	13	14
总　计	112	139 *

注：＊一些费率会根据安全委员会的征税变化而进行调整。

（2）马尼托巴省。马尼托巴省的行业分类和费率确定体系建立于 1989 年，并在 1991 年和 2001 年进行了修改。根据长期的工伤赔偿经验及行业相似性，该省确定了 9 类费率。加拿大所有的工人赔偿委员会保险费率评估都是固有的经验费率计算方案。一旦确定某类费率均值，某一具体公司的保险费率则在均值的 40% ～120% 间浮动。如果一家公司投保期从当年 10 月 1 日至下年 9 月 30 日一个完整期间，那么其事故赔偿数额就是 E 类雇主的平均值根据薪金多少进行调整（E 类雇主包括所有非独立责任险的雇主），这样就确定了该公司的目标费率。单个公司的目标费率的计算方法如下：

目标费率 = 公司实际发生的赔偿/E 类雇主赔偿的平均值 × E 类雇主的平均费率

该省的网站上总共列出了 220 个次级组群。因为有固定的经验费率计算方案，该省大约有 794 种不同费率值。2004 年各类费率平均值是 E 类平均费率的固定百分比。2004 年 E 类平均费率为 1.70 加元。某类平均费率一旦确定，那么该组内的费率可在该值的 40% ~120% 间上下浮动（表 3 –4、表 3 –5）。

表 3 –4　马尼托巴省费率分类

9 类费率	费率组	9 类费率	费率组
800%	8	40%	25
500%	10	25%	15
300%	17	15%	20
200%	40	N/C（统计）	2
120%	38	总计	222
70%	47		

表 3 –5　2005 年主要保险费率信息　加元

辖　区	最大可估收益*	年度最低保险①	最低保险费率	最高保险费率	平均保险费率**
阿尔伯塔省	62600	100	0. 24	9. 88	1. 83
不列颠哥伦比亚省	61300	0	0. 08	15. 57	1. 87

表3－5（续）　　加元

辖　区	最大可估收益*	年度最低保险①	最低保险费率	最高保险费率	平均保险费率**
马尼托巴省	58260		0.16	31.29	1.70
新宾士域省	50900	50	0.40	10.25	2.19
纽芬兰和拉布拉多省	46275	50	0.53	28.50	3.19
西北地区和努勒维特区	66500	50	0.50	5.04	1.87（有津贴） 2.07（没津贴）
新斯科舍省	43800	0	0.47	10.27	2.65
安大略省	67700	100	0.17	15.25	2.19
爱德华王子省	42300	50～100②	0.26	10.81	2.33
魁北克省	56000	65	0.58	29.92	2.27
萨斯科喀彻温省	55000	50③	0.18	17.90	1.97
育空地区	67000	25	0.72	5.62	1.74

注：* 最大可估收益是指为了估算保险而在计算每个工人的工资额时而采用的最高年度收入值。

** 除魁北克省外的所有平均保险费率；魁北克省的数字是2005年年初制定的费率值。

① 实行强制保险的行业是100美元；非强制保险的行业是150美元。

② 非常驻的雇主。

③ 林业是100美元。

有些行业还选择加入安全协会。因此，这些雇主的保险里还要包括向该协会交纳的费用，协会旨在改进工作场所的安全状况，减少工伤损失。费率受到加入协会影响的行业及各百分比为：农具制造商协会为6.01%（影响行业代码第310－10）；温尼伯湖建筑协会为3.19%（影响第400组的大多数企业）；马尼托巴重型建筑协会 6.22%（影响行业代码第 407 – 02 到 407 – 09,以及 408 – 02 到 408 – 09 的企业）；马尼托巴餐饮服务协会 5.06%（影响行业代码第 701 – 06 的企业）。

表 3 – 6 列出了 1985—2005 年加拿大各省每 100 加元薪酬保险费率。

4）2005 年加拿大经验费率法方案

（1）概述。经验费率法，用于工人赔偿委员会费率的确定，在很大程度上将作为整个行业费率组确定的工人赔偿责任转嫁到实际发生伤害的具体雇主身上。使用经验费率法时，雇主支付的费率在费率组或行业类别的标准费率上下浮动。大多数经验费率确定方案通过比较公司过去发生的赔偿和其所属行业或行业类别的平均费率来修改其费率。某些工人赔偿委员会通过比较公司过去发生的赔偿和其费率来修改自己的费率。

经验费率法的目的是：作为一项激励措施鼓励雇主建立并保持安全和事故预防方案，并帮助工人尽早返回工作岗位来减少受伤工人人数和损失工时。雇主可以通过预防工地事故和伤害，有效追踪索赔进展和让受伤工人康复及再上岗来达到这些目标。经验费率法让公司对自己的伤害损失负不同程度的责任：赔偿费用高于行业平均水平的雇主，付附加费或增加费率；赔偿费用低于行业平均水平的公司，享受折扣或退款或更低的费率。

对雇主费率的调整基于雇主过去发生的赔偿。费率调整分为预期性或回顾性调整。回顾性调整：雇主每年先按行业费率支付，年终时，发生的退款或附加费就会反映出雇主该年度实际发

表 3-6　1985—2005 年加拿大各省每 100 加元薪酬保险费率

行政区域	1985年	1986年	1987年	1988年	1989年	1990年	1991年	1992年	1993年	1994年	1995年	1996年	1997年	1998年	1999年	2000年	2001年	2002年	2003年	2004年	2005年
阿尔伯塔省	1.52	1.59	1.56	1.58	1.75	1.86	1.85	1.89	2.19	2.29	1.89	1.50	1.48	1.34	1.07	1.12	1.31	1.64	1.94	1.98	1.83
不列颠哥伦比亚省	2.77	2.19	1.97	1.79	1.78	1.75	1.83	1.95	2.11	2.16	2.29	2.29	2.22	2.01	1.88	1.73	1.78	1.88	1.94	1.91	1.87
马尼托巴省	1.38	1.67	2.04	2.41	2.25	2.27	2.25	2.15	2.13	2.15	2.22	2.19	2.07	1.86	1.46	1.49	1.52	1.49 1.56	1.62	1.70	1.70
新宾士域省	1.61	1.77	1.87	1.87	1.88	1.94	2.04	2.25	2.19	2.15	1.75	1.63	1.55	1.59	1.67	1.67	1.58	1.86	2.03	2.20	2.19
纽芬兰和拉布拉多省	1.76	1.79	1.94	2.18	2.31	2.51	2.92	2.99	3.25	3.20	3.12	3.07	2.97	2.96	2.97	3.23	3.22	3.50	3.36	3.24	3.19
西北地区和努勒维特区	2.90	2.59	1.97	1.88	2.35	2.47	2.43	2.29	2.54	2.54	2.54	2.33	2.36	1.93	1.20	1.04	1.18	1.28	1.45	1.91	1.87 2.07
新斯科舍省	1.19	1.19	1.23	1.32	1.34	1.47	1.66	1.98	2.28	2.54	2.54	2.51	2.51	2.53	2.56	2.55	2.49	2.50	2.58	2.57	2.65
安大略省	2.31	2.65	2.88	3.02	3.12	3.18	3.20	3.16	2.95	3.01	3.00	3.00	2.85	2.59	2.42	2.29	2.13	2.13	2.19	2.19	2.19
爱德华王子省	1.37	1.32	1.29	1.38	1.57	1.74	1.95	2.00	2.22	2.07	1.98	2.03	2.05	2.12	2.11	2.08	2.29	2.34	2.42	2.39	2.33
魁北克省	1.88	2.05	2.50	2.75	2.75	2.50	2.32	2.50	2.75	2.75	2.60	2.52	2.52	2.47	2.22	2.07	1.90	1.85	1.93	2.15	2.27
萨斯科喀彻温省	1.37	1.37	1.48	1.58	1.58	1.60	1.63	1.66	1.59	1.71	1.86	1.87	1.99	1.69	1.66	1.61	1.57	1.65	1.81	2.05	1.97
育空地区	2.21	2.60	2.02	1.87	1.55	1.62	1.48	1.31	1.24	1.24	1.28	1.30	1.69	1.56	1.26	1.29	1.30	1.28	1.38	1.54	1.74

生的赔偿。预测性调整：基于过去发生的赔偿通过折扣或附加费来调整未来的费率。

加拿大大部分省都是由各自的立法授权赔偿委员会来制定经验费率方案。

经验费率法支持者认为经验费率更加公正地在雇主间分配了伤害损失，是促进事故预防的激励方法，也刺激了对赔偿的管理；反对者则认为经验费率法损害了集体责任原则，鼓励雇主在事故发生后通过瞒报事故来控制损失成本，并将其注意力从事故预防转移到赔偿成本控制上面。

（2）阿尔伯塔经验费率法项目分析。

① 基于业绩定价。1998 年，阿尔伯塔工人赔偿委员会制定了业绩定价法，集体保险达到既让雇主作为整体受到保护，也让各个雇主担负相应的赔偿责任，并使两者达到平衡。该方法的目的是确定一个能够最准确反映雇主事故发生情况的工人赔偿委员会费率。保险费调整建立在雇主过去安全业绩之上，由此建立一个更多由用户付费的定价制度。因为安全业绩差的雇主发生更多的伤害和更高的索赔，理所当然支付更高的保险费。这样就通过经济激励促进了伤害预防和伤残人员的管理。

阿尔伯塔工人赔偿委员会根据可靠信息为不同规模的企业制定出能准确衡量安全业绩的不同定价方案。行业费率保险费低于 15000 加元的雇主，在过去 4 年的前 3 年中，参与小企业雇主经验费率确定计划；行业费率保险额高于 15000 加元的雇主在这期间参与大雇主经验费率确定计划。

② 小企业经验费率确定计划。该计划为强制性计划，设定

了一套专门针对小企业的折扣或附加费方案，对雇主过去的事故损失和建立安全与健康计划付出的努力进行确认。折扣或附加费是基于过去 5 年期间雇主所经历的工时损失索赔。

小雇主根据他们所经历的索赔件数可以获得 5% 的折扣或 5% 的附加费。如果一个雇主在 5 年里没有任何损失工时索赔，会收到 5% 的保险费折扣，获得折扣的条件是雇主必须在这 5 年期间保持这种经营业绩。如果雇主在过去 5 年里有 1 ~4 次损失工时的索赔，那么他按照行业费率支付保险费；如果有 5 次或以上的损失工时索赔，他们就会收到 5% 的额外保险费。附加费体现了小企业安全事故业绩的好与差，增加了他们的责任。

③ 大企业经验费率确定计划。该计划也为强制性计划，对象为大企业雇主，主要特征是根据雇主业绩机动地调整费率。该计划建立在雇主过去赔偿情况和过去 3 年行业平均水平的比较之上，如果低于平均赔偿，雇主可以获得行业保险费率 40% 的折扣；如果高于平均赔偿，雇主可获得高达 40% 的附加费。

折扣或附加费的额度由个体雇主过去发生的赔偿（经验比率）、过去 3 年雇主所在行业的保险额（参与因子）及在经验期内账户所开设年限（合格因子）3 个因子决定，即经验比率 × 参与因子 × 合格因子 = 折扣或附加费。

一是确定经验比率。经验比率是雇主过去发生的事故赔偿与其所在行业费率组确定的平均赔偿相比得出的，即由雇主赔偿与行业平均赔偿之比确定。

在确定经验比率时，赔偿额度有个封顶，以对雇主给予适当的保护。单次赔偿额度（MPCC）限定了雇主单次赔偿支付的数额。MPCC 是 3 年经验期雇主所在行业保险金的 10%，但不超过每年工人赔偿委员会的最高可保收入（2005 年为 62600 加元）。MPCC 强调赔偿的次数，而不是严重性，以保护雇主避免因偶然事故产生的单次昂贵的赔偿而导致保险费率的变化。

此外，单次事件赔偿额度（MPIC）限制了少数案件产生的影响，在这些案件中，单次事件可能造成雇主的多件赔偿（如交通事故中有数名乘客）。MPIC 上限为最高可保收入数额的两倍（2005 年为 125200 加元），以保护雇主不受偶发事件造成多次索赔的影响。雇主有责任辨别 MPIC 索赔，并通知工人赔偿委员会。

二是确定参与因子。雇主参与确定经验费率的程度由雇主的经营规模而定。对雇主的折扣和附加费也受参与因子限制。那些 3 年经验期确定的行业保险额为 15000 加元的雇主可以获得 5% 的折扣或附加费，而那些保险额高于 200000 加元的雇主可以获得高达 40% 的折扣。

在 3 年经验期中每 4000 加元的行业保险费，增加 1% 参与因子，最高可达 50%（合格雇主的最低参与因子为 6. 25%）。参与因子保护了雇主保险费率变化过大，也确保费率调整建立在可靠的统计信息之上。

三是确定合格因子。合格因子指的是雇主在 3 年经验期里账户开设的年限。由于 1 ~ 2 年时间一般不能提供足够信息对费率进行调整，那么低于 3 年经验期的雇主只部分适合经验费率调整。经验期与合格因子的对应关系见表 3 – 7。

表3－7　经验期与合格因子的对应关系

经验年数	合格因子
1	1/3
2	2/3
3	1

四是向安全业绩恶劣的大企业雇主收取附加费。对于事故发生严重的大雇主，会收取附加费。附加费会促使雇主及时采取行动来改善安全与健康状况，提高对赔偿的管理。工人赔偿委员会提前告知雇主收取的附加费，并向他们提供赔偿管理咨询服务。

在经验费率确定计划中，如果雇主连续2～3年收取最高附加费（根据企业规模），并且在至少两个经验期内还有4起或以上的索赔，会对其恶劣安全业绩收取最高40%的附加费，见表3－8。

表3－8　附　加　费

连续收取最高附加费的年数	安全业绩恶劣收取的最高附加费
1	0
2	可达10%
3	可达20%
4	可达30%
5	可达40%

五是减少工伤合作联盟。减少工伤合作联盟（PIR）的目的是为了鼓励工伤预防和促进对工作场所健康、安全和工伤预防的有效管理。PIR 是一些组织团体自愿参与会同阿尔伯塔赔偿委员会共同努力减少工伤——阿尔伯塔政府、阿尔伯塔人力资源和就业部、行业合作者、安全协会、雇主和劳工团体。PRI 也是阿尔伯塔人力资源和就业部发起的“伙伴关系”活动的组成部分。PRI 认为当雇主和工人建立起有效的安全与健康预防方案时，因工伤和疾病导致人力和经济成本就会降低。

通过参加 PRI 和制定有效的工地安全与健康措施，雇主可以通过以下方式获得高达 20% 的保险费折扣：①获得或保持“认可证书”（COR）；②提高安全业绩；③持行业安全领先。

工人赔偿委员会根据以上 3 种成绩中的最高得分，做出最高达 20% 的保险费折扣。然而，雇主在获得任何折扣前必须获得“认可证书”。

（1）认可证书。如果雇主在公司注册当年年底就获得“认可证书”，他们就有资格获得 5% 的折扣，除非通过提高安全业绩或保持行业安全领先措施获得更高的折扣。

（2）提高安全业绩。其措施是将雇主当前发生的事故与过去发生的相比较，所要衡量的年份发生的赔偿与前一年发生的赔偿相比较来衡量雇主在工伤预防和赔偿管理方面是否成功。雇主每提高 1% 就会获得 1% 的折扣，最高可达 20%，见表 3－9。

表3－9　安全业绩折扣

赔偿业绩比上一年的改进	PRI 保险费折扣（包括 COR 折扣）
2%	5%（如果在注册当年获得 COR）
10%	10%
20% 或更好	20%

（3）保持行业安全领先。将雇主过去发生的赔偿与所在行业费率组确定的平均赔偿同期比较来衡量。要获得 20% 的折扣，雇主必须获得“认可证书”，并且连续两年比行业平均水平好 50% 以上，见表 3－10。

表3－10　行业领先的折扣

连续两年比行业平均赔偿改善的幅度	PRI 保险折扣（包括 COR 折扣）
50% 或更好	10.0%
65% 或更好	12.5%
80% 或更好	15.0%
90% 或更好	20.0%

注：雇主会获得这 3 项折扣中最高的折扣，最高达 20%。

5）定价措施

阿尔伯塔工人赔偿委员会的工作主要致力于选择性地定价以强化雇主对工地事故的责任，以更准确地定价，并为减少伤亡而制定强有力的措施。灵活定价或定制定价都是达到这些目标的具体措施。

图 3－1 列出了某公司 2006 年的保险费率构成。

2006 年保险费率	每 100 加元可估薪金的费率为 3.71 加元
A 部分：费率组成	
行业基本费率：	4.02 加元
经验费率增/减	0.40 加元
恶劣安全业绩的额外保险	待定
税费——新斯科舍省建筑安全协会	0.09 加元
2006 年总费率：	3.71 加元
注：公司的工伤及相关花费决定其经验费率调整。可以通过减少工伤，以及帮助工伤员工及时安全地返回工作岗位来控制经验费率，该公司 2006 年的费率最低为 2.89 加元，最高为 6.60 加元。	
B 部分：标推行业领域划分与分类	C 部分：损失和薪金
工人赔偿委员会将雇主按行业分类，根据其经营活动及风险确定其行业内的分组	可估薪金：
	2004 年　940529 加元
公司的标准行业代码：	2003 年　510907 加元
4299　其他贸易工作不再另分类	2002 年　689862 加元
	总计　2141298 加元
2006 年公司组别：	
4290　混合维修	2002—2004 年新发生工伤事故:271545 加元
D 部分：经验费率详细情况	
2006 年的经验费率是按 2002—2004 年的事故损失和薪金的统计数据来计算的。这 3 年的数据是确定的，那么在加权之后就会影响费率值。	
影响经验费率调整的是“损失比率”，即通过加权算出的事故损失与所有员工薪金的比值，该比值越低，保险费率就越低。	
损失比率：比本行业组费用比率低 33.61%	
比率增/减：增 10.09%，则经验费率调整为 -0.40 加元	

图 3-1　威廉皮特承包有限公司 2006 年保险费率

2.《政府雇员赔偿法》介绍

工人赔偿（在联邦公共服务中又称雇员赔偿）是为联邦公职人员设立的首批额外职业福利之一。1918 年加拿大通过了《公务员法》，该法主要的进步是政府职员享有与私人企业雇员同等的待遇。

省雇员赔偿委员会代表加拿大政府治疗受伤职工，判决并支付赔偿。加拿大人力资源和社会发展部对各省提供的服务给予补偿。

加拿大人力资源和社会发展部受理并处理联邦各部门和机构雇员的索赔申请。索赔申请会被送到适当的省级机构，但人力资源和社会发展部会一直关注赔给每位原告的赔偿待遇，直到案件了结。每个索赔都要形成文件并和其他记录一起保存，以便会计和统计之用。雇员、工会及雇主会被提供有关法律解释和应用的咨询服务。

由于每起工人赔偿的索赔都是个案，所以应该及时处理并充分考虑涉及的人员。每一次索赔都是独立的，因此必须注意每一个细节，并尽可能地准确。这只有当事故报告、其他表格或材料都仔细完成并及时上交时才能做到。

1）获得赔偿的资格

加拿大公务人员（包括国家企业和机构的雇员），在工作过程中发生工伤事故或职业病时有资格享受《政府雇员赔偿法》规定的待遇，因工伤或者疾病而亡的雇员的家属也有权获得这些待遇。每一个雇员应该持有《如果发生了事故》的小册子，它包括很多相关的有价值的信息，可以通过与加拿大人力资源和社会发展部的地区工伤赔偿处的工作人员联系而获得。

2）加拿大育空和西北地区的雇员

在育空地区、努勒维特区或者是西北地区工作的职员受阿尔伯塔省的管辖，他们要求赔偿的申诉由阿尔伯塔省的雇员赔偿委员会处理。

3）驻外雇员

在加拿大任命，但是被派驻国外，这些雇员的赔偿申请由安大略省工地安全和保险委员会（Workplace Safety and Insurance Board（WSIB）of Ontario）处理。

4）海外雇员

在其他国家工作的雇员针对雇员赔偿的情况不同分为两组：一是雇员及其家属，如果所在国有雇员赔偿法，他们就有权享受相关待遇，因为雇佣部门已经向该国的工人赔偿基金交了款。二是根据地方（国家）法律，无权享受雇员赔偿的雇员及其家属要参考《雇主责任》《加拿大境外当地雇用人员》的规定。

5）出差雇员

一般说来，无论雇员何时在加拿大或者国外因公出差，只要他们在工作期间受伤，他们都受《政府雇员赔偿法》保护，但不包括因私在外的雇员。赔偿申请由雇员受雇所在的省处理。

6）异地死亡

如果雇员在异地而不是他通常的工作地点因公受伤或者患疾而亡，善后费用超过了应支付的赔款数额，那么财政委员会可以批准给予额外补助。这些额外费用是用来处理和运送尸体的。雇主应该把所有索赔细节在事故发生后尽快报给相应的加拿大人力资源和社会发展部的地区伤亡赔偿处。

7）空难赔偿规则

如果在非计划飞行中伤亡，那么雇员或者他的家属可以根据《政府雇员赔偿法》或者根据《空难赔偿规程》提出索赔。依法提出的索赔申请应该转交给最近的加拿大养老金委员会办公室，并通报给相应的加拿大人力资源和社会发展部的地区伤亡赔偿处。

8）选择医生的权利

受伤的人有权选择医生为其治疗，但是一旦做出决定就不许更改。应从省级雇员赔偿机构获得书面许可后才可更换医生，但魁北克省没有这样的限制。

9）待遇

医疗的性质和范围，医院住宿类型，因残疾造成收入损失而需赔款的数额，以及已故雇员的家属获得的待遇等级与所在省的《省雇员赔偿法案》规定一样。比如，在安大略省工作的联邦雇员工作时受伤有权获得该省提供的待遇。

10）职业病

在每一个省，雇员患上职业病后可得到赔偿。此外，按《政府雇员赔偿法》第8条制定的规章为公职雇员覆盖了更广泛的赔偿范围。根据这些法规，除省级法规规定的职业病以外，雇员在雇佣过程中由于某一特定的程序、交易或职业特性和工作性质而感染的疾病都可以得到赔偿。另外，规定为那些在海外工作的雇员（非当地的雇员）因所在国的环境条件而患的疾病提供优待。

11）驳回索赔

（1）没有明确显示残疾是由于事故或者职业病造成的。

（2）报告的工伤或者职业病并非因工作和在工作中造成的。

（3）描述了事故，但残疾并不是由此导致的。

（4）报告的工伤没有医疗证据。

加拿大人力资源和社会发展部或者省雇员赔偿委员会会告知雇主结果。赔偿资格问题只能由雇员赔偿机构决定。人力资源和社会发展部官员不拥有判决权，而是将除急救事件外所有的工伤和职业病汇报给相应的加拿大人力资源和社会发展部的地区伤亡赔偿处。

12）康复服务

联邦政府雇员有资格获得省法案提供的康复服务，包括医疗，有些省还包括职业康复。如果雇员因伤造成了终身残疾而不能继续从事先前的职业，可提供再培训服务从事其他工作。如果他们愿意从事其他工作而又切实可行，就可以专门进行学术和商业的培训。

有时，雇员由于事故受伤不能再承担一般性职责。如果残疾是暂时的，那么就要尽全力让他恢复，在他们能够承担受伤前的工作之前，分配给其能够承受的任务。如果雇员终生不能再有能力承担原来的义务，那么应该用各种方法分配他做现有能力范围之内的工作。

13）重审和投诉

所有法规都允许对不公平的判决给予重审的机会。雇员、雇主或者他们的代表可以把投诉提交给相关的省机构要求重审。如果投诉证据（通常是医学证明）足够新并且有补充的证据才准许重审。

14）信息获取

雇主应当与相应的加拿大人力资源和社会发展部的地区伤亡赔偿处联系，获取有关雇员赔偿机构判定的致残或无行为能力持续时间及赔偿补贴的信息。

15）雇主责任

因工伤和职业病获得雇员赔偿是雇员的权利，不是特权，保证此项权利受到保护正是雇主和加拿大人力资源和社会发展部的职责。

为了让加拿大人力资源和社会发展部有效地完成工作，雇主必须在 3 天之内把所有的工伤护理或者损失工时报告给他们。加拿大人力资源和社会发展部会决定雇主是否受《政府雇员赔偿法》覆盖，是否获得了必要的雇员状况信息。加拿大人力资源和社会发展部会立刻核实投诉申请的准确性和完整性，然后将申诉请求提交给相关的省雇员赔偿机构。赔偿机构再决定雇员失去工作能力是否是工伤或者职业病导致，并决定提供的待遇。

16）及时看护

受伤的雇员应该得到及时看护，为了减少伤势的严重性，首先是进行急救或者是治疗，如果有必要送雇员到医护中心，雇主就必须提供车辆。

17）报告伤情

每个雇主都有责任建立并宣传部门规章和指令中有关职业病和工伤的通知程序，受伤雇员也有责任尽快把受伤情况汇报给上级。

如果雇员因为工伤不得不在工作时间之外接受医疗，自己应该在回到工作岗位之前立即通知其雇主，如果不能回去就通过其他的方法告诉雇主。

事故发生后的3天之内，每一个雇主都必须建立程序和监控系统，用来确保把所有因工伤或者职业病需要获得特别护理（急救除外）的雇员都汇报给相应的加拿大人力资源和社会发展部的地区伤亡赔偿处。

对那些受轻伤只需急救无须就医治疗的雇员，雇主要保存好其受伤的日期、类型等准确的相关记录。这些记录要保存在工作场所两年时间。

如果雇主不同意雇员对事故发生所做的详细描述，雇员的描述仍必须写进赔偿表格，但要附带雇主对雇员描述的看法。另外，雇主可以要求省赔偿委员会进行公正的调查。

所有的赔偿表格必须由直接了解事故发生的工头、检查人员，或者其他负责人员签字。签字的赔偿表格原件和随后的雇主报告都由雇主以副本形式提交给加拿大人力资源和社会发展部的地区伤亡赔偿处。

18）统计信息

事故记录就像生产成本、销售量、利润和亏损记录对企业经营一样很重要。为了提高雇员的健康和安全，有必要准确记录下导致工伤和疾病的事故。这会使有关团体、部门或者机构能够识别出需要急时给予关注的问题。因此，赔偿表格应该尽可能的完整、准确地填写。

19）职业分类或者组代码

受财政委员会管辖，《政府雇员赔偿法》适用的部门和机构：必须给出雇员的职业和职业类别或组。职业类别或组的名称在《财政委员会个人支付手册》中可以找到。尽可能地在赔偿表格上填写雇员类别代码的缩写（如 CR－5）。比如，如果一个行政官员受伤了，就应该写出关于雇员职业的如下信息：

（1）职业类别或组：行政服务。

（2）类别编码：AS－02。

（3）职业或工作名称：行政官员。

20）《政府雇员赔偿法》适用但不受财政委员会管辖的部门和机构（如国有公司等）

应该在事故报告的工作描述栏里填写雇员的职业名称。职业名称应该反映出雇员的主要职责，而且应该遵照 1980 年加拿大统计局制定的《职业分类指南》的职位分类标准。

比如，如果一名统计员受伤了，有关这个雇员的职位应包括如下几个部分：

（1）工作描述或者职业名称：统计员

（2）其他详细资料：雇员的年龄、从事当前工作的开始时间和雇员的薪水或工资水平（有些情况下，受伤人员并非在受伤那天致残）。这些详细资料应该写入事故报告中。

雇主必须保证在所有的赔偿表格上详尽填写事故的相关信息和受伤的性质。比如，只简要地说明雇员受伤了或者遭受痛苦是不够的，应该陈述清楚伤害是否是擦伤，还是瘀伤、破口、扭伤等；还要写明身体的具体哪一个部位受伤了，受伤的原因是什么。

21）加拿大境外的本地雇员

前面已经提到，属于“海外雇员”的加拿大境外的本地雇员可以通过所在国的赔偿法得到雇员赔偿，如果得不到的话，可以通过《政府雇员赔偿法》获得赔偿。在第一种情况下，雇佣部门要根据要求把事故报告给所在国当局。但是第二种情况下，通常使用安大略省工人赔偿委员会表格报送至加拿大人力资源和社会发展部职业安全、健康和工伤赔偿处。

医疗报告、证人陈述（如果有的话）和所有其他相关的文件，如医疗账单等都需随事故报告一起立即提交。对受伤人员是否依法获得待遇进行审核并通知雇主。

雇员可以将收据交至职业安全、健康和工伤处报销医疗费。

雇主应该在赔偿表格中写明雇员能否因工伤损失工时而得到赔偿。

22）二次残疾

雇员也许在回到工作中再度残疾而不能工作。这种情况应该通过说明函或者赔偿表格报告给相应的加拿大人力资源和社会发展部的地区伤亡赔偿处。如果可能，应当在材料中引用初次赔款或文件的编号，然后将索赔申请提交给相应的省级部门。在雇员再度返回工作时，必须提交一份《雇主事后声明》。

23）如果继续支付薪水

在填完有关离岗赔偿表格之后，必须特别注意关于赔偿金额栏目的填写，这些栏目是关于雇员在伤残期间已经支付给或将要支付的金额。如果雇佣部门或机构希望以职务工伤的形式给予薪水,则必须声明清楚“在伤残期间支付薪水”或“如果赔偿委员会接受赔偿申请,则会支付薪水”。雇员返回工作时填写的《雇主事后声明》也应当声明清楚支付的金额和雇员领取薪水的时间。

24）职务工伤离职

根据职业法规或者集体协议，如果相应的工人赔偿机构批准了赔偿申请，公职人员工伤离职后有权享受职务待遇。如果省级机构没有直接通知雇主赔偿机构对每一项申诉的决定，将由加拿大人力资源和社会发展部通知。但只有当事故及时被上报时，才能提供这项服务。在许多案例中，由于事故没有及时上报，受伤雇员中断了领取薪水。

如果决定停止给一名仍然伤残的雇员支付职务工伤薪水时，该雇主应当立即向相应的加拿大人力资源和社会发展部的地区工伤赔偿处汇报。赔偿处应立即为该雇员安排可申请到的雇员赔偿福利，直到赔偿申请被完全解决。

25）事故调查报告

在工作场地发生工伤，至少需要两种截然不同且相互独立的程序和报告。由于两份报告存在一些重合之处，所以会有一些混乱。一份报告用于赔偿，因此将重点放在伤害上，这份报告被称为赔偿表格；另一份报告要详细叙述事故的原因，并提出使得工作场所更加安全的整改建议，这份报告是“事故调查报告”。由于两份报告目的不同，雇主必须注意，在完成事故调查报告时所采用的方法是完全不同的。

加拿大人力资源和社会发展部会提供有关这方面的主题。财政委员会在调查程序手册中对事故调查报告的要求有概述。

26）工作地点

一般来说，由雇员工作地的省级机构对赔偿申请进行裁决。对于《政府雇员赔偿法》来说，这里的省是指雇员已经被指派的工作地所在省或者是雇员正在工作的地点所在的省。例如，一名在渥太华被招募的雇员被安排在阿尔伯塔工作，一般认为他是在阿尔伯塔被雇佣的；然而，如果一个人平时在渥太华工作，但临时被派往阿尔伯塔完成一项任务，一般来说仍然认为他是被安大略省雇佣的。同时，工作地也不总是居住地。例如，对于一个居住在魁北克省的盖提纽市却在安大略省渥太华工作的人来说，他的雇佣省份仍是安大略省。

27）第三方起诉

（1）雇员有行动选择权。本法案中的赔偿法原则是，工人赔偿代替了受伤工人对其雇主采取普通法律行为。如果一名雇员所受的伤害是由第三方造成的，即一个既不是雇主也不是在劳动过程中由其雇员或代理商造成的，那么雇员或者他的家属有权依法提起赔偿申请，或者依法对第三方采取行动。

（2）选择的注意事项。在雇员或家属做出行动选择时，他们需要从加拿大人力资源和社会发展部的地区工伤赔偿单位获取并填写一份叫作《依据法案作出申诉选择》的表格。表格解释说，如果雇员或家属选择申请赔偿，他们就被赋予人身伤害第三方索赔不可侵犯的权利。

在这种情况下，第三方损失赔偿完全由加拿大人力资源和社会发展部处理。

当做出赔偿申请选择之后，雇员既不可以承担责任，也不可以接受或同意任何由第三方建议的解决方案。选择必须在事故发生后 3 个月内做出，或者如果发生死亡，在死亡事故发生 3 个月内做出。某些例外情况下，如果提交书面申请并且有正当的理由，可以延期一段时间。

28）雇员采取行动

依照本法案，无论雇员决定申请赔偿还是决定采取针对第三方的行动，他都有权利获得全额赔偿。如果一名雇员依法申诉，结果没有获得他应当获得的数额，可以将通过申诉获得的数额和有资格获得赔偿的数额之间的差额支付给他。

如果案件庭外调解，那么雇员必须在与第三方完全了结赔偿之前，向加拿大人力资源和社会发展部提交方案解决建议并由劳工部长批准是否有资格获得上述差额。然而，如果解决方案是法庭裁决，那么此前不需要获得劳工部长的批准。

29）雇员要求赔偿

在大部分案例中，受伤的雇员会选择赔偿。在有利情况下，加拿大人力资源和社会发展部都会努力通过各种方式与第三方直接达成解决方案。在更严重和复杂的情况下，会通过司法部的法庭实现索赔行为。如果从第三方获得和收到的金额超过了雇员或者家属依法应得的金额，那么加拿大人力资源和社会发展部可以将超出部分付给雇员或家属。然而，这笔支付必须从雇员或家属依法从同一案件可能获得的其他后续待遇中扣除。

（三）加拿大职业安全与健康违法处罚规定

1. 雇员投诉程序

（1）向职业安全健康委员会的投诉必须从原告知道受处罚，或职业安全健康委员会认为原告应该已知道自己被处罚之日起不超过90天内开始。

（2）可以以书面形式对该违法行为向职业安全健康委员会投诉。

（3）收到投诉后，职业安全健康委员会首先是对双方进行调解。协调无效，或职业安全健康委员会认为没在合理的期限内解决投诉，则举行审理并对投诉进行判决。

（4）如果当事人指称自己没有违法，则负责提供证据。如果职业安全健康委员会认为雇主违法，职业安全健康委员会下达指令要求雇主停止违法行为，并命令雇主：①允许受违法行为影响的雇员回到他们的工作岗位；②受到违法行为影响的前雇员复职；③向受到违法行为影响的雇员和前雇员支付补偿金，总金额不超过在雇主不违法的情况下支付给雇员或前雇员的报酬总额；④受雇主违法行为影响的雇员，要废除雇主对其进行的纪律处罚并支付补偿金，金额不超过雇主对雇员的经济罚款或其他处罚。

2. 上诉

如果雇主对判决不服，可以进行上诉，自指令发出之日起30天内以书面形式向上诉官进行上诉，上诉官做出的判决是最终的，无论法庭是通过强制令、调卷令、禁止令、责问令还是其他令状进入诉讼程序或提起诉讼，都不允许任何法庭审问、复审、禁止或限制上诉官的命令。上诉官由劳工部长任命，上诉官员具有安全与健康官员职责所具备的所有权力。

上诉官的判决：

（1）上诉官要及时简要地调查清楚裁决或指令下达的情况及原因，对原裁决或指令进行修改、废除或确认，或做出新的判决。

（2）对上诉官向雇主做出的书面裁决和指令，雇主要立即将复件送给工地委员会和安全与健康委员会。

（3）如果上诉官员做出判决令，而该令涉及机器、物品或地点，雇主要及时在机器、物品或地点处或附近张贴该判决令的通知。没有上诉官授权，任何人员不得移除通知。

（4）上诉官员命令不准使用某机器、物品或地点，也不准从事活动时，则不能使用某机器、物品或地点，也不能从事活动，直到遵守判决令为止。

上诉官员会传唤并强制证人出席，对其提供的口述或书写证据进行宣誓，并提供上诉官认为对裁决必要的资料或物证；证人要进行宣誓和庄严承诺；雇员作为起诉当事人出席诉讼，或受上诉官传唤出席诉讼的雇员，在其出席诉讼期间，雇主须支付其正常薪水。

3. 纪律处罚

（1）雇主不得因为雇员有下列情况而解雇、中止、暂时解雇或降职雇员：①根据在诉讼中出庭作证或协助调查违法行为；②依法提供有关工作条件影响雇员安全与健康的信息；③按照本法行事，执行本法条款。

不得对雇员进行经济或其他处罚，或拒绝支付雇员工作期间应得的报酬，或对雇员进行纪律处罚或威胁施以纪律处罚。

（2）若雇主能够证明雇员故意滥用了权利，可以给予雇员纪律处罚。但雇员要求雇主对纪律处罚给予说明，雇主在收到雇员请求后15天内，必须给出说明。

4. 罚款

加拿大安全与健康事故责任分为两类：一类是“绝对责任”，另一类是“严格赔偿责任”。事故调查、对委员会建议做出书面回应和向委员会提供风险或评估报告是属于“绝对责任”违法，其他的违法属于“严格赔偿责任”违法，“严格赔偿责任”可以在法庭上作“适当的注意”辩护。所谓“适当的注意”辩护是指被告必须向法院证明在事故发生前作出适当的努力，避免事故发生。

加拿大对违法者最高罚款额度从以前规定的5000加元增加到现在的10万加元。有害物质犯罪罚款可达100万加元。政府管理者现今对任何违法行为有控告的选择权。

加拿大《劳动法》规定，通过控告经法庭判决，可给予最高不超过100万加元的罚款或两年以内关押，或两者并罚；立即宣判的，可给予10万加元以下罚款。

对导致死亡或重伤事故，经控告判罪，给予不超过100万加元罚款或两年以下的关押，或两者并罚。即刻宣判的，给予100万加元以下的罚款。

如果有人明知其行为可能导致雇员死亡、严重疾病或重伤而故意违法的，经控告判罪，给予不超过100万加元的罚款或不超过2年的关押，或两罪并罚。即刻宣判的，给予100万加元以下的罚款。

5. 处罚对象

加拿大《劳动法》规定：如果某个公司或加拿大公共服务机构违反该法，无论这些机构是否已经受到起诉或判罪，以下个人在违法过程中有指示、授权、同意、默认或参与的视为犯罪当事人犯罪，并给予处罚：①公司的行政长官、董事、代理商或委托人；②公共服务机构高级官员；③在公司或公共服务机构行使管理或监督职能的人。

6. 审理法庭

加拿大《劳动法》规定：如果被告是某省司法或审判法庭辖区内的居民或在其境内经营业务，尽管所起诉或指控的事件不在该辖区境内发生，但由该省司法或审判法庭来审理、审判或判决。

无论是否对违法行为进行了起诉，部长可以向高等法院或联邦法庭审判庭申请禁止当前违法行为的命令。

如果某人违反了本法，在规定时间内没有支付罚款，则起诉人填写的罚款和诉讼费的数额作为判决书，将其归档存进该案件审判的省高等法庭，判决书执行的方式与民事诉讼一样。

加拿大各省都有自己的职业安全健康法，如安大略省有自己的《职业安全健康法》及规程，规定对违反法规的人以及不遵守检查员命令的人、董事及部长进行起诉。在决定是否起诉时，要考虑违法的严重性，是否是累犯，以及是否忽视检查员令。如果被判违反本法，对个人罚款可达2.5万加元及12个月关押。对企业达50万加元。

表3－11为安大略省1993—2005年现场访问总次数。

表3－11　1993—2005年现场访问总次数

项目/总计	1993—1994年	1994—1995年	1995—1996年	1996—1997年	1997—1998年	1998—1999年
建筑	20799	19473	18761	23347	25193	21028
工业公司	22522	20582	18287	27241	30082	27393
采矿	2421	2718	2833	3993	3489	2565
专业及专门服务业	5132	4630	4589	4764	5243	5207
总计	50874	47403	44470	59345	64007	56193
项目/总计	1999—2000年	2000—2001年	2001—2002年	2002—2003年	2003—2004年	2004—2005年
建筑	22940	21455	22216	20454	23563	21008
工业公司	28893	27778	24949	24133	24609	23755
采矿	3598	3698	3283	2716	2902	2749
专业及专门服务业	5353	5725	5280	4790	5028	5161
总计	60784	58656	55728	52093	56102	52673

注：专业及专门服务业人员包括潜水检验员、工程师、护理师、医生和辐射防护官员。

1）现场访问

现场访问主要出于以下两个目的：现场检查、事故调查或咨询。

（1）现场检查（表3－12）：主要针对安全业绩恶劣的机构。

表3－12　1993—2005年现场检查次数统计

项目/总计	1993—1994年	1994—1995年	1995—1996年	1996—1997年	1997—1998年	1998—1999年
建筑	17658	16676	16226	20303	21840	17620
工业公司	12368	9697	8324	17156	19491	16271
采矿	1713	2079	2276	3259	2878	2182
专业及专门服务业	2339	1850	1878	2588	2800	2655
总计	34078	30302	28704	43306	47009	38728
项目/总计	1999—2000年	2000—2001年	2001—2002年	2002—2003年	2003—2004年	2004—2005年
建筑	19208	17526	18784	17212	19274	15620
工业公司	17042	14672	13407	13719	12895	13884
采矿	2987	3052	2660	2242	2293	2129
专业及专门服务业	2637	2628	2393	2542	2524	2897
总计	41874	37878	37244	35715	36986	34530

（2）事故调查或咨询（表3－13）：主要为死亡、重伤、拒绝工作、投诉、职业伤害及疾病或其他。

表 3－13　1993—2005 年事故调查次数统计

项目/总计	1993—1994 年	1994—1995 年	1995—1996 年	1996—1997 年	1997—1998 年	1998—1999 年
建筑	2401	2288	2063	2469	2737	2859
工业公司	7437	8109	8200	8530	9076	9721
采矿	347	326	322	500	422	311
专业及专门服务业	1521	1719	1802	1595	2027	2107
总计	11706	12442	12387	13094	14262	14998
项目/总计	1999—2000 年	2000—2001 年	2001—2002 年	2002—2003 年	2003—2004 年	2004—2005 年
建筑	3196	3356	2997	2898	3858	4276
工业公司	10778	11988	10682	9623	10887	9395
采矿	479	560	502	391	506	534
专业及专门服务业	2251	2580	2409	1871	2026	1997
总计	16704	18484	16590	14783	17277	16202

2）下达的命令

1993—2005 年下达的命令见表 3－14。

表 3－14　1993—2005 年下达的命令

项目/总计	1993—1994 年	1994—1995 年	1995—1996 年	1996—1997 年	1997—1998 年	1998—1999 年
建筑	20776	18608	15760	23262	27243	23658
工业公司	21055	19578	18558	26868	33468	28694
采矿	1204	1318	1657	2799	2366	1918
专业及专门服务业	241	221	257	1911	2816	2495
总计	43276	39725	36232	54840	65893	56765

表 3－14（续）

项目/总计	1999—2000 年	2000—2001 年	2001—2002 年	2002—2003 年	2003—2004 年	2004—2005 年
建筑	28733	28961	35013	35486	41736	40605
工业公司	35019	34415	34571	31310	30021	42641
采矿	3726	5249	3466	3317	3478	3279
专业及专门服务业	2462	2218	2117	2409	2539	3616
总计	69940	70843	75167	72522	77774	90141

3）收到投诉的数量

1993—2005 年收到投诉的数量见表 3－15。

表 3－15　1993—2005 年收到投诉的数量

项目/总计	1993—1994 年	1994—1995 年	1995—1996 年	1996—1997 年	1997—1998 年	1998—1999 年
建筑	1184	1155	1086	1166	1279	1408
工业公司	2716	3384	3239	3162	3363	3663
采矿	81	77	93	91	102	66
专业及专门服务业	5	8	16	40	62	65
总计	3986	4624	4434	4459	4806	5202
项目/总计	1999—2000 年	2000—2001 年	2001—2002 年	2002—2003 年	2003—2004 年	2004—2005 年
建筑	1471	1470	1286	1464	1896	1848
工业公司	4170	4369	3539	3814	4064	3613
采矿	87	86	72	78	82	94
专业及专门服务业	81	59	58	41	57	114
总计	5809	5984	4955	5397	6099	5669

4）罚款

对违反《职业安全健康法》及规程罚款，罚款对象包括：雇主、监管人员及工人。一旦被判有罪，由法庭罚款，并确定判罚的数量及罚款总额。有些是单次违法多次判罪。1993—2004年判罚的数量及罚款总数见表3－16。

表3－16　1993—2004年判罚的数量及罚款总数

年份	1993年	1994年	1995年	1996年	1997年	1998年
判罚数量/人	397	352	268	162	313	283
罚款/加元	4122349	1650832	2401809	3137940	3746893	4582638
年份	1999年	2000年	2001年	2002年	2003年	2004年
判罚数量/人	309	333	287	459	618	386
罚款/加元	6545260	5155775	7300715	9157860	7115725	6292835

（四）加拿大职业安全与健康奖励措施

加拿大工业事故预防协会（IAPA）于1917年在安大略省成立，是一个非营利性的会员制机构。它致力于建设一个风险受控的社会，通过提供有效的伤害与疾病预防计划、产品和服务，提高工作场所和社区的生活质量。它拥有约47000家会员公司，代表工人150万人，是加拿大最大的安全与健康组织，在工作场所伤害和疾病预防中起主导作用，积极努力去改善会员公司的安全与健康状况。

该协会设有安全与健康奖励制度，该奖分为成就奖、安全奖和享有最高荣誉的行业奖 3 个级别。其目的是要促使成员单位在职业安全与健康方面加强预防，督促指导工作场所安全生产。IAPA 安全与健康奖的获得，标志着企业在安全与健康管理方面取得了成绩，成为本行业安全与健康的楷模。

获一级安全奖的单位，标志着该企业在职业安全与健康方面做出了突出业绩，主要表现在：职业安全与健康监管体系健全，运作良好；职业安全与健康技术保障及应急救援体系运作良好；在职业安全与健康方面，对损失工时逐年下降。

获二级安全奖的单位在一年内未发生职业伤害或职业病赔偿事故，且必须在两年前已获一级安全成就奖。

三级安全奖为最高奖，说明获奖单位实施了行之有效的职业安全与健康长期规划，并获得前两级奖。

以上三级奖项的设立，对获奖单位而言，能促进企业更加关注职业安全与健康，并不断改进安全状况；用高标准实施企业职业安全与健康规划；对外能展示企业形象；能在出版物、网站上得到广泛宣传。

加拿大安全工程学会（CSSE）为在安全与健康周活动期间做出突出贡献的个人、私企、政府部门等颁发奖金。活动设立了两项奖，即密涅瓦项目奖（罗马智能女神奖）和教育信托基金奖。密涅瓦项目是向大专院校学生讲授职业安全与健康原理及概念，此项目奖是由美国职业安全与健康研究所于 1976 年设立的。在职业安全与健康周期间，CSSE 提供 2000 加元的奖金，由国家指导委员会颁发给在职业安全与健康教学过程中表现突出的两所院校。教育信托基金奖是由 CSSE 设立的，该奖用于鼓励和支持 CSSE 会员或一般人员在认可的大学或专科学校、科研院所或高等成人教育学校研究职业安全与健康、安全管理或环境问题。在职业安全与健康周期间将选出两位获奖者，每位将获得 500 加元奖金，并在 CSSE 职业开发年会上颁发。

此外，加拿大还设有工地福利先锋奖，其获得者是为组织的健康做出突出贡献的人员。自 1997 年来，每年都颁发给显著推进工作场所健康与安全生产进程的公有或私有部门的专业人士。该奖在一年一度的健康、工作和福利大会上颁发。获奖者的提名和确定由加拿大健康工地委员会负责。

（五）加拿大职业安全与健康援助项目

加拿大人力资源与社会发展部设立了用于支持安全活动，以促进工地职业安全健康为目标的支持活动基金。批准的实施期为 52 周。每财政年度给单家机构的金额不超过 10000 加元。

申请资格：能明确证明其支持活动促进职业安全与健康目标实现的加拿大境内公司、组织、集团或个人。申请人必须提交一份详细的建议书，其中标明奖金资助的数额。此外，加拿大政府还提供一些经济援助。

2006 年加拿大财政预算通过以下一些方式来对工人素质和技能的提高提供经济支持：

（1）对雇佣学徒的雇主提供达 2000 加元的税收减免政策。

（2）对 1 ~2 年的学徒提供 1000 加元的经济资助。

（3）对那些为改善工作环境而购置工具设备超过 1000 加元的经营主，实施 500 加元的税收减免政策。同时，在可允许的资本成本范围内，对工具设备费用成本的限制由 200 加元升至 500 加元。

四、俄罗斯职业安全与健康经济政策

（一）俄罗斯职业安全健康概况

1. 职业安全与健康状况

1）现状

2002年底，俄罗斯的就业人数为7250万人，其中在大、中型企业就业的职工为4030万人。根据俄联邦国家统计委员会的数据，20世纪90年代初，俄罗斯年工伤人数为43.25万人左右，千人工伤率为6.6%；年事故死亡人数在8400人左右，千人死亡率为0.129%。2001年俄罗斯工伤人数为14.5万人、死亡4368人，分别比20世纪90年代初减少了28.7万人和4000人。2001年千人工伤率为5%，其中，建筑和农业的千人工伤率有所下降，林业、木材加工业、造纸业、燃料工业、建筑材料和食品工业的千人工伤率仍然较高。1996—2001年，俄罗斯的职业安全状况呈明显好转，1996年千人工伤率为6.1%，1997年为5.8%，1998年为5.3%，1999年为5.2%，2000年为5.1%，2001年为5.0%。

在俄罗斯的职业事故死亡人数构成中，工业的事故死亡人数比重最高，工业年工伤人数一直在67000人左右，死亡人数在1670人左右，占总死亡人数的36.8%，其余依次为农业占22%、建筑占15.7%、运输占10.9%。

1995—2002年，俄罗斯工业和矿山安全状况有所好转，重大事故次数由337起减少到207起，下降了38.5%。事故死亡人数由609人减少到361人，下降了40%。其中，安全状况最差的煤炭工业的死亡人数也由1995年的273人减少到2002年的85人，下降了近70%。2002年俄罗斯联邦矿山与工业监察局所监察的企业共发生工伤死亡事故207起，比2001年少36起。其中，石油开采、化工、石油化工、石油加工业的事故率上升，管道运输、天然气供应、提升设备和煤炭工业的事故率仍然较高。2002年俄罗斯矿山与工业监察局所监察的企业共死亡361人，比2001年少67人，下降了16%。除管道运输和天然气供应的死亡人数有所增加外，其他部门的死亡人数都不同程度地有所下降。

2）职业病

俄罗斯7250万名职工（3120万妇女）中，工业职工1470万人，林业和农业820万人，建筑业500万人，运输和通信业500万人。其中在不符合卫生标准的有害条件下工作的职工，工业占22.4%、建筑业占10.1%、运输业占13.8%、通信业占2.4%。工业、建筑、运输和通信业大约有234.8万名职工在粉尘和瓦斯含量很高的环境中作业，有202.1万名职工在高频噪声下作业，有50.4万名职工在高频振动下作业。此外，大约有7000名职工从事繁重的体力劳动。

劳动环境差，导致职业病人数居高不下。1997—2001年俄罗斯患职业病的职工人数见表4-1。

从表4-1中可以看出，近几年来由于俄罗斯职工工作条件没有显著改善，患职业病的人数仍居高不下。2001年患职业病职工的人数达到11224人，比2000年增加了1944人。其中患两

表 4-1　1997—2001 年患职业病的职工人数

	1997 年		1998 年		1999 年		2000 年		2001 年	
患职业病职工人数	总计	其中妇女	总计	其中妇女	总计	其中妇女	总计	其中妇女	总计	其中妇女
职业病	12489	2847	9564	2330	9055	2254	9280	2325	11224	2821
其中：急性职业病	386	155	279	84	382	134	269	93	198	73
死亡	20	3	28	3	23	2	16	3	3	0
慢性职业病	12103	2692	9285	2246	8673	2120	9011	2232	11026	2748
报告年度患两种以上职业病人数	2349	429	1374	241	1373	249	1132	220	1724	395

种以上职业病的人数增加了 592 人。主要工业部门职业病发病人数逐年增加，其中煤炭工业的情况尤其复杂和令人担忧，其职业病人数近 6 年来一直位居榜首。

苏联十分重视矿工保健，政府拨给专项经费。1981—1985 年用于改善煤矿劳动保护的经费达 17 亿卢布。职工除享受全民免费医疗外，每年还到疗养院和休养所度假。

近年来，随着苏联的解体，俄罗斯经济恶化，靠国家补贴的煤炭工业资金匮乏，步履维艰。煤炭工业职业病发病率急剧上升，高出其他行业 2.5 ~3 倍。在职业病中，震颤病、粉尘支气管炎、尘肺病等的发病率分别为 34.3%、20% 和 14.8%。煤炭工业职工一般疾病的发病率高出全俄罗斯居民平均水平的 27.9%。煤炭工业职业病发病率高的地区依次是罗斯托夫州

(35.4%)、克麦罗沃州(23.7%)、伯朝拉煤田(16%)和滨海边疆区(6%)。表4-2到表4-4列出了俄罗斯近年来不同行业的工伤事故统计数据。

表4-2　1980—2001年俄罗斯职业安全统计

年份	工伤人数/千人	千人工伤率/%	死亡人数/人	千人死亡率/%
1980	570.00	8.4	12349	0.183
1984	465.94		11010	0.159
1985	455.52	6.6	9819	0.142
1986	465.98		8670	0.124
1987	446.96		8370	0.121
1988	433.68		8310	0.122
1989	441.62		8500	0.127
1990	432.43	6.6	8393	0.129
1991	405.69		8030	0.128
1992	363.67		7660	0.131
1993	343.03		7570	0.139
1994	300.10		7180	0.133
1995	271.44	5.5	7220	0.138
1996	215.19	6.1	5380	0.155
1997	185.00	5.8	4730	0.148
1998	158.00	5.3	4300	0.142
1999	153.00	5.2	4260	0.144
2000	152.00	5.1	4404	0.149
2001	145.00	5.0	4368	0.15

数据来源：《俄罗斯统计年鉴》，2002年，俄文版。

表4-3 1999—2002年俄罗斯矿山和工业部门事故统计

年份	1999		2000		2001		2002	
	死亡人数	事故次数	死亡人数	事故次数	死亡人数	事故次数	死亡人数	事故次数
煤炭	141	39	170	34	132	34	85	27
采矿	100	—	97	15	106	16	81	13
管道运输	—	43	7	48	3	52	112	43
提升设备	105	44	106	37	121	45	2	34
冶金	35	5	33	4	27	6	23	4
石油和天然气	27	20	35	17	—	17	20	19
化工和石油加工	12	32	25	26	16	17	12	22
煤气供应	—	32	—	37	4	47	15	36
铁路运送危险货物	0	1	0	0	0	4	0	1

数据来源：俄罗斯矿山和工业监察局1999—2002年工作总结，俄文版。

表4-4 2001年俄罗斯生产企业事故造成的损失统计

工业企业	损失/万卢布
采矿	2470.0
管道运输	18182.3
煤炭	7500.0
供热、锅炉和压力容器	140.0
冶金	4568.0
石油和天然气	2254.9
煤气供应	164.0
提升设备	3570.0
铁路运输危险货物	380.0
粮食储存和加工	3610.0
总计	42839.2

数据来源：俄罗斯矿山和工业监察局2001年工作总结，俄文版。

2. 安全监察机构

俄罗斯自18世纪彼得大帝建立第一个国家矿山监督局起，工业安全监察已有300多年的历史。虽然历经多次社会变革和部门改革，俄罗斯工业安全监督监察体系始终比较完整，对保障财产和人民生命安全起到了重要的作用。

近年来，俄联邦政府进行了一系列的改革，将政府部门划分为立法执法机构、社会服务机构和国有资产管理机构。负责安全生产监督管理的部门是环保、技术与原子能监督局。

1）环保技术与原子能监督局简介

俄罗斯联邦环保技术与原子能监督局于2004年5月20日依据总统令N649号成立，主要职能是制（修）定法律法规，负责环境保护、工业安全、地下资源保护、核能利用安全、能源安全等领域的监督、监察。

环保技术与原子能监督局设在莫斯科，局内设立了14个司（图4-1），工作人员405人。该局在俄罗斯联邦境内的86个地区设立了地方派驻机构，共有12714名工作人员，现任局长巴里萨维奇。

2）国家卫生监察

实施卫生与流行病监察的部门是俄罗斯卫生部下属的国家卫生与流行病学监察司，又称国家卫生与流行病学监察部。其主要职能是参与制定和执行卫生保健和卫生防疫方面的国家政策；对卫生保健和卫生防疫措施的执行情况进行监察；制定和完善国家卫生防疫标准；完成各级政府部门的健康保护和健康促进项目；协调各企业、俄罗斯主体和联邦执行机构卫生与流行病学部门的

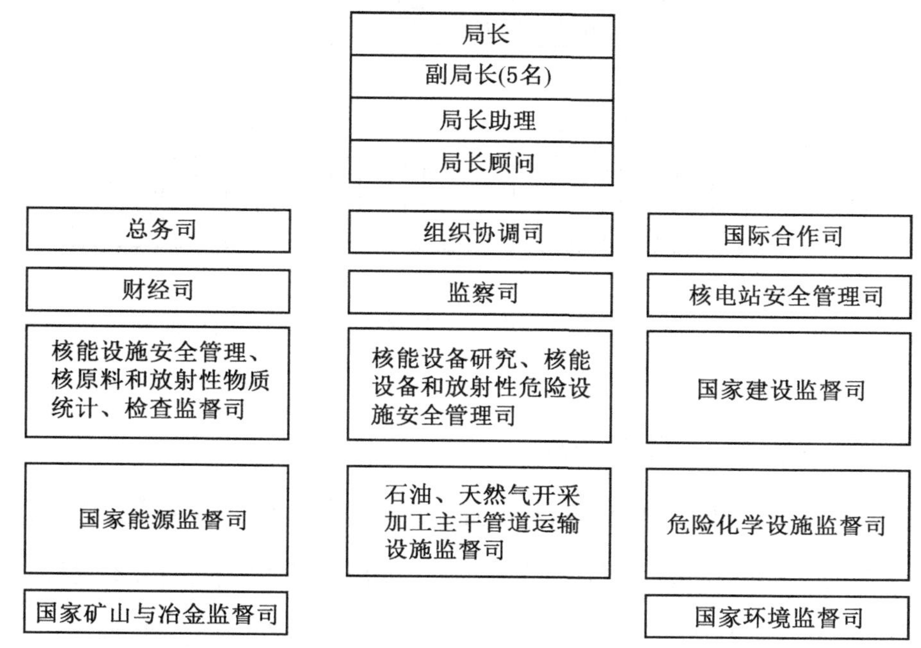

图 4－1　俄罗斯联邦环保技术与原子能监督局机构设置

活动；确定卫生保健和卫生防疫方面的科研发展方向；参与制定保障居民卫生防疫安全的专项计划和地区计划等。

国家卫生与流行病学监察部的机构设置如图 4－2 所示。国家卫生与流行病学监察部对下辖机构实行垂直管理，其下辖机构主要有：设在各加盟共和国、边区和州的 96 家国家卫生防疫监察中心；设在各市和地区的 2285 家国家卫生防疫监察中心；8 个联邦隶属机构（国家卫生与流行病学监察中心、危险化学品和生物制品注册局、卫生与流行病标准和卫生鉴定中心、科学实践卫生鉴定中心、莫斯科居民卫生培训中心、“ИНТерсЭН”、国家消毒企业等）；31 家科研院所及 18 家其他机构和企业。

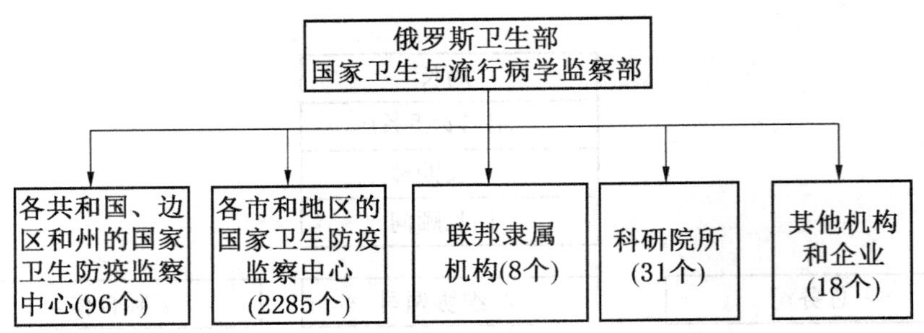

图4-2　俄罗斯国家卫生与流行病学监察部的机构设置

3. 职业安全与健康法规

俄罗斯目前有2000多种职业安全与健康方面的法规、指令、卫生条约、国家标准，其中多数是由苏联各个部、国家委员会的其他权威机构制定的，至今仍然有效。在新的经济体制下，许多法规、指令等有待于重新修订。俄罗斯正在建立和完善有关安全生产的立法，以期通过法律形式来保证国家对各种所有制企业安全生产和劳动健康的监督。其中主要制定和修订的法规如下：

（1）1997年颁布的《危险生产项目工业安全法》，该法规对危险生产企业从设计、建设到投产均规定了各个阶段的工业安全要求，并要求对危险生产企业实行单独注册，对工业安全规程遵守情况进行检查，对事故原因进行调查，进行工业安全鉴定，危险生产企业要参加强制性伤害责任保险等。

（2）1999年7月重新修订的《俄罗斯劳动保护基本法》明确规定，国家对劳动保护实施管理：对遵守劳动保护法规的情况进行监督和检查；对工人在劳动保护方面合法权益的保护实行社会监督；对生产事故和职业病进行调查；国家对现代生产技术水平和劳动组织不能消除的重体力劳动和在有害或危险条件下作业的职工给予补偿；国家对劳动保护方面的各项措施给予拨款；为工人提供工伤事故和职业病社会保险，以保护工人、事故和职业病受害者及其家属的合法权利。

（3）1998年7月颁布了《工伤事故和职业病强制社会保险法》及危险生产企业强制性工伤和职业病保险规定。俄罗斯政府认为，工伤保险是在市场经济条件下有效防止事故的措施，由于生产安全关系到保险公司的切身经济利益，它将有助于企业更负责任地采取有效措施保证安全生产。

以上法律法规的颁布和实施，对促进安全生产的好转和改善劳动保护条件起到了决定性的作用。

4. 职业安全与健康投入

1）安全与健康投入

俄罗斯劳动保护基本法明确规定，改善劳动条件和劳动保护等各项措施的资金是由联邦预算、俄罗斯联邦主体预算和地方预算拨款，也可根据俄罗斯联邦法、俄罗斯联邦主体法对地方自治代表机构的其他法规规定的预算外资金加以解决。

此外，用于改善劳动条件和劳动保护等各项措施的资金还有以下来源：①企业违反劳动法和劳动保护法规的各种罚金；②企业和自然人自愿缴纳的费用。

国家对于生产和服务性企业的拨款至少占生产费用总额的0.1%，用于改善劳动条件和劳动保护等各项措施，而对于从事经营活动企业的拨款至少占营业费总额的0.7%。

根据俄罗斯联邦法和俄罗斯联邦主体法，各经济部门、俄罗斯联邦主体、地方以及各企业可建立劳动保护基金。

此外，负责职业健康的俄罗斯联邦卫生与流行病监督中心（CSHES）也是由国家联邦预算拨款。

俄罗斯在实施《1998—2000 年改善劳动保护的联邦专项计划》期间共花费资金 1. 064 亿卢布，其中 7400 万卢布来自联邦预算，2350 万卢布来自俄罗斯联邦社会保险基金预算，890 万卢布来自违反劳动法规的行政罚款。

根据俄罗斯国家统计委员会的数据，2000 年俄罗斯用于劳动保护措施方面的资金为 294 亿卢布，平均每名职工 995 卢布。

2）煤矿安全投入

近些年来，随着苏联的解体，俄罗斯经济恶化，政府每年拨给用于矿工保健的经费不断减少。煤炭工业的事故率和职业病发病率急剧上升。尤其是 1997 年的特大瓦斯爆炸事故在社会上造成了很坏的影响。

由于目前俄罗斯煤矿大部分已经私有化，企业投入到安全方面的资金有限。因此，俄罗斯政府从 1998 年起，提供的资金先用于改善煤矿工人的工作条件。1998—2002 年俄罗斯政府为此共花费资金 61 亿卢布，其中 32 亿卢布来自国家预算资金。此外，在这期间国家从煤炭工业改革中央储备基金中拿出 11 亿卢布用于处理事故善后工作，并从扶持基金中拨款 7800 万卢布用于煤矿的科研工作。

由于俄罗斯加大了对煤矿的安全投入，大大改善了煤矿的作业条件，发挥了煤炭企业的生产潜力，最重要的是通过采用各种机械设备、防护装备和保护材料，提高了煤矿的整体防灾能力。

2002年煤矿死亡人员仅为85人，是近10年来的最低纪录。

（二）俄罗斯工伤保险制度

1. 立法及管理体制情况

俄罗斯的工伤保险属于国家强制性保险，目前执行的法律是2000年通过的《工伤和职业病强制保险法》，此前，职工发生工伤都是按照民事法律的规定执行的。2000年通过的这一法律规范了被保险人、雇主、基金会的三方关系，规定了如何参加工伤保险和防止职业病的发生。这一法律有三大任务：一是保障工人的权利；二是促进工伤预防，减少工伤和职业病的发生；三是明确工伤保险的操作程序。

俄罗斯工伤保险由俄卫生与社会发展部负责，具体由其下属的俄全国社会保险基金会管理。俄罗斯社会保险基金会只负责全国的工伤保险和生育津贴，不负责养老保险和医疗保险，养老保险和医疗保险分别由退休基金会等其他基金会负责。工伤保险在全国范围内实行垂直管理，在国家一级设立了中央基金会，向省一级派出了86个地方基金会代表处，在全国共有690个分支机构，共有25000名工作人员。基金会各分支机构之间保持信息畅通，实现了信息共享，并执行统一的工伤保险政策。

1）工伤保险的适用范围

俄罗斯工伤保险的适用范围包括所有与用人单位建立劳动关系的劳动者。学生、律师、文艺工作者、作家、自愿保险人员、救火队员或类似的紧急救援人员以及监狱中的人员也被工伤保险所覆盖。2005 年，俄罗斯全国共有 358 万家单位、6000 多万劳动者参加了工伤保险。

2）工伤范围

工伤范围包括事故伤害和职业病。工伤范围包括执行管理人员交办的任务，例行工作，或从事对本单位有益的工作而发生的人身伤害。在工作场所发生的伤害，不管是否在休息时间、上下班途中，如果是在单位提供的通勤车上发生事故受到伤害，都属于工伤。职业病病种由主管部门确定，一般较少增补。

近几年，俄工伤事故逐年降低。2005 年，俄罗斯社会保险基金会收到 11. 3 万例关于工伤的报告，其中非工作地点发生的意外有 3. 1 万例，工作地点发生的意外有 5. 1 万例，上下班途中发生的意外有 1. 3 万例，工作中得的疾病有 1. 8 万例。

3）工伤待遇

截至 2005 年，俄罗斯全国共有 50 万工伤职工享受着工伤保险待遇。

暂时性丧失劳动能力从工伤第 1 天起享受工伤津贴待遇，标准相当于原工资水平，此待遇最高可以享受 4 个月。享受工伤津贴待遇期满后，仍没有恢复劳动能力的，需要进行劳动能力鉴定。劳动能力鉴定分为 3 级：1 级为完全丧失劳动能力，并需要长期护理；2 级为大部分丧失劳动能力；3 级为部分丧失劳动能力。伤残待遇标准从 3 级到 1 级分别享受工伤前工资的 65% 到 100% 。1 级伤残需要护理的或 1 级、2 级伤残且有受供养家属的可享受附加伤残津贴。

死亡待遇：死者生前供养的配偶如果不能工作或者有需要抚养的子女，可以享受遗属年金。遗属年金的标准相当于死者工资的65%～100%，死者所从事的工作危险性越高，遗属年金比例越高。

不管是受伤还是患职业病，工伤保险都提供医疗护理。经劳动能力鉴定委员会鉴定后，建议雇主安排适当工作或禁止安排某种工作。雇主通常也按照委员会的建议对工伤人员进行培训，并安排工作。对于3级以上的工伤残疾人，政府负有为其安排合适工作的责任。

俄罗斯法律规定，如果工伤事故是由于雇主严重违反安全法规造成的，要对雇主进行罚款并支付给工伤职工或其家属。

4）工伤预防

俄罗斯十分重视工伤预防工作。预防的目的是减少工伤和职业病的发生。主要是通过各种手段促使企业改善劳动安全卫生条件来实现的。工伤保险在促进企业搞好预防方面：一是费率共有32个档次，幅度从0.2%～8.5%。如学校的费率为0.2%，煤矿以及各种非煤矿山的费率为8.5%。二是从工伤保险基金中提取部分费用用于工伤预防。俄罗斯是从基金中提取不超过基金总额20%的费用用于企业改善劳动条件。2005年，共用2000亿卢布对33.05万人进行了安全知识培训。

俄罗斯非常重视信息化管理工作。工伤保险信息与养老保险信息联网，建立了完备的个人信息档案，每个工伤职工都有自己的档案，档案中记载了工伤职工的所有情况，如工伤状况、领取补助金情况等。在所有的网点都能查到每个人的信息。工伤信息的资料库设在不同的城市，全国共有700个主体设有工伤保险的信息资料库。社会保险基金会的副总裁十分推崇他们的这一信息系统，他们认为值得骄傲的是，俄罗斯在实现信息化方面使用的是俄罗斯自己的软件系统，避免了购买其他国家软件存在的安全隐患和资金的大量支出。

2. 危险生产设施保险规定

1）危险生产设施范围界定

《危险生产项目工业安全法》第2章第1节对危险生产设施作了如下界定。

（1）在危险生产设施中采集、使用、加工、生成、保存、运输和清除危险物质（易燃、可氧化、可燃、易爆、有毒、剧毒、对环境造成危害）。

（2）使用压力在0.07MPa以上或者水温在115℃以上的设备。

（3）使用标准额定重物提升机械、升降梯、索道、缆索铁路。

（4）黑色和有色金属的熔化以及在此基础上制成合金。

（5）从事采矿作业，有益矿物的洗选以及井下作业。

2）保险风险

《危险生产项目工业安全法》第15章规定如下。

（1）装有危险生产设施的组织应对危险生产设备的事故给予生命、健康或其他财产、环境造成的损害投保责任险。

（2）事故—危险生产设施中的建筑和技术装置遭受破坏，未发生爆炸或危险物突出。

3）最低保额

《危险生产项目工业安全法》规定：在采集、使用、加工、生成、保存、运输和清除危险物质的危险生产设施的最低保额应不低于700万卢布。

4）保险金支付

（1）在法庭裁决基础上执行（在保险公司、投保者和受益人之间就事故地点、受益人获取保险金权利、投保者事故伤害责任没有争议的情况下，已声明的要求可以得到赔偿，且保险金可以庭外诉讼或调节）。

（2）保险公司根据技术调查文件、法庭裁决等确定保险金额。

（3）在保险额限度内支付保险金额。

（4）按投保者书面声明支付保险金额。

（5）向直接受益人支付保险金额。

5）以下原因造成的事故例外

（1）投保者蓄意。

（2）原子爆炸。

（3）军事行动。

（4）骚乱、罢工。

（5）自然灾害。

6）以下情况不予赔偿

（1）精神损害。

（2）在劳动关系中因投保者造成的损害。

（3）投保者财产损害。

（4）投保者支付违约金、罚款造成的亏损。

（5）疏漏的利益。

7）危险生产设施保险监督

俄罗斯矿业生态监察局依据危险生产设施工业安全的联邦法律的要求进行监察（装有危险生产设施的组织鉴定了责任保险合同）；按鉴定的范围和投保责任类型对危险生产设施使用的准确性进行监察；依据危险生产设施工业安全的联邦法律对最低保险额进行监督。

（三）俄罗斯联邦关于行政处罚

1. 处罚对象

处罚对象包括：①公民（自然人）。②负责人（未设定法人的个体经营者）；③法人。

2. 行政处罚金额

违反工业安全规定金额的原则如下。

（1）行政处罚金额不可少于工资最低额的10倍。

（2）不同对象行政处罚额度不同：

① 公民，由最低工资额算起，不超过最低工资额的25倍；

② 负责人，不超过最低工资额的50倍；

③ 法人，不超过最低工资额的1000倍。

俄罗斯行政处罚额度的规定见表4－5、表4－6。

表4－5　对违反工业安全规定的行政处罚额度

依据第9章第1部分在危险生产设施中违反工业安全要求或许可条件	罚款（最低工资额倍数）	行政终止活动90天	自然人	10～15
			负责人	20～30
			法　人	200～300
第2部分	罚款（最低工资额倍数）	行政终止活动90天	自然人	15～20
			负责人	30～40
			法　人	300～400
第3部分	罚款（最低工资额倍数）	行政终止活动90天	自然人	—
			负责人	30～40
			法　人	300～400

表4－6　行政处罚金额和处罚形式一览表（2001年12月30日通过的俄联邦法律中行政处罚No195－Φ3中规定）

序号及名称	处罚形式		违法主体	处罚额（最低工资额倍数）	
	主要	补　充			
矿山和工业监察机构					
第7.2章第2部分　撤销专用标志	罚款	—	自然人	3～5	
			负责人	5～10	
			法　人	50～100	
第7.3章　未经许可（许可证）或违反许可（许可证）规定的条件使用资源	罚款	—	自然人	15～20	
			负责人	30～40	
			法　人	300～400	
第7.4章　擅自修建有益矿物赋存广场	罚款	—	自然人	5～10	
			负责人	10～20	
			法　人	100～200	

表 4－6（续）

序号及名称	处罚形式		违法主体	处罚额（最低工资额倍数）
	主要	补　充		
第 8.7 章　有效利用土地后未尽到将其恢复到适宜状态的责任	罚款	—	自然人	10～15
			负责人	20～30
			法　人	200～300
第 8.9 章　违反资源保护和矿物水资源的要求	罚款	—	自然人	5～10
			负责人	10～20
			法　人	100～200
第 8.10 章第 1 部分　违反合理利用资源的要求	罚款	—	自然人	10～15
			负责人	30～40
			法　人	600～800
第 8.10 章第 2 部分	罚款	—	—	—
			负责人	40～50
			法　人	800～1000
第 8.11 章　违反地质资源作业的规章和要求	罚款	—	自然人	5～10
			负责人	10～20
			法　人	100～200
第 8.17 章第 1 部分　在内海水域、领海、大陆架和特别经济区从事活动违反规章（标准、规范、许可条件）	罚款	违法	—	—
			负责人	100～150
			法　人	1000～2000
第 8.17 章第 3 部分	罚款	没收船只和其他行政违法工具	—	—
			负责人	150～200
			法　人	2000～3000

表4－6（续）

序号及名称	处罚形式		违法主体	处罚额（最低工资额倍数）
	主要	补充		
第8.19章　在内海水域、领海、大陆架和特别经济区违反尾矿和其他材料废弃规章	罚款	没收船只、飞行器和其他行政违法工具	—	—
			负责人	50～200
			法　人	2000～3000
第8.39章　在受保护领域违反自然资源保护和利用规章	罚款	没收行政违法工具及非法获得的自然资源产品	自然人	5～10
			负责人	10～20
			法　人	300～400
第9.1章第1部分　在装备危险生产设施的工业安全行业从事活动违反工业安全要求或许可条件	罚款	行政终止活动90天	自然人	10～15
			负责人	20～30
			法　人	200～300
第9.1章第2部分	罚款	行政终止活动90天	自然人	15～20
			负责人	30～40
			法　人	300～400
第9.1章第3部分	罚款	行政终止活动90天	自然人	—
			负责人	30～40
			法　人	300～400
第9.2章　违反水利设施的安全规范和规章	罚款	行政终止活动90天	自然人	10～15
			负责人	20～30
			法　人	200～300
第11.20章　在干线管道建设、运行和维修中违反安全规章	罚款	行政终止活动90天	自然人	1～3
			负责人	3～5
			法　人	30～50

表4－6（续）

序号及名称	处罚形式		违法主体	处罚额（最低工资额倍数）
	主要	补　充		
第14.26章　违反有色金属和黑色金属废料和尾矿利用以及征地规章	罚款	行政终止活动90天	自然人	20～25
			负责人	40～50
			法　人	500～1000
第19.2章　蓄意损坏或撕掉封记（铅封）	罚款	—	自然人	1～3
			负责人	3～5
			—	—
第19.22章　违反所有运输工具、机械设备的国家注册规章	罚款	—	自然人	0.5
			负责人	1～3
			法　人	10～30
国家生态监察机构				
第7.2章第2部分　撤销专用标志	罚款	—	自然人	3～5
			负责人	5～10
			法　人	50～100
第7.11章　未经允许（许可）利用动物实体	罚款	—	自然人	5～10
			负责人	10～20
			法　人	100～200
第8.1章　企业、装置或设备在计划、技术经济论证、设计、布置、建设、改造、投产及生产中未遵守生态要求	罚款	—	自然人	10～20
			负责人	20～50
			法　人	200～1000
第8.2章　利用生产尾矿或其他危险物质时未遵守生态、卫生和传染病要求	罚款	行政终止活动90天	自然人	10～20
			负责人	20～50
			法　人	100～1000

表 4-6（续）

序号及名称	处罚形式		违法主体	处罚额（最低工资额倍数）
	主要	补充		
第 8.4 章第 1 部分　违反生态检验法律	罚款	—	自然人	10～15
			负责人	50～100
			法　人	500～1000
第 8.4 章第 2 部分	罚款	—	自然人	20～25
			负责人	50～1500
			法　人	500～1000
第 8.4 章第 3 部分	罚款	—	自然人	—
			负责人	50～100
			法　人	—
第 8.5 章　隐瞒或曲解生态信息	罚款	—	自然人	5～10
			负责人	10～20
			法　人	100～200
第 8.6 章第 1 部分　损坏土地	罚款	—	自然人	10～15
			负责人	20～30
			法　人	200～300
第 8.6 章第 2 部分	罚款	行政终止活动 90 天	自然人	15～20
			负责人	30～40
			法　人	300～400
第 8.18 章第 1 部分　在内海水域、领海、大陆架和特别经济区进行资源或海洋科学考察违反规章	罚款	没收船只、飞行器和其他行政违法工具	自然人	—
			负责人	100～150
			法　人	1000～2000

表4－6（续）

序号及名称	处罚形式		违法主体	处罚额（最低工资额倍数）
	主要	补　充		
第8.18章第2部分	罚款	没收船只、飞行器和其他行政违法工具	自然人	—
			负责人	150～200
			法　人	2000～3000
第8.19章　在内海水域、领海、大陆架和特别经济区违反尾矿和其他材料废弃规章	罚款	没收船只、飞行器和其他行政违法工具	自然人	—
			负责人	150～200
			法　人	2000～3000
第8.21章第1部分　违反大气保护规定	罚款	行政终止活动90天	自然人	20～25
			负责人	40～50
			法　人	400～500
第8.21章第2部分	罚款	—	自然人	15～20
			负责人	30～40
			法　人	300～400
第8.21章第3部分	罚款	行政终止活动90天	自然人	—
			负责人	10～20
			法　人	100～200
第8.22章　机械设备投产时排放的污染物质含量超标或噪音超标	罚款	—	自然人	—
			负责人	5～10
			法　人	—
第8.23章　机械设备在生产时排放的污染物质超标或噪音超标	罚款	—	自然人	1～3
			负责人	—
			法　人	—

表 4-6（续）

序号及名称	处罚形式		违法主体	处罚额（最低工资额倍数）
	主要	补充		
第 8.31 章第 2 部分　违反森林保护要求	罚款	行政终止活动 90 天	自然人	10～15
			负责人	20～30
			法　人	200～300
第 8.31 章第 3 部分	罚款	行政终止活动 90 天	自然人	20～25
			负责人	40～50
			法　人	400～500
第 8.33 章　违反居住环境和动物迁移道路的规章	罚款	—	自然人	3～5
			负责人	5～10
			法　人	50～100
第 8.34 章　违反生物制品生产、使用和运输规定	罚款	没收设备	自然人	3～5
			负责人	5～10
			法　人	50～100
第 8.35 章　致稀有动物或植物灭绝或存在灭绝危险	罚款	没收获取动物或植物的工具，动物或植物实物，衍生物	自然人	15～20
			负责人	30～40
			法　人	300～400
第 8.36 章　违反动物迁移、风土驯化或交配的规章	罚款	—	自然人	10～15
			负责人	20～30
			法　人	200～300
第 8.37 章第 3 部分　违反动物实体利用的规章	罚款	没收捕获动物的工具	自然人	3～5
			负责人	5～10
			法　人	50～100

表4－6（续）

序号及名称	处罚形式		违法主体	处罚额（最低工资额倍数）
	主要	补　充		
第8.39章　在特别自然保护区内违反自然资源保护和利用的规章	罚款	没收行政违法工具及非法获得的自然资源产品	自然人	5～10
			负责人	10～20
			法　人	100～200
国家动力监察机构				
第7.19章　擅自联接或使用电能、热能、石油和天然气	罚款	—	自然人	15～20
			负责人	30～40
			法　人	300～400
第9.7章第1部分　损坏电网	罚款	—	自然人	10～15
			负责人	20～30
			法　人	200～300
第9.7章第2部分	罚款	—	自然人	10～20
			负责人	30～40
			法　人	100～400
第9.8章　违反1000 V以上电网保护规章	罚款	—	自然人	5～10
			负责人	10～20
			法　人	100～200
第9.9章　燃动设备未经相关机构许可投入运行	罚款	行政终止活动90天	自然人	—
			负责人	10～20
			法　人	100～200
第9.10章　因过失损坏热网、管道	罚款	—	自然人	10～15
			负责人	20～30
			法　人	200～300

表 4-6（续）

序号及名称	处罚形式		违法主体	处罚额（最低工资额倍数）
	主要	补　充		
第 9.11 章　违反燃动利用规章、燃动设备、热网安装运行规章、发电设备、燃料及产品的保护运行和运输规章	罚款	行政终止活动 90 天	自然人	5~10
			负责人	10~20
			法　人	100~200
第 9.12 章　动力资源非生产性消耗	罚款	—	自然人	—
			负责人	10~20
			法　人	100~200
第 11.20 章　违反干线管道的铺设、运行和维修安全规章	罚款	行政终止活动 90 天	自然人	1~3
			负责人	3~5
			法　人	30~50
原子能利用安全监察机构				
第 8.5 章　隐瞒或曲解生态信息	罚款	—	自然人	5~10
			负责人	10~20
			法　人	100~200
第 9.6 章第 1、2 部分　违反原子能利用、核材料和放射物质计算规章	罚款	—	自然人	15~20
			负责人	30~40
			法　人	300~400
第 19.6 章　故意损坏或撕掉封记（铅封）			自然人	1~3
			负责人	3~5
			法　人	—

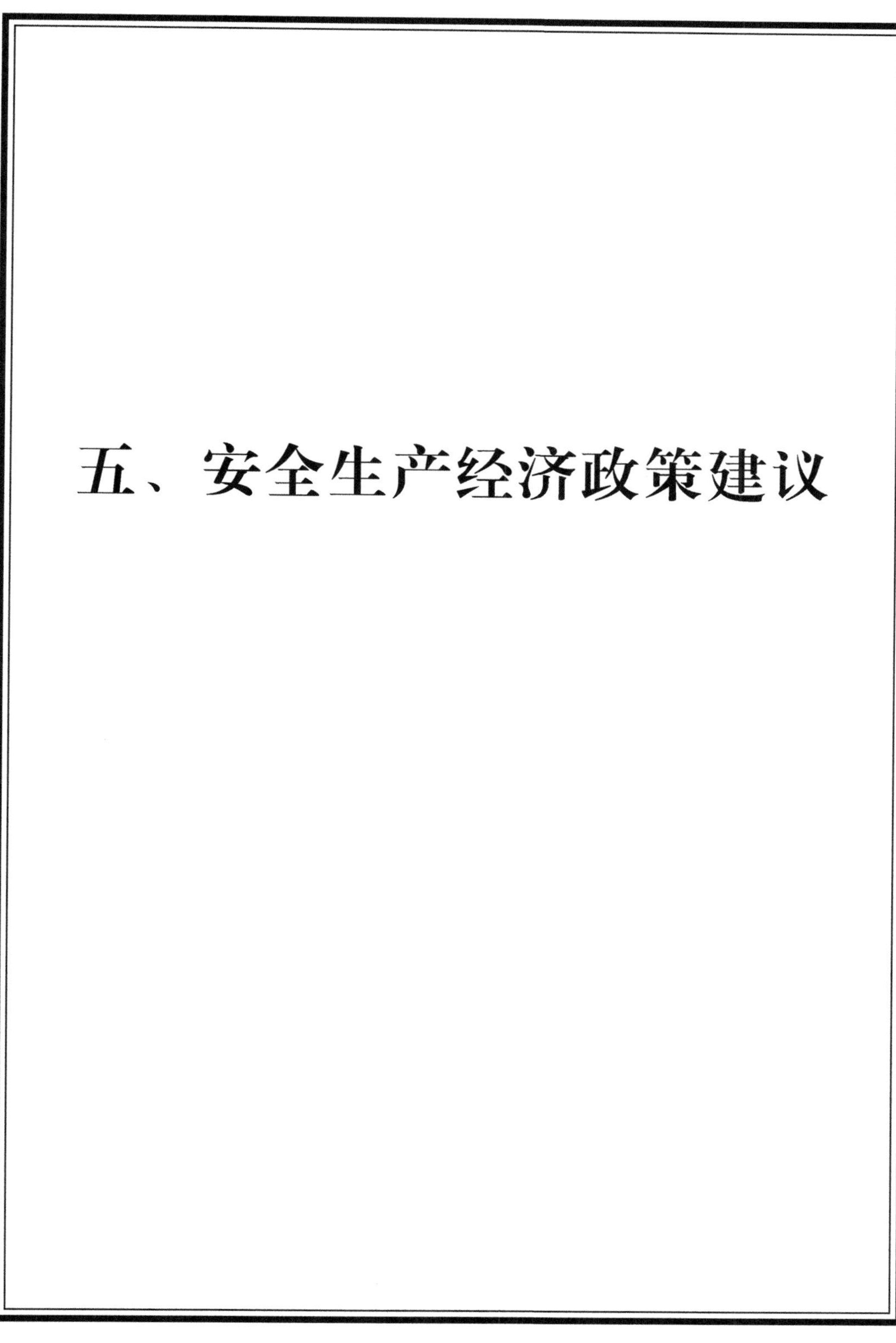

五、安全生产经济政策建议

近年来，随着我国社会主义市场经济的建立，经济体制改革的不断深化以及政府机构的改革，我国安全生产的监督管理工作逐步由单纯以行政管理为主，向法律、行政及经济等多种手段并重转变，实行综合治理，体现了“依法治国”以及走社会主义市场经济道路的发展方向，尤其注重采用经济手段解决安全生产方面存在的深层次问题。

2004 年，《国务院关于进一步加强安全生产工作的决定》明确了企业安全费用提取、加大企业因工伤亡人员的经济赔偿、企业安全生产风险抵押金三项经济政策，拉开了运用经济手段促进安全生产的序幕。国务院常务会议提出安全生产的 12 项治本之策，强调要重视运用经济政策和经济调控手段，实行有利于安全生产的经济政策，进一步明确了具体的经济政策和措施。

2004 年 1 月 1 日颁布实施《工伤保险条例》，加紧事故赔偿标准的制定，提高了事故赔偿标准。2006 年 5 月 31 日，国务院第 138 次常务会议专题研究保险业改革发展问题，制定和发布了《国务院关于保险业改革发展的若干意见》（国发〔2006〕23 号），提出要“大力发展责任保险，健全安全生产保障和突发事件应急保险机制”。2006 年 9 月 27 日，国家安全生产监督管理总局和保监会联合下发的《关于大力推进安全生产领域责任保险，健全安全保障体系的意见》，提出了逐步建立起符合各行业安全发展需要的责任保险制度，初步形成“政府推动、市场运作”的安全生产领域责任保险发展机制。

2004 年 5 月 21 日，财政部、国家发展改革委、国家煤矿安全监察局在征求中国煤炭工业协会意见的基础上，联合制定了《煤炭生产安全费用提取和使用管理办法》和《关于规范煤矿维简费管理问题的若干规定》。2006 年又出台了《烟花爆竹生产企业的安全费用提取制度》。2007 年 1 月 1 日财政部、国家安全生产监督管理总局联合制定了《高危行业企业安全生产费用财务管理暂行办法》，形成了对矿山、建筑施工、危险品生产和道路交通等高危行业提取安全生产费用的制度体系。

同时，国家加大了对安全生产的投入，2005 年、2006 年我国用 30 亿元国债资金扶持国有重点煤矿进行安全技术改造；此外，开始着手进行矿产资源税费改革，将税率与探明可采储量或价值、回采率、开采风险挂钩，提高采矿业准入门槛，有利于提高矿山企业的安全水平。

目前，我国关于安全生产的经济政策正在建立过程之中，某些方面还处于探索阶段。发达国家的成功经验和做法值得我们借鉴。根据对美国、英国、加拿大和俄罗斯等四国有关安全生产经济政策的系统研究，结合我国安全生产的实际情况，我们提出了以下建议供参考。

（一）完善经济处罚办法，加大处罚力度

经济处罚应从重，具体额度应考虑违规严重程度、企业经营规模、雇主整改诚意，以及雇主违规历史记录等因素。

1. 从重处罚原则

经济处罚是对已经发生违法违规行为的惩罚性措施，但其目的不仅仅是对已经发生违法行为的处罚，而是对未来、可能的违法行为起到威慑作用，警示有关人员，使其因畏惧经济处罚而不敢为所欲为，从而避免重复发生违法行为，预防事故发生。如果经济处罚轻，不能对被处罚对象起到威慑作用，那么它对安全生产的促进作用也就被弱化。以建设项目“三同时”制度为例，根据《安全生产法》第八十三条，违反规定，安全设施未经设计审查擅自施工，又限期拒不整改的，可以并处5万元以下的罚款。对于某些行业动辄投资数十亿的项目，5万元的罚款明显偏轻，根本不能有任何威慑作用。这也是导致不少大型建设项目履行“三同时”制度差的原因之一。

在美国，一旦安全健康监察员发现工作场所存在严重的职业安全与健康问题，就会建议在经济上给予非常严厉的处罚。1990年，美国国会通过了职业安全与健康监察局有关提高处罚力度的规定，对严重违规、违法企业的罚款金额从1000美元增加到7000美元，蓄意和重复违规、违法的罚款金额从1000美元增加到7000美元。美国《现场监察参考手册》确定经济处罚的原则第一条是“罚款的主要目的不是惩罚违规，罚款金额应足以对违规行为起到威慑作用”。英国法庭在判决Howe一案时，提到“对工作场地安全与健康违法的检举目的是使那里的工人或受到影响的公众拥有一个安全的环境。要把对公司罚款数额足够大这个信息带给公司管理人员及其利益相关者”。

加拿大对违法者最高罚款额度从以前规定的5000加元增加

到现在的 10 万加元。有害物质犯罪罚款可达100 万加元。可见，发达国家经济处罚的基本原则就是从重处罚。

英国刑事法庭对职业安全与健康违法行为的罚款数额没有上限规定，并可以做出关押 2 年的处罚。

2. 罚款规定具体，可操作性强

目前，我国法律法规对于经济处罚的额度与违法行为的种类有关，而与企业规模、历史违法记录等无关，而且规定的罚款限额幅度较宽，没有明确在法律规定的限额内依据什么因素进行裁量；有些法律法规的行政处罚规定当中，没有明确由哪一级部门或机构做出罚款决定。这在一定程度上影响了经济处罚的执行和效果。实际上，同样额度的经济处罚，对不同规模的企业，其威慑作用是不同的。对小企业，相对较小的罚款就能达到对大型企业巨额罚款的作用。

多数发达国家还制定了非常具体的处罚额度计算方法，可操作性非常强。在美国，《职业安全与健康监察手册》就具体的违规事件的处罚程序、处罚金额等做出了详细规定。依据安全健康监察员发现的问题，地区监察办事处主任根据违反《职业安全与健康法》和相关标准的情况，做出相应的罚款处罚。罚款的额度要考虑违规严重程度、企业经营规模、雇主整改诚意，以及雇主历史违规记录等因素。最近，美国职业安全与健康监察局为增强小企业雇主改进工作场所职业安全与健康条件的积极性，特别对《职业安全与健康监察手册》中第 5 章《现场监察参考手册》（Field Inspection Reference Manual，简称 FIRM）有关处罚金额的规定进行了修订，进一步明确了小企业的规模与违反

《职业安全与健康法》时的处罚金额，在考虑雇员人数的情况下可减少的比例。

美国矿山安全与健康监察局对煤矿违法的处罚，长期以来均根据企业规模大小等因素综合实施。监察员在对煤矿进行监察时，每监察出 1 位煤矿矿主或经营者违犯了《矿山法》《联邦法典》第 30 卷的规定，可处以 70 ~ 70000 美元的罚款。具体罚款金额的多少，依据企业规模、经营者以往的违规记录、经营者对所存在的违规行为（事件）是否有过失、违规的严重程度、接到违规通知书后经营者对迅速纠正违规所持的诚意、处罚金额对经营者继续经营企业的能力的影响等 6 个方面情况来综合确定。

（二）完善工伤保险及赔偿制度

发达国家将工伤保险作为促进职业安全与健康的主要手段，并在预防、康复和补偿三个方面发挥作用。

1. 体制健全，统一管理

完善的工伤保险体制及机制是工伤保险发挥功能的基础。发达国家的做法可以参考。

加拿大有两种保险模式，一种是独立责任保险，一种是集体或互助责任险，针对不同的组织机构采用不同的保险模式。对政府或公共机构、国有企业以及大型省际公共交通运输组织（船运、航空和铁路）等机构采用个人责任保险，其他的实行集体责任保险。不论实行哪种保险模式，以保证雇员的利益为前提。

加拿大工人赔偿委员会及各省工人赔偿委员会负责制定保险及赔偿规章、确定保险费率、收缴并管理保险费以及处理工伤事故，实行集中统一管理，统一赔偿。

美国一般由州保险部负责管理工伤保险，费率最终由工人赔偿保险费率局批准确定。

2. 建立基于企业安全业绩的浮动费率机制

工伤保险除了发挥其救济互助作用外，还应发挥其在事故预防中的作用。将缴纳的保险费用与企业的安全业绩挂钩，是促进企业主动预防的有效经济手段。发达国家各国都将工伤保险作为事故预防最主要的经济手段。

我国的工伤保险费率与企业所从事的行业相关，行业差别费率三大类的划分过粗，企业浮动费率幅度（50% ~150%）偏小，不利于从经济上鼓励安全生产。

加拿大确定费率主要由以下几个部分构成：行业费率、经验费率、额外附加费率和其他收费，对行业费率以同类经济活动划分为基础，分成不同的费率组。其他三项都是和企业的具体安全业绩和行为相联系，使费率的确定有了实在的依据。

美国保险费率由各保险公司根据客户以往的赔偿数据，既考虑了行业差别也体现了以往的安全业绩，通过经验系数进行修改。

3. 康复和恢复工作

英国重视对工伤致残人员身体的康复治疗，并努力让他们恢复工作。英国受伤雇员除获得民事赔偿外，还可以申请国家工伤救济。国家工伤救济在职业康复方面致力于全面改善身体和心理状况，包括全面恢复被损害的能力、提高生存的能力、最大可能地达到有质量生活。康复工作非常全面，包括医疗方面康复、技能上的恢复、职业生活上的康复及帮助重新找到工作。康复不仅是生理上的，也是心理上的恢复。

在美国，一旦受伤的员工不能再返回原工作岗位，那么雇主和雇员就一起选一位康复顾问来决定实施职业康复是否可行。如果可行，那么就制定一个合适的康复计划，目的是使受伤员工能够找到合适的职位，尽可能快地重新自立工作起来。

加拿大《政府雇员赔偿法》规定："如果残疾是暂时的，那么就要尽全力让他恢复，在他们能够承担受伤前的工作之前，分配给其能承受的任务。如果雇员终生不能再有能力承担原来的职务，那么应该用各种方法分配他做现有能力范围之内的工作。"

由此可见，尊重和实现人的价值是发达国家职业康复的落脚点和出发点。

4. 获得赔偿的保障

英、美、加等国的工伤保险法规规定的覆盖范围几乎涵盖了所有劳工。最重要的是工人获得赔偿的渠道非常完善。

美国加州建有未保险雇主基金，主要供那些雇主没有按法律规定购买工人赔偿保险的雇员申请，还建有后继工伤基金供受伤后再次或多次受伤的雇员申请。

英国的工会非常发达，几乎各行各业都有自己的工会组织，在工伤事故的民事赔偿中工会发挥着重要作用，雇员可以通过工会组织找到合适的律师为自己辩护，增加赔偿的概率。英国有工伤保险业雇主协会，该协会经常出台行业自律的政策。此外，英国受工伤的雇员除可以民事起诉获得赔偿外，还可以申请国家工伤救济金，获得可观的救济。

5. 发展和完善责任保险

当前我国正在推行责任保险，鼓励各商业保险公司制定各种各样的工伤险种，供企业选择。采用商业保险模式，一方面有助于提高企业抵御事故风险的能力；另一方面，保险公司为保证自身的利益，会对企业进行监督，并运用费率调节手段促使企业改进事故预防措施。

英国实行的雇主强制责任险，要求每个雇主必须给雇员上责任保险，向保险公司投保。保险公司与雇主就保险费率进行谈判。根据英国的经验，主要有几个方面需要注意：一是保险类别和时限的界定，如对工伤、职业病赔偿的标准和时限要有明确的规定，特别是职业病，由于其发生、发展不易及时发现，容易造成赔偿纠纷，因此应予以明确规定；二是一旦发生事故，雇员有获得赔偿的渠道，即雇员通过什么样的方法、步骤可以获得赔偿。

6. 开展事故预防活动

从美国、加拿大等国家工伤保险制度执行情况看，赔偿、康复和再就业是工伤保险的基本功能，除此以外，工伤保险还具有事故预防的功效。最突出地表现在保险公司每年安排相当比例的保费，用于开展宣传、培训和咨询服务等活动。宣传、培训活动层次较多，如在社区开展公共应急、自救知识讲座，在中小学生中开展法律法规知识、逃生知识培训，在高中学生中开展就业前的安全基本技能培训，在企业开展特定专题培训和讲座等。此外，保险公司还积极赞助政府、企业和社会团体举办的有关职业安全健康活动，支持大专院校和科研机构开展职业安全健康课题研究。

（三）政府建立多渠道服务体系，引导企业提高防范事故的能力

政府实施严格的监督管理会督促企业加强安全管理，但是单一使用监管手段会使企业对政府监管形成依赖，容易使企业看形势，走过场。在政府严抓严打专项整顿时，企业对安全生产抓得严一些，政府稍有松懈时，企业也松软下来。特别是在那些存在暴利的行业，很多企业甚至顶风违规生产，违章作业，想方设法躲过政府的监管，政府很难了解这些企业的实际安全生产状况。

美国职业安全健康局制定各种计划和方案将有限的精力和资金用于调动各方面的力量，如中介机构、企业公司、科研院校、民间团体、雇主联盟、投资机构以及各种社会力量来参与其中，共同努力提高职业安全与健康。如美国制定的自愿保护计划、职业安全健康局战略合作计划、职业安全与健康联盟等都是由职业安全健康局组织发起，吸引了大量的企业及组织机构参与，对安全与健康水平起到很好的推动作用。政府是角色发起者，也是计划的组织者和参与者之一。美国职业安全健康局还提供“守法援助”，为企业和雇主免费提供守法信息，提供咨询服务，围绕

“守法援助”制定各种计划和方案，扩大行业和企业的参与数量。美国职业安全健康局还设立小企业援助办公室，专门为小企业免费提供咨询、诊断服务，评估或帮助建立职业安全健康计划。

美国职业安全与健康局的咨询员可以免费为雇主在建立和完善安全与健康管理体系上提供咨询服务。这些服务的经费大部分都由职业安全与健康局提供。同时，在进行所有的咨询活动中发现的雇主的违规行为不会被处以惩罚，而且咨询员有义务为雇主保密。获得过咨询的机构（项目）在改正了违规行为并建立和贯彻了安全与健康的管理体系以后，还有可能得到一年免受检查的权利。咨询员的作用主要是帮助雇主建立和完善一套旨在预防的安全与健康管理体系。咨询的范围包括机械系统、现场的作业环境和作业程序等所有和安全与健康有关的方面。雇主还能得到培训和教育的服务，但这些服务往往不在现场进行。所有的咨询服务都是应雇主的要求而提供的。可以看出，职业安全与健康局主要是为了改善雇主所提供的作业环境的安全与健康水平，而并不是为了惩罚。

英国职业安全健康局建立安全顾问挑战基金帮助小企业促进其员工参与安全与健康管理，帮助找到消除职业安全与健康危害的方法。英国职业安全健康局还不断探索制定新的计划和方案，如 SFAS 计划，给小企业提供职业安全与健康咨询服务。英、美国家的职业安全健康局提供的企业咨询服务是免费的，且对在诊断和咨询中发现的问题保密，不追究企业的法律责任。政府职业安全健康部门的这种做法促使企业由被动处罚转向主动改进，政府的职能也由强制检查转向教育引导。

（四）建立安全装备优惠政策，鼓励企业加大安全投入

在市场经济中，为了获取最大利润，企业主会大量减少其认为不需要的投入。而许多安全设备、设施不是企业生产流程中所必需的，因此，在侥幸心理支配下，企业主对安全投入缺乏积极性，有一种尽量减少在安全方面投入的思想倾向，更不会为了安全生产而增加投入。为了鼓励企业加大安全投入，应尽快建立安全装备优惠政策，提高企业的本质安全水平。

英国在职业安全与健康税收优惠方面有着比较好的做法。英国《2001 年投资优惠法》对投资优惠作了全面的规定，虽然没有明确对职业安全与健康活动的投资优惠作出规定，但是只要企业的投资符合规定的设备设施，就可以获得税收优惠。其中很多设备设施是改善员工安全与健康所必需的。美国对矿山安全装备的投资给予 50% 的优惠。

（五）完善的职业安全与健康培训渠道

有关统计数据显示，大量的伤亡事故与操作人员违章作业有关。目前我国在一线的操作工人大部分是农民工，而且随着农村

人员向城市转移，每年都有大量未获得良好教育的农民进入生产一线。他们普遍受教育的程度较低，而且缺乏基本的安全知识和安全技能。由于农民工流动性比较强，一般企业都不愿意在职工安全培训上投入。作为一个社会性的问题，为了弥补一线操作人员的文化教育和安全教育，国家应分步骤对职工实行免费安全教育培训；在城镇高中、农村初中和高中，开设电工、建筑、交通、野外作业等方面的安全知识教育课程；在我国已经建立的再就业体系中，开展专业安全技能培训。

在英国，企业和个人有很多渠道获得职业安全与健康培训资助，如建筑和工业培训委员会（CITB）、专业伐木者协会（APF）、SELECT（电子通信）、工会委员会（TUC）、英国职业安全健康学院（IOSH）、职业发展贷款（CDL）、小企业培训贷款（SFTL）、建立个人学习账户（ILA）、工贸部工作合作伙伴基金、学习与技能委员会（LSC）、职业安全健康局小企业基金计划等众多渠道。

美国建立了苏珊·哈伍德培训援助基金，每年都有上千万美金的拨款，由职业安全健康局确定每年安全与健康专题，通过竞争在全美范围内选择援助对象。

（六）加快信息和标准建设

体制完善、标准健全、信息畅通是保证各项措施顺利落实的基础。英国具有较为完善的职业安全与健康机制和体制，并且非常重视信息建设。英国职业安全健康局每年都会从个人、雇主和社会三个方面估算“英国工作场所事故与职业病损失”，并向全国发布，它具有很大的指导意义，广泛用于职业安全与健康委员会和职业安全与健康局制定职业安全与健康战略、制定新的工作计划和政策建议等，它也让企业对安全事故和职业病所造成的损失有了量化的认识，对搞好职业安全与健康所带来的好处从经济上有了实实在在的认识。英国职业安全与健康委员会还联合了雇主、工会、政府部门及投资机构共同开发了企业职业安全与健康指标，使各行各业的企业有了统一的衡量标准，大大地促进了金融投资机构投资前对企业职业安全健康的考察。

拥有健全、科学的标准，是制定各项安全生产经济措施的基础和前提。工业发达国家积极推行职业安全与健康标准化，并将其作为安全与健康监察体系的一个重要组成部分。工业发达国家职业安全与健康的一个突出特点是，倡导采用切实可行的标准，作为贯彻执行安全与健康法规的重要保证。美国职业安全与健康法中特别强调制定职业安全与健康标准，并将其作为联邦职业安全与健康监察局工作的基础和核心。该局组织制定的标准包括四个大类：一般工业标准、海运业标准、建筑业标准和农业标准，并随着经济发展、技术进步不断进行修订和简化。美国职业安全与健康监察局的监察员最基本的职责是采取强制的方式，严格贯彻执行联邦职业安全与健康守则，其中手段之一就是通过有效的监察，来强制推行有关标准，以判定资方是否做到：一是为雇员提供符合安全与健康条件的工作场所；二是严格遵循各种职业安全与健康标准和规则。